经略海洋

（2021）

——洁净海洋专辑

李乃胜　宋金明　等 编著

海洋出版社

图书在版编目（CIP）数据

经略海洋. 2021：洁净海洋专辑/李乃胜等编著. -- 北京：海洋出版社，2021.12
ISBN 978-7-5210-0887-6

Ⅰ.①经…　Ⅱ.①李…　Ⅲ.①海洋经济–经济发展–
中国②海洋开发–科学技术–中国　Ⅳ.①P74

中国版本图书馆 CIP 数据核字（2021）第 276972 号

策划编辑：方　菁
责任编辑：鹿　源
责任印制：安　森

海洋出版社　　出版发行

http://www.oceanpress.com.cn
北京市海淀区大慧寺路 8 号　邮编：100081
北京顶佳世纪印刷有限公司印刷　新华书店北京发行所经销
2022 年 2 月第 1 版　2022 年 2 月第 1 次印刷
开本：889mm×1194mm　1/16　印张：21.5
字数：560 千字　定价：98.00 元
发行部：010-62100090　邮购部：010-62100072
海洋版图书印、装错误可随时退换

《经略海洋》（2021）编委会

主　　编：李乃胜

副 主 编：徐承德　管艾宏　崔　作

编　　委：（按姓名拼音排序）

崔　作　管艾宏　李乃胜　马绍赛　梅　宁　宋金明

孙　松　徐承德　相建海　徐兴永　于洪军　张训华

撰 稿 人：（按姓名拼音排序）

陈碧鹃　陈广泉　崔正国　邓　敏　董旭盛　董争辉　付腾飞

付延光　郭兴伟　侯瑞星　解志红　李　静　李乃胜　李庆文

李先国　李新正　李彦平　刘大海　刘海行　刘洪涛　刘文全

刘鑫蓓　刘彦东　马　健　马绍赛　梅　宁　倪　娜　欧阳竹

曲克明　任文玉　盛彦清　宋金明　苏　乔　隋　琪　孙吉亭

孙　凯　孙西艳　孙雪梅　孙志刚　王启栋　王天艺　王文静

王　毅　温丽联　温珍河　夏　斌　邢建伟　徐兴永　徐　勇

易素筠　于洪军　袁　瀚　张大海　张　盾　张凯旋　张鹏举

张旭志　张训华　张亦涛　张志卫　张智祥　周东旭　周兴华

朱　琳

参编人员：宋昕玲　荆　涛　冉　茂　李彦平　李祖辉

前　言

广袤的海洋不再是把各大陆分割成一个个孤岛的自然屏障，而是把五大洲联结在一起的天赐媒介。全人类居住在同一个星球，全世界拥有同一片海洋！以科技创新为先锋，以蔚蓝水域为纽带，打造人类命运共同体，构建"海上丝绸之路"，建设"海洋强国"，体现了一个负责任大国的睿智决策和历史担当。

雄踞太平洋西岸的中华民族，自古深谙"靠海吃海"的浅显哲理，开"鱼盐之利"之先河，创"舟楫之便"之范例。自徐福东渡到郑和西行，中华文明的旗帜引领了世界两千年海洋探索的风雨历程。只是近代"明清海禁"，才不经意地把"大国崛起"的蓝色舞台拱手让给了西方。

进入新世纪以来，伴随着"深海进入、深海探索"的蓝色脚步，深层次认知海洋，大手笔经略海洋，我国海洋科技事业超常规发展，从海水养殖世界第一到港口物流名列前茅；从"海洋石油981"三千米深海钻探到"奋斗者"号一万米深渊坐底；从"蓝鲸一号"可燃冰试采到"天鲲号"造岛神器；从全球最大的深海智能网箱到世界第一的海上作业平台；从考察船环测四大汪洋到科学家探究南北两极；从海洋与气候预测长期跟跑到国际领跑；从大洋多金属结核勘探到深海热液硫化物调查；这一切不同凡响的业绩充分证明，中国的海洋科技已步入"万米"时代，海洋经济抵达"深蓝"水平。

但是随着蓝色经济的蓬勃发展，近岸河口的环境压力不断加大。工业污水排放、农业面源污染日趋严重；赤潮、绿潮、水母、海星等生态灾害频繁爆发；海水酸化、富营养化、渔业资源荒漠化等前所未有的名词逐渐变成了"新常态"。因此，以建设"洁净海洋"为主线，以"碳汇海洋""生态海洋"为突破口，集成专家学者的真知灼见，为建设"岸绿、滩静、水清、湾美"的洁净海洋贡献绵薄之力！这就是中国侨联海洋特聘专家委员会在青岛市侨联和中国科学院"美丽中国"先导性科技专项的支持下，编纂出版本书的初衷。

今天，站在社会主义现代化国家建设新征程的起跑线上，迎着全世界"海洋工业文明"的第一缕曙光，面对整个地球的蓝色版图，运筹帷幄，经略海洋，有着特殊的时代意义和超前的战略意义。

坚持依海强国，擘画谋海济国，在习近平新时代海洋科技思想指引下，广大

1

海洋科技工作者正锐意创新进取，努力自立自强，争取在海洋科技若干重大领域实现国际"领跑"，在蓝色版图上实现中华民族的伟大复兴！有道是：海到尽头天作岸，山登绝顶我为峰！

李乃胜

壬寅年春节于青岛

目　次

第一编　低碳高效，人海和谐

第二编　守护海洋，绿色发展

第一编　低碳高效，人海和谐

试论未来十年中国海洋科技的发展趋势

李乃胜

（中国科学院海洋研究所，山东 青岛 266071）

摘要："十四五"规划纲要催生了新时期更高起点的中国海洋科技发展，联合国"海洋十年"计划为中国海洋科技未来十年的发展提供了参考。本文在对中国海洋科技发展现状、面临的机遇和挑战、具备的优势条件进行综合分析的基础上，尝试性探讨了未来十年中国海洋科技的发展趋势和主要目标任务。

关键词：中国海洋科技；发展趋势；未来十年

广袤的海洋不再是把各大陆分割成一个个孤岛的自然屏障，而是把各大洲联结在一起的天然媒介。全人类居住在同一个星球，全世界拥有同一片海洋！以科技探索为先锋，以蔚蓝水域为纽带，打造人类命运共同体，构建"21世纪海上丝绸之路"，是未来海洋科技工作者的神圣使命。

雄踞太平洋西岸的中华民族，自古深谙"靠海吃海"的浅显哲理，开"渔盐之利"之先河，创"舟楫之便"之范例。自徐福东渡到郑和西行，中国的旗帜引领了世界两千年海洋探索的风雨历程。只是近代"明清海禁"，才不经意间把"大国崛起"的蓝色舞台拱手让给了西方。

进入21世纪以来，伴随着"海上丝路"的脚步，深层次认知海洋，大手笔经略海洋。从海水养殖世界第一到港口物流名列前茅；从"海洋石油981"3 000米深海钻探到"奋斗者"号10 000米深渊坐底；从"蓝鲸一号"可燃冰试采到"天鲲"号造岛神器；从全球最大的深海智能网箱到世界第一的海上作业平台；从考察船环测四大洋到科学家探究南北两极；从大洋多金属结核勘探到深海热液硫化物调查；这一切不同凡响的业绩充分证明，中国的海洋科技事业已步入"万米"时代，海洋经济发展已达到"深蓝"水平。

今天的中国已正式跨入创新型国家行列。我们站在社会主义现代化国家建设新征程的起跑线上，迎着全球"海洋工业文明"的第一缕曙光，面对着整个地球的蓝色版图，讨论未来十年中国海洋科技的发展趋势比历史上任何时候都更有意义！

一、未来十年中国海洋科技的神圣使命

雄踞太平洋西岸的中华人民共和国，有 18 000 千米的大陆海岸线和 16 000 千米的海岛岸线，海洋科研和海洋产业从业人数在全世界名列第一。今天，在立足中国特色社会主义进入新发展阶段的关键节点，以全球视野，未来眼光，探讨未来十年的中国海洋科技发展，可以看到"开拓者"的神圣使命和"先行官"的历史担当。

1. 建设海洋强国的先锋队与开拓者

党的十八大提出海洋强国战略，十九大再次提出"坚持陆海统筹，加快建设海洋强国"，这是把握世界海洋科技发展潮流，符合中国国情、海情的英明决策，是实现中华民族伟大复兴的重要战略举措。由此可见，未来十年是海洋科技事业发展的黄金时期，"蓝色经济"也必将进入日新月异的新时代。

海洋科技的首要任务就是为海洋强国建设提供强有力的引领支撑。以增强海洋科技创新能力为核心，以认知海洋、经略海洋为重点，以统筹部署重大项目为抓手，强化海洋科技发展总体布局，掌握海洋领域共性核心技术，突破"卡脖子"的关键技术，完善海洋科技创新体系，实现在世界海洋科技若干重要领域由"并行"到"领跑"的根本转变。

同时，通过海洋科技推动海洋维权向统筹兼顾型转变，为维护国家海洋权益提供坚实的技术保障。统筹国内国际两个大局，建设强大的现代化海军，在维护自身海洋安全和利益的同时，实现"问鼎大洋"的新突破，为维护世界海洋安全与和平发展做出中国贡献。

2. 打造人类命运共同体的桥梁与纽带

中华民族自古就有浓厚的海洋情结，在世界范围内率先实现了"鱼盐之利、舟楫之便"。从秦朝徐福东渡到明朝郑和下西洋，近两千年时间，一直领跑世界的航海科学技术。只是到了近代的"明清海禁"，才错失了"依海强国"的时代机遇，把已经到手的蓝色舞台拱手让给了西方，换来了任人宰割的悲惨历史。

今天的海洋不再是把各大陆分割成一个个孤岛的自然屏障，而是把各大洲联结在了一起。今天的中国正在大踏步进军海洋，把拓展"21 世纪海上丝绸之路"与打造"人类命运共同体"有机融合，体现了一个负责任大国的历史担当！

　　对于"海上丝绸之路"沿线国家来说，海洋科技是"探路者"和"先遣队"。因为许多沿海国家，特别是东盟与非洲国家，海洋资源相当丰富，但科技力量不强，甚至缺乏最基本的海洋资源调查数据。这恰恰是海洋科技队伍代表中国"走出去"的用武之地。

　　对于人类命运共同体来说，海洋科技能发挥纽带和桥梁作用。特别是面对可持续发展的迫切问题、全球变化的共性问题很容易引起世界各国的共同兴趣，很容易达成共识，进而变成"海上丝绸之路"沿线国家的共同行动。也只有沿线国家的共同参与，才能真正实现全球意义的人海和谐。

3. 推动蓝色经济发展的强大引擎与支撑

　　海洋是航运的通道，商贸的窗口，资源的宝库，食品的粮仓。海洋是高质量发展的战略要地，是蓝色经济发展的新空间。海洋科技立足于推动海洋经济由数量规模型向质量效益型转变，确立多层次、大空间、海陆资源综合开发的现代海洋经济理念，从单一的海洋产业思想转变为多元的大海洋产业思想。不断培育海洋经济发展的新动能，发展海洋新业态、新产品、新技术。

　　同时，海洋科技担负着推动海洋资源开发方式向循环利用型转变的重任。秉承以人为本、绿色发展、生态优先的理念，把海洋生态文明建设纳入海洋开发总布局之中，坚持开发和保护并重，像保护眼睛一样保护海洋生态环境，像对待生命一样对待海洋生态环境，全面遏制海洋生态环境恶化趋势，让人民群众吃上绿色、安全、放心的优质海产品，享受到碧海蓝天、洁净沙滩、宜居的优美环境，体现海洋科技惠及人民群众的根本宗旨。

4. 服务人民生命健康的坚强保障与基础

　　海洋是生命的摇篮，大气的襁褓，风雨的温床，环境的净土。海洋是人类健康的基石，也是未来人类健康的保障。因为海洋是地球的命脉，是大气圈、生物圈、岩石圈的链接纽带，海洋在全球范围内调控生态、滋养生命、影响经济、孕育文明。无论是现在，还是未来，没有海洋健康，就没有人类的繁荣。21世纪是人类崇尚健康的时代，也是健康产业大发展的时代。中华民族在实现伟大复兴的征途上，正致力于提高国民健康水平，正在全力打造"健康中国"，而海洋科技责无旁贷地为"健康中国"提供不可或缺的技术支撑。

　　海洋科技面向人民生命健康，旨在提升中华民族的健康素质。因为海洋是人类环境的最后一块"净土"；广袤的海洋能为人类提供大量优质蛋白；海洋药物是未来人类最重要的"蓝色药库"。所以依靠海洋科技来保障人民健康是未来海洋科技事业的必然选择。

生命源于海洋，海水中比例相对恒定的盐卤组分与人类健康密切相关，有机大分子与盐类小分子的相互作用蕴含着人体健康的基本机理，盐卤资源能有效解决当今人类因"元素失衡"带来的现代疾病，有可能成为一个未来的新型药源。因此，盐卤产业与未来的"健康中国"息息相关。从根本上说，打造健康海洋，服务人民健康，实现人海和谐是对海洋科技的现实需求。

二、中国海洋科技面临的挑战和短板

迄今为止，尽管我国海洋科技事业取得了长足进展，但与世界上一些沿海大国相比还有较大差距，还有不少亟待解决的"瓶颈"问题，在建设海洋强国的道路上还有很长的一段路要走。

1. 海岸带人口资源比例严重失衡，近海环境压力大

我国海岸带人口密度大，大城市集中，大产业集中。特别是大石化、大炼油、大钢铁产业主体上沿海沿江布局，对近海生态环境造成了巨大的压力。相比于海洋产业发展水平，我们付出的环境资源代价太高。

此外，无序的围海、填海、用海，人工海岸比例太大，使得近海河口港湾"自净"能力显著下降；过度的海洋渔捞，掠夺性海洋资源开发，造成海底"荒漠化"，导致了近海渔业资源枯竭；农业面源污染、塑料与微塑料、工业污水入海虽受到严格控制，但日积月累使近海环境污染严重；大量化肥农药、有机物入海，形成近岸河口海湾富营养化，赤潮、绿潮、水母、海星等大范围生态灾害屡见不鲜。总之，由于海岸带人口、资源、环境比例失调，海洋资源修复滞后，环境治理压力过大，对于海洋经济发展是一个沉重的负担。这对于海洋科技事业来说，是不得不承担的艰巨任务。

2. 深海远洋控制管理能力不强，国家海洋权益受到威胁

我国海域，除渤海属于中国内海，无疆界争端外，黄海、东海和南海划界矛盾错综复杂，而且愈演愈烈。东海的钓鱼岛、南海的黄岩礁以及整个南沙海域划界问题日益突出，甚至黄海的渔业资源竞争也不断升级。如何维护我国的海洋国土完整和海洋安全，仍是全国甚至全世界关注的热点问题。

在占海洋面积70%以上的国际公共海域，新一轮"蓝色圈地"愈演愈烈，几乎达到"白热化"程度。"外大陆架"的竞争有可能成为世界蓝色版图的最后一次划分。和平利用极地问题、北冰洋航道问题、北极海区油气资源问题、国际海底矿区划分问题，等等，如何公平合理地分配全人类未来的战略性海洋资源是当前全世界高度关注

的难题。如果按照世界人均粗略划分，我国理应拥有至少五千万平方千米的国际海域。但对于茫茫深海大洋，除近年来亚丁湾护航外，我们几乎缺少话语权和管控能力，与我们海洋大国的地位极不相称。但我们缺少控制深海远洋的能力，这已成为目前建设海洋强国最突出的"瓶颈"问题，也是未来十年海洋科技必须面对的重要问题。

3. 仪器装备严重依赖进口，核心部件受制于人

相对于沿海发达国家来说，我国的海洋装备水平差距较大，由于不掌握核心技术，科研装备和产业装备都相对落后，成为制约发展的"卡脖子"问题。

科研装备体现科研水平。目前大多数海洋科研机构，从陆地实验室到海洋科考船，重要观测实验装备绝大多数依赖进口，国外卖给我们的充其量是二流、三流的产品，而且系统软件仍受制于人。没有自主知识产权的一流设备，就很难获取一流的调查资料，也难以做出一流的科研成果。

海洋产业装备落后情况更加严重。产能世界第一的造船行业基本上处于"组装"水平，船舶基础设计、船用发动机、船舶电子等核心内容大多是"舶来品"，我们基本上是"焊钢板"式的来料加工。海洋水产业基本上属于劳动力密集型的粗浅加工，手工劳动仍然是主体，几乎没有成套的自动化生产线。

4. 海洋产业缺乏核心技术支撑，低端产品出口上市

我国海洋产业规模大，从业者多，但总体上还是传统产业一统天下，一些科技含量高的新兴产业有些苗头，但规模较小。两个突出的特点制约海洋产业的发展。一是资源型、规模型开发，海域使用面积越来越大，但单产、亩产不高；海水养殖规模越来越大，但主要是海带和贝类，而附加值高的鱼虾类规模很小。二是原料型、食品型、中间品型的产品出口上市，迄今仍然没有摆脱"一火车换回一提包"的外贸格局。从海水养殖到水产加工，从卤水化工到造船航运，海洋经济的各个领域，缺乏自主知识产权的核心基础技术支撑，缺少解决"卡脖子"问题的关键技术，外来技术依存度较高，在许多领域受制于人。

当前，拓展蓝色空间，发展蓝色经济，海洋科技担负着支撑海洋经济发展的重要使命。眼下亟须依靠科技创新，实现蓝色经济的三大转变。一是数量规模型向质量效益型转变；二是劳动力密集型向自动化加工型转变；三是中低端产品向中高端转变。

三、中国海洋科技拥有的战略优势

进入 21 世纪以来，特别是党的十八大以来，我国海洋科技事业取得了长足的进展。迄今为止，我国的海洋科学研究机构数量和海洋科技从业人员总量稳居全世界第

一位，堪称"海洋科技集团军"。我国拥有50多艘具备全海域航海能力的科学考察船，堪称世界一流的"海洋科技舰队"，形成了近海、远海乃至极地、大洋的综合调查观测能力。这足以说明，我国在世界海洋科学技术领域具备一定的特色和优势。

1. 海洋领域大国重器集群式发展

我国的深海调查装备在短短十几年时间内取得骄人的业绩，实现了超常规发展。已初步建成以"蛟龙"号、"奋斗者"号载人潜水器为代表的深潜装备阵列，并且呈现集群化、系列化、专业化、梯队化发展。以"龙"为象征的"蛟龙"号、"潜龙"号、"海龙"号；以"马"为符号的"海马"号；以"人"为形象的"奋斗者"号、"深海勇士"号；以"鱼"为寓意的"彩虹鱼"号，等等，载人的或不载人的、有缆的或无缆的，构成了世界上数量最多、品种最全的深海重器集群。2012年，"蛟龙"号下潜深度达到7 062米；2020年，"奋斗者"号在10 909米深渊成功坐底，创造了"扬国威"的科技业绩。

同时，"海洋石油981" 3 000米深海钻探平台、"海洋石油201" 3 000米深海铺管船，标志着我国跨入了深海油气的新时代；"深潜"号300米饱和潜水工程船标志着我国有能力完成深水大规模连续性潜水作业；"蓝鲸一号""蓝鲸二号"深海天然气水合物钻探开采平台创造了一系列新的世界纪录。除此之外，"天鲲"号造岛神器、"鲲龙"号海陆大型飞机，标志着我国在海洋科技与海洋工程若干领域走在了世界前列，并率先具备了实际勘查与施工能力。

2. 国际公共海底获得四大矿区

我国自1990年成立"中国大洋协会"以来，就正式向联合国国际海底管理局提出矿区申请。2001年，我国作为世界第五个先驱勘探投资开采国，在东北太平洋获得了7.5万平方千米的多金属结核专属开采矿区。2011年，我国作为第一个国家在印度洋西南中脊获得了约1万平方千米的热液硫化物开采专属矿区。2014年，我国在西太平洋获得约3 000平方千米的富钴结壳矿区。其后2017年，五矿集团作为中国的企业代表又在东太平洋获得了72 740平方千米的大洋多金属结核矿区。这一切标志着中华民族在全人类国际公共海底矿产资源开发领域占有了一席之地，也标志着我国的海洋科技事业开始大踏步迈向深海资源开发，这本身就等于向全世界表明了中国海洋大国的地位和形象，也显示了中国的深海勘探技术和深海工程作业能力。我国在国际海底管理局获得4块矿区，是获得资源矿区种类和数量最多的国家。目前，中国科学家正致力于南大西洋中脊多金属矿产勘查和深海沉积物富稀土矿产调查。

3. 探洋登极调查研究走在世界前列

"查清中国海、探索四大洋、考察南北极"是中国海洋事业的宏伟构想，也是今天业已实现的宏伟目标。自 2005 年，"大洋一号"历时 297 天，航程 4.323 万海里，完成环球科学考察以来，我国在南北极完成了"两船五站"的任务，即"雪龙"号和"雪龙 2"号极地科考船，在南极建成了长城站、中山站、昆仑站、泰山站；在北极建立了黄河站。中国国家南北极观测网已基本建成，包括船基、岸基、空基、天基、海基、冰基、海底基观测系统。观测网能够为南北极气候、环境变化监测提供支持。2012 年，我国的科学考察船从青岛起航第一次穿越了北冰洋东北航道；2017 年，我国北极考察队历史性地穿越北极中央航道，在北冰洋公海区首次沿中央航道开展了全程科学调查，标志着我国北极考察正式进入常态化。对国际公共海底战略性资源的调查、勘探和研究，包括深海油气资源、深海天然气水合物、大洋多金属矿产、深海热液硫化物矿床、极端环境生物基因资源等方面，我国也取得了不凡的业绩。

4. 海洋产业发展跨入深蓝阶段

多年来，我国海洋科技已成为海洋经济转型升级的新动能，多个领域取得重大技术突破，引领支撑海洋经济持续多年优于同期国民经济增速，高于同期世界经济增速 2.7 个百分点。我国积极把握世界科技创新发展趋势和新一轮产业革命，海洋新兴产业快速发展并不断壮大。港口吞吐能力和港航物流产业稳居世界第一；海洋水产品总量近 20 年来一直保持绝对领先，特别是海水养殖产业，在分子生物技术的支撑下，不仅为 13 亿人提供了优质海洋食品，而且有效弥补了过度渔捞造成的生态环境缺憾；我国积极推进海水淡化工程建设和规模创新，反渗透、低温多效等海水淡化核心技术和关键设备取得了重大突破；海上风电新增装机容量呈现跳跃式发展；海洋生物医药业发展迅速；海洋工程装备制造业以高端海工装备的研发与制造为突破口，在油气资源开发装备、生产储运装备、海洋工程大型装备制造等领域表现突出。

5. 全球海洋立体监测网络系统基本建成

我国一直将"全球海洋立体观测网"作为认知海洋、数字海洋的重大科技发展目标。除形成覆盖我国 300 万平方千米管辖海域的高密度、多要素、全天候、全自动的海洋立体观测网之外，还积极参与和拓展国际海洋观测计划，通过国际多边和双边合作，开展全球海洋观测能力建设，全面提升西太平洋海域、北印度洋海域、"海上丝绸之路"沿线国家近岸、近海和南北极区的观测能力。目前，我国已通过卫星遥感、海洋浮标系统和科考调查航次向深海大洋、极地拓展，初步拥有了全球海洋立体观测的网络体系。

四、未来十年中国海洋科技发展的总体目标

以习近平新时代海洋科技思想为根本遵循，聚焦"新阶段、新理念、新格局"，坚持依海富国、以海强国、人海和谐、合作共赢的发展方向，深层次认识海洋，大手笔经略海洋，高水准保护海洋。立足海洋科技自主创新，瞄准国际海洋科技前沿，紧扣国家海洋科技目标，突出中国海洋科技特色，引领海洋事业挺进深海、问鼎大洋，支撑海洋经济实现"深蓝化"转型升级。通过打造健康海洋、美丽海洋、低碳海洋、生态海洋、和谐海洋，实现从海洋大国到海洋强国的"蓝色跨越"。

通过中国海洋科技界未来十年的努力，一定会大大提升我国的海洋科技实力，在全人类向"深海、深蓝"进军的大潮中勇立潮头，在"上天、入地、下海、登极"的科学探索中更高地举起中国旗帜。

到 2025 年，中国海洋科技事业有能力跨入世界第一梯队，能够参与和主持 10 个以上的重大国际海洋计划，多层次参与重要国际海洋组织，在世界重大涉海问题和深海大洋探索中掌握一定的国际话语权。战略性新兴产业不断发展壮大，全国性海洋科技创新体系初步完善，海洋产业布局进一步合理，海洋经济占国民生产总值的比重不断加大。

到 2035 年，中国海洋科技事业进入世界第一梯队前列，在若干重大海洋科技领域由"并行"变为"领跑"，主持若干重大国际海洋计划。蓝色经济全面完成转型升级，掌握了一批重大核心技术，突破了一批"卡脖子"关键技术，战略性新兴产业成为主体，海洋经济成为重要的主导产业，初步实现由海洋大国向海洋强国的"蓝色跨越"。

具体工作目标概括为：一是海洋认知程度大幅度提升。完善天空、水面、水下、海底、深钻五位一体的立体化海洋观测体系，实现海洋探测资料的数字化、实时化、连续化、网络化，初步建立起 4 000 米深海底的监测网络系统，远洋、极地考察进一步深化，在重大全球性科学问题探索中表现出中国学者的创新性见解。二是海洋新兴产业快速发展并不断壮大，通过掌握若干产业领域的核心技术，初步实现从传统产业向新兴产业的转型升级，主体上完成从原料型、食品型中低端产品到科技含量高、附加值高、环境效益好的中高端产品转变。三是海洋资源开发实现循环利用和可持续发展。深海远洋生物资源，深海生物基因资源、海洋药物资源、深海优质生物食品资源、远洋渔业技术成为重要的发展领域。国际公共海底的战略性资源，包括深海油气、海底天然气水合物、大洋多金属结核、热液硫化物矿床等，在常规性调查的基础上，进入到详细勘探开发阶段，并有选择地逐步转向"试开采"阶段。四是海洋生态环境进一步向好发展，海洋生态监测体系进一步完善，近海水质进一步提升，海洋空间利用布局进一步集约化、立体化、生活化、生态化，美丽海洋、洁净海洋、低碳海洋建设

取得重要进展。五是"21世纪海上丝绸之路"建设取得突破性进展，与海上丝路沿线各国开展全方位、多领域的科技合作，共同打造开放、包容的科技合作平台，初步建立起互利共赢的蓝色伙伴关系，在解决可持续发展的共性紧迫问题方面取得实质性进展。共同打造可持续发展的"蓝色引擎"。

五、未来十年中国海洋科技的发展趋势

参照联合国"海洋科学促进可持续发展十年计划"提出的总体任务目标，"把我们拥有的海洋变成我们希望的海洋"。根据我国自进入21世纪以来海洋科技突飞猛进的事实，结合海洋强国建设的目标和"21世纪海上丝绸之路"的宏伟构想，前瞻性分析我国海洋科技未来的发展趋势，可得出如下初步认识。

（1）学科融合基础上的"系统海洋学"。海洋科学各分支将会进一步融合、交叉、共享、共赢，把"海洋"作为地球表面一个最复杂、最庞大、最完整的自然系统，进行更高层次、更深入的系统调查研究，创立和完善"系统海洋学"。海洋科学调查研究的思想、方法、技术由最早把海洋作为一个海水覆盖的地理"盆地"，到划分出物理海洋学、海洋地质学、海洋化学、海洋生物学等四大学科，转变为系统研究海洋这一自然体系的"系统海洋学"。任何一种海洋自然现象、任何一个海洋自然过程，都不是单一学科的"单打独奏"，必须多学科融合探讨，才能真正揭示发生在海洋中的自然规律。譬如西太平洋"暖池"，是全世界强台风的重要发源地，其表象似乎只是物理海洋学的研究内容；但其成因机制可能需要从地质学的"板块构造"理论找答案，其过程则可能是能量传递、物质通量、营养盐交换等化学内容；其结果可能是带来生态系统的重大变化；最终防灾减灾又涉及国计民生的各个方面。由此可见，单一学科分支越来越细的探究实际意义并不大，如果做不到文理兼备和多学科相互交叉、相互融合、相互印证，自认为在某一学科分支很高深的"新发现"往往会被其他学科一个司空见惯的"小认识"而"一票否决"。

（2）海洋科学技术服务人民生命健康。科学技术惠及人民群众是中国科技事业的最终目的，科学技术面向人民生命健康是新时代的新要求，海洋科技服务人民生命安全、保障人民健康福祉是"海洋强国"的必然选择。

海洋是地球上最后一块尚未开发的环境"净土"；海洋是人类最重要的优质蛋白来源；海洋是地球上最大的"天然药库"。这三大特征足以证明，海洋是维护人类健康的战略要地。但是过去海洋科技忙于"人海、探洋、登极"，对服务人民生命健康的调查研究程度远远不够，未来十年的中国海洋科技必将把服务人民生命健康作为新的主题和大有作为的新领域，由此会诞生出若干新的研究方向。海洋天然产物的活性

物质功能性开发将会成为新的技术开发目标，由此会带来一系列新的靶向技术集群。

海洋是生命的发源地，海洋对人体健康有着特殊的作用和深层次联系。为什么海水能天然电磁屏蔽？为什么盐水能天然杀菌抗毒？为什么在海洋的动物中很少暴发流行性"瘟疫"？为什么海洋植物产品天然阻燃？为什么海洋中的病毒在"海盐环境"下基本上对人体无害？而一旦登陆进入"空气环境"后，经过几代宿主的转换就变成了"有害病毒"？这一些未知的健康问题归根结底可能是"海盐环境"与"大气环境"的根本差异！研究证明海水与人体血液、胎儿羊水的金属元素配比惊人的一致，这从另一个侧面揭示了提升人体免疫力的秘密。这一切恰恰是未来十年中国海洋科技新的用武之地。

（3）"万米时代"的海洋科技聚焦深海战略性资源。中国科技事业进入21世纪以来的超常规发展，已经做到了"可上九天揽月、可下五洋捉鳖"。"万米时代"的中国海洋科技不再仅仅满足于"渔盐之利、舟楫之便"，而是瞄准深海大洋中广泛发育并海量储存的人类未来战略性资源。特别是今天，面对着自当年"地理大发现"以来，历时500年的"海洋商业文明"即将转为"海洋工业文明"的历史转折，站在海洋工业文明的起跑线上，立足深海矿产资源由"勘探调查"即将转入"尝试性开发"的新起点，中国海洋科技一定会做到"科技先行"、大有可为。一定会迅速创生出一系列新的科学理论和技术方法。

更详细的资源勘探调查技术、更精确的矿藏储量品位分析技术、更有效的深海洋底开采技术、更可靠的海底环境稳定技术、更新颖的冶炼提取技术、更高效的活性物质提取技术等，一系列新认识、新规律、新技术、新方法、新工艺、新装备必将会成为中国海洋科技新的发展趋势。因为14亿中国人在陆地资源匮乏的前提下，必须依靠海洋科技问鼎大洋，向广袤的深海大洋"要空间""要粮食""要药物""要资源""要矿产"。

（4）"人海和谐"背景下的环境生态承载力调查研究。海洋酸化、海水富营养化、海洋微塑料、海洋生态灾害，已成为世界范围内近岸港湾的"新常态"。也是中国海洋科技不得不面对的新命题。黄海的"浒苔"绿潮年复一年暴发性生长，几乎"绿化"了山东东部沿海，而且十几年"抗击浒苔"，总体上越"抗"越"多"，今年夏天尤为严重。海洋"水母灾害"十几年如一日，几乎占据了海洋生态的绝大部分空间。赤潮、金潮、褐潮，五花八门的微生物暴发性泛滥，海星、海胆、互花米草的无节制蔓延，令海岸带与近海海域不堪重负。这一切，都属于"人海和谐"背景下的"天灾人祸"，都关联到海洋生态承载力研究。

当前，近海环境污染对沿海各国可持续发展来说，已成为十分重要而且异常紧迫的共性问题。工业污染、农业污染、旅游污染有增无减，尽管出台很多措施减排治理，但总体上环境压力越来越大。如何解决经济发展与环境污染的矛盾，如何协调人口众多与资源匮乏的关系？聚焦在"承载力"研究！近岸河口、港湾、浅海、沙滩环境承载力如何？靠海洋的"自净能力"能达到多大环境容量？靠海水交换能在多大程度上汇碳、固碳？某一海区能承载的生态系统如何？都是关乎未来的战略选择，都是未来海洋科技需要回答的共性问题。但环境承载力、生态承载力、土地承载力、海洋承载力等，又是科学与社会融合、人文与技术交叉、地理资源与人口发展相互作用的重大战略领域。说到底是全世界范围内如何实现"人海和谐"的根本问题。因科学储备不足、技术创新不够，故期待着一系列新的学科、新的技术、新的研究成果浮出水面。

（5）"多圈层能量传递过程"中的海洋防灾减灾。海洋一方面以特有的博大胸怀把无尽的空间和资源奉献给人类；另一方面又不断地给人类制造麻烦，对人类的进军海洋行动给出最粗犷、最严厉、最及时的褒贬奖惩。

发生在海洋中多圈层界面的能量传递既为人类提供了可利用的巨量天然能源，又造成了数不清的自然灾害。地震、火山、海啸、台风，令人谈虎色变；海雾、海冰、风暴潮、风暴浪，使人毛骨悚然；发生在海底的各类地质灾害令人防不胜防；出现在海水中的生态灾害使人一筹莫展。

海洋灾害是人类进军海洋征程上的第一个拦路虎，但又难以靠"人定胜天"来解决。"人祸"总有办法解决，但"天灾"往往不可抗拒。经略海洋的首要任务是防灾减灾，但防灾减灾的前提是致灾原因与机理的认知。说到底，只有依靠科技创新，只有在更深层次上认知海洋、预知海洋，才能实现真正意义上的防灾减灾。因此未来的海洋科学必须面对海洋多圈层能量转换的机理和传递过程，要从源头上认知海洋灾害，从机理上预测海洋灾害，从技术上防控海洋灾害。

六、未来十年中国海洋科技的主要任务

中国海洋科技未来十年的主要任务是聚焦提升海洋深层次认知能力、海洋高效管控能力、海洋有序开发能力、海洋科技支撑能力。重点是尝试性组织、主持三大国际海洋科学计划，策划实施十大中国海洋科技行动。

（一）尝试组织三大国际海洋科学计划

以全球海洋可持续发展共性紧迫问题为导向，以自然均衡规律为基点，以学科交叉融合为特色，以发生在海洋自然界面的自然过程为突破口，以跨区、跨界、跨国合作为手段，提出如下三大国际海洋科学计划。

1. 发生在海面的多尺度能量转换过程及气候环境效应

海气界面就是泛指的海平面，是自然界最庞大、最复杂的流体密度界面。它既是大气圈与海水圈相互接触的最大界面，也是大气圈与海洋生物圈最广袤的相互作用界面，又是太阳、月亮等星球直接影响海洋各类能量转换的作用界面，更是人类活动与海洋相互影响的超大平台。发生在该界面的各类自然过程直接决定着全球环境变化、全球生态系统和人类的未来。

主要研究内容包括：①海洋观测系统的创新性构建与数据传输技术；②新型海洋模式与海洋预测预报；③海洋至灾因子与海洋动力灾害防控；④海洋动力过程与能量转换；⑤日地相互作用的海洋自然过程及海洋初级生产力。

2. 发生在深海洋底的自然过程与深海环境稳定性

号称万丈深渊的深海洋底处于高压、高黑，甚至局部高热、高冷的极端环境中，是海水与底质相互作用的重要界面，也是水土相互影响的重要媒介。发生在海底的自然过程非常复杂多样，可迄今人们对此认知程度非常低。如果说人们对发生在海水表面的自然过程略知一二的话，对于发生在海底的自然过程的了解充其量不到"九牛一毛"。因此，海底自然过程是全人类未来认知海洋的重中之重。

主要研究内容包括：①未来的海底矿藏开发与深海环境稳定性；②大洋板块运动变化带来的全球海底构造环境影响；③从源到汇的地壳元素富集与交换规律；④海底热液、冷泉系统的循环机制与深海碳循环机制；⑤海底极端环境微生态系统与生命起源的复杂响应。

3. 人海和谐背景下的海陆交互作用

除去人类活动之外，海洋中发生的一切自然现象都属于自然过程和生态平衡。因此，海洋资源短缺问题、海洋环境污染问题、海洋生态灾害、海洋富营养化、海洋酸化、海底荒漠化、海洋微塑料等，都与人类活动有直接或间接的关系。海岸带是人类与海洋相互影响的联结线，是陆海交互作用的结合部，是人类进军海洋的起跑线，是蓝色经济发展的枢纽港。在人海和谐背景下聚焦海陆交互影响是解决未来可持续发展重大问题的关键。

主要研究内容包括：①海洋环境容量与生态承载力分析；②近海生态灾害发生机理及预测预防；③海岸带自然稳定性与冲淤演化规律；④海洋微塑料溯源、追踪与有效防控；⑤近海自净能力与碳排放、陆源污染物入海的均衡效应。

(二) 策划实施中国十大海洋科技行动

未来十年是我国海洋科技跨越式发展的黄金时期，是实现由海洋大国向海洋强国华丽转身的关键十年。海洋科技将紧扣国家海洋科技发展目标，全方位体现海洋领域的国家意志，以建设海洋强国与"21世纪海上丝绸之路"为主导，以海洋领域人口、资源、环境协调发展、可持续发展为目标，把握世界海洋科技前沿动向，突出我国的国情、海情特色，为维护国家海洋权益提供坚强保障，为蓝色经济发展提供科技支撑。

1. 和平海洋行动

和平海洋是打造人类命运共同体的基础，是建设"海上丝绸之路"的保障，是海上互联互通的前提，是海洋强国的责任所在。维护国家海洋权益需要科技保障，问鼎大洋依赖科技实力。未来十年是有效解决台海问题、稳妥解决海域划界、有效管控主张海域、逐步问鼎大洋的关键十年，海洋科技必须突破"硬核"技术，为"和平海洋"建设奠定基础。

主要研究内容包括：①海洋国防环境的数据获取与探测预报；②远洋应急处理技术与水下信息传输系统；③海洋运载与国防装备关键部件的技术突破。

2. 健康海洋行动

海洋是大自然特有的、尚未大规模开发的"蓝色药库"，健康海洋是建设"健康中国"的基础，海洋科技服务人民生命健康是最重要的未来发展目标。蔚蓝色的海洋堪称是人类生存环境的最后一块"净土"；海洋的动态"自净"能力是降解陆源污染的最后一把宝剑；蓝色国土是为人民提供无公害优质蛋白的最后一片"良田"；广袤海域是提取生物活性物质，提升人民健康水平的最后依托。因此，未来十年，通过健康海洋行动服务"健康中国"具有不可替代的意义。

主要研究内容包括：①河口、海湾、邻近海域生态承载力与环境容量模拟分析；②海洋生物活性物质高效提取与先导化合物筛选；③海水恒定的"无机盐"组分与人体免疫系统的相互作用。

3. 清洁海洋行动

金山银山不如绿水青山！海洋是大气的襁褓、风雨的温床、环境的净土、生命的故乡。打造"美丽中国"必须首先打造"山青、水蓝、滩美、岸净"的"美丽海洋"。鳞潜羽翔、风调雨顺、环境宜居、气候宜人是大自然通过海洋奉献给当今人类的最大福祉，清洁海洋行动是建设美丽海洋的科技支撑和保障。

主要研究内容包括：①河流入海污染物分析、检测与有效防控；②海洋酸化、富营养化检测分析和解决措施；③海洋垃圾、难降解物质、微塑料的溯源、追踪与检测分析。

4. 生态海洋行动

地球系统最基本的演化规律是"均衡作用"。造山运动不断地制造壁立千仞的高山峡谷，但风化作用不断地削高填低，把高山峡谷夷为平地。任何一种生物爆发性生长都是"灾害"，因为它破坏了生态系统的"均衡"，而任何一种生物，包括病毒、细菌等微生物，只要有序生长就是"资源"，因为它维护了生态"均衡"。但是人类活动往往是以攫取资源为目的的"掠夺性"开发，带来的结果往往是破坏了生态平衡。因此，生物多样性和生态系统"均衡"是生态海洋行动的重点目标。

主要研究内容包括：①生物多样性保护与区域海洋生态系统研究；②近海海洋生态灾害发生机制与预测预防；③海洋生态资源重点修复的关键技术。

5. 碳汇海洋行动

海洋是碳捕获、碳汇聚的天然良港，是碳封存、碳固定的自然宝库。人类在陆地上燃烧一次性石化能源而排放到大气中的二氧化碳大约一半被海洋吸收。海洋水动力交换形成的"物理泵"，海洋生物循环形成的"生物泵"在海洋碳循环中显示出举足轻重的"正能量"。中国已经列出"碳达峰""碳中和"的时间表，碳汇海洋行动将以新型"蓝碳"系统为突破口，在人类汇碳固碳事业中发挥不可替代的作用。

主要研究内容包括：①"蓝碳"捕获机理探讨与海洋碳汇总量评估；②碳汇渔业、碳汇生态与碳汇海洋产业的发展模式；③深海碳封存、碳固定的尝试性研究。

6. 财富海洋行动

海水资源、生物资源、矿产资源、空间资源、药物资源、食品资源以及全人类未来的战略性资源都赋存在海洋中，海洋是人类最庞大、最重要的聚宝盆。特别是大洋多金属结核、热液硫化物矿产、海底天然气水合物即将由勘探转入开发阶段，自"地理大发现"以来的海洋商业文明即将转化为海洋"工业文明"。当前，立足海洋工业文明的起跑线上，开展财富海洋行动具有特别重要的战略意义和现实意义。

主要研究内容包括：①大洋矿产先期试开采技术及海底稳定性评估；②远洋深海特色渔业装备与远洋渔捞技术；③海洋天然产物开发与极端环境生物基因资源提取技术。

7. 能源海洋行动

海洋中蕴含着巨大的能源，是大自然赋予人类最大的能源宝库。1平方千米海面的水动力能量如果集中起来的话，足以超过一个三峡大坝；一次强台风的能量如果能全部捕获集中的话，能满足全人类1年以上的能源需求；1升海水中氢同位素的热核聚变，如果受控的话，相当于 300 升汽油。但海洋中的能源，一是能流密度低，二是不受控，使人类迄今只能望洋兴叹！能源海洋行动旨在向海洋能源宝库进军，尝试利用颠覆性思想与颠覆性技术，从某一侧面突破海洋能源"卡脖子"技术，为人类换来巨大的能源效益。

主要研究内容包括：①由"点式"向"面式"转变的海洋动力能源采集装备与技术；②新型海洋生物与微生物能源的储能机理与开发技术；③海洋日光能、地热能、温差能等自然能源的新型开发装备研制。

8. 深渊海洋行动

"可上九天揽月，可下五洋捉鳖"是历代中国人的梦想，今天的中国海洋科技已名副其实地进入了"万米时代"，海洋强国梦逐步成为现实。拥有集群式深海潜器、深海着陆器等系列深海装备的中国海洋科技队伍，有能力在深海进入、深海观测以及未来的深海资源可持续开发利用方面实现"国际领跑"。

主要研究内容包括：①深海进入的抗压、密封与信号传输技术；②深海洋底网络化、实时化、数字化观测系统；③深海洋底地质环境与生态环境的大比例尺监测分析。

9. 希望海洋行动

伴随着海洋科技的进步与创新，对于我们拥有的海洋，认知程度越来越高，但对于我们希望的海洋却众说纷纭、莫衷一是。特别是如何把我们拥有的海洋变成我们希望的海洋更缺乏系统研究。总体上，希望海洋是一个能造福人类、环境友好、清洁美丽、资源丰盈、动态稳定的自然系统。能变成"希望海洋"关键是"可预知"和"均衡度"，这也是希望海洋行动的重点。

主要研究内容包括：①海洋自然系统变化过程的预测预报；②海洋生态系统变化的预测预知；③海洋各自然系统的"均衡度"分析。

10. 合作海洋行动

全人类同在一片蓝天下，共有一片海洋。建设 21 世纪"海上丝绸之路"与打造人类命运共同体落脚点都在国际合作与多边共赢。面对海洋领域可持续发展的重大共性问题，海洋国际科技合作势在必行，而且首当其冲。特别是影响人类文明进程与蓝色经济发展的海洋环境问题、资源短缺问题、防灾减灾问题更是沿海各国必须共同面对的迫切问题，也是合作海洋行动的主要目标。

主要研究内容包括：①"海上丝绸之路"沿线国家人口资源环境协调发展；②中国海洋科技"走出去"的国际平台服务系统；③海洋互联互通与资源环境一体化。

发挥沿海地下盐卤资源优势，
领跑全球绿色盐业

李乃胜

（自然资源部第一海洋研究所，山东 青岛 266071）

摘要：沿海地下卤水是大自然孕育的天然液体金属矿山。海盐是重要的战略性资源，又是生命之源、百味之祖、化工之母。但自古至今，产品结构和产业技术变化不大，亟须转型升级。本文系统分析了海盐产业的现状和发展中面临的问题，提出了新型生命健康产业、新型高纯轻金属产业和新型环境友好产业等"绿色盐业"的三大发展方向。

关键词：地下卤水；绿色盐业；高纯金属钠

海洋是地球的命脉！海洋在全球范围内调控生态、滋养万物、行云布雨、孕育文明。海洋的本质是海水，而海水的特色是盐分。盐是百味之祖、化工之母、生命之源、健康之基。标准海水具有 35 的恒定盐度，而海洋的平均深度接近 4 000 米，可以想象，如果把海洋中的盐分都提取出来堆放到陆地上的话，平均厚度将超过 200 米，可见其资源量何等巨大！

我国海盐产业历史悠久、规模庞大，一直领航全世界。从 5 000 年前"夙沙氏"在莱州湾畔煮海为盐[1]，到商周时代大量盐场遗址的考古发现，再延伸到春秋战国时期的古齐国依靠"盐铁官营"而成为五霸之首、七雄之冠。无可辩驳的历史事实证明，古代的中国在全球海盐领域独领风骚。秦汉以降至明清王朝，海盐一直是国民经济的命脉，盐道、盐关、盐运、盐商、盐帮等围绕海盐的机构，在历朝历代都家喻户晓、耳熟能详。

在中国 18 000 多千米的海岸线上，岩石海岸和砂质海岸加起来大概占一半左右，剩余的"半壁江山"则是淤泥潮坪海岸。而后者共同的特征是发育了地下卤水资源。渤海沿岸是我国著名的盐卤产业密集区，莱州湾畔尤为突出。黄海之滨，特别是苏北沿海，具有广袤的地下卤水矿藏，自古也以盛产"原盐"驰名中外。甚至海南岛的莺歌海盐场，在历史上也有较高的知名度。但迄今为止，我国的海盐产品主体上仍然是以资源型、原料型的"盐、碱、溴"出口上市，亟须实现"颠覆性"转型升级。未来的"绿色盐业"以卤水资源高效利用为突破口，以新型健康产业、新型环境产业、新型高纯金属产业为目标，支撑真正意义上的"白地绿化""核电上山""滨海粮仓"，实现海盐科技服务人民生命健康。

一、盐业历史，从"夙沙部落"到"绿色盐业"

茫茫宇宙，在当今人类的天文视野内，地球是唯一适合人类生存的星球，其源盖因为存在着广袤的海水。而海水说到底就是"水和盐"的组合，由此衍生出以"卤源"为基础的物质集群。它既是大自然奉献给当今人类最丰富的战略资源，也是地球上一切生命的基础。

上古三皇五帝时期，"夙沙氏"率领的原始部落在莱州湾畔"煮海为盐"，开世界海洋资源开发之先河[1]，也开创了华夏大地以海制盐的人类文明新时期，被尊为盐业之鼻祖，史称"盐宗"。在 2012 年韩国丽水"世博会"上，中国馆正式向世界推介了盐圣"夙沙氏"，引起了世界各国的高度关注。

国内外海洋科技与海盐化工界公认，海盐开发起源于中国。2009 年第九届世界盐业大会确认，山东寿光是世界海盐生产的发祥地，活跃在寿光北部莱州湾沿岸的"夙沙部落"是人类最早开发利用海盐的原始群体。

在人类文明的发展过程中，"盐"与"火"可以媲美，有着不可或缺的重要性。从人体层次看，盐是生理必需品；从家庭层次看，盐是古代的"冰箱"；从产业层次看，盐是古代的经济支柱；从国家层次看，盐是政府的财政命脉；从世界层次看，盐是古代国际地位的象征。

当年夙沙氏"煮海为盐"，揭开了中华文明的序幕。自此以降，几乎是"几千年一贯制"，产业结构和生产方式变化不大。海盐生产，一般采用日晒法，也叫"滩晒法"，就是利用滨海滩涂，筑坝开辟盐田，通过纳潮扬水，吸引海水灌池，经过日照蒸发变成卤水，当卤水浓度达到波美 25 度时，析出氯化钠，即为原盐。

盐是人类生存与繁衍不可或缺的基本要素。由此，盐卤产业在历史中一直占据非常重要的地位。例如，春秋时期的齐国推行"盐铁官营"之策，伐薪煮盐，计口授食，从而盐利剧增，使得齐国富强，成为春秋第一霸主；秦统一六国之后在全国继续推行盐铁官营，以致后续的汉、唐、宋、元、明各朝代，盐卤产业一直是国家的财政支柱，在社会经济发展中发挥着巨大作用。

海洋盐卤资源为社会经济发展、为人民生命健康提供了重要支撑。一部盐业发展的历史堪称是历朝历代社会文明和经济发展的晴雨表。历史上因为海盐的生产和运输，苏北沿海孕育了"盐城"，直到今天还是地级市；河北沿海因盐坨堆积如山而取名"盐山"，形成了今天的盐山县；而山东沿海因莱州湾畔独特的卤水资源和发达的海盐产业，使寿光市被冠以"世界海盐之都"的美誉。这三大海盐中心，构成了中国盐业发展历史上的"三驾马车"。

虽然我国开发利用地下卤水资源已有悠久的历史，但是由于技术条件和经济因素限制，地下卤水资源的开发还仅限于浅层的地下卤水，中深层地下卤水资源利用还处于研究阶段。莱州湾沿岸提取地下卤水晒盐起步最早，寿光岔河盐场已有 300 余年历史，莱州盐场建于 200 年前[2]。当然真正的大规模井滩晒盐始于中华人民共和国诞生之后，特别是 20 世纪 60 年代，建成了规模宏大的莱州湾畔羊口盐场、胶州湾畔东风盐场；70 年代扩大到整个莱州湾沿岸，并创出了井滩晒盐的新工艺。80 年代以后发展到直接从地下卤水中提取盐化工产品。90 年代除在生产规模上进一步扩大外，地域上也由莱州湾扩展到全国沿海。

随着 19 世纪近代化学的确立，盐卤产业被赋予了新的内涵。盐作为基本原材料被应用于纯碱和氯碱工业，被称为"化学工业之母"。1861 年，比利时的索尔维发明了用盐、氨溶液与二氧化碳混合制成碳酸钠（纯碱），并于当年获得比利时政府的专利[3]；1863 年，索尔维在比利时创办工业化的制碱厂，实现氨碱法的工业化和连续化生产。自此，纯碱工业在全世界获得迅速发展。我国的纯碱工业始于 20 世纪 20 年代，化学家侯德榜是开创者。目前我国纯碱的年产量约 3000 万吨，广泛应用于建材、轻工、化工、冶金、纺织等工业部门和人们的日常生活。

1893 年在美国建成第一个电解食盐水制取氯气和氢氧化钠（烧碱）的工厂[3]。我国的氯碱工业始于 20 世纪 20 年代，经过近 100 年的发展，目前我国氯碱产量已达到约 3 500 万吨/年，氯碱行业的下游产品包括塑料 PVC、合成洗涤剂等，广泛应用于建筑等行业和人们的日常生活。

改革开放以来，海洋盐卤精细化工成为发展的主旋律，海洋盐卤产业具备了更加丰富的内涵。以山东省寿光市北部为中心的莱州湾畔，逐渐发展成为盐卤精细化工密集区，在世界范围内产生了较大的影响力。仅寿光北部的莱州湾沿岸，就探明地下卤水储量约 70 亿立方米[4]，而且埋层浅，品质好，品位高，富含溴素，并且因对潮间带卤水的储量及成因研究有了新的突破，将会为新的海洋盐卤资源的勘测提供理论指导。依托海洋盐卤资源，该地区逐步形成了盐、碱、溴、镁、医药、阻燃、感光、染料八大系列 80 余个品种的卤源产业体系。

同时，基于"聚盐为矿、脱盐为水"基本理念，莱州湾畔逐步出现了"绿色盐业"新模式。一是突出"循环利用""吃干榨净"。海洋盐卤产业由传统的单纯制盐和

"两碱"，逐步实现了"一卤多用"，形成了晒盐、制碱、提溴、高值化精细化工产业链的卤源产业新格局。二是突出"卤源水韵""水盐联产"。对循环利用最后阶段的产物"水"，连同来自滨海盐沼的微咸水、半咸水、入侵的海水、河流来水、沟渠积水进行综合集成处理，形成新的水资源。三是突出"环境友好""白地绿化"。通过提取盐卤和脱盐技术，修复滨海生态环境，改良土壤，"绿化白地"，把昔日寸草不生的盐渍白地变成了鳞潜羽翔的滨海公园和五谷丰登的滨海粮仓。

二、盐卤资源，从"海盐之都"到"半壁江山"

广袤的海水覆盖地球表面70%以上，海水拥有35‰的盐分含量，构成了地球上盐卤矿藏的来源基础。所谓"盐卤矿藏"一般指水体中所含盐类组分达到了工业开采价值，习惯上也称为卤水矿床。发育在沿海第四纪沉积地层中，甚至潮滩、潮坪沉积物中的地下卤水与近代海洋环境密切相关。第四纪滨海地下盐卤矿藏是近几十年来被认识的一种新型矿藏，在我国主要分布在渤海沿岸及部分黄海岸段，其中以山东莱州湾沿岸分布最广、浓度最高、储量最大[4]。卤水的储量、储层结构及水化学特征随着各海岸区段地质地貌特征的不同存在着一定的差异，这与卤水赋存区所经历的第四纪古海洋环境、古气候环境、古沉积环境及地质构造活动的演化历史密切相关，并受地下和地表水体混合作用的影响。

总体上，在中国18 000千米的海岸线上，岩石、砂质岸线约占一半，孕育了鱼、虾、贝、藻等生物资源和"阳光、碧海、沙滩"等旅游资源；而另外"半壁江山"则是淤泥潮坪海岸，其广袤而平坦的滩涂盐沼，不仅孕育了滩涂贝类，而且储存着海量的地下卤水资源。我国优质卤水资源集中在莱州湾南岸，以被称作"海盐之都"的寿光市为中心，向东可达莱州市的三山岛，往西可到无棣县的埕口镇，绵延数百千米，涵盖滨州、东营、潍坊三市全部海岸线和烟台市的部分岸段。

盐的工业用途很广，是纯碱和烧碱的基础原料，碱产量的高低在一定程度上反映了一个国家的工业化水平。两碱的衍生产品超过15 000种，遍布工业、农业、国防、医药、冶金、燃料、养殖等各个领域，涉及国民经济各个部门和人们衣、食、住、行的各个方面。同时，盐又是国防工业和战备所必需的战略物资。

海盐产业的基础是盐卤。在沧桑演变的地质过程中，古老的海水经过复杂的地下物理化学过程变成了"盐卤"，而盐卤就是大自然赐予当今人类的特殊礼品——可再生的地下液体金属矿山。

我国海岸线漫长，卤水资源丰富。莱州湾沿岸拥有世界上著名的高浓度地下卤水资源，海盐及"两碱"产量为世界之最。以"碱、盐、溴"为主体的卤水化工产业为全国的半壁江山。依托莱州湾畔优质的卤水资源，面向国家重大需求，通过以"集约、绿色、高端"为主题的现代盐卤技术创新，以高值化利用为突破口，构建新型盐卤技术创新体系，完善产业创新生态环境，逐步把人类最古老、最传统的海盐化工产业转向新能源材料、高端化工、海洋健康、生态修复等现代新兴海洋产业，实现传统产业的"颠覆性"华丽转身，是当前我国海盐产业发展和转型的主攻方向。

目前仅山东沿海开采地下卤水资源晒盐的盐场就有 100 多个，现有提取地下卤水资源晒盐的盐田面积约 400 平方千米，在用卤水井数约 5 600 眼，年产原盐约 653 万吨，提取地下卤水约每年 2.87 亿立方米，平均每产 1 万吨原盐需要开采地下卤水 44 万立方米。地下卤水矿藏开发，不仅为盐业生产提供丰富的氯化钠，而且卤水还含有多种有益化学成分，如钾、镁、溴、碘、硼、锶、锂等多种元素。目前，卤水中的这些有益组分虽然多数达不到工业品位，但在制盐过程中，在氯化钠结晶析出之后产生的苦卤中高度富集，成为盐卤化工产业可再次利用的重要资源。总而言之，地下卤水资源的综合利用，正在由简单流程、单一产品，向新的综合性"循环利用"模式发展。

莱州湾南岸盐卤资源不仅储量大，而且其独特的分布特征为进一步开发利用提供了便利条件。晚更新世以来，莱州湾地区出现过 3 次海陆相地层变化序列，其中 3 个海相地层分别与沧州、献县和黄骅海侵事件相对应，3 个卤水层分别赋存于 3 个海相地层中[5]。在水平方向上，3 个海相地层的卤水分布基本呈条带状。在虞河以西，卤水层形成了中间浓度高，近岸、远岸浓度低的分布格局；在虞河以东，除灶户盐场北部地区浓度最高以外，其余地区从沿海向内陆逐渐降低。在垂直方向上，卤水层呈透镜体状，卤水浓度分带性明显，形成上、下低，中间高的分布格局。

卤水资源是一种液体矿藏，富含钾、钠、钙、镁、溴、碘等多种经济价值较高的元素，且埋藏浅，易开发，成为我国海洋化工得天独厚的资源基础。近年来伴随着原盐和溴素需求的增多，沿岸地区建立了众多的卤水化工企业，盐、溴化工产业快速发展，盐卤资源开发利用拥有良好的发展前景。

近年来，原位探测技术和物联网技术的发展为地下卤水调查研究提供了新的有效技术手段。基于地球物理方法的原位探测技术，由于其监测无损性及连续性，被广泛用于矿产探测和环境监测，自然资源部第一海洋研究所采用高密度电法对莱州湾浅层卤水资源进行了勘察，其结果得到了钻孔资料的证实。但是传统高密度电法仅能在陆地使用，并不能用于潮间带地下水与海水相互作用的监测[6]。近年来逐渐开发出海面"走航式"电阻率法及沉积层表层电阻率法，为监测潮间带卤水分布以及地下水与海水相互交换过程的连续动态变化提供了新的技术手段，为科学评估卤水资源开发利用提供了新的研究方法。

综合目前国内外研究现状，整个渤海地区中更新世以来冷暖交替及海退海进的环境演化历史，使得莱州湾沿岸自更新世以来兼有"蒸发成卤"与"冰冻成卤"的气候条件[2]，近海海域蕴藏了丰富的卤水资源，但目前仍然缺乏探明海水覆盖的浅海区卤水资源储量与分布的有效技术手段。因此，利用同位素示踪、特征元素分析和地球物理勘探等综合分析方法，开展潮间带及近海地下卤水"新靶区"勘探，以发现"新储量"为目标，选划近海盐卤资源远景区，意义非常重大。建立近海卤水资源形成机制的新理论和探测技术的新方法，探明莱州湾近岸海域地下卤水资源新增量，综合评估卤水资源开发利用的环境效应，建立潮间带卤水资源开发新模式，是关系盐卤产业可持续发展的重大问题。

三、存在问题，从"煮煎熬晒"到"毁盐盖房"

当年夙沙氏"煮海为盐"，揭开了中华文明的序幕。数千年来，盐卤生产经历了煮、煎、熬、晒 4 个阶段。但迄今为止，几乎是"几千年一贯制"，产业结构和生产方式未发生根本变化，变成了最古老、最传统、最亟须转型升级的"典型传统产业"。从理论探讨、技术进步到环境效应都积累了不少亟待解决的问题。

1. 地下卤水资源开采面临的问题

地下卤水资源是一种非常重要的矿产资源，在国民经济发展中有着突出的地位，依托卤水资源开发利用形成的海洋化工产业，有力地拉动了经济的持续快速发展。但是地下卤水资源开采利用过程中存在着很多有悖于资源—环境协调发展的问题，概括起来主要有以下几个方面：①卤水开发缺少统一的管理，没有形成统一的综合监管机制，存在乱开乱采的现象。掠夺式的开采导致卤水资源浪费严重。②溴素资源开发过度，盐、溴生产比例严重失调，没有形成盐溴联产和循环开发模式，造成资源浪费。伴随溴素产量的不断上升，人工盐池面积扩张，导致大面积的天然滩涂湿地消失，破坏了沿海地区的生态系统稳定性，改变了沿海潮流和泥沙的运移规律。③提溴后的卤水空排对沿海生态环境造成了严重污染，其中盐业排污对潮间带湿地的影响特别明显。④地下卤水资源的大量开采导致地下水位明显下降，从而出现地面沉降、海水入侵等重大环境问题。

2. 卤水资源勘探评估面临的问题

虽然莱州湾地区已成为全球最大的卤水产业聚集区。但是，卤水资源可持续开采与利用正面临严峻挑战：①受调查技术限制，长期以来卤水资源调查目标区多以陆地为主，潮间带等卤水富集区较少涉及，已很难满足卤水化工产业发展的进一步需求；②由于对卤水资源储量和可开采量缺少科学评估，近岸地下卤水资源的储量与品质近年来急剧下降，同时破坏了海岸带生态环境的稳定与健康发展；③由于缺少对卤水成因的深入研究，对素有"液体矿山"之称的卤水资源的稀缺性和重要性认识不足，使得卤水开采和利用目前仍停留在低层次的初级阶段。因此，亟须通过新方法、新靶区、新目标、新储量、新远景来推动盐卤产业的转型升级。

3. 盐卤产业发展面临的问题

"几千年一贯制"的传统粗放型生产方式已无法适应当今盐卤化工的发展需求，长期积累的矛盾浮出水面，成为产业提升的桎梏。一是传统的卤水制盐对气候有严重依赖性，基本上属于"靠天吃饭"。只能在光照好、气温高、降水少、蒸发大的季节晒盐，生产安排有很大的局限性。二是传统的卤水产业基于优质的浅层卤水资源，随着资源品质的下降和水位的大幅度下降、改进生产方式的要求越来越迫切。三是生产工艺落后，依赖于密集型劳动生产，工业化、信息化、自动化程度非常低下，随着我国人口红利的逐渐消逝，人力资源的成本不断提高，这种劳动密集型产业亟须向技术密集型转变。四是卤水化工产品迄今仍停留在原料型、中间体型，其附加值亟待提升，虽然药物中间体、金属钠等精细化工产品在拉长盐卤化工产业链、推动资源高值化利用等方面发挥了一定作用，但整体而言，盐卤产业还属于以资源开发为基础的外延扩大型经济，产品结构单一、产业链短、产品更新换代缓慢，产业仍然处于低层次竞争的初级阶段，产业链头部企业、行业骨干企业品牌效应及行业引领缺失，还未形成支撑引领区域经济发展的特色产业链、创新链、价值链、竞争链和供应链，没有形成强劲的区域经济新优势。五是房地产业与盐业"争地"现象愈演愈烈。一方面原盐是关系国计民生、不可或缺的重要战略物资；另一方面，全国范围内正在大幅度"毁盐盖房"，因为房地产业急功近利、赚钱容易。总而言之，盐卤产业面临着前所未有的困局，归根结底属于国内最需要转型升级的"传统产业代表"。

四、未来方向，从"高纯金属"到"生命健康"

新型"绿色盐业"取代传统"白色盐业"是未来发展的必然趋势。"绿色盐业"将以卤水资源高值化循环利用为核心，以卤水开发与生态环境协调发展为手段，以盐卤产业"颠覆性"转型升级为目标，面向国家重大需求，提升共性基础技术，突破关键"瓶颈"技术，在自主创新的前提下引领世界海洋盐卤产业的发展，打造中国美丽海岸带，拓展蓝色经济发展的新空间。

未来10年内，绿色盐业将会朝着新型健康产业、新型高纯金属产业、新型环境友好产业3个主要方向迅速发展壮大，实现"白色盐业"的全面"绿色化"，完成真正意义上的"腾笼换鸟"。传统盐卤产业将跨入"颠覆性"转型升级的新阶段。

1. 新型生命健康产业

海洋科技面向人民生命健康是新时代的新要求，海洋盐卤产业服务人民生命健康是新的技术创新方向。基于生命溯源研究得出的基本规律，发挥海洋盐卤对人类健康的特殊作用，以提升人体免疫力为目标，以"降钠补钾"为突破口，必将迅速创造出大有可为的新型健康产业集群。

生命源于海洋，健康依靠海洋，海洋健康产业越来越引起全世界的高度关注。研究证明[7]，胎儿羊水、人体血液的金属元素配比与海水几乎完全相似。国际学术界公认盐卤矿物组分与人类健康密切相关[8]，盐卤资源能有效解决当今人类因"元素失衡"带来的免疫系统弱化问题。盐卤资源因其服务人体健康的特殊医药功能有可能成为继化学合成药、生物活性药之后的第三大新型药源[9]。因此，盐卤产业与未来的"健康海洋""健康中国"息息相关。打造健康海洋，服务人类健康，实现人海和谐是提高中华民族健康水平的现实需求。探讨盐卤中金属元素对提升免疫力的作用，对揭秘生命健康机理，发展新型健康产业具有特别重要的意义。围绕人民生命健康，推出盐卤康养，开发卤素药物、盐卤化妆品、盐卤保健品、盐卤健康功能食品，打造新型海洋盐卤健康产业体系，是海洋盐卤产业新的战略选择。

研究表明[10]，今天普遍的"亚健康"状况，盖因为"高钠"而非"高盐"，特别是钠/钾配比、钙/镁配比的失衡使免疫细胞失去了活力，从而导致免疫功能严重下降，进而引发了众多现代疾病。

科学研究揭示[10]，海洋盐卤能有效解决人体元素失衡问题。元素是构成人体的最基本单元，人体的各个器官、组织也都是由元素组成的，在地球自然环境中天然存在的元素绝大部分都能在人体中找到。有的学者将古代医学称为"第一代医学"，将现代医学称为"第二代医学"，以元素平衡为核心，在原子、分子生物学水平上研究人体健康、防病治病的医学称为"第三代医学"，譬如：给患者补充钾、钠、钙、镁、铁、氟、硒、铜、锌等，给危重病人吸氧气，在食盐中加碘和在主食中强化钙、铁等都是元素医学的具体应用。也就是说"元素平衡医学"是营养学、医学、化学在更高层次上的结合，是未来医学的必然发展趋势。

如果将人体比喻为"一个转动着的、有机的、综合的、有序的、系统的、庞大的生化工厂"，元素就是构成这个工厂最基本的材料，又是这个工厂运行必不可缺的最基本的原料。人之所以患病，特别是一些代谢方面的疾病都是由于体内元素、特别是微量元素不平衡所致。科学研究证实[2]：人的生、老、病、死无不与体内元素平衡有关，人体是由 12 种常量元素与 70 余种微量元素构成的。12 种常量元素又称"造体元素"，占人体总量的 99.95%。70 余种微量元素是人体蛋白质、激素、生物酶的主要成分，占人体总量的 0.05%。恰恰是这 0.05% 看似微不足道的"微量元素"在人体一切生理功能中发挥着最重要作用，它们在人体中的含量按照一定平衡比例存在，起到维护人体健康的作用。一旦失去平衡就会发生各种疾病，甚至危及生命。

体内某种元素缺乏或过剩均会使人患病。譬如，缺铁易患贫血；缺锌会发育不良、智力欠佳；缺铬易患心血管病；缺锰患皮肤瘙痒；缺硒患克山病。相反，硒过高易患脱发、脱甲症；铊过高亦患脱发症。不同的元素也会对人体功能、智力、体格、性格、性情起不同的调节作用。冠心病人头发中微量元素"钴"的含量普遍较健康人群低一半；癌症病人及癌前病变者头发中的微量元素"铌"含量普遍较正常人低；帕金森氏综合征病人体内钴、镍、铁、锂、铬、锰、钒、钛等 20 余种微量元素不平衡；老年痴呆病人头发中钡、锶、钙、镁、钴、铬、铜、钛、镍、锰、锌等微量元素含量普遍较低，而磷含量却比正常人要高。由此可见，人体内"微量元素"不同失衡状况会导致不同疾病发生。

矿物质是生命的五大营养素（碳水化合物、蛋白质、脂肪、维生素、矿物质）之一，是维持身体正常运作不可缺少的物质。如果缺乏矿物质，身体就不能正常调节运作，体能、机能会变弱，甚至发生各种各样的疾病。不仅仅是人类，动物也一样。因此必须从其他地方摄取矿物质。其中有钙、磷、钾、钠、氯、镁等 7 种必需的营养素，它们在海水里都有包含。

生命来自海洋，地球上存在的 103 种元素，海水中就有 83 种。人体所必需的矿物质元素都能在海洋中找到，孕育胎儿的羊水、人体血液成分都与海洋元素十分相近，这一基本事实证明人类与海洋有着方方面面密不可分的联系。这也为未来的新型盐卤健康产业发展提供了科学理论依据。

2. 新型高纯金属产业

新能源材料展现出新的产业前景。随着钠、锂、镁、钛等贵重金属元素的提取技术创新和其在战略新能源领域的应用，以卤水资源为基础的广义海盐资源开发，越来越成为推动世界经济发展和改变世界格局的重要物质力量。甚至成为"核电上山"等事关我国核心利益和可持续发展的重要支撑。传统盐卤化工向海洋新能源材料、新型电子材料的转型是"颠覆性"创新的重要路径之一，新型高纯金属材料产业是转型升级的"突破口"。

海洋盐卤中的钠、锂、钙、镁、锶、钡等金属元素，蕴含总量非常巨大，是未来的重要战略性金属矿产资源。特别是从海盐中提取锂、钠等轻金属元素是目前发展高纯金属产业的重要方向。

全球范围内，卤水锂资源占自然界总量的 1/3；而我国卤水锂资源占比达 79%[11]。锂具有质量轻、负电位高、比能量大等优点，被广泛用于电池制造、玻璃陶瓷、化学工业以及航天军工等领域。高纯金属锂一般指锂含量大于 99.9% 的锂产品，主要用于制备合金及锂电池负极材料，高纯金属锂及其合金是锂硫电池、锂氟化碳电池、锂亚电池、锂锰电池等高功率锂电池的理想负极材料，被称之为 "21 世纪的新能源金属"。

金属锂的生产技术主要包括融盐电解技术和真空热还原技术[11]，其中国内采用的主要是融盐电解技术，即在 390~450℃条件下，熔融电解氯化锂-氯化钾二元共晶系，产生金属锂和氯气。卤水提锂是利用提取钾盐后形成的卤水，再进行深度除镁、碳化除杂和络合除钙后生产锂产品。目前，卤水提锂已成为未来锂产品的主要发展方向，国外主要的碳酸锂供应商已全部关闭矿石提锂生产线而采用卤水提锂法，我国已掌握卤水提锂的核心技术，并已实现产业化。

金属钠在工业上通常是采用氯化钠熔融电解的工艺方法制取。工业级金属钠已经是成熟的产品，全球年需求量达到 12 万~15 万吨，其中 40%~50% 用于染料靛蓝的生产，30%~40% 用于硼氢化钾（钠）、醇钠等医药农药中间体的生产，另外，金属钠还被广泛应用于冶金、储能等行业，市场需求保持稳定增长趋势。

目前中国的金属钠产能占到全球的 80% 以上，内蒙古兰太实业股份有限公司、山东默锐科技有限公司、内蒙古瑞信化工有限公司是金属钠的主要供应商。法国马萨（MSSA）公司是国外最大的，也是唯一的金属钠生产商，年产能达 2.8 万吨，主要供应欧洲和北美市场。

液态高纯金属钠是用于钠冷快堆的冷却剂，主要应用于钠冷快堆非能动事故余热排出系统的冷却。钠的中子吸收截面小、导热性好，沸点高达 886.6℃，在常压下钠工作温度高。快堆使用钠做冷却剂时只需 2~3 个大气压，冷却剂的温度即可达 500~600℃；比热大，因而钠冷堆的热容量大；在工作温度下对很多钢种腐蚀性小而且无毒。液态高纯金属钠因为具备了上述特点，非常适合于非能动事故余热排出系统回路的快速热传递，是快中子堆的一种很好的冷却剂。

钠冷快堆属于第四代核电站，正处于开发示范阶段。目前国内外共有不足 20 座实验或示范钠冷快堆运行，其中最为典型和技术最为成熟的钠冷快堆为法国的凤凰堆、超凤凰快堆和俄罗斯的 BH-600 快堆。这些钠冷快堆中用于非能动余热排出系统的金属液态钠主要来源于法国 MSSA 公司。

我国目前正在运行和建设的核电站大多是压水堆或重水堆，几乎全部建在沿海地区，主要是因为需要依靠海水冷却。一方面我国本来就人多地少，而且沿海又是经济发展、生活宜居、人口密集的黄金宝地，必然造成了核电与人口"争地"的现状。另一方面，由于中国近海以水母爆发为代表的"生态灾害"频仍，经常造成冷区海水通道堵塞，形成短时间内难以克服的损失和"危险"。由于水母堵塞冷却水道而迫使核电站停机的事故在世界范围内屡见不鲜。

快堆是一种复杂而高效的核工业技术，核心是"钠冷"，因为不需要海水冷却，就可以把核电站建在远离人口密集的深山或草原，实现真正意义上的"核电上山"。目前我国制定了快堆三步走发展战略，即：实验快堆—原型快堆—商用快堆。我国的首座实验快堆（CEFR）于 2010 年 6 月试验发电；以此为基础，我国的第一个钠冷快中子示范堆（CFR600）正在建设中。内蒙古兰太实业有限公司和山东默锐科技有限公司是目前该项目液态高纯金属钠的中标供应商。随着国家核电事业的快速发展，高纯金属钠正迎来新的发展机遇。

总之，以卤水资源为基础的新能源材料展现出美好的产业前景。随着高纯贵重金属元素的提取技术创新，海洋盐卤资源开发越来越成为推动经济发展的重要力量，传统盐卤化工向海洋新能源材料的转型是"颠覆性"创新的重要路径。

3. 新型环境友好产业

我国拥有 15 亿亩 * 的盐碱地，耕地红线的面积为 18 亿亩。沿海地区土地盐碱化已成为制约生态环境和经济发展的突出问题。因此，盐碱地改良对我国保障粮食有效供给、维持区域生态系统环境具有重要实践价值。特别是打造"渤海粮仓"，推进盐碱地修复和生态利用，实现"白地绿化"、土壤退碱、湿地治理已成为"美丽中国"建设的重要任务。

因此，面对沿海湿地退化、土壤盐碱化、地面沉降、环境污染等一系列重大可持续发展问题，粗放型的传统盐卤化工发展模式难以为继，必须走"绿色盐业"的发展之路，将过去污染环境的"白色盐业"转变为新型环境友好产业。

近年来，利用地下卤水提取稀有元素获得高额利润极大刺激了地下卤水资源的开采，现在正处于超强度的掠夺式开采状态。卤水资源过度开发，造成了海岸带环境的一系列变化。高强度开采造成地下卤水水位迅速下降，地下水动力平衡遭到破坏。同时，大量卤水开采又导致了滨海滩涂湿地大面积消失。由于地下卤水水位下降，使原有的盐碱地趋向"旱化"与"沙化"，衍生草甸植被随之不断退化，天然滩涂湿地大

---

* 亩为非法定计量单位，1 亩 = 1/15 hm²。

面积消失。原有天然泥质海岸的滨海滩涂湿地被贮存"苦卤"的人工盐池所替代，天然滩涂湿地景观面目全非，海岸发育过程完全改变，湿地生态系统退化剧烈。当年芦苇丛生、候鸟云集、河湖港汊、鳞潜羽翔的滨海湿地，今天变成了茫茫一片寸草不生的"白地"。

渤海沿岸是"京津冀鲁辽"产业密集区，也是我国海岸带土地覆被变化频繁、生态环境脆弱敏感的典型地区。同时，环渤海地区也是我国海平面上升最快的地区，已成为我国海岸带海水入侵与土壤盐渍化最为严重的区域，海水入侵面积已超过 1 万平方千米，土壤盐渍化面积达 1.35 万平方千米，严重影响了环渤海区域社会经济和生态环境的和谐发展，造成了沿海湿地退化、土壤盐碱化、地面沉降与裂缝、环境污染等一系列重大可持续发展问题。

我国近 10 年增加人口约 7 845 万，而因基建用地、退耕造林、土地盐碱化等原因，可耕地面积正在以较大的速度减少。仅 2013 年，全国就减少耕地面积 5.32 万公顷。目前，我国人均耕地仅 1.5 亩，还不到世界人均耕地面积的一半，排在世界 126 位。而我国是盐碱地大国，拥有广袤的滨海滩涂和盐碱荒地，其中在滨海地区，尚未改良种植的盐渍化、盐碱化土地起码有 2 亿亩之多，经改造后能适合抗盐经济植物和作物的生长，可成为农耕地的重要补充和后备资源。概略匡算，若充分利用这些"土地"种植耐盐作物，全国可多增耕地 6 亿亩，相当于中国现有耕地面积的 1/3。因此，面对当前农业转方式、调结构的发展要求，改善盐碱地和滨海湿地生态环境，提高"非常规耕地"资源的利用效率显得尤为重要。

因此，紧紧依靠科技创新引领支撑，以卤水资源高效、可持续利用为目标，打造可持续发展的绿色盐卤产业新模式，成为区域经济发展的当务之急。基于"盐随水来、盐随水去"的水盐运行规律，通过水、土、盐联动示范，既能够创新土壤改良模式，实现标本兼治，从根本上解决土壤盐碱问题，又可以通过对非常规水资源进行整合，探讨系统的水处理解决方案，形成"智慧区域水银行"连锁模式，为环渤海类似区域提供系统解决方案。

对于盐碱地治理而言，卤水再利用等于是切断了盐碱的来源，是后续盐碱地治理的基础，创造深层次地下卤水再利用的"集群效应"，彻底解决盐碱地治理中"源"的问题。探讨卤水正常抽取和满足植物生长的正常地下水补入机制，实现地下水的动力平衡。通过地质勘探技术、石油钻探技术和自动化技术的交叉集成，研发地下水补充的关键装备系统，保证地下水补充的合理有效。一方面可以利用降雨等自然条件，采用"海绵城市"的技术体系进行土壤治理；另一方面可以结合土地用途，通过滴灌等现代农业措施，实现土壤的保水保墒，从而构建适宜于耕种或者绿植养护的正常土壤。

常用盐碱地改良技术有耕作覆膜、灌溉排碱、化学置换、耐碱作物培育等，但是不能彻底解决土壤盐碱化问题，大多存在治理成本高、治标不治本、返盐率高等问题。针对海水入侵和土壤盐渍化现象，应着手从源头解决土壤盐碱化问题，例如以"盐卤高值利用—盐碱地治理改良—高端农业"三位一体的盐碱地土壤改良综合治理方案为依据，研究盐碱生态本质修复成套方案，以保障沿海地区经济社会和海洋环境的可持续发展。

总而言之，开发沿海水土生态综合治理工程化技术，聚焦攻克卤水/浓海水资源高效分离与高值化利用新模式，依托水、土、盐联动，打造沿海土壤改良新业态，通过土壤改良实现"白地绿化"，达到滨海生态环境修复的目的。

参考文献

［1］ 李乃胜,胡建廷,马玉鑫,等. 试论"盐圣"夙沙氏的历史地位和作用［J］. 太平洋学报, 2013,21(3):96-103.

［2］ 李乃胜,徐兴永,杨树仁. 海洋盐卤地质学［M］. 北京:海洋出版社,2021.

［3］ 邹祖光,张东生,谭志容. 山东省地下卤水资源及开发利用现状分析［J］. 地质调查与研究,2008(03):214-221.

［4］ 管延波. 莱州湾南岸滨海卤水资源可持续利用研究［D］. 济南:山东师范大学,2009.

［5］ 韩有松,等. 北方沿海第四纪地下卤水［M］. 北京:科学出版社,1995.

［6］ 焦鹏程,刘成林,白大明,等. 应用自然电场法寻找地下富钾卤水的探讨［J］. 地球学报, 2005, 26(004):381-385.

［7］ 康兴伦,程作联. 山东渤海沿岸地下卤水的成分研究［J］. 海洋通报,1990, 9(6): 25-29.

［8］ 田宗伟. 盐,一种永恒药物［J］. 中国三峡,2012(8):46-49.

［9］ 李乃胜. 浅谈海洋盐卤与人类健康［A］//李乃胜. 经略海洋(2019). 北京:海洋出版社, 2019：331-339.

［10］ 真岛真平. 盐卤的惊人疗效［M］. 台北:世茂出版社,1995.

［11］ 雪晶,胡山鹰. 我国锂工业现状及前景分析［J］. 化工进展,2011,30(4):782-801.

基于碳中和、碳达峰背景下青岛市海洋健康产业高质量发展研究

董争辉，孙吉亭

(1. 青岛阜外心血管病医院，山东 青岛 266071；

2. 山东省海洋经济文化研究院，山东 青岛 266071)

摘要： 本研究认为海洋健康产业是典型的海洋环境依托型行业，海洋康养活动需要依靠和围绕海洋生态环境进行，在海洋健康产业的发展过程中，应用碳中和、碳达峰和低碳环保的发展理念极为关键。青岛市发展海洋健康产业的优势：一是拥有丰富的海洋自然资源与海洋空间，二是拥有雄厚的海洋科技实力，三是拥有优美的海洋生态环境，四是拥有喜食海鲜的传统习俗，五是拥有快速发展的经济实力。为此，提出发展海洋健康产业的对策：（1）树立正确的健康观念，（2）做大做强海洋医药产业，（3）发展海洋功能性食品产业，（4）推进健康+海洋产业，（5）提升海洋健康产业的科技实力，（6）建立健全法律法规。

关键词： 海洋健康产业；海洋医药产业；海洋功能性食品产业；海洋生态环境；低碳经济

习近平总书记 2021 年 4 月 22 日晚在北京以视频方式出席领导人气候峰会并发表重要讲话时指出："去年，我正式宣布中国将力争 2030 年前实现碳达峰、2060 年前实现碳中和。这是中国基于推动构建人类命运共同体的责任担当和实现可持续发展的内在要求作出的重大战略决策。中国承诺实现从碳达峰到碳中和的时间，远远短于发达国家所用时间，需要中方付出艰苦努力。"[1] 站在历史和未来的交汇点上，中国实现碳达峰、碳中和的目标对国内经济结构、发展模式以及人民群众的生活方式都带来了深刻的影响。

---

[1] 《习近平：中国承诺实现从碳达峰到碳中和的时间，远远短于发达国家所用时间》，http://www.gov.cn/xinwen/2021-04/22/content_ 5601515.htm。最后访问日期：2021 年 5 月 11 日。

习近平总书记指出："全民健身是全体人民增强体魄、健康生活的基础和保障，人民身体健康是全面建成小康社会的重要内涵，是每一个人成长和实现幸福生活的重要基础。"健康中国已上升为国家战略，《"健康中国"2030规划纲要》是贯彻落实党的十八届五中全会精神、保障人民健康的重大举措。特别是伴随着我国人民生活水平的不断提高，人民开始推崇现代生活理念，追求现代健康生活方式，因此，发展健康产业的作用日显突出，健康产业"即是与健康存在内在联系的制造与服务产业总称"①，其被视为继IT产业之后的未来"财富第五波"。

习近平总书记强调"海洋是高质量发展战略要地"。近年来，由于陆地资源的日益枯竭，向海洋要资源、向海洋要食物、向海洋要空间日显重要，海洋健康产业也应运而生。笔者认为，海洋健康产业是新兴的海洋产业，是现代海洋产业体系中的重要组成部分，它是利用海洋资源进行研发，提供生物医药、医疗保健、康复疗养、健康管理等一系列产业产品与服务功能的海洋产业。海洋是一个储量巨大的健康资源宝库，不仅可以为人类提供充足的海洋食物，还可为人类提供海洋药物、休闲空间等多种实现健康的基础条件。

海洋健康产业是典型的海洋环境依托型行业，海洋康养活动需要依靠和围绕海洋生态环境进行，而健康行业的快速发展一方面可以促进和引起政府及大众重视海洋环境的开发及保护；另一方面过度的康养活动会导致一系列海洋环境污染和海洋生态破坏。在海洋健康产业的发展过程中，应用碳中和、碳达峰和低碳环保的发展理念极为关键。"与传统经济的发展模式相比，低碳经济的发展模式更加先进。传统经济通常情况下需要的能耗较高，且对环境造成的污染严重。相比之下，低碳经济更加注重碳生产率的提升，也就是碳排放数值的变化，此外，由于当前人们生活水平的提升，节能减排受到了人们的重点关注，关系到人们生活质量的改善，在可持续发展模式的影响下，低碳经济的先进性愈发明显。"②要牢记习近平总书记"要下决心采取措施，全力遏制海洋生态环境不断恶化趋势，让我国海洋生态环境有一个明显改观，让人民群众吃上绿色、安全、放心的海产品，享受到碧海蓝天、洁净沙滩"③的重要指示精神，走出一条低污染、低能耗的海洋健康产业高质量发展之路。

青岛市是我国著名的海滨城市，具有得天独厚的海洋健康资源，青岛市委、市政

---

① 董立晓：《威海市文登区健康产业发展战略研究》，山东财经大学硕士学位论文，2015年4月。

② 文华、潘帅：《低碳经济模式下延边州绿色产业发展路径研究》，《现代经济信息》，2018年第2期，第463-468页。

③ 《图解：经略海洋 六个维度感悟习近平的"蓝色信念"》，中国共产党新闻网，http：//cpc. people. com. cn/n1/2020/0710/c164113-31779235. html，最后访问日期：2021年5月29日。

府制定实施《"健康青岛 2030"行动方案》[①]，全力推进健康青岛建设，提高人民健康水平，既是实现健康中国、"深入推进健康山东建设"[②] 的有力举措，更是贯彻落实习近平总书记"经略海洋"[③] 重要指示精神的有力抓手。发展海洋健康产业，有利于打造青岛市完善的现代海洋产业体系，让人民群众过上殷实富足和健康丰富的生活。

一、青岛市发展健康产业的优势

(一) 丰富的海洋自然资源与海洋空间

青岛市海域面积约 $1.22×10^4$ km^2；海岸线（含所属海岛岸线）总长为 905.2 km，海岛总数为 120 个。青岛海区港湾众多，岸线曲折，滩涂广阔，水质肥沃，是多种水生物繁衍生息的场所。该海区的浮游生物、底栖生物、经济无脊椎动物、潮间带藻类等资源也很丰富。[④] 这些充沛的海洋自然资源，为青岛广大人民群众带来了丰富健康的物质生活。而且海洋空间资源众多，又为休闲旅游提供了便利场所。海洋生物资源又为制作海洋医药、海洋保健品提供了源源不断的原材料。

(二) 雄厚的海洋科技实力

青岛市是我国的海洋科技城，在海洋科技领域，聚集了全国 30% 的海洋科研机构，50% 的海洋高层次科研人才队伍，海洋科技实力位居全国首位。青岛既拥有中国海洋大学、中国科学院海洋研究所、自然资源部第一海洋研究所、中国水产科学研究院黄海水产研究所、中国地质调查局青岛海洋地质研究所、青岛海洋科学与技术试点国家实验室等我国国家层次的海洋科教机构，也拥有山东省科学院海洋仪器仪表研究所、山东省海洋生物研究院、山东省海洋经济文化研究所、青岛国家海洋科学研究中心等众多省属和市属海洋科研机构。这些科研机构的研究领域，既包括自然科学，又包括社会科学。所以，对于健康产业发展所需要的海洋药物、海洋生物、食品加工等自然资源研发有雄厚的科技实力，同时，对于休闲旅游、文化提升、精神愉悦等人文

---

① 中共青岛市委、青岛市人民政府：《关于印发〈"健康青岛 2030"行动方案〉的通知》（发布日期：2018 - 09 - 28），青岛政务网，http://www.qingdao.gov.cn/n172/n68422/n68423/n31283842/180928105005273265.html. 最后访问日期：2021 年 6 月 5 日。

② 《山东省委、省政府印发〈"健康山东 2030"规划纲要〉》，中国山东网，http://news.sdchina.com/show/4266041.html. 最后访问日期：2021 年 6 月 5 日。

③ 《图解：经略海洋 六个维度感悟习近平的"蓝色信念"》，中国共产党新闻网，http://cpc.people.com.cn/n1/2020/0710/c164113-31779235.html，最后访问日期：2021 年 5 月 30 日。

④ 《市情综述》，青岛市情网，http://qdsq.qingdao.gov.cn/n15752132/n15752711/160812110726762883.html. 最后访问日期：2021 年 6 月 7 日。

社科领域的研究也有很好的支撑。

（三）优美的海洋生态环境

青岛气候宜人，冬暖夏凉，红瓦绿树，碧海蓝天，是我国闻名遐迩的滨海旅游度假城市。青岛市进一步加强生态文明建设，以打造经济繁荣、社会文明、生态宜居、人民幸福的美好城市为目标，谱写"美丽青岛"新篇章。早在 2015 年，青岛市就被评为国家级海洋生态文明建设示范区。2017 年青岛市近岸海域海水环境质量状况稳中向好，98.5% 的海域符合第一、二类海水水质标准。① 因此，青岛市城市的综合宜居性评价最高，位居全国第一位。② 这一切，为青岛市发展健康产业提供了极为有利的条件。

（四）喜食海鲜的传统习俗

许多海产品具有降血脂、降低心血管疾病、帮助提高记忆力、保护视力、预防癌症等功效。大多数青岛居民生于海边，长于海边，大家从观念上接受海产品、从生活上喜食海产品，海产品成为餐桌上必不可少的美味佳肴。这种传统习俗，有利于海洋健康产业的发展，有助于海洋健康产品的购买与消费。

（五）快速发展的经济实力

"2018 年全市生产总值 12 001.5 亿元，全年全市居民人均可支配收入 42 019 元。按常住地分，城镇居民人均可支配收入 50 817 元；农村居民人均可支配收入 20 820 元。"③ 经济的快速发展，物质生活的日益富裕，消费水平的不断提高，带给青岛人民在健康认识方面的变化。观念的变化从而拉动了健康产业的腾飞，从过去不敢消费、不会消费，到现在的敢于追求健康、善于追求养生，因此为健康产业打开了广阔的市场大门。

二、发展海洋健康产业的紧迫性

青岛正在慢慢进入老龄化社会，亟须为老年人提供舒适优良的健康养老环境，根据青岛市的统计，"2017 年末，全市 60 岁及以上老年人口达 202.7 万人，老年人口占

---

① 青岛市海洋与渔业局：《2017 年青岛市海洋环境公报》，http：//ocean. qingdao. gov. cn/n12479801/upload/180321100520491850/180321100700273488. pdf。最后访问日期：2021 年 6 月 10 日。

② 《中国十佳宜居城市，青岛位居榜首，深圳重庆上榜》，http：//baijiahao. baidu. com/s？id＝1602967061543858209&wfr＝spider&for＝pc。最后访问日期：2021 年 6 月 17 日。

③ 青岛市统计局：《2018 年青岛市国民经济和社会发展统计公报》，http：//qdtj. qingdao. gov. cn/n28356045/n32561056/n32561072/190319133354050380. html。最后访问日期：2021 年 6 月 17 日。

全市总人口比重 21.8%，老龄化水平高于全国（17.3%）4.5 个百分点，高于全省（21.36%）0.44 个百分点。"① 根据统计，"2015 年青岛市小学生中不同程度的近视率已经突破了 40%，中学生突破 75%，高中生则达到 85% 以上。"② 另外，青岛市实施"全面二孩"政策后，"出生人口大幅增加，出生增幅高于全国全省总体水平"。③

因此，发展健康产业刻不容缓，以便更好地应对这些需求，给予全市居民更多的慰藉和关爱。

三、发展海洋健康产业的对策

（一）树立正确的健康观念和海洋健康产业发展模式

健康具有普适性，是我们平时追求的目标，是始终贯穿于我们日常生活起居的事情，它包括放松心身、调整状态、提升健康、增强健美、开启益智、福寿延年等各类活动。并不是只有老年人群体、亚健康群体、甚至是生病后才需要健康，健康产品应该伴随我们生活的点点滴滴、方方面面。在发展海洋健康产业过程中，要加快实现经济动力机制的转换升级，彻底摒弃过去"高投入、高消耗、高排放、低效率"的经济发展模式。

（二）做好海洋医药产业

从《尔雅》《黄帝内经》里可以发现，海洋药物应用于医疗的实践活动在公元前1027 年至前 300 年便可有迹可循。《中药大辞典》（1977）收入海洋药物 144 种。④ 而青岛市具有发展海洋生物医药产业的优势，其海洋生物医药研究处于全国领先地位。可以青岛市海洋生物资源，乃至全省、全国的海洋生物资源为依托，充分发挥中国海洋大学、青岛海洋科学与技术试点国家实验室等现有的海洋科研机构与平台的技术实力，培育打造和引进一批海洋生物医药企业，加快研发"海洋生物多糖、生物多肽、

---

① 《青岛老年人口已超 200 万 全市总人口占比 21.8%》，青岛财经网，http：//qd. ifeng. com/a/20181016/6950888_ 0. shtml. 最后访问日期：2021 年 6 月 18 日。

② 《国际儿童日 & 学生日：青岛儿童近视不容忽视》，http：//health. qq. com/a/20181128/012416. htm. 最后访问日期：2021 年 6 月 18 日。

③ 刘梅：《青岛市卫计委：2018 "全面二孩" 政策实施稳妥有序 二孩出生同比减少 29.0%》，大众网，http：//qingdao. dzwww. com/xinwen/qingdaonews/201812/t20181218_16749099. htm. 最后访问日期：2021 年 6 月 18 日。

④ 王旭：《海洋生物的药用价值》，《中国新技术新产品》，2008 年第 6 期，第 73 页。

生物蛋白、生物毒素等有较好市场开发前景的海洋药物和候选海洋药物"①，为广大人民群众提供海洋抗肿瘤、抗心血管病等好药。同时也要注重研发家庭保健、医疗康复等医疗装备及其器械制造业。

（三）发展海洋功能性食品产业

海洋功能性食品指以海洋生物资源作为食品原料的功能性食品，它既有营养，又口感适合，同时也调节人体的生理活动。还具有激活淋巴系统、增强免疫能力、控制胆固醇、防止血小板凝集等功效，可用来预防心脑血管疾病、调节血压血糖、调节身体节律、健脑益智、恢复身体健康、延缓衰老等。海洋生物中富含海洋营养物质和海洋活性物质，非常适合制作海洋功能性食品。应充分运用高新技术开发鱼油、鱼胶蛋白等系列海洋功能食品和海洋绿色保健品，尽快形成具有鲜明特色的系列品牌产品。

（四）推进健康+海洋产业

在新时代贯彻新发展理念，打造新业态，将海洋健康产业跨界融合。例如，根据研究，休闲渔业具有放松人们情绪、加快重大手术之后康复、增强青少年身体体质的作用，因而澳大利亚等许多国家都非常重视休闲渔业的开展，把休闲渔业当作一项重要的健身活动，甚至在中小学中，将休闲垂钓引入体育课，并请专门的教练传授休闲垂钓的经验，培养学生们热爱大自然、亲近大自然、进而保护大自然的情感。因此，要充分利用互联网、物联网等信息产业技术和平台，大力培植和推进健康+滨海旅游业、健康+海洋体育业、健康+休闲渔业等新业态。现代海洋牧场的发展经验就可作为海洋健康产业的借鉴案例之一。海洋牧场的飞速发展，得益于海工装备制造业、海洋信息产业、互联网与物联网等的发展。它集海水养殖、海工装备、海洋信息、海洋旅游、海洋餐饮、海洋文化等多个产业于一身。海洋牧场本身也是发展健康产业的重要场所。利用青岛市所具备的海洋资源禀赋条件，科学地选择产业发展区域，推进培育和发展新兴高端健康产业集聚区。

（五）提升海洋健康产业的科技实力

创新是引领发展的第一动力。要通过搭建青岛市海洋健康产业的科技创新成果孵化平台和服务平台，打造以现代化市场为导向、以相关企业为主体的海洋健康产业技术创新和应用服务体系。要大力推进健康产业的科技创新，突破技术瓶颈，攻克关键核心技术，通过孵化、中试等方式，再通过各种具有服务功能的中介机构，如海洋科

---

① 戎良：《海洋健康产业：舟山需做大做强的优势产业》，《浙江经济》，2014年第15期，第46-47页。

技成果转化中介机构、科研技术转化经纪人等，将海洋健康的科技成果进行"包装"，迅速与企业需求对接，及时将科技成果推向市场，完成科技成果的转化，变为现实生产力。同时，还要注重海洋健康产业人才的培养。除了重视科技人才之外，还要通过多种方式，培养造就海洋健康产业的应用型人才和管理人才。建立海洋健康人才信息库，加强与世界优秀健康产业人才的联系，对优秀的创新型领军人才加以引进。同时，还要加强在海洋健康产业领域内相关人才的培育和壮大，积极开展地区之间、区域之间合作，加强科技人员和企业管理人员的相互交流，逐步完善海洋健康产业人才的合作机制。

（六）建立健全法律法规

　　海洋健康产业若要有序发展，离不开法律法规的制定与实施。海洋健康产业涉及医药、食品、养生、健身、体育、养老等多个产业，在融合中会出现许多新情况、新问题，需要制定法律法规，规范并约束企业行为，保障各方利益。

作者简介：

　　董争辉，女，青岛阜外心血管病医院副主任医师，主要研究领域为医学、健康学；孙吉亭，男，山东省海洋经济文化研究院副院长、研究员，主要研究领域为海洋经济与可持续发展，海洋文化产业。

我国海洋渔业资源保护制度化机制化的生态作用与贡献分析

马　健

（山东省海洋科学研究院，山东 青岛 266071）

摘要：海洋捕捞业是海洋渔业的基础和核心产业之一，决定着水产品的供给。然而，由于受过度捕捞、海洋海岸工程、环境污染、全球变化等多重因素的影响，自 20 世纪 70 年代末、80 年代初开始，我国海洋渔业资源呈现出严重衰退状况，其主要表现为：（1）资源数量下降，鱼类种类减少，生物多样性降低；（2）种群结构异化，鱼类小型化、低龄化现象突出；（3）种类组成低值化，处于食物链较高层次的传统经济鱼类被小型低值鱼类取而代之。为了保护渔业资源，遏制渔业资源衰退，经过数十年不懈的努力，我国海洋渔业资源保护制度化机制化的局面已经形成，并实施了一系列保护行动，成效显著，成果斐然。本文通过阐述国家级水产种质保护区的创建、海洋牧场的建设、增殖放流行动、禁渔期和禁渔区与遏制过度捕捞制度的建立等渔业资源保护举措所产生的生态效果，展示海洋渔业资源保护制度化机制化对海洋生态文明建设的贡献，以期助力海洋渔业持续健康发展。

关键词：渔业资源保护；制度化机制化；海洋生态贡献；渔业资源恢复；生态环境改善

1 引言

党的十八大把生态文明建设纳入中国特色社会主义事业总体布局，正式拓展为经济建设、政治建设、文化建设、社会建设、生态文明建设"五位一体"，其中生态文明建设是"五位一体"总体布局的前提。我国是海洋大国，拥有超过 300×10^4 km² 的海洋国土，大陆海岸线绵延长达 1.8×10^4 km，海洋在实现中华民族伟大复兴的中国梦的征程中地位举足轻重，优势十分突出。海洋生态文明建设是生态文明建设的重要组成部分，旨在建设"水清、岸绿、滩净、湾美、物丰、人悦"的美丽海洋。我国海洋渔业自中华人民共和国成立以来，特别是改革开放以来，得到了突飞猛进地发展。2019 年我国海洋水产品产量 3 031.5×10⁴ t，成为我国的"蓝色粮仓"和城乡居民膳食营养中优质动物蛋白的重要来源。如何把海洋渔业发展与海洋生态文明建设深度融合、高度协调，使海洋渔业发展成为海洋生态文明建设积极的贡献者，而不是消极的负面影响者，将成为具有挑战性的课题而备受关注和重视。本文基于我国海洋渔业资源保护制度化机制化的生态作用与贡献分析，阐述了海洋渔业资源持续稳定、渔业生态环境改善向好的大好局面，以期助力海洋渔业持续健康发展，加快建设现代化渔业强国。

2　资料来源

资料主要引自《中国渔业生态环境状况公报》（2006—2018 年）、《中国渔业统计年鉴》（2018 年和 2019 年）、《国家级海洋牧场示范区建设规划》（2017—2025 年）和国家级海洋牧场示范区名单第六批（农业农村部公告第 377 号），并根据本文实际需要进行了必要的统计计算。

3　海洋渔业资源保护制度及其行动的生态作用分析

由于受过度捕捞、海洋海岸工程、环境污染、全球变化等多重因素影响，自 20 世纪 70 年代末、80 年代初开始，我国海洋渔业资源呈现出严重衰退的局面，其主要表现为：①资源数量下降，鱼类种类减少，生物多样性降低；②种群结构异化，鱼类小型化、低龄化现象突出；③种类组成低值化，处于食物链较高层次的传统经济鱼类被小型低值鱼类取而代之。为了保护渔业资源，遏制渔业资源衰退，早在 1979 年国务院就发布了《水产资源繁殖保护条例》，该条例规定了保护对象、采捕原则、渔具渔法标准以及严重损害渔业资源的行为，提出了禁渔区和禁渔期。2006 年国务院印发了由农业部会同有关部门和单位制定的《中国水生生物资源养护行动纲要》（国发〔2006〕9 号），该纲要概要阐述了水生生物资源养护现状及存在的问题，确立了水生生物资源养护的指导思想、原则和目标，提出了渔业资源保护与增殖行动、生物多样性与濒危物种保护行动和水域生态保护与修复行动。2013 年国务院又颁发了《国务院关于促进海洋渔业持续健康发展的若干意见》（国发〔2013〕11 号），该意见针对海洋渔业资源和生态环境保护制订了新措施、提出了新要求和新目标。为深入贯彻落实国务院决策部署，农业部又颁发了《农业部关于贯彻落实〈国务院关于促进海洋渔业持续健康发展的若干意见〉的实施意见》（农渔发〔2013〕23 号）。经过多年不懈地努力，我国海洋渔业资源保护制度化机制化的局面已经形成。

3.1 国家级水产种质保护区的创建

国家级水产种质保护区的创建是全面贯彻落实《中国水生生物资源养护行动纲要》的重要举措。2007 年农业部审定发布了首批国家级水产种质保护区，共 40 个，其中淡水类 31 个，海水类 9 个。而后成为制度化、常态化工作，每年都有国家级水产种质保护区创建审定发布。截至 2017 年，共创建审定发布了 11 批，创建国家级水产种质保护区 535 个，其中淡水类 457 个，主要分布于长江、黄河、黑龙江、珠江等水系的 211 条（段）江河、107 个湖库；海水类 78 个，主要分布于渤海、黄海、东海和南海的 51 个海湾、岛礁、滩涂等水域生态系统，初步形成覆盖各海区和内陆主要江河湖泊的水产种质资源保护区的格局（表 1）。经过 10 多年实施效果显示，国家级水产种质保护区的创建对生物种质资源和生物多样性的保护、种群的安全性及持续性的维护起到了重要作用，是对海洋生态文明建设和海洋生态安全的重要贡献。

表 1 国家级水产种质保护区数量

创建年份	总数/个	淡水/个	海水/个
2007	40	31	9
2008	63	54	9
2009	57	50	7
2010	60	25	35
2011	62	57	5
2012	86	77	9
2013	60	58	2
2014	36	36	0
2015	28	28	0
2016	31	29	2
2017	12	12	0
合计	535	457	78

3.2 海洋牧场的建设

海洋牧场是基于海洋生态系统原理，在特定海域，通过人工鱼礁、增殖放流等措施，构建或修复海洋生物繁殖、生长、索饵或躲避敌害所需的场所，增殖养护渔业资源，改善海域生态环境，实现渔业资源可持续利用的渔业模式[1]。早在 20 世纪 70 年代末到 80 年代初，广西壮族自治区在钦州沿海投放了 26 座试验性小型单体人工鱼礁[2]。此后，农业部组织了黄海水产研究所等科研单位开展了人工鱼礁试验，共投放了 2.87 万件人工鱼礁，总计 8.9 万空方，构建了以鱼礁为载体、以藻类为基础的鱼、虾、贝、藻共生的生态系统。进入 21 世纪，海洋牧场建设得到了进一步发展。2013年，《国务院关于促进海洋渔业持续健康发展的若干意见》明确提出"发展海洋牧场，加强人工鱼礁投放"。2015 年，农业部组织开展了国家级海洋牧场示范区创建行动，按照"科学布局、突出特色、明确定位、理顺机制"的总体思路，在已有海洋牧场建设的基础上，按照《国家级海洋牧场示范区创建基本条件》，创建了第一批国家级海洋牧场示范区，拉开国家级海洋牧场示范区创建的序幕，截至 2016 年，全国投入海洋牧场建设资金 55.8 亿元，建成海洋牧场 200 多个，其中国家级海洋牧场示范区 42 个，涉及海域面积超过 850 km²，投放鱼礁超过 6 000 万空方，测算显示每年可产生直接经济效益 319 亿元、生态效益 604 亿元，年度固碳量 19×10^4 t，消减氮 16 844 t、磷 1 684 t[3]。2017 年农业部编制发布了《国家级海洋牧场示范区建设规划（2017—2025年）》，规划提出到 2025 年在全国创建区域代表性强、生态功能突出、具有典型示范和辐射带动作用的国家级海洋牧场示范区 178 个，投放人工鱼礁超过 5 000 万空方，海藻场、海草床面积达到 330 km²，同时构建全国海洋牧场监测网，完善海洋牧场信息监测和管理系统，实现海洋牧场建设和管理的现代化、标准化、信息化；建立起较为完善的海洋牧场建设管理制度和科技支撑体系，形成资源节约、环境友好、运行高效、产出持续的海洋牧场发展新局面。统计显示从 2015 年农业部组织开展国家级海洋牧场示范区创建行动以来，到 2020 年底共分 6 批、累计创建国家级海洋牧场示范区 134个，分布于渤海、黄海、东海和南海四大海区，取得了显著的经济效益、社会效益和生态效益。

3.3　增殖放流制度的建立

增殖放流对于保护渔业资源，改善生态环境，繁荣渔业经济，增加渔民收入，促进渔业可持续发展具有重要的意义。我国的增殖放流始于 20 世纪 80 年代，首先在渤海和黄海开展了中国对虾增殖放流。2003 年《农业部关于加强渔业资源增殖放流的通知》，要求"各地要将渔业资源增殖放流工作纳入政府生态环境建设计划，采取有效措施，统筹安排，使渔业资源增殖放流成为一项常规性工作。要加大渔业资源增殖放流资金投入，将经费计划纳入同级人民政府财政预算"。2006 年农业部组织全国水生生物资源（包括淡水）增殖放流工作全面深入开展。从 2006—2018 年全国共投入放流资金 115.72 亿元，增殖放流数量 3 899.0 亿尾（只）（表 2），增殖放流投入产出效果极为显著。根据《中华人民共和国渔业法》《中华人民共和国野生动物保护法》等法律法规以及 2009 年农业部令第 20 号发布《渔业资源增殖放流管理规定》，为进一步规范水生生物增殖放流活动，科学养护水生生物资源，维护生物多样性和水域生态安全，促进渔业可持续健康发展提供了制度保障和法律支撑。

表 2　2006—2018 年全国增殖放流规模和资金投入统计

增殖放流年	增殖放流数量/亿尾（只）	投入资金/亿元
2006	160.0	1.8
2007	194.6	2.64
2008	197.0	3.11
2009	245.0	5.90
2010	289.4	7.10
2011	296.0	8.40
2012	307.7	9.70
2013	336.5	10.01
2014	343.3	13.86
2015	361.2	10.90
2016	389.6	13.50
2017	404.6	13.80
2018	374.1	15.00
累计	3 899.0	115.72

3.4　伏季休渔制度的建立

海洋伏季休渔制度是我国为保护海洋鱼类资源在产卵繁殖与幼鱼育肥阶段免受捕捞活动的破坏而采取的创造性举措。早在 1995 年经国务院批准在渤海、黄海和东海 6—9 月实施休渔制度，随后扩大到 12°N 以北的南海海域。伏季休渔制度的实施得到了包括广大渔民在内的社会各界的广泛理解、支持和配合，不仅取得了良好的经济、社会和生态效益，同时在国际上树立了负责任的大国形象。然而，由于伏季休渔是根据我国国情、社情、民情以及渔业生产现状建立起的极具挑战性的新制度，因此，在伏季休渔制度实施过程中也不断出现了一些新情况和新问题，有些情况和问题还相当突出。在充分调研论证和广泛征求意见的基础上，本着"大稳定，小调整"的原则，农业部于2003年、2006年、2009年多次颁发关于做好伏季休渔管理的通知，如2003年颁发的《农业部关于做好2003年伏季休渔管理工作的通知》，对黄海和东海部分海域的休渔范围、休渔时间和休渔作业类型做了进一步调整。

2017年农业农村部发布《关于调整海洋伏季休渔制度的通告》，并迅速得到实施。此次调整的伏季休渔制度可谓历史上最严伏休制度，其突出特点是休渔范围大、休渔时间长、休渔作业类型多（表3）。2018年农业农村部发布了《关于实施带鱼等15种重要经济鱼类最小可捕标准及幼鱼比例管理规定的通告》，首次建立了幼鱼保护制度。

从1995年海洋伏季休渔制度建立以来，已走过25个年头了，实践证明这一制度对渔业资源保护的效果非常明显。

表3　2017年调整海洋伏季休渔制度的范围、时间与作业类型

海域范围	休渔时间	休渔作业类型
渤海、黄海（35°N以北的海域）	5月1日12时至9月1日12时	拖网和帆张网
东海（35°—26°30′N）	5月1日12时至9月16日12时	拖网和帆张网
26°30′N至"闽粤海域交界线"（闽粤间海域界线及该线远岸端（23°09′42.60″N，117°31′37.40″E）与台湾岛南端鹅銮鼻灯塔连线）（21°54′15″N，120°50′43″E）的东海海域	5月1日12时至8月16日12时	除拖网和帆张网外，所有灯光围（敷）网
12°N至"闽粤海域交界线"的南海海域（含北部湾）	5月1日12时至8月16日12时	除刺网、钓具、笼捕外的其他所有作业类型

注：上述海域范围内，桁杆拖虾、笼壶类、刺网和灯光围（敷）网休渔时间为5月1日12时至8月1日12时。定置作业从5月1日12时起休渔，时间不少于3个月。

3.5　遏制过度捕捞制度的建立

我国的海洋捕捞产量，在一个相当长的历史时期，是靠高捕捞强度实现和维持的，从而导致了过度捕捞的后果。因此，过度捕捞成为渔业资源衰退的重要原因之一。控制捕捞强度，遏制过度捕捞成为保护恢复渔业资源的重要措施。早在1995年国家就发布了《国务院关于渤海、黄海及东海机轮拖网渔业禁渔区的命令》（1995年6月8日，国务院发布）；1999年开始，农业部首次提出海洋捕捞产量"零增长"的缩减船只，降低产量目标。而后又进一步提出"负增长"的目标，对海洋捕捞强度实行了严格的

控制制度，实施了海洋捕捞渔民转产转业工程。由中央财政出资对渔民报废渔船实施补贴，引导渔民压减渔船，退出海洋捕捞业。2013 年国家发布了《国务院关于促进海洋渔业 持续健康发展的若干意见》（国发〔2013〕11 号），提出"大力加强渔业资源保护。严格执行海洋伏季休渔制度，积极完善捕捞业准入制度，开展近海捕捞限额试点，严格控制近海捕捞强度"。2017 年 1 月 12 日，经国务院同意，印发了《农业部关于进一步加强国内渔船管控 实施海洋渔业资源总量管理的通知》（农渔发〔2017〕2 号），首次组织实施海洋渔业资源总量管理制度。到 2019 年年底，纳入国家"双控"管理的国内海洋捕捞机动渔船（不含港澳流动渔船和特定水域骨干船队）共 11.7 万艘（其中大中型渔船 5 万艘、小型渔船 6.7 万艘）。与 2015 年底相比，全国海洋捕捞渔船总数减少 4.4 万艘、165.7×10⁴ kW，其中大中型减少 1.5 万艘、122.5×10⁴ kW；小型减少 2.9 万艘、43.2×10⁴ kW。提前一年实现到 2020 年底达到的 2 万艘、150×10⁴ kW 的海洋捕捞渔船的压减目标[4]。随着渔船数量的减少和作业方式的优化，近年来海洋捕捞产量呈稳定下降趋势。我国近海年实际捕捞量控制在 1 000×10⁴ t 以内，沿海省（区、市）已全面推行限额捕捞管理制度，探索中国特色的渔业资源管理模式。

4 海洋渔业资源保护制度及其行动的生态贡献分析

海洋渔业资源是海洋生态系统的重要组成部分，是物质循环的重要环节，通过食物链（网）的通道参与物质循环和能量流动。海洋渔业资源除了直接或间接消耗氮、磷等营养物质外，还具有高效率的固碳能力和碳转移作用。因此，渔业资源保护的结果不仅表现为鱼类数量的增加，种类增多，多样性增高，群落结构改善，同时还表现为对海洋生态安全、生态文明和维系生生不息的生态系统的重要支撑。

4.1 渔业资源得到明显恢复

通过国家级水产种质保护区的创建、海洋牧场的建设、增殖放流行动、禁渔期和禁渔区与遏制过度捕捞制度的建立等一系列渔业资源保护举措，渔业资源得到了一定程度的恢复，呈现出四大特点，①渔业资源数量出现恢复性增长。各海区渔业资源数量总体呈增加趋势。②渔业资源结构有所改善。各海区传统经济鱼类资源水平呈增加趋势，黄海小黄鱼、带鱼、银鲳和鳀鱼的大个体比例明显增加，主要经济种群结构呈现好转迹象。③部分渔业资源补充能力明显提高。幼鱼比例制度的实施和休渔期前移并延长，有效保护了带鱼、小黄鱼、银鲳等经济鱼类的产卵亲体和幼鱼免遭捕捞，渔业资源补充能力逐年提高。④渔场环境得到休养生息。主要表现为底拖网、拖虾网等渔具对海底的反复拖曳频次和扰动程度显著降低，不仅创造底栖环境恢复的条件，同时也保护了沉性卵生物种群延续[5]。

2019 年我国海洋捕捞产量达到 1 000. 15×10⁴ t，其中鱼类 682. 89×10⁴ t，甲壳类 191. 79×10⁴ t，贝类 41. 19×10⁴ t，藻类 1. 74×10⁴ t，头足类 56. 92×10⁴ t，其他类 25. 62× 10⁴ t。各捕捞种类捕捞量均呈负增长态势，平均增长率为－4. 24%（表 4）。从 1 000. 15×10⁴ t 的渔业资源捕捞量来看，应该说是个了不起的数字，不仅稳定了供应，保证了渔民收入，同时推动了渔业从传统的"规模数量型"向"质量效益型"转变新发展模式的形成。这是长期以来坚持渔业资源保护措施成果的体现，也是对海洋生态文明建设的贡献。

表 4　2019 年我国国内海洋捕捞产量统计

捕捞种类	不同种类捕捞量/×10⁴ t	增长比例/%
鱼类	682. 89	－4. 66
甲壳类	191. 79	－3. 11
贝类	41. 19	－4. 29
藻类	1. 74	－4. 64
头足类	56. 92	－0. 13
其他类	25. 62	－9. 88
总捕获量与平均增长比例	总捕获量 1 000. 15	平均增长比例-4. 24

4.2　渔业生态环境得到明显改善

为全面掌握我国渔业水域生态环境状况，全国渔业生态环境监测网对我国渤海、黄海、东海和南海重要渔业水域、国家级水产种质保护区以及网箱养殖区的水质、沉积物、生物等要素进行了连续多年监测，并由农业农村部和生态环境部联合发布年度《中国渔业生态环境状况公报》。2018 年《中国渔业生态环境状况公报》显示[5]：海洋重要鱼、虾、贝类的产卵场、索饵场、洄游通道及增养殖区、自然保护区主要超标因子为无机氮；无机氮、活性磷酸盐、化学耗氧量、石油类监测优于评价标准的面积占所有监测面积的比例分别为 24. 6%、56. 0%、66. 1% 和 95. 6%，与 2017 年相比，无机氮、活性磷酸盐、化学耗氧量、石油类的超标面积比例均有所减小。海水重要增养殖区主要超标因子为无机氮和活性磷酸盐；无机氮、活性磷酸盐、化学耗氧量、石油类监测优于评价标准的面积占所有监测面积的比例分别为 40. 1%、49. 4%、92. 8% 和 62. 8%，与 2017 年相比，无机氮和化学耗氧量超标范围有所减小，活性磷酸盐和石油类超标范围略有增大（表5）。

表5　2017年和2018年海洋天然重要渔业水域
无机氮、活性磷酸盐、石油类、化学耗氧量监测浓度优于评价标准的面积比例　　　%

水域类型	年份	无机氮	活性磷酸盐	石油类	化学耗氧量
重要渔业水域	2017	20.0	35.7	94.4	59.7
	2018	24.6	56.0	95.6	66.1
重点增养殖区	2017	36.5	63.6	72.0	85.4
	2018	40.1	49.4	62.8	92.8

根据2009—2018年10年间《中国渔业生态环境状况公报》关于海洋重要渔业水域无机氮、活性磷酸盐、化学耗氧量、石油类和铜、锌、汞监测超标面积统计，结果显示[6]，除化学耗氧量外，无机氮、活性磷酸盐、石油类和铜、锌、汞等因子超标面积均呈现明显的减小趋势，其中无机氮超标面积由2010年最大的91.8%减小到2018年的75.4%，活性磷酸盐超标面积由2010年最大的81.4%减小到2018年的44.0%，石油类超标面积由2010年最大的70.1%减小到2018年的4.4%，铜、锌、汞等因子超标面积连续多年均为0（表6），显示了我国渔业生态环境得到了明显改善。

表6　2009—2018年海洋天然重要渔业水域
无机氮、活性磷酸盐、化学耗氧量、石油类和铜、锌、汞监测超标面积比例　　　%

年份	无机氮	活性磷酸盐	化学耗氧量	石油类	铜	锌	汞
2009	90.5	62.4	15.6	60.3	10.0	0	0
2010	91.8	81.4	25.7	70.1	3.9	0	0
2011	79.9	50.2	19.0	11.6	13.4	0.03	1.6
2012	83.1	58.0	33.6	21.9	0.5	0	0.7
2013	83.4	46.8	23.1	11.7	0.9	1.1	0.2
2014	79.3	51.2	32.9	16.1	0.5	0	0
2015	80.5	57.8	13.8	12.8	0	0	0
2016	85.1	61.8	23.6	6.2	0	0	0
2017	80.0	64.3	40.3	5.6	0	0	0
2018	75.4	44.0	33.9	4.4	0	0	0

5 展望

随着我国海洋渔业突飞猛进的发展，其内涵不断深化与拓展，包括海洋捕捞业、海水养殖业和加工流通业等传统产业以及增殖渔业和休闲渔业等新兴产业，构成了现代渔业五大产业体系格局[7]。其中海洋捕捞业和海水养殖业属于水产品的产出源，是海洋渔业的基础和核心产业，决定着水产品的供给，加强海洋渔业资源保护，保证海洋渔业资源可持续利用，是维护我国粮食安全的重要举措。农业农村部作为渔业行政主管部门，深入贯彻党的十九大和十九届一中、二中、三中、四中、五中全会精神，落实高质量发展要求，坚持提质增效、减量增收、绿色发展、惠及渔民，其理念宗旨与海洋生态文明建设十分契合。海洋渔业资源保护是一项长期性的工作，需要持久坚持。作者深信经过长期不懈的努力，海洋渔业资源保护制度化机制化会更加完善，保护成效会更加显著，生态贡献会更加突出。

参考文献

[1] 农业农村部.海洋牧场分类(SC/T 9111-2017).2017.

[2] 杨红生.我国海洋牧场建设回顾与展望.水产学报,2016,40(7):1133-1138.

[3] 农业农村部.国家级海洋牧场示范区建设规划(2017-2025年).2017.

[4] 农业农村部渔业渔政管理局."十三五"渔业亮点连载——控制捕捞强度 推动海洋渔业持续健康发展.中国水产,2020,(12).

[5] 农业农村部和生态环境部.中国海洋渔业生态环境状况公报(2018年).

[6] 农业农村部和生态环境部.中国海洋渔业生态环境状况公报(2009—2018年).

[7] 农业农村部渔业渔政管理局."十三五"渔业亮点连载—转型升级步伐加快 渔业高质量发展取得实效,中国水产,2020,(11).

基于健康海洋的生物修复技术
及其应用效果

马绍赛

（中国水产科学研究院黄海水产研究所，山东 青岛 266071）

摘要：本文在认知生物修复技术基本定义的基础上，指出了现代海洋生物修复技术更加凸显生物耦合作用和配套技术的综合作用，更加凸显符合区域环境功能水平和整个生态系统健康的目标定位。同时，阐述了海洋生物修复技术的现实需求和海洋生物修复技术发展特点；分析了海洋生物修复技术在养殖废水处理、海湾与湿地修复中的应用效果及增殖放流、海洋牧场的生物修复作用；揭示了海洋生物修复技术存在的问题，并进行了前景展望。

关键词：海洋生态环境；生物修复技术；健康海洋；海洋生态修复；生物耦合作用

我国海洋水产品产量连续多年稳定在 $3\,000\times10^4$ t 以上，为我国城乡居民膳食营养提供了近 1/3 的优质动物蛋白。海洋成为我国食物供给的"蓝色粮仓"和优质动物蛋白重要供应源，是维护国家粮食安全的新途径。众所周知，改革开放 40 多年来，我国沿海地区社会经济发展突飞猛进，由此引起的人类活动不断加剧。在人类活动和全球变化对海洋环境双重压力的背景下，取得如此成就实属不易。这主要得益于近 20 年以来，特别是党的十八大以来，国家秉持生态优先，绿色发展，可持续发展的发展观，面对出现的海洋环境问题，坚持以高质量发展为方向，不断地对产业进行结构调整和生产方式转型升级，以健康海洋为目标，实施了一系列生态保护计划和生态修复计划。在取得经济效益、社会效益和生态效益的同时，极大地推动了我国的海洋生物修复技术的创新、进步与发展，将我国海洋生物修复技术研究及其应用提高到了一个新的水平。

1 生物修复技术的基本概念

生物修复技术是在生物降解的基础上发展起来的新兴环境治理技术。李永祺和唐学玺教授在其主编的《海洋恢复生态学》一书中列举了5位学者对生物修复技术的定义[1]。Madsen 提出的定义：指利用生物特别是微生物来催化降解环境污染物，减少或最终消除环境污染的受控或自发过程。马文漪等提出的定义：是利用微生物、植物及其他生物，将环境中的危险性污染物降解为二氧化碳或转化为其他无害物质的工程技术系统。王建龙等提出的定义：是利用生物，特别是微生物降解有机污染物，从而修复被污染环境或消除环境污染物的一种受控或自发进行的过程。生物修复的目的是去除环境中的污染物，使其浓度降至环境标准规定的安全浓度之下。黄铭洪等认为，生物修复的定义基本上可归结为广义和狭义的两大类。狭义的定义，指通过微生物的作用清除土壤和水体中的污染物，或是使污染物无害化的过程，它包括自然的和人为控制条件下的污染物降解或无害化过程；广义的定义，指一切以利用生物为主体的污染治理技术，它包括利用植物、动物和微生物吸收、降解、转化土壤和水体中的污染物，使污染物的浓度降低到可接受的水平，或将有毒有害的污染物转化为无害的物质，也包括将污染物稳定化，以减少其向周边扩散。熊治廷提出的定义：是指利用天然存在的或人类培养的生物（包括微生物、植物和动物）的代谢活动减少环境中有毒有害物质浓度或使其无害化，使污染环境部分或完全恢复到原始状态的过程。综合上述5位学者提出的生物修复技术的定义，并结合生物修复技术的发展和实践，本人认为：海洋生物修复技术系指针对某种污染物或污染环境，利用天然生物或利用筛选、驯化、培养的具有生态安全保障的生物（包括微生物、藻类、植物和动物等）的代谢活动减小环境中有毒有害物质的浓度或使其无害化，从而使污染了的环境能够得到一定程度的恢复，达到符合区域环境功能水平的过程。值得指出的是，随着海洋生物修复技术的发展，其概念和内涵得到了进一步的拓展，其中最突出的特点体现在：①不仅仅是利用单一生物本身的功能作用，而是更加凸显生物的耦合作用和配套技术的综合作用；②不仅仅是针对某种污染物的治理，使其浓度降低或无害化，而是从生态学角度出发，更加凸显符合区域环境功能水平和整个生态系统健康的目标定位。

根据生物修复的污染物种类，可分为石油污染生物修复、富营养化生物修复、有机污染生物修复、重金属污染生物修复和放射性物质生物修复等。生物修复技术的概念在初期是指在没有人为干预的情况下，对存在于环境中的污染物可以自然降解，这一自然降解过程，就是通过微生物、酶、或某些化学物质及与大气的联合作用实现的。然而，自然降解过程存在降解速度慢、降解效率低、降解周期长等诸多不足。而利用针对污染物筛选、驯化、培养的微生物，其降解速度和降解效率会大幅度提升，降解周期也会大幅度缩短，例如，利用筛选、驯化、培养的微生物去除一些以碳氢化合物为骨架的毒素，降解时间会由原来的几十年缩短到几个星期[2]。

2 生物修复技术的发展

有关生物修复技术的研究与应用已有很多报道[3-5]，从中可以比较清晰地看出生物修复技术研究与应用发展的脉络。海洋生物修复技术是 20 世纪 70、80 年代兴起并得到迅速发展的治理海洋环境污染的生物工程技术。生物修复技术在海洋环境治理之初，主要是用于环境中石油烃污染的治理，并取得成功。由于生物修复技术具有应用成本低、治理效率高、应用范围广、不会产生二次污染或导致污染物转移等优点，因此该技术被不断扩大应用到环境中其他污染类型的治理。世界许多国家，如欧洲的德国、丹麦、荷兰，亚洲的日本、印度尼西亚、泰国等国家对生物修复技术的研究与应用非常重视，取得了一些重要研究成果和显著的应用效果。以欧洲为例，从事生物修复技术研究的机构和商业公司有上百家之多，他们的研究证明，微生物是自然生态系统中的分解者，可使进入环境的污染物不断地降解，最终转化为 CO_2、H_2O 等无机物，使污染的环境得以净化。因此，利用微生物分解有毒有害物质的生物修复技术是治理大面积污染区域的一种十分有价值的方法。20 世纪 90 年代欧盟启动了有关富营养化和大型海藻的 EUMAC 研究计划，研究水域从波罗的海到地中海的欧洲沿岸海区，其目的旨在了解海藻在海区富营养化过程中的响应和作用[6-8]。Krom 等比较了海水网箱养殖、浮游植物调节和大型海藻调节 3 种不同养殖系统中氮的流向，发现在鱼类养殖产量相近的情况下，浮游植物调节的养殖系统中，在浮游植物生物量较高时，70%的氮以颗粒态的形式存在于水体中；浮游植物量很少时，氮的存在形式与网箱养殖系统氮的存在形式相似，主要是以颗粒态氮和溶解态氮的形式存在；而养殖海藻系统中大部分的氮可以通过鱼的收获和藻的收获输出[9]。美国国家环保局、国防部、能源部等部门积极推进生物修复技术的研究和应用。美国的一些州，如新泽西州、威斯康星州将生物修复技术列为净化受储油罐泄漏污染土壤治理的方法之一。美国能源部制定了20 世纪 90 年代土壤和地下水的生物修复计划，并组织了一个由联邦政府、学术界和实业界人员组成的"生物修复行动委员会"（Bioremediation Action Committee）来负责生物修复技术的研究和具体实施。生物修复技术应用最成功的案例是 Jon E. Llidstrom 等人在 1990 年到 1991 年应用筛选研发的高效降解菌制剂对阿拉斯加 Exxon Valdez 王子海湾由于油轮泄漏造成的污染进行的处理，取得非常明显的效果，使得近百千米海岸的环境质量得到明显改善。我国的海洋生物修复技术研究与应用起步于 20 世纪 70 年代末、80 年代初，主要体现在，投放人工鱼礁，构建了以鱼礁为载体，以藻类为基础的鱼、虾、贝、藻共生的生态系统；利用以光合细菌为代表的各类微生物制剂调节养殖水体质量[10-12]，利用筛选菌株降解消除养殖池底泥中有机污染物[13-14]，利用分离出来的可抑制病原的菌株进行疾病防治和促进养殖生物生长[15]。

3 基于健康海洋的生物修复

3.1 海洋生物修复技术的现实需求

改革开放 40 多年来，我国沿海经济发展迅速，给社会带来了巨大变化，给居民带来了丰厚的福祉和满满的获得感。与此同时，因发展和保护的不平衡、不协调带来了严重的生态环境问题，特别是党的十八大以前的 20 多年里这种现象十分突出。主要表现为：近海水域环境污染不断加剧，生态系统和生物资源遭到严重破坏，水域生态荒漠化多有存在，氮、磷等营养盐浓度超标和富营养化带有普遍性；赤潮、海星、水母、绿潮等生态灾害频发；珍贵水生野生动植物资源急剧衰退，水生生物多样性受到严重威胁。针对这些生态环境问题，《国家中长期科学和技术发展规划纲要（2006—2020年）》明确提出"加强海洋生态与环境保护技术研究，发展近海海域生态与环境保护、修复技术"；《国务院关于促进海洋渔业持续健康发展的若干意见（2013 年）》要求"发展海洋牧场，加强人工鱼礁投放"。国家已把海洋生态修复、海洋牧场建设、人工鱼礁投放等海洋生态建设工程作为产业发展的战略方向摆到极其重要的地位。可以看出，海洋生物修复技术是海洋经济健康持续发展及生态文明建设的现实需要。

3.2 海洋生物修复技术发展特点

在国家政策保证和科研项目的支撑下，广大的海洋科研工作者开展了以高质量发展为方向，以健康海洋为目标，以提高海洋生态承载力和服务功能为追求的科学研究与技术创新，取得了一些重要的科研成果，推动海洋生物修复技术的发展，其理念和特点体现为：①从生态学观点出发。采用生态学原理分析养殖生态系统的结构与功能，通过筛选和优化适合养殖水体特定生态条件下大型藻类、鱼、虾、贝等，建立耦合的新型海水养殖生态模式，以有效地吸收、利用养殖环境中多余的氮、磷等营养物质，从而减轻养殖废水对环境的影响，降低养殖系统的病害发生率，提高养殖系统的经济输出。②从碳汇渔业的理念出发。根据大型藻类、贝类、耐盐植物等生物的机能与生态习性，充分利用其可以固碳、产生氧气、调节水体的 pH 值等功能特点，通过科学组配构建多元立体的养殖模式，充分发挥养殖模式的耦合综合作用，以达到对养殖生态环境的生物修复和生态调控的目的，从而实现社会效益、经济效益和生态效益的统一。③从能流、物流循环的角度出发。建立生物种群多、食物链结构健全、能流与物流循环较快的生态系统，以增加在能量和资源利用方面的回能比、稳定性和修复效率。如投放渔礁，建立藻场、增殖放流等，通过物质的循环和食物的传递以达到修复目的。

3.3 海洋生物修复技术应用效果

3.3.1 养殖废水的生物处理

在工厂化循环水养殖和养殖废水无害化处理方面采用了很多生物降解技术。傅雪军等[16-17]对工厂化循环水养殖系统中的自然微生物挂膜过程及其处理效率进行了较系统的研究，构建的生物滤池对氨氮（NH_4^+-N）、亚硝酸盐（NO_2^--N）、磷（$PO_4^{3-}-P$）、化学需氧量（COD）的平均去除率分别为58.13%、12.66%、10.47%、25.36%。林更铭等[18]，利用海水工厂化养殖排出的废水养殖双齿围沙蚕、菲律宾蛤仔、长牡蛎和细基江蓠等，结果表明：双齿围沙蚕耐污染能力最强；细基江蓠和双齿围沙蚕具有较强的净化水质能力。养殖废水经7 d处理后，氨氮（NH_4^+-N）、硝酸盐（NO_3^--N）、亚硝酸盐（NO_2^--N）、磷（$PO_4^{3-}-P$）、化学需氧量（COD）和底质有机物分别下降至处理前的11.20%、23.69%、27.50%、14.6%、3.2%和0.32%，且沙蚕和江蓠平均日生长率分别为2.3 mg/（g·d）和80 mg/（g·d），该方法不但能净化水质，还能实现养殖废水的循环利用。曲克明等[19]研究了常见大型藻类对氮、磷营养盐的去除效果和贝类对悬浮颗粒物的去除效果，结果表明，石莼和海带在同样的实验条件下吸附氮、磷营养盐的效果明显高于鼠尾藻和马尾藻。崔正国[20]在参与实施"十一五"国家科技支撑计划项目"工程化养殖高效生产体系构建技术研究与开发"中，对海水人工湿地构建与对虾养殖废水的无害化处理及利用技术进行了试验研究，取得了较好的效果。吴俊泽等利用海水人工湿地系统处理海水养殖外排水，结果显示：海水人工湿地系统对氨氮（NH_4-N）、亚硝态氮（NO_2-N）、硝态氮（NO_3-N）、总氮（TN）和可溶性有机氮（DON）去除效果显著，去除率分别为（99.6±0.7）%、（99.9±0.0）%、（98.2±2.0）%、（92.6±1.5）%和（86.1±4.8）%[21]。

3.3.2 增殖放流的生物修复作用

增殖放流不仅会使天然渔业资源种群数量得到补充，同时还作为一种有效的生物修复手段被广泛应用。贾晓平[22]认为，增殖放流对生态环境的修复作用主要体现在：①改善种群结构，增加物种多样性；②形成区域性渔场，减轻捕捞压力；③改善饵料生物水平，维持生态系统完整；④净化水质，维护渔业水域生态平衡。农业农村部非常重视增殖放流的资源补充和生态的修复作用，要求"各地要将渔业资源增殖放流工作纳入政府生态环境建设计划，采取有效措施，统筹安排，使渔业资源增殖放流成为一项常规性工作"。从2006—2018年全国共投入放流资金115.72亿元，增殖放流数量3 899.0亿尾（只），增殖放流投入产出效果极为显著[23]。为改善上海金山城市沙滩水域水质环境，给上海市民创造一个滨海旅游休闲娱乐的场所，上海金沙滩投资发展有限公司委托中国水产科学研究院东海水产研究所，开展了鱼、虾、贝、藻水生动植物养殖等一系列生态修复工程。其中，放养水生动物大黄鱼、黑鲷等 13 种，种植水生植物江蓠、海三棱草、千丝草、狐尾草、芦苇等，促使海底生物链形成，恢复并保持金山城市沙滩水域生态系统的功能[24]。

3.3.3　海洋牧场的生物修复作用

海洋牧场是基于海洋生态系统原理，通过人工鱼礁投放、增殖放流、海藻移植或培植等措施，构建以鱼礁为载体，以藻类为基础的鱼、虾、贝、藻共生的生态系统，从而达到生态修复的目的。以投放人工鱼礁为标志的海洋牧场建设可追溯到 20 世纪 70 年代末至 80 年代初[25]。进入 21 世纪，海洋牧场建设得到了快速发展。2013 年，《国务院关于促进海洋渔业持续健康发展的若干意见》明确提出"发展海洋牧场，加强人工鱼礁投放"。2015 年，农业部组织开展了国家级海洋牧场示范区创建行动，按照"科学布局、突出特色、明确定位、理顺机制"的总体思路，在已有海洋牧场建设的基础上，按照《国家级海洋牧场示范区创建基本条件》，创建了第一批国家级海洋牧场示范区。截至 2016 年，全国投入海洋牧场建设资金 55.8 亿元，建成海洋牧场 200 多个，其中国家级海洋牧场示范区 42 个，涉及海域面积超过 850 km²，投放鱼礁超过 6 000 万空方，测算显示每年可产生直接经济效益 319 亿元、生态效益 604 亿元，年度固碳量 19×10^4 t，消减氮 16 844 t、磷 1684 t[26]。从 2015 年农业部组织开展国家级海洋牧场示范区创建行动，到 2020 年底共分 6 批、累计创建国家级海洋牧场示范区 134 个，分布于渤海、黄海、东海和南海四大海区，取得了显著的经济效益、社会效益和生态效益。张立斌等研制的多层组合式海珍礁，礁体投放后，海湾型海洋牧场礁体附着藻类增加至 23 种，生物量达 166 g/m²，供饵力提高 30 倍，栖息空间增加 20 倍，刺参亩产量可达 300 kg，礁体内部游泳动物生物量达 69.42 g/m³，投入产出比为 1∶20~1∶30；刺参亩产量由 75 kg 提升至 210 kg，单礁聚集鱼类 6 尾以上，龙须菜亩产量 1.2 t[27]。王云龙等在象山港海洋牧场人工藻场构建过程中，在室内培育的 15 种海藻中筛选出坛紫菜、龙须菜、海带、羊栖菜、鼠尾藻等适宜目标建场海藻，其环境修复效果和碳汇功能十分明显[28]。

3.3.4　海湾与湿地的生物修复

中国科学院海洋研究所杨红生研究团队、中国海洋大学张秀梅研究团队和山东海洋生物研究院刘洪军研究团队针对荣成湾的生境和重要渔业资源修复进行了研究，构建了大叶藻（草）床、人工鱼（藻）礁、人工藻床、人工牡蛎床等修复技术。中国水产科学研究院黄海水产研究所李秋芬科研团队针对象山湾网箱养殖等引起的富营养化海域，开展了以大型藻类养殖为主的多品种立体轮养修复技术研究，在摸清了网箱养殖自身污染特征和物质输运规律的基础上，筛选了适合网箱养殖区生物修复的大型藻、贝类、海参和微生物等，优化并建立了适合不同海区的网箱养殖环境的多品种立体轮养生物修复技术和模式，创新了基于氮平衡的海藻生物修复策略并得以推广应用[29-33]。毛玉泽等[8]创建了不同耐温藻类周年轮作修复模式，在荣成湾示范区龙须菜和海带亩产 $3.56×10^4$ t 和 $2.20×10^4$ t，年产 $12×10^4$ t，碳吸收量相当于造林 $7.2×10^4$ hm^2，为近 $10×10^4$ t 刺参、皱纹盘鲍提供优质饵料，实现大型藻类对海区营养盐周年利用和水质环境持续改善。刘亚云等[29]研究证明滨海红树林湿地生态系统中的红树植物秋茄（*Kandelia candel*）对两种多氯联苯（PCB47、PCB155）均有较强的累积作用，其中根系是最主要的吸收部位，对两种 PCB 的生物富集系数为 0.6~1.2。栽种了秋茄的沉积物中 PCBs 的残留浓度下降了 5.28%~15.46%。高云芳等[30]研究发现，湿地系统中的几种盐沼植物，如芦苇、互花米草、香蒲可以不同程度地富集、转移湿地水体和土壤中的重金属（Cu、Zn、Cd、Cr、Pb、As、Hg）和营养盐（TN、TP），而通过收割这些植物就可以有效地去除湿地环境中的污染物。这一成果为滨海湿地的植物修复提供了良好范例。此外，何培民等研究显示，每 1 000 t 紫菜可从海洋中除去 50~60 t 氮和 10 t 磷，每 1 000 t 海带可除去 30~40 t 氮和 3 t 磷，每 1 000 t 江蓠可除去 50~60 t 氮和 3 t 磷，每 1 000 t 浒苔可除去 45 t 氮和 5.5 t 磷[34]。徐永健等研究表明，在有脉冲氮、磷输入时，菊花江蓠的生长速率大大增加，而介质中营养盐快速下降，在低密度系统中，含氮营养盐去除率大于 50%，在高密度系统中含氮营养盐几乎完全被去除，对磷的去除率也能达到 40% 左右[35]。

4　问题与展望

　　尽管近年来，我国在海洋生物修复技术研究与应用方面取得丰硕成果，然而由于海洋生物修复技术是一项复杂的，跨学科的领域，涉及微生物学、生物学、养殖学、渔业资源学、环境学、生态学、渔业设施学以及人工智能、信息化等学科的综合性技术，需要各个学科的专家通力合作联合攻关。另外，面对复杂的海洋环境，还存在着许多需要深入研究解决的技术问题，如生物修复机理、优良修复生物品种的选择、不同生物修复耦合、生物修复效果与生物修复的生态风险评估等。目前海洋生物修复，更多是针对水域富营养化环境或有机污染环境开展的，而威胁海洋环境的污染物质类型很多也很复杂，这充分说明海洋生物修复技术方兴未艾，应用前景广阔。

参考文献

[1]　李永祺,唐学玺.海洋恢复生态学[M].青岛:中国海洋大学出版社,2015:6.

[2]　徐王华. 生物修复技术简介[J]. 环境保护,2000,12.

[3]　晏小霞,唐文浩. 养殖水环境生物修复研究进展. 热带农业科学,2004(2):79-81.

[4]　李秋芬,袁有宪. 海水养殖环境生物修复技术研究展望[J]. 中国水产科学,2000(2):202-203.

[5]　李纯厚,王学锋,王晓伟,等. 中国水养殖环境质量及其生态修复技术研究进展[J]. 农业环境科学学报,2006,25(21):232-235.

[6]　沈德中. 污染环境的生物修复[M]. 北京:化学工业出版社,2002.

[7]　冯敏毅,马牲,文国棵,等. 大型海藻对富营养化海水养殖区的生物修复[J]. 海洋科学,2006(4):152-155.

[8]　毛玉泽,杨红生,王如才,等. 大型藻类在综合海水养殖系统中的生物修复作用. 中国水产科学,2005,12(2):172-173.

[9]　Krom M D,Ellner S,Rijin J,et al. Nitrogen and phosphorus cycling and tran sfomations in a prototype"non-polluting"Integrated maricuhure system,Eilat,Israel[J]. Mar Ecol Prog Ser,1995,118:25-36.

[10]　刘中,刘义新,于伟君,等. 饵料中添加光合细菌养鱼试验[J]. 饲料工业,1995,16(1):38.

[11]　吴伟. 应用复合微生物制剂控制养殖水体水质因子初探[J]. 湛江海洋大学学报,1997,17(3):16-20.

[12]　吴伟,余晓丽,李咏梅,等. 不同种属的微生物对养殖水体中有机物质的生物降解[J]. 湛江海洋大学学报,2001,9(3):67-70.

[13]　李秋芬,曲克明,辛福言,等. 虾池环境生物修复作用菌的分离与筛选[J]. 应用与环境生物学报,2001,7(3):281-285.

[14]　辛福言,李秋芬,邹玉霞,等. 虾池环境生物修复作用菌的模拟应用[J]. 应用与环境生物学报,2002,8(1):75-77.

[15]　陈家长,简纪常,胡庚东,等. 利用有益微生物改善养殖生态环境的研究[J]. 湛江海洋大学学报,2002,22(4):33-36.

[16]　傅雪军,马绍赛,等. 循环水养殖系统自然微生物生物挂膜形成过程实验研究[J]. 海洋水产研究,2010,31(1):165-167.

[17]　傅雪军,马绍赛,等. 循环水养殖系统生物挂膜的消氨效果及影响因素分析[J]. 海洋环境科学,2010,29(5):177-178.

[18]　林更铭,李炳乾,等. 海水工厂化养殖废水循环利用的初步探讨[J]. 海洋科学 2009(5):47-50.

[19]　曲克明,卜雪峰,马绍赛. 贝藻处理工厂化养殖废水的研究[J]. 海洋水产研究,2006,27(4):36-43.

［20］ 崔正国.人工湿地技术及其在水产养殖废水处理中的应用.封闭循环水养殖——新理念 新技术 新方法.北京:现代教育出版社,2009:338-345.

［21］ 吴俊泽,王艳艳,李悦悦,等.海水人工湿地脱氮效果与系统内基质酶、微生物分析[J].海 洋科学,2019 年,43(5):36-42.

［22］ 贾晓平.增殖放流对生态环境的修复作用研究[A]//中国水产科学发展报告(2008— 2009).北京:中国农业出版社,18-26.

［23］ 农业农村部和生态环境部.中国海洋渔业生态环境状况公报(2006—2018 年).

［24］ 中国水产科学研究院东海水产研究所.上海城市沙滩水域海水生态修复获得成功.上海 新闻网,2007 年 7 月 30 日.

［25］ 农业农村部.《海洋牧场分类》(SC/T 9111-2017),2017.

［26］ 杨红生.我国海洋牧场建设回顾与展望[J].水产学报,2016,40(7):1133-1138.

［27］ 张立斌,杨红生.海洋生境修复和生物资源养护原理与技术研究进展及展望[J].生命 科学,2012,24(9):1062-1069.

［28］ 王云龙,李圣法,姜亚洲,等.象山港海洋牧场建设与生物资源的增殖养护技术[J].水 产学报,43(9):1972-1980.

［29］ 刘亚云,孙红斌,陈桂珠,等.红树植物秋茄对 PCBs 污染沉积物的修复[J].生态学报, 2009,29(11):6002-6009.

［30］ 高云芳,李秀启,董贯仓,等.黄河口几种盐沼植物对滨海湿地净化作用的研究[J].安徽 农业科学,2010,38(34):19499-19501.

［31］ 李秋芬,有小娟,张艳,等.象山港中部养殖区细菌群落结构的特征及其在生境修复过程 中的变化[J].中国水产科学,2013,20(6):1234-1246.

［32］ 吴忠鑫,张秀梅,张磊,等.基于线性食物网模型估算荣成俚岛人工鱼礁区刺参和皱纹盘 鲍的生态容纳量[J].中国水产科学,2013,20(2):327-337.

［33］ 张磊,张秀梅,吴忠鑫,等.荣成俚岛人工鱼礁区大型底栖藻类群落及其与环境因子的关 系[J].中国水产科学,2012,19(1):116-125.

［34］ 何培民,徐姗楠,张寒野.海藻在海洋生态修复和海水综合养殖中的应用研究简况[J]. 渔业现代化,2005,4:152-160.

［35］ 徐永健,王永胜,韦玮.多因子交互作用对菊花江蓠氮、磷吸收速率的影响[J].水产学 报,2006,25(5):211-213.

作者简介:

马绍赛,男,研究员(二级),中国侨联特聘专家。研究方向:海洋渔业生态环 境与生物修复。曾获农业部中青年有突出贡献专家荣誉称号,享受国务院特殊津贴。

浅谈我国海洋大型底栖动物资源保护

徐勇, 李新正

(中国科学院海洋研究所, 山东 青岛 266071)

摘要: 海洋大型底栖动物是重要的海洋生物类群, 在海洋生态系统发挥着重要的作用, 同时某些经济类群也是人类的食物来源。海洋大型底栖动物面临来自人类活动和气候变化方面的威胁。大型底栖动物资源的保护需要遵循一定的理论和技术。本文主要就海洋大型底栖动物的作用、面临的威胁、我国各海域的主要大型底栖动物资源、对其进行保护的理论和技术进行了简要的概述。

关键词: 大型底栖动物; 资源保护; 海洋

海洋底栖生物是指生活在海洋基底表面或沉积物中的各种生物 (沈国英和施并章, 2002), 包括以水中物体 (包括生物体和非生物体) 为依托而栖息的生物类群 (李新正, 2011)。海洋大型底栖动物是指底栖生物中不能通过孔径为 0.5 mm 筛网的动物类群, 目前我国一般使用 0.5 mm 孔径筛网来筛选大型底栖动物 (李新正, 2011)。

我国海域面积辽阔, 从北向南跨越 38 个纬度。广袤的海域、多样的底栖生境、复杂的地形、海流以及水团结构, 使我国海域形成较高的生物多样性和较为丰富的底栖动物资源。

我国海洋大型底栖动物的主要类群包括多毛类动物、软体动物、棘皮动物、甲壳动物以及其他动物类群, 广泛分布于从潮间带到大陆架、大陆坡、深海、深渊的各种生境中。根据底栖生物与底质的关系, 底栖生物被划分为底表生活型、底内生活型和底游生活型; 底表生活的物种分为固着生物、附着生物、匍匐生物, 底内生活的物种分为管栖动物、埋栖动物、钻蚀生物, 底游生活的物种具有一定的游泳能力, 例如虾蟹类和某些鱼类 (沈国英和施并章, 2002)。

1 海洋大型底栖动物在生态系统中的重要作用

海洋大型底栖动物种类繁多, 其栖息的环境也是复杂多样的, 它们在海洋生态系统中具有十分重要的作用。

（1）大型底栖动物在海洋生态系统能量流动和物质循环中具有重要作用。水层的有机碎屑沉降到海底，通过大型底栖动物的摄食作用而得以利用，促进了这些有机碎屑的分解，并转化为大型底栖动物体内的物质和能量。

（2）大型底栖动物对于维持生境的稳定具有重要作用。营底内生活的物种，在其生活的过程中，不断给周围的沉积物"松土"，从而形成许许多多的微生境，为小型和微型底栖动物提供生存的栖息地，这些小型和微型的底栖动物能够进一步利用环境中的有机碎屑，使其重新进入食物网流通。有的底栖动物甚至构造了生态系统，成为生态系统的基础，例如珊瑚礁生态系统中的珊瑚虫。珊瑚礁生态系统是生物多样性最高的海洋生态系统，珊瑚虫和虫黄藻的互利共生为珊瑚礁生态系统提供了物质和能量，使其成为许多其他生物的栖息地。

（3）海洋大型底栖动物本身就是海洋生态系统中不可缺少的一员，与其他生物一起组成了丰富多彩的海洋世界。同时大型底栖动物也是人类重要的食物来源，例如经济双壳类、腹足类、虾蟹类、底栖鱼类等。

2　海洋大型底栖动物面临的威胁

随着人类对海洋资源的开发利用和气候变化的影响，海洋大型底栖动物面临着各种威胁。人类活动的威胁主要包括以下几个方面。

（1）过度捕捞，其中底层拖网的破坏最大。底层拖网直接破坏了海洋大型底栖动物赖以生存的海底生境，个体较大的底栖动物（例如虾蟹类、底层鱼类）是许多底层拖网的捕捞目标和渔获物。另外还有许多大型底栖动物作为副渔获物被捕捞，导致大型底栖动物资源急剧衰减。底层拖网能够改变大型底栖动物的群落结构。研究表明，人类拖网能够刺激萨氏真蛇尾（*Ophiura sarsii*）的摄食行为（Harris et al., 2009）。有学者发现，它们会爬到底层拖网留下的碎屑和腐肉上。可以看出，对于不同的底栖动物，底层拖网的影响是有差别的，这种差别导致大型底栖动物群落在使用拖网前后有很大差别，导致群落结构的变化。

（2）栖息地丧失，这主要出现在潮间带及近海海域。近海海域的浮筏养殖，导致未被养殖生物利用的大量有机碎屑沉降到海底，这些有机碎屑的出现改变了海底的底栖动物群落。一方面，有机碎屑可以作为某些食底泥或食腐的大型底栖动物的食物，有机碎屑的加入，促进了这一类物种的发展；另一方面，过量的有机碎屑来不及被食用，就被细菌等微生物降解，这个过程消耗大量的溶解氧，甚至导致海底出现低氧现象，影响大型底栖动物的正常活动。近岸的滩涂围垦开发，填海造陆，人工岛，海岸工程建设等，直接导致海洋大型底栖动物原有的生境丧失，同时又提供了新的硬基质，改变了有些大型底栖动物的分布。研究表明长江口北部沿岸的人工礁石，为某些原来生活于南岸的大型底栖动物提供了附着基，从而扩大了这些大型底栖动物的分布区（Dong et al.，2016）。

（3）人类活动造成污染也威胁大型底栖动物生存，包括富营养的有机废水的排放，工业和农业污染物的排放，塑料和金属废物的排放，石油污染，等等。这些污染物有的是直接排放到海里，有的是伴随着陆地径流入海。富营养化废水的排放，导致了海水的富营养化，进一步引起赤潮、浒苔等有害藻华的发生。从2018年开始，每年夏天都会有大量的浒苔来到青岛的海边，严重影响了青岛的旅游业和城市形象，政府部门更是耗费大量的人力物力来清理这些不速之客。浒苔的发生与污染导致的海水富营养化是分不开的。石油污染主要影响海水表层生物，有些溢油发生在靠近岸边的海域，并伴随着潮汐来到潮间带，严重威胁潮间带大型底栖动物的生存，导致这些生物大量死亡。有些海水表层的石油物质，经过食物链的富集作用，最终对大型底栖生物造成影响。以前我们认为塑料垃圾的危害仅仅是困住有些海洋生物，导致其窒息死亡，或者被海洋生物吃进肚里，影响其正常的能量摄入，间接导致其死亡。后来，科学家发现，塑料经过潮水和泥沙的作用，形成很小的甚至肉眼不可见的微塑料，目前这种微塑料已经在世界各大海域被发现，其影响尚在研究中。再后来，科学家发现塑料被海流从近海运送到远海，从浅海运送到深海，这些塑料慢慢成为大型底栖动物的附着基，改变着海底的大型底栖动物群落结构，成为海洋生物多样性研究的热点（Song et al.，2021）。

（4）由人类活动导致的生物入侵也会威胁海洋大型底栖动物本地种的生存。有文献表明，一种原产于南美洲的沙筛贝（*Mytilopsis sallei*），占据了福建海域的沿岸基岩以及养殖设施的表面，导致当地的附着生物消失，并导致养殖贝类产量下降（马程琳和邹记兴，2003）。

（5）气候变化对海洋大型底栖动物的影响主要体现在变暖所导致的海水温度升高、酸化、海平面上升等的影响。海水温度上升，对于存在浮游幼体阶段的大型底栖动物的影响较为明显，容易导致大型底栖动物成熟期提前。海平面上升，导致原来的潮间带变为潮下带，或者原来的高潮带变为低潮带，对于潮间带海域的大型底栖动物影响较明显。海水酸化，对于甲壳类大型底栖动物以及生活于珊瑚礁生态系统的大型底栖动物影响较为明显，影响前者的发育过程和后者的栖息环境。

3 我国各海域的大型底栖动物资源

渤海海域的大型底栖动物物种组成较为简单，以广温性低盐的暖水种类为主，属印度洋—西太平洋区系的暖温性种类。在 1982 年的调查中，共发现渤海大型底栖动物 276 种（孙道元和刘银城，1991）。其中强鳞虫、索沙蚕、不倒翁虫、细蛇潜虫、寡鳃齿吻沙蚕、光滴形蛤、胡桃蛤（滑理蛤）、灰双齿蛤、光亮倍棘蛇尾、日本倍棘蛇尾等是主要的大型底栖动物物种（孙道元和刘银城，1991）。在 2006—2007 年的"我国近海海洋综合调查与评价"调查中，共发现渤海大型底栖动物 413 种（李新正等，2012b）。其中不倒翁虫、拟特须虫、小亮樱蛤、理蛤、细长涟虫、背蚓虫、江户明樱蛤、紫色阿文蛤、日本倍棘蛇尾、棘刺锚参等是主要的大型底栖动物物种（李新正等，2012b）。

黄海海域的大型底栖动物物种属印度洋—西太平洋区系的暖水性种类，在沿岸浅水区，以广温性低盐的种类为主。在 2006—2007 年的"我国近海海洋综合调查与评价"调查中，在北黄海海域共发现大型底栖动物 658 种，其中不倒翁虫、米列虫、后指虫、长吻沙蚕、薄壳索足蛤、鸭嘴蛤、大寄居蟹、日本鼓虾、心形海胆、萨氏真蛇尾、紫蛇尾、海葵、单环棘螠等是主要物种（李新正等，2012a）；在南黄海海域共发现大型底栖动物 416 种，其中背蚓虫、索沙蚕、角海蛹、曲强真节虫、梳鳃虫、掌鳃索沙蚕、圆楔樱蛤、理蛤、日本胡桃蛤、日本鼓虾、哈氏美人虾、博氏双眼钩虾、日本倍棘蛇尾、紫蛇尾、萨氏真蛇尾等是主要物种（李新正等，2012a）。

东海海域的大型底栖动物与渤海和黄海的大型底栖动物有很大差别。有文献表明，东海海域的大型底栖动物有 855 种（唐启升，2006）。在 1998—2000 年东海大型底栖动物调查中，在东海北部近海海域，独指虫、番红花丽角贝、鸟喙小脆蛤、球小卷吻沙蚕、日本美人虾、洼颚倍棘蛇尾等是主要物种；在东海南部近海海域，欧努菲虫、番红花丽角贝、独指虫、日本美人虾、钩倍棘蛇尾等是主要物种；在台湾海峡海域，独毛虫、番红花丽角贝、洼颚倍棘蛇尾、长锥虫、轮双眼钩虾等是主要物种（李荣冠，2003）。在 2006—2007 年"我国近海海洋综合调查与评价"调查中，发现在长江口海域的主要大型底栖动物物种包括：奇异稚齿虫、双形拟单指虫、小头虫、后指虫、不倒翁虫、纵肋织纹螺、江户明樱蛤、红带指纹螺、绒螯近方蟹、鲜明鼓虾等；在浙江海域的主要物种包括：不倒翁虫、背蚓虫、后指虫、尖叶长手沙蚕、双形拟单指虫、圆筒原盒螺、豆形短眼蟹、西格织纹螺、寄居蟹、棘刺锚参等；在台湾海峡海域的主要物种包括：不倒翁虫、拟特须虫、加州中蚓虫、袋稚齿虫、带偏顶蛤、背毛背蚓虫、刀明樱蛤、塞切尔泥钩虾、衣角蛤、葛氏胖钩虾等（蔡立哲等，2012a）。

南海海域的大型底栖动物主要是热带和亚热带种，物种丰富且多样。珠母贝、近江牡蛎、翡翠贻贝、杂色鲍、墨吉对虾、日月贝、中国龙虾、长毛对虾、远海梭子蟹、锯缘青蟹等是主要的经济类大型底栖动物（傅秀梅和王长云，2008；刘承初，2006）。在 1980—1985 年广东、广西和海南 3 省区海岸带浅海水域调查中，共发现大型底栖动物 935 种（李纯厚等，2005；余勉余等，1990）。在 2006—2007 年"我国近海海洋综合调查与评价"调查中，发现在南海北部珠江口海域，背蚓虫、双形拟单指虫、中华内卷齿蚕、光滑河蓝蛤、不倒翁虫、鳞片帝汶蛤、日本美人虾、棒锥螺、短角双眼钩虾等是主要物种；在海南岛东部海域，梳鳃虫、双须内卷齿蚕、色斑角吻沙蚕、简毛拟节虫、轮双眼钩虾、日本美人虾、棒锥螺、维提织纹螺、大蝼蛄虾、光滑倍棘蛇尾等是主要物种；在北部湾海域，双须内卷齿蚕、背蚓虫、丝鳃稚齿虫、栉状长手沙蚕、小亮樱蛤、波纹巴非蛤、豆形凯利蛤、哈氏美人虾、塞切尔泥钩虾、模糊新短眼蟹等是主要物种（蔡立哲等，2012b）。

4　海洋大型底栖动物资源保护的原理和技术

海洋大型底栖动物的保护需要理论的支撑。有学者将海洋动物资源保护的理论归纳为可持续发展理论、系统动力学理论、生态系统理论、生态经济学理论和循环经济理论 5 种理论（傅秀梅，2008），可以作为海洋大型底栖动物资源保护的参考理论。这 5 种理论前 2 种是基础理论，后 3 种是应用理论。

（1）可持续发展理论。可持续发展是指既满足当代人的需要，又不对后代人满足其需要的能力构成危害的发展。可持续发展理论是海洋动物资源保护理论中最有影响和最具代表性的理论，包括 8 个原则，分别为可持续性原则、公平性原、共同性原则、需求性原则、和谐性原则、协调性原则、限制性原则和高效性原则（傅秀梅，2008）。

（2）系统动力学理论。海洋生态系统在没有人类干扰的情况下，会维持一个动态的平衡。在该系统中，动植物进行繁衍、生长、死亡分解等一系列过程，都与周围的系统进行物质和能量的交换。人类活动改变了海洋生态系统正常的输入和输出，资源开发如拖网捕捞，增加了生物资源的输出；而近海养殖废水的排海则增加了营养元素的输入。这种人为的输出和输入难以达到一致，就会破坏原有生态系统的平衡，容易造成生物资源的衰退（傅秀梅，2008）。

（3）生态系统理论。在一定时空范围内，生物群落与非生物环境通过能量流动和物质循环形成一个相互联系、相互作用、具有自动调节机制的自然整体，被称为生态系统（沈国英等，2010）。海洋生态系统是一个具备自动调节机制的整体，其自动调节机制的范围和程度与海洋承载力、海洋环境容量以及海洋生态阈限等密切相关；维护海洋生态系统的健康和发展，要基于生态学理论，在整体上进行保护和合理利用（傅秀梅，2008）。

（4）生态经济学理论。生态经济学从经济学角度，研究生态系统、社会系统和经济系统所构成的复合系统——生态经济系统的结构、功能、行为及其运动规律；探讨生态规律与经济规律的相互作用、人类经济活动与环境系统的关系；寻找在生态平衡、经济合理的条件下，生态与经济协调，实现可持续发展（傅秀梅，2008）。

（5）循环经济理论。循环经济是一种建立在物质不断循环利用基础上的经济发展模式，即资源—产品—再生资源的闭环反馈式循环过程。循环经济遵循生态学规律，在物质不断循环利用的基础上发展经济，使经济系统和谐地纳入到自然生态系统的物质循环过程中。

海洋大型底栖动物的保护需要技术的支持。科学家将海洋动物资源保护的技术归纳为：渔业资源增殖放流及其效果评价技术、人工鱼礁与海洋牧场构建技术、海洋动物种质资源保护技术、海洋动物资源管理技术、海洋动物资源生态友好型捕捞技术、海洋保护区技术、海洋动物资源监测与监管技术共7种技术（张偲等，2016）。海洋大型底栖动物资源保护可参照以上7种技术。

（1）渔业资源增殖放流及其效果评价技术。该技术包括生态效益评价、经济效益评价和社会效益评价；生态效益评价明确增殖放流种类对自然资源量的贡献率，评价增殖种类放流的生态风险，评价放流活动对群落多样性和稳定性的影响等（张偲等，2016）。增殖放流活动必然也会影响大型底栖动物群落，而且某些放流的种类本身就是经济性的大型底栖动物物种。

（2）人工鱼礁与海洋牧场构建技术。人工鱼礁与海洋牧场建设的目的是提高海域生产力、提升资源密度和资源规模化生产，实现海洋渔业资源的可持续开发与利用。

（3）海洋动物种质资源保护技术。该技术包括栽培或驯化品种、野生种、近缘野生种在内的所有可供利用和研究的遗传材料（张偲等，2016）。

（4）海洋动物资源管理技术。主要包括以下9种：设立禁渔区和禁渔期、确定可捕标准、限制网目尺寸、实施捕捞许可证制度、实施渔业资源增值保护费征收制度、限制渔获物中幼鱼比例、实施限制捕捞制度、实施海洋捕捞渔业零增长制度、渔船报废制度（张偲等，2016）。

（5）海洋动物资源生态友好型捕捞技术。该技术主要是指负责任捕捞技术。我国的负责任捕捞技术主要体现在网具网目结构、网目尺寸、网具选择性装置等方面（张偲等，2016）。

（6）海洋保护区技术。国际自然与自然资源保护联盟（现世界自然保护联盟）

（International Union for Conservation of Nature，IUCN）将海洋保护区定义为"任何通过法律程序或其他有效方式建立的，对其中部分或全部环境进行封闭保护的潮间带或潮下带陆架区域，包括其上覆水体及相关的动植物群落、历史及文化属性"。我国的海洋保护区分为海洋自然保护区和海洋特别保护区两大类型。海洋自然保护区以海洋自然环境和资源保护为目的，依法把包括保护对象在内的一定面积的海岸、河口、岛屿、湿地或海域划分出来，进行特殊保护和管理的区域；海洋特别保护区是指具有特殊地理条件、生态系统、生物与非生物资源及满足海洋资源利用特殊要求，需要采取有效保护措施和科学利用方式予以特殊管理的区域（曾江宁，2013）。目前针对海洋大型底栖动物的自然保护区，最具有代表性的是青岛市文昌鱼水生野生动物自然保护区。

（7）海洋动物资源监测与监管技术。该技术主要包括渔业资源监测技术和渔业监管技术。前者包括专业性科学调查和生产科学观察。后者是对渔业实施"监测和控制"，包括法律法规、船舶登记、许可捕捞制度等（张偲等，2016）。

5　小结

海洋大型底栖动物在海洋生态系统中具有重要的地位和作用，但它们正面临着来自人类活动和气候变化所带来的各种威胁。我国南北不同海域大型底栖动物资源的差别较大。海洋大型底栖动物的保护需要理论上的指导和技术上的支持。

参考文献

蔡立哲，李新正，王金宝，等，2012a. 东海底栖动物 //孙松. 中国区域海洋学——生物海洋学. 北京：海洋出版社，269-285.

蔡立哲，李新正，王金宝，等，2012b. 南海底栖动物 //孙松. 中国区域海洋学——生物海洋学. 北京：海洋出版社，400-426.

曾江宁. 2013. 中国海洋保护区. 北京：海洋出版社.

傅秀梅. 2008. 中国近海生物资源保护性开发与可持续利用研究[J]. 青岛：中国海洋大学.

傅秀梅，王长云. 2008. 海洋生物资源保护与管理. 科学出版社，北京.

李纯厚，贾晓平，杜飞雁，等. 2005. 南海北部生物多样性保护现状与研究进展[J]. 海洋水产研究：73-79.

李荣冠. 2003. 中国海陆架及邻近海域大型底栖生物. 北京：海洋出版社.

李新正. 2011. 我国海洋大型底栖生物多样性研究及展望：以黄海为例[D]. 生物多样性，19：676-684.

李新正，王金宝，寇琦，等. 2012a. 黄海底栖动物 //孙松. 中国区域海洋学——生物海洋学. 北京：海洋出版社，151-170.

李新正，王金宝，寇琦，等．2012b. 渤海底栖生物 //孙松．中国区域海洋学——生物海洋学．北京：海洋出版社，53-63.

刘承初．2006. 海洋生物资源综合利用．化学化工出版社，北京．

马程琳，邹记兴．2003. 我国的海洋生物多样性及其保护[J]．海洋湖沼通报，41-47.

沈国英，黄凌风，郭丰，等．2010. 海洋生态学(第三版)．北京：科学出版社．

沈国英，施并章．2002. 海洋生态学．北京：科学出版社．

孙道元，刘银城．1991. 渤海底栖动物种类组成和数量分布[J]．黄渤海海洋，9，42-50.

唐启升．2006. 中国专属经济区海洋生物资源与栖息环境．北京：科学出版社．

余勉余，梁超愉，李茂照．1990. 广东浅海滩涂增养殖业环境及资源．北京：科学出版社．

张偲，金显仕，杨红生．2016. 海洋生物资源评价与保护．北京：科学出版社．

Dong Y W, Huang X W, Wang W, et al. 2016. The marine 'great wall' of China: local- and broad-scale ecological impacts of coastal infrastructure on intertidal macrobenthic communities. Diversity and Distributions, 22: 731-744.

Harris Jennifer L, MacIsaac Kevin, Gilkinson Kent D, et al. 2009. Feeding biology of Ophiura sarsii Lütken, 1855 on Banquereau bank and the effects of fishing. Marine Biology, 156: 1891-1902.

Song Xikun, Lyu Mingxin, Zhang Xiaodi, et al. 2021. Large Plastic Debris Dumps: New Biodiversity Hot Spots Emerging on the Deep-Sea Floor. Environmental Science & Technology Letters, 8: 148-154.

我国河口海岸带地下水与海水交换研究展望

于洪军[1]，徐兴永[2]，苏乔[1]，付腾飞[1]，陈广泉[1]，刘文全[1]，刘海行[1]

（1. 自然资源部第一海洋研究所，山东 青岛 266061；2. 自然资源部第四海洋研究所，广西 北海 536000）

摘要： 海岸带地区是陆地和海洋相互作用的区域，对于全球生物地球化学、气候变化、海岸带生态系统以及世界经济具有重要作用。随着全球变化和区域人类活动对沿海地区的环境压力不断加剧，海岸带地下淡水资源日益紧缺，并且未来形势将更加严峻，海岸带地下水资源的可持续管理是一项重大的全球性环境挑战。研究地下水与海水相互作用对水资源管理和生态环境保护有着十分重要的意义，本文以河口海岸带地下水系统为描述对象，从海水与地下水交换、人类对地下水的干预和海底地下水排放探讨了地下水与海水的平衡对于海岸带水资源管理和污染物排放的重要性，并提出未来全球变化情境和人类活动强度耦合作用下地下水与海水相互作用变化趋势及关注重点，为可持续发展模式下秉持陆海统筹战略，构建健康海洋提供必要的科学依据。

关键词： 海岸带；地下水；海水交换；人类活动；海底地下水排泄

1 引言

海岸带位于陆海交互区域，同时受到陆地、海洋以及人类活动的多重影响，是研究陆海耦合作用的关键区域。在海岸带陆-海相互作用计划（Land-Ocean Interactions in the Coastal Zone，LOICZ）中，海岸带范围被定义为从沿海平原、河口、三角洲、浅海大陆架一直延伸到大陆边缘的地带，是全球资源最丰富和经济最发达的地区，也是人类活动日益活跃但生态环境相对脆弱的地带。随着社会进步和经济发展，与海岸带紧密相关的水资源、生态和环境问题渐渐成为全球面临的重要问题和研究热点。

水是维系地球上人类社会和自然生态系统正常运行的重要支撑资源。我国人均淡水资源量仅为世界人均占用量的 1/4，水资源短缺已成为经济社会发展的主要制约因素。地下水是最重要的淡水资源，特别是在地表水稀缺的干旱和半干旱地区。在全球气候变化影响下，水资源的时空非均匀性越加显著，IPCC第五次评估报告进一步强调气候变化及其对水文循环过程影响的紧迫性。随着我国沿海区域城市化快速发展和人口急剧增加，海岸带地下淡水资源日益紧缺，并且未来形势将更加严峻。

地下水与海水相互作用是海岸带陆海相互作用的主要表现形式之一，地下淡水系统与海水系统在能量流动、物质循环和信息传递等方面有着十分密切的关系。海岸带环境污染、生态问题无不与地下水和海水有关。海水水位的周期性波动及其与地下水之间的密度差异，再叠加人类活动影响，使得它们之间存着复杂的地球化学过程。在陆地方面，由于居民生活和工农业生产，过量开采地下淡水引起海水入侵；在海洋方面，地下水入海通量是陆海相互作用的重要组成部分，物质和能量的输入影响着海水水质和生态系统。地下水与海水的相互作用，使得海岸带地区保持了适宜盐度的水质条件，有利于当地生态系统的持续发展。但随着人类活动的加剧，污染物和富营养化物质随着地下水进入到沿海地区，对当地生态系统产生严重的威胁。

全球变化和区域人类活动对沿海地区的环境压力不断加剧，海岸带地下水资源的可持续管理是一项重大的全球性环境挑战。研究地下水与海水相互作用对水资源管理和生态环境保护有着十分重要的意义。我国正处于经济社会发展的关键阶段，经济发展、资源短缺和区域环境恶化的矛盾突出，海岸带在我国经济战略布局中占有极为重要的地位，维持海岸带资源与环境的可持续发展是国家未来发展的重大战略需求。地下水动态平衡是复杂的自然系统中多种因素作用下的具体表现，本项目拟以系统科学思想为指导，强调陆海关键界面上水文、化学、物理等多学科交叉与整合，注重地下水与海水相互作用过程与机理、驱动与响应、预测与应对的全过程综合研究，推动我国陆海相互作用学科发展，为海岸带水资源合理配置与优化调度提供基础资料和科学依据。

2　海水与地下水相互作用

地下水与海水相互作用主要研究地下淡水—海水系统之间的物质循环、能量流动和信息传递，学术界对地下水与海水相互作用的研究主要集中在咸淡水界面和地下水排泄两方面，作为截然相反的水文过程，两者处于相互作用、相互影响的动态平衡中，对海岸带陆海相互作用产生重要影响。

地下水与海水相互作用的一个重要研究方向就是海水入侵。地下淡水和海水的化学成分不同，咸淡水混合区往往具有强烈的地球化学梯度（Robinson et al.，2018）。咸淡水之间的密度差异会显著影响近岸地下水流动，进而影响营养盐和污染物排入海洋的物理和化学变化过程。早期咸淡水界面的研究通常假设地下淡水和海水处于一种静平衡状态，并且两者互不相溶，只是对滨海地下水动力的一种粗略估计（Michael et al.，2005）。Henry（1964）最早提出咸淡水界面为两种流体混合的过渡带假设（陈鸿汉等，2002），在这之后出现了大量的数学模型和数值计算方法，对过渡带模型进行了扩展和应用（Yakirevich et al.，1998；Barnett et al.，2008；Chang et al.，2018）。

相比于一般地下水流体模型，地下水与海水相互作用主要特征是存在由盐分差异引起的密度变化，因此通常采用地下水流动和溶质运移相耦合的变密度模型（Werner et al.，2013；Priyanka and Mahesha，2015）。基于理论的深入发展和运算能力的不断提高，数值模拟考虑的因素越来越多，从最初假定水体处于静止状态、咸淡水不混溶、分界面固定的理想模型逐步发展为考虑咸淡水混合过程中对流、弥散、化学反应、水体密度及黏滞度变化等作用的复杂模型，数值模拟已经成为研究地下水与海水相互作用问题最有效的工具之一（董健等，2018）。但迄今为止，大多数关于咸淡水混合带的研究还基于实验室尺度或局限于数值解析，室内物理模拟或野外试验获取的相关参数并不能计算出实际观测得到的混合带厚度，如果为了得到相应的混合带厚度而调整相关系数，则会导致模拟结果的代表性不足（Zeng et al.，2018）。

海底地下水排泄是地下水与海水相互作用的另一个主要研究领域，其是指通过陆—海界面进入海洋的所有地下水（Taniguchi et al.，2002；郭占荣等，2011a），尽管其入海总量只占河流径流量的6%~10%，但由于其空间分布的不均一性，使得部分沿海地区地下淡水贡献量会很高，比如莱州湾海底地下淡水排泄通量与黄河径流量相当（Wang et al.，2015）。同时，地下水排泄往往伴随着大量营养盐、重金属、碳及其他化学元素向海输入，使其输送的溶解物质总量可达河流输入的50%甚至更高，从而导致近岸地下水中营养盐和重金属含量往往比表层水中含量高几个数量级（Luijendijk et al.，2020）。地下水排泄在影响全球水循环的同时，还通过其携带的生源要素、污染物等影响着海洋环境，最终可能导致赤潮、水体缺氧、浒苔及海水酸化等一系列环境问题的出现。

因此关注陆海关键界面上水文、化学、物理等多学科交叉与整合，注重地下水与海水相互作用过程与机理、驱动与响应、预测与应对的全过程综合研究，可以推动我国陆海相互作用学科发展，为海岸带水资源合理配置与污染物防治提供基础资料和科学依据。

3　人类干预对滨海地下水的影响

人类在海洋附近生活、工作和度假，这对敏感的滨海生态系统和有限的自然资源造成了巨大的压力。在全球气候变化的大背景下，人类活动的干扰极大改变了地下水资源的分布格局、质量、开发利用潜力等。受过度使用和污染等人为因素的影响，地下水遭受了长期甚至永久的危害（Wetzelhuetter，2013）。人类活动影响下的地下水环境研究已成为当前和未来一段时间内国内外研究的热门领域，这是基于开发沿海自然资源的人类活动成为沿海地区各种生态环境变化的主要驱动力之一（He and Silliman，2019；王焰新等，2020）。

人类活动对滨海地下水动态影响显著，过量开采地下水是导致海水侵入近岸含水层的主要原因（Liu et al.，2017）。采用数值计算和简化假设的模拟表明，人类超采地下水的危害远超气候变化的影响，至少在短期内，滨海地下水系统的研究更应关注人类活动的影响（Ferguson and Gleeson，2012）。海平面上升将改变陆地和海洋之间的水文平衡，导致水和化学物质在陆海界面的交换。由于对沿海淡水资源的潜在威胁，海平面上升对海水入侵的影响已经得到了很好的研究（Werner et al.，2013）。地下水开采对全球海平面的上升产生很大贡献，这是因为累积开采的地下水量反映在向海洋排放的总量中。目前地下水开采的幅度相当于海平面每年上升 0.40 mm（Konikow，2011），到 2050 年，地下水开采对全球海平面上升的贡献将增加到 0.82 mm（Wada et al.，2012）。区域人类活动对相对海平面上升的影响更大（He and Silliman，2019），比如，在 20 世纪意大利平均海平面上升了 10 cm，但在威尼斯地区，由于大量开采地下水导致地面沉降，相对海平面上升增加了 1 倍（Carbognin et al.，2010）。相对海平面上升被区域人类活动的影响放大的现象在上海和马尼拉等沿海特大城市更为显著，并且在世界上近 90% 的河流三角洲均有类似发现（Ericson et al.，2006）。

随着人类活动的加剧，污染物和富营养化物质也会随着地下水进入到沿海地区，对当地长期维持的生态系统产生重要影响（Luijendijk et al.，2020）。传统观念认为海域水体污染及水体富营养化的主要原因为地表径流的直接排泄，而众多研究表明，受人类活动影响地下水排泄输入的营养物质通量远高于地表径流（Cho et al.，2018；Liu et al.，2018；Luo et al.，2014；郭占荣等，2011）。地下水排泄携带的营养物质是导致近岸海水水体赤潮和浒苔等频发的主要原因（Chen et al.，2020；Lee et al.，2012），因此海底地下水排泄对于环境污染的影响不容忽视。

4 海底地下水排泄研究

海底地下水排泄（Submarine Groundwater Discharge，简称 SGD）作为近岸、河口地区典型而重要的海水—地下水相互作用过程，被公认为是物质向海洋输运重要而隐蔽的途径，其通过向海输运化学成分及离子影响了全球地球化学循环和海岸带地下水质（Sawyer，2016）。海底地下水排泄的研究始于 19 世纪 80 年代，Burnett（2003）将其定义为通过陆架边缘所有由海底进入海水中的水流。海底地下水排泄（SGD）主要包含了两部分，一是陆源驱动下的淡水排泄（FSGD）；另一个是海洋驱动下的海水循环量（RSGD），由于受到陆地和海洋驱动的双重作用，SGD 不仅易受到污染和人类活动的影响，承载着大量的污染物和营养盐，导致了许多近海地区水体的富营养化和藻华现象（Lee and Kim，2007；Lee et al.，2009；Tse and Jiao，2008），而且受到海洋动力如潮汐作用制约，致使盐分和污染物在沉积物中周期性的累积和释放。很多学者发现 SGD 所携带的盐分溶质和污染物会影响到沿海水质，因此比直接的污染物排放更为重要（Burnett et al.，2003；Hu，2006），因此亟须开展海底地下水排泄过程中污染物运移的研究，以服务于近海生物地球化学循环和海岸带水质动态变化的相关研究。

Johannes（1980）对西澳大利亚州的沿海水域进行调查后，认为 SGD 是广泛分布的。但是全球海岸线十分漫长，地质、水文地质条件等差异明显，海岸带类型包括砂砾质海岸、粉砂淤泥质海岸、基岩海岸、生物海岸等，每种海岸的 SGD 差异很大（Bokuniewicz et al.，2003）。同时由于海底地下水排泄的排泄途径隐蔽、分散，观测手段又十分缺乏，使得海底地下水排泄的测量既困难又昂贵。我国大陆海岸线长达 18 000 km，是全球海岸线最长的国家之一，海岸带类型多样，但我国在 SGD 方面的研究要远远落后于美国、日本等发达国家，这与我国日趋严重的近海水域环境污染和生态恶化等问题严重脱节。可见这一过程在我国还尚未引起足够重视，因此积极开展 SGD 及其污染物排放过程研究是至关重要和极其必要的。

然而与河流排放过程和陆上水文过程不同，地下水排泄具有隐蔽性、差异性和离散性（Micallef et al.，2020），其空间分布零散，排泄量随时间、季节变化，涉及多个含水层之间的交换，因此其排泄过程监测与研究极具挑战性，排泄通量计算难度较大。目前，尽管对于 SGD 的研究已有一些观测仪器和方法，但是目前大多数的测量都集中在背景资料丰富和容易访问的位置，如全球 SGD 在砂砾质海岸、三角洲等研究较多，并且主要集中在一些发达国家的海岸线，如北美、澳大利亚、地中海沿岸以及日本沿海，其中美国的研究约占全球的 40%（苏妮，2013）。因此亟须开展我国海底地下水排泄的监测研究。

5 河口海岸带地下水与海水平衡研究展望

尽管关于气候变化和人类活动之间相互作用的研究越来越多，但区域人类活动在多大尺度和空间上与气候变化形成复合影响仍然未能达成共识。就气候压力水平而言，在低水平的气候压力下，区域人类活动影响通常占主导地位；在高水平的气候压力下，气候变化与区域人类活动协同作用可能更为显著；在极端水平的气候压力下，气候变化可能会超过任何人类活动的影响（He and Silliman，2019）。在人口稠密的沿海地区，气候变化与区域人类活动之间相互作用更为强烈，人类活动对地下水影响的研究大多只针对单一因素，尚缺乏对多重人类活动影响下的地下水系统变化的研究以及气候变化与人类活动对地下水的复合影响研究。鉴于河口海岸带地下水与海水对于海洋环境与污染的重要意义，未来在海水与地下水平衡方向应展开如下研究。

5.1 自然与人为因素对滨海地下水平衡的复合影响效应

自然因素与区域人类活动的影响在海岸带区域交织耦合，导致海岸带地下水系统的响应复杂并且存在显著的不确定性。从海岸带陆—海关键界面过程入手，有效识别区域人类活动对地下水动态变化的负面影响（地下水开采、卤水开采、农业生产和污染物排放等）和积极影响（海岸工程、调引客水、人工回灌等）；定量区分气候变化与区域人类活动对海岸带地下水动态平衡的影响，揭示不同条件下两者之间的复合影响效应，从而可以从管理的角度控制地下水与海水交换及污染物的排放。

5.2 海岸带地下水动态发展趋势研究

未来应综合考虑海平面上升、海水淹没、地面沉降、长期降水、地下水开采、海岸工程等多重因素，对由气候变化和区域人类活动耦合作用下的滨海地下水动态进行全过程分析；基于现场数据和数值模拟方法的交叉验证，对不同全球变化情景和人类活动强度下的地下水动态变化进行长期预测，重点弄清不同类型和不同强度人类活动对未来滨海地下水动态平衡的影响，从而有针对性地提出有效应对未来气候变化的滨海地下水管理措施，以服务于健康海洋的构建。

致谢——感谢中国侨联特聘专家委员会海洋专业委员会约稿。本文受国家自然科学基金委员会联合基金项目——山东海岸带海水入侵—土壤盐渍化灾害链发生与治理机制研究（U1806212）和国家自然科学基金项目——海水入侵—盐渍化灾害链的水盐运移机制及电阻率判定研究（41706068）资助。

参考文献

陈鸿汉，张永祥，王新民．2002．沿海地区地下水环境系统动力学方法研究［M］．北京：地质出版社．

董健，曾献奎，吴吉春．2018．不同类型海岸带海水入侵数值模拟研究进展［J］．高校地质学报，24(03)：442-449.

郭占荣，黄磊，袁晓婕，等．2011．用镭同位素评价九龙江河口区的地下水输入［J］．水科学进展，22(01)：118-125.

苏妮.2013. 镭同位素示踪的近岸水体混合和海底地下水排地[D]. 华东师范大学.

王焰新，甘义群，邓娅敏，等.2020. 海岸带海陆交互作用过程及其生态环境效应研究进展[J]. 地质科技通报，39(01)：1-10.

Barnett T P, Pierce D W, Hidalgo H G, et al. 2008. Human-induced changes in the hydrology of the western United States[J]. Science, 319(5866)：1080-1083.

Bokuniewicz H, Buddemeier R, Maxwell B, et al. 2003. The typological approach to Submarine Groundwater Discharge (SGD)[J]. Biogeochemistry, 66：145-158.

Burnett W C, Bokuniewicz H, Huettel M, et al. 2003. Groundwater and pore water inputs to the coastal zone[J]. Biogeochemistry, 66：3-33.

Carbognin L, Teatini P, Tomasin A, et al. 2010. Global change and relative sea level rise at Venice：what impact in term of flooding[J]. Climate Dynamics, 35(6)：1039-1047.

Chang Y, Hu B X, Xu Z, et al. 2018. Numerical simulation of seawater intrusion to coastal aquifers and brine water/freshwater interaction in south coast of Laizhou Bay, China[J]. Journal of Contaminant Hydrology, 215：1-10.

Chen X, Cukrov N, Santos I R, et al. 2020. Karstic submarine groundwater discharge into the Mediterranean：Radon-based nutrient fluxes in an anchialine cave and a basin-wide upscaling[J]. Geochimica et Cosmochimica Acta, 268：467-484.

Cho H, Kim G, Kwon E Y, et al. 2018. Radium tracing nutrient inputs through submarine groundwater discharge in the global ocean[J]. Scientific Reports, 8(1).

Ericson J, Vorosmarty C, Dingman S, et al. 2006. Effective sea-level rise and deltas：Causes of change and human dimension implications[J]. Global and Planetary Change, 50(1-2)：63-82.

Ferguson G, Gleeson T. 2012. Vulnerability of coastal aquifers to groundwater use and climate change [J]. Nature Climate Change, 2(5)：342-345.

He Q, Silliman B R. 2019. Climate Change, Human Impacts, and Coastal Ecosystems in the Anthropocene[J]. CURRENT BIOLOGY, 29(19)：R1021-R1035.

Hu C. M, F. E, Muller-Karger, et al. 2006. Hurricanes, submarine groundwater discharge, and Florida's red tides. Geophysical Research Letters, 33：L11601.

Johannes R. E. 1980. The ecological significance of the submarine discharge of groundwater. Mar Ecol, Prog Ser 3：365-73.

Konikow L F. 2011. Contribution of global groundwater depletion since 1900 to sea-level rise[J]. GEOPHYSICAL RESEARCH LETTERS, 38(17)：n/a-n/a.

Lee C M, Jiao J J, Luo X, et al. 2012. Estimation of submarine groundwater discharge and associated nutrient fluxes in Tolo Harbour, Hong Kong[J]. SCIENCE OF THE TOTAL ENVIRONMENT, 433：427-433.

Lee Y. W, Kim G. 2007. Linking groundwater-borne nutrients and dino-flagellate red-tide outbreaks in the southern sea of Korea using a Ra tracer. Estuarine, Coastal and Shelf Science, 71（1/2）: 309-317.

Lee Y. W, Hwang D. W, Kim G, et al. 2009. Nutrient inputs from Submarine Groundwater Discharge （SGD） in Masan Bay, an embayment surrounded by heavily industrialized cities, Korea. Science of the Total Environment, 407(9): 3181-3188.

Liu J, Du J, Wu Y, et al. 2018. Nutrient input through submarine groundwater discharge in two major Chinese estuaries: the Pearl River Estuary and the Changjiang River Estuary[J]. Estuarine, Coastal and Shelf Science, 203: 17-28.

Liu J, Su N, Wang X, et al. 2017. Submarine groundwater discharge and associated nutrient fluxes into the Southern Yellow Sea: A case study for semi-enclosed and oligotrophic seas-implication for green tide bloom[J]. Journal of Geophysical Research: Oceans, 122(1): 139-152.

Luijendijk E, Gleeson T, Moosdorf N. 2020. Fresh groundwater discharge insignificant for the world's oceans but important for coastal ecosystems[J]. Nature Communications, 11(1).

Luo X, Jiao J J, Moore W S, et al. 2014. Submarine groundwater discharge estimation in an urbanized embayment in Hong Kong via short-lived radium isotopes and its implication of nutrient loadings and primary production[J]. MARINE POLLUTION BULLETIN, 82(1-2): 144-154.

Micallef A, Person M, et al. 2020. 3D characterisation and quantification of an offshore freshened groundwater system in the Canterbury Bight. Nature Communications 11 (1).

Michael H A, Mulligan A E, Harvey C F. 2005. Seasonal oscillations in water exchange between aquifers and the coastal ocean[J]. NATURE, 436(7054): 1145-1148.

Priyanka B N, Mahesha A. 2015. Parametric Studies on Saltwater Intrusion into Coastal Aquifers for Anticipate Sea Level Rise[J]. Aquatic Procedia, 4: 103-108.

Robinson C E, Xin P, Santos I R, et al. 2018. Groundwater dynamics in subterranean estuaries of coastal unconfined aquifers: Controls on submarine groundwater discharge and chemical inputs to the ocean [J]. ADVANCES IN WATER RESOURCES, 115: 315-331.

Sawyer A H, David C H, et al. 2016. Continental patterns of submarine groundwater discharge reveal coastal vulnerabilities. Science 353 (6300): 705-7.

Taniguchi M, Burnett W C, Cable J E, et al. 2002. Investigation of submarine groundwater discharge [J]. HYDROLOGICAL PROCESSES, 16(11): 2115-2129.

Tse K C, Jiao J J. 2008. Estimation of submarine groundwater discharge in Plover Cove, Tolo Harbour, Hong Kong by Rn-222. Marine Chemistry, 111(3/4): 160-170.

Wada Y, van Beek L P H, Sperna Weiland F C, et al. 2012. Past and future contribution of global groundwater depletion to sea-level rise[J]. GEOPHYSICAL RESEARCH LETTERS, 39(9)

Wang X, Li H, Jiao J J, et al. 2015. Submaine fresh ground water discharge into Laizhow Bay comparable to the Yellow River flux[J]. Scientific, Reports, 5：8814.

Werner A D, Bakker M, Post V E A, et al. 2013. Seawater intrusion processes, investigation and management：Recent advances and future challenges[J]. ADVANCES IN WATER RESOURCES, 51：3-26.

Wetzelhuetter C. 2013. Groundwater in the Coastal Zones of Asia-Pacific[M]. Dordrecht：Springer.

Yakirevich A, Melloul A, Sorek S, et al. 1998. Simulation of seawater intrusion into the Khan Yunis area of the Gaza Strip coastal aquifer[J]. HYDROGEOLOGY JOURNAL, 6(4)：549-559.

Zeng X, Dong J, Wang D, et al. 2018. Identifying key factors of the seawater intrusion model of Dagu river basin, Jiaozhou Bay[J]. ENVIRONMENTAL RESEARCH, 165：425-430.

作者简介：

　　于洪军，男，1965 年生，汉族，海洋地质专业博士，自然资源部第一海洋研究所海洋地质与地球物理研究室，二级研究员，中国科学院研究生院博士生导师。主要研究方向为近海地质环境及灾害、深海生态环境保护等，先后承担相关国家自然科学基金、国家专项 20 余项，发表学术论文 100 余篇，撰写专著 8 部，获得科学技术奖励多项，多次担任"蛟龙"号航次总指挥。

创建新型检测分析技术平台
洞察纳米材料海洋生态效应

张旭志，崔正国，曲克明

（中国水产科学研究院黄海水产研究所，山东 青岛 266071）

摘要： 海洋是地球上最大的活跃碳库，在气候变化中扮演着举足轻重的作用，其中微型生物的分解功能和光合作用都是生物碳泵的关键要素。20世纪以来，纳米材料（Nanomaterials，NMs）的环境暴露量高企，不可避免汇入海洋生态系统。NMs将如何以及何种程度对海洋微型生物造成影响？为了确保海洋碳通道畅通，人们势必前瞻性地洞察NMs在海洋环境中对微型生物的影响。工欲成其事，必先利其器，本文对能够精确测定NMs生态效应的方法、技术进行分析与展望，并对未来的研究方向进行了建议。

关键词： 海洋环境污染防治；纳米材料；微型生物；生态效应；分析技术

1 引言

纳米科技正给人类社会带来巨大变化，其中核心成果之一——人工纳米材料（Nanomaterials，NMs）因尺寸小、表面积大、表面能高、表面原子所占比例大而展现出独特的三大效应：表面效应、小尺寸效应和宏观量子隧道效应，其强度、韧性、比热、催化能力、导电率、光学、电磁波吸收性能等方面均优于普通材料，因而被广泛应用于材料、生命、环境、能源、安全等领域[1]。2000年以来，NMs的产量和应用都呈指数式增长趋势。在为经济、社会和科技的发展提供强劲动力的同时，NMs对人类与生态环境的暴露量也正处于指数式增长中[2]。美、欧、日、英、德及中国等均投入了大量资金就NMs对生态环境健康的安全性进行了研究。越来越多的成果表明，大多种类的NMs对微型生物、植物、动物都有不同程度的毒理作用。近20年来，《Nature》等顶级学术杂志持续刊登相关文章[3-5]，表达了国际社会对其生态环境健康安全风险的日益关注和担忧。NMs会成为另一个DDT、微塑料之类的全球性生态环境之疾吗？这种疑虑显著影响人们对纳米科技发展的信心。因此，对其生态环境安全风险进行强制性评估目前已经成为国际共识，如欧盟 2020 地平线计划的重要目标之一就是推进安全容量评估模型的研究[1]。

海洋是地球上最大的活跃碳库，在气候变化中扮演着举足轻重的作用，其中微型生物的分解和植物（特别是微型浮游植物）的光合作用都是生物碳泵的关键[6]。例如，海水中的浮游植物通过光合作用将二氧化碳转换成有机物质而固碳，其能力在全球碳循环中起着关键作用[7]。海洋同时也是 NMs 的最重要的聚集地之一[8]，如波罗的海海水中目前 NMs 浓度最高已达 $3.8×10^3$ 个/mL[9]。NMs 将如何以及何种程度对海洋微型生物造成影响？为了确保海洋碳通道畅通，人们势必前瞻性地洞察 NMs 在海洋环境中对海洋微型生物的影响，进而建立相应的安全容量评估模型。

建立 NMs 安全容量评估模型必须立足于大量可靠的安全阈值数据，特别是来自自然生态环境下的关联性数据[5]。因此，海洋环境介质中 NMs 对微型生物的生态效应，特别是剂量效应和安全阈值，亟待探索。

2 NMs 的生态效应研究现状

微型生物是地球生物系统物质循环、能量流动不可或缺的一员，因对理化因子具有良好的敏感性常被用作生态环境健康状况指示物。NMs 对诸如人体肠道、土壤、水处理厂等环境中微型生物群落的毒理作用及安全阈值已经有了大量的研究[2]，为构建相应环境的安全评估模型提供了较充分的数据支撑。

迄今为止，商品化 NMs 已达数千种。在对微型生物毒理效应相关的研究中，目前涉及较多的主要有零价金属[10-13]、金属氧化物[14-15]、单质碳[16-18]、量子点[19-20]、聚合物[20]等，其中前三者占据 90% 以上。排放量较大的数十种 NMs 对微型生物生命的影响机制日益清晰，其抗菌/杀菌原理主要基于：①机械性损坏细胞结构；②产生活性氧物质，造成 DNA 损伤或者蛋白质变性；③进入细胞，消耗 ATP；④释放出有毒/有害金属离子[11]。虽然不同 NMs（甚至是相同材料的不同尺寸、形貌、氛围等）的作用效果与机理不尽相同[21]，但其与微型生物的结合是首要步骤[2]。此外，环境理化因子对 NMs 细胞毒性的作用机制也得到了深入的研究。结果表明，表面修饰或者吸附分子、离子将通过改变 NMs 尺寸大小/空间位阻而对其与微型生物的结合起到显著的影响。如 Westmeier 等发现，共存的蛋白质、脂肪和腐殖酸能够有效降低 NMs 与微型生物的结合（通过和 NMs 而非和微型生物加成），高浓度的生物分子甚至可以起到完全阻止的作用[22]；Bhargava 等发现，介质中 NaCl 的浓度是影响纳米银（Ag NPs）抗菌性的重要因素之一[13]；Li 等发现，共存的 S^{2-}、Cl^-、PO_4^{3-}、半胱氨酸以及有机大分子都会明显降低纳米氧化锌（ZnO NPs）的细胞毒性[15]；Fabrega 等发现，pH 值和有机物（如腐殖酸）都会对 Ag NPs 的细菌毒理作用产生显著影响[23]。上述成果意味着在自然介质中 NMs 对微型生物的作用迥异于其在理想介质中。所以，建立环境安全评估模型时，人们必须研究自然环境介质中 NMs 的剂量效应，而不能仅仅参考来自理想介质的数据。此外，微型生物及微型生物群落也能表现出对 NMs 的抗性/适应性。如 Slavin 等[11]和 Panáček 等[12]的研究表明，反复暴露于 Ag NPs 的革兰氏阴性菌能通过增强功能基因（如流出泵、抗氧压、解毒等基因）的表达来增加抗性；Zhang 等发现大肠杆菌反复暴露于 ZnO NPs 也会对之产生耐受性[24]，等等。因此，建立环境安全评估模型时，微型生物的抗性/适应性因素也理应得到考虑。

在抑菌、杀菌效能方面，多种 NMs 在理想介质中的剂量效应目前已经得到了广泛的研究。如 Panáček 等发现在 LB 培养基中，Ag NPs 对假单胞菌和大肠杆菌的最小抑菌浓度值介于 $1.69 \sim 13.5$ mg/L 之间[12]；Salem 等发现对霍乱弧菌和大肠杆菌而言，在 LB 培养基中 Ag NPs 和 ZnO NPs 的最小抑菌浓度值分别介于 $5.0 \times 10^6 \sim 1.2 \times 10^7$ 个/mL 和 $1.6 \times 10^5 \sim 1.2 \times 10^6$ 个/mL 之间[25]；Gopinath 等发现，在 LB 培养基中 Ag NPs 对假单胞菌、大肠杆菌、金黄色葡萄球菌和芽孢杆菌的最小抑菌浓度值分别为 7.5 μg/mL、6.8 μg/mL、9.0 μg/mL 和 10.3 μg/mL[26]；Nguyen 等以抗药性细菌（2 株革兰氏阴性菌和 3 株革兰氏阳性菌）为模式微型生物，发现在培养基中纳米氧化镁（MgO NPs）的最小抑菌浓度值分别介于 $0.5 \sim 1.2$ μg/mL 之间，而最小杀菌浓度值则分别介于 $0.7 \sim 1.4$ μg/mL 之间[27]。此外，NMs 在模拟样品介质中的剂量效应目前也已经得到了研究。如 Schiavo 等报道了 ZnO NPs 在人工海水中对费氏弧菌的最小抑菌（50%）浓度值为 17 μg/mL（以 Zn 计）[28]；Mallevre 等[29]发现在模拟废水中 Ag NPs、ZnO NPs 和纳米二氧化钛（TiO₂ NPs）对恶臭假单胞菌的最小抑菌（50%）浓度值分别为 5 μg/mL、200 μg/mL 和大于 200 μg/mL。如前所述，环境理化因子对 NMs 毒力效应具有显著的影响，而自然环境介质中理化因子远比理想介质和模拟介质中理化因子复杂得多。目前，自然水体介质中 NMs 对微型生物的安全阈值也有零星报道。如 Mallevre 等报道了 Ag NPs 在废水中对恶臭假单胞菌的半抑制量（50 μg/mL）[30]；Echavarri-Bravo 等报道了 Ag NPs 对海水中菌群的抑制生长浓度值（1 μg/mL）[31]。但迄今为止，国际上尚未有获得广泛认可的安全阈值数据。

3 面临的关键性技术问题

目前，通过分析 NMs 对微型生物生长活性的影响进行抑菌效应研究的表型方法是金标准[1]。然而，由于实际样品介质往往具有各不相同的、复杂的理化性质，致使研究者大多只能针对不同的样品分别采用诸如纸片扩散、培养-计数、核酸检测等离线式间接分析方法来探测其中微型生物的生长信息，不但存在劳动强度大、操作烦琐、效率低、经验要求高等问题，而且所得推论性数据往往基于不同的数学模型，因而产生的结论相差迥异，甚至互相矛盾[32]。离线式间接分析方法的局限性导致人们难以对实际样品介质中 NMs 抑菌效应和机理进行准确的认知。理论上，能够在线监测微型生物生长动力学过程的自动化直接分析方法是解决这个问题的可靠途径[1,33]。

采用自动化装备实时监测微型生物生长过程的在线式方法可以克服离线式方法的缺点，特别是所形成的动力学曲线能够提供较完整的过程信息，因而是研究者能够全面、准确地探讨 NMs 抑菌效应与机理的理想工具[34]。进入 21 世纪以来，科研工作者对自动化、在线式微型生物生长过程监测方法进行了大量的研究，逐渐形成了基于热量学、质量学、质谱学、电化学和光学原理的几个主流方向[33,35]。

微型生物的新陈代谢一般产生热量，采用高灵敏度的量热仪连续监测该过程可以形成生长曲线，从而反映动力学信息。有害物质的存在将对曲线上的参数产生规律性影响，研究者据之建立了无损伤探测抑菌效应的微热量法[36]。微型生物生长增殖引起的细胞质量增加可以通过高灵敏的自动化装备（比如微悬臂谐振器[37]）测定，研究人员据之开发出了质量法[38]。基于在线监测代谢产物，质谱法也可应用于分析微型生物的生长过程[39]。由于电化学法具有仪器易于微型化、操作易于自动化、灵敏度高等潜在优势[40]，近年来用于在线监测微型生物生长过程的电容[41]、阻抗[42]、电导[43]、电位[31]传感器方法报道也很多。这些分析方法为人们能够深入、全面了解微型生物生长动力学过程提供了可能，其中微热量法还可以用于表征特定理想介质中 NMs 的细胞毒性[33]；电化学法甚至曾被用于表征海水样品中 NMs 对细菌的抑制效应[31]。然而，微热量法存在灵敏度低、响应数据解析困难的问题[33]；质量法的数据精确性易受测定体系中流动性差的颗粒物质影响[35]；质谱法需要贵重设备而且效率较低（一般只能单通道）；传统电化学法信号的稳定性和重现性较差（源于不可避免的电极钝化和污染现象）[44]。囿于这些局限性，上述在线式方法难以广泛应用于研究 NMs 的抑菌效应。

基于光学原理的在线式分析方法近年来也获得了很大进展。利用荧光助剂[22]或者细胞本身的自荧光特性[30]，借助于显微镜与计算机数据处理系统，研究者可以实现 NMs 与微型生物相互作用过程的实时监测。采用拉曼光谱仪，也可以进行高浓度微型生物生长过程的在线监测[45]。这些光学方法适用的分析对象具有局限性，相对而言，通过测量微型生物生长产生的浊度（OD）值变化来表征动力学过程是一种较为普适性的方法[15,24]。该方法不限于分析具有发光特性的微型生物；可实现较低样品浓度情况的分析；形成的反正弦曲线可以完整展现微型生物生长过程的各重要参数（调整期、最大比生长率等）；能够避免单细胞分析可能造成的群体异质性误差，因而备受欢迎。目前已经形成多种高通量的商品化仪器[35]，已被应用于研究 NMs 在实验室理想介质中的抑菌效应[46]。然而，由于易受测定体系内共存物质的光学干扰（包括 NMs 造成的散射、折射等），即使测定实验室理想溶液中 NMs 的抑菌效应，数据的精密度和重现性也不理想[34]，何况实际样品介质还往往具有复杂的光学特征（比如由泥沙、腐殖质等共存物造成的浊度），因而限制了 OD 法的实用性。

迄今为止，尚未有能够在线监测复杂液体介质中微型生物生长过程的普适性方法，NMs 在实际海洋样品介质中的抑菌效应和机理研究遭遇瓶颈问题。

4 关于技术突破的研究建议

表型方法目前依然是研究 NMs 生态效应的金标准，但目前还没有方法可以在线监测 NMs 存在情况下实际海洋样品介质中微型生物的生长动力学过程。为解决这个问题，建议的思路是"研制装备—建立方法—应用验证—业务化推广"，即，首先研制自动化仪器装备，接着创建 NMs 存在情况下微型生物生长动力学过程的普适性分析方法；再通过示范应用验证所建方法的科学性和实用性，最后应用于国家海岸线及远海环境中 NMs 生态效应的分析。

可行的途径之一是基于电子微型生物生长传感器的分析模式。在采用电容耦合非接触电导检测时，电极与被测液无接触，从而避免了传统接触式电化学法存在的问题，使得在线监测反应动力学过程成为可能[47]。近几年来，基于该检测原理的多通道电子微型生物生长传感器已经面世[48-49]。该传感器兼有常见电化学法和 OD 法的优点，而且具有较宽的工作窗口，可以实现单纯和复杂液体介质中微型生物生长动力学过程的高分辨率监测[49]。在未来，标准方法的建立有望为高效、原位、自动化测定 NMs 在海洋介质中的生态效应提供可行性。

参考文献

［1］ Trump B D, Hristozov D, Malloy T, et al. Risk associated with engineered nanomaterials：Different tools for different ways to govern. Nano Today, 2018, 21：9-13.

［2］ Stauber R H, Siemer S, Becker S, et al. Small Meets Smaller：Effects of nanomaterials on microbial biology, pathology, and ecology. ACS Nano, 2018, 12(7)：6351-6359.

［3］ Brumfiel G. Nanotechnology：A little knowledge. Nature, 2003, 424：246-248.

［4］ Igor L, Matthew E B, Laure J C, et al. A decision-directed approach for prioritizing research into the impact of nanomaterials on the environment and human health. Nat. Nanotechnol, 2011, 6：784-787.

［5］ Fadeel B, Farcal L, Hardy B, et al. Advanced tools for the safety assessment of nanomaterials. Nat. Nanotechnol. , 2018, 13: 537-543.

［6］ 焦念志. 海洋固碳与储碳——并论微型生物在其中的重要作用. 中国科学: 地球科学, 2012, 42(10):1473-1486.

［7］ Jardillier L, Zubkov M V, Pearman J, et al. Significant CO2 fixation by small prymnesiophytes in the subtropical and tropical northeast Atlantic Ocean. The ISME Journal, 2010, 4: 1180-1192.

［8］ Hochella M F, Mogk D W, Ranville J, et al. Natural, incidental, and engineered nanomaterials and their impacts on the Earth system. Science, 2019, 363(6434), eaau8299.

［9］ Bozena Graca, Aleksandra Zgrundo, Danuta Zakrzewska, et al. Origin and fate of nanoparticles in marine water-Preliminary results. Chemosphere, 2018, 206: 359-368.

［10］ Fang G, Li W, Shen X, et al. Differential Pd-nanocrystal facets demonstrate distinct antibacterial activity against Gram-positive and Gram-negative bacteria. Nat. Commun. 2018, 9: 129.

［11］ Slavin Y N, Asnis J, Häfeli U O, et al. Metal nanoparticles: understanding the mechanisms behind antibacterial activity. J. Nanobiotechnol. 2017, 15: 65.

［12］ Panáček A, Kvítek L, Smékalová M, et al. Bacterial resistance to silver nanoparticles and how to overcome it. Nat. Nanotechnol. 2018, 13: 65-71.

［13］ Bhargava A, Pareek V, Choudhury S R, et al. Superior bactericidal efficacy of fucose-functionalized silver nanoparticles against *Pseudomonas aeruginosa* PAO1 and prevention of its colonization on urinary catheters. ACS Appl. Mater. Interfaces 2018, 10: 29325-29337.

［14］ Tong T, Shereef A, Wu J, et al. Effects of material morphology on the phototoxicity of nano-TiO_2 to bacteria. Environ. Sci. *Technol.* 2013, 47: 12486-12495.

［15］ Li M, Zhu L, Lin D. Toxicity of ZnO nanoparticles to Escherichia coli: mechanism and the influence of medium components. *Environ. Sci. Technol.* 2011, 45: 1977-1983.

［16］ Liu S, Wei L, Hao L, et al. Sharper and faster "nano darts" kill more bacteria: A study of antibacterial activity of individually dispersed pristine single-walled carbon nanotube. ACS Nano 2009, 3: 3891-3902.

［17］ Shi Y, Xia W, Liu S, et al. Impact of graphene exposure on microbial activity and community ecosystem in saliva. ACS Appl. Bio Materials 2019, DOI: 10. 1021/acsabm. 8b00566

［18］ Zou X, Zhang L, Wang Z, et al. Mechanisms of the antimicrobial activities of graphene materials. J. Am. Chem. Soc. 2016, 138: 2064-2077.

［19］ Courtney C M, Goodman S M, McDaniel J A, et al. Photoexcited quantum dots for killing multidrug-resistant bacteria. *Nat. Mater.* 2016, 15: 529-534.

［20］ Priester J H, Stoimenov P K, Mielke R E, et al. Effects of soluble cadmium salts versus CdSe quantum dots on the growth of planktonic Pseudomonas aeruginosa. Environ. Sci. Technol. 2009,

43(7): 2589-2594.

[21] Lam S J, O'Brien-Simpson N M, Pantarat N, et al. Combating multidrug resistant gram-negative bacteria with structurally nanoengineered antimicrobial peptide polymers. Nat. Microbiol. 2016, 1: 16162.

[22] Westmeier D, Posselt G, Hahlbrock A, et al. Nanoparticle binding attenuates the pathobiology of gastric cancer associated. Nanoscale 2018, 10: 1453-1463.

[23] Fabrega J, Fawcett S R, Renshaw J C, et al. Silver nanoparticle impact on bacterial growth: Effect of pH, concentration, and organic matter. *Environ.* Sci. Technol. 2009, 43: 7285-7290.

[24] Zhang R, Carlsson F, Edman M, et al. *Escherichia coli* bacteria develop adaptive resistance to antibacterial ZnO nanoparticles. Adv. Biosys. 2018, 1800019.

[25] Salem W, Leitner D R, Zingl F G, et al. Antibacterial activity of silver and zinc nanoparticles against Vibrio cholerae and enterotoxic Escherichia coli. Int. J. Med. Microbiol. 2015, 305: 85-95.

[26] Gopinath V, Priyadarshini S, Loke M F, et al. Biogenic synthesis, characterization of antibacterial silver nanoparticles and its cell cytotoxicity. Arab. J. Chem. 2017, 10: 1107-1117.

[27] Nguyen N Y T, Grelling N, Wetteland C L, et al. Antimicrobial activities and mechanisms of magnesium oxide nanoparticles (nMgO) against pathogenic bacteria, yeasts, and biofilms. Sci. Rep. 2018, 8: 16260.

[28] Schiavo S, Oliviero M, Li J, et al. Testing ZnO nanoparticle ecotoxicity: linking time variable exposure to effects on different marine model organisms. *Environ.* Sci. Pollut. R. 2018, 25: 4871-4880.

[29] Mallevre F, Fernandes T F, Aspray T J, et al. Silver, zinc oxide and titanium dioxide nanoparticle ecotoxicity to bioluminescent Pseudomonas putida in laboratory medium and artificial wastewater. Environ. Pollut. 2014, 195: 218-225.

[30] Mallevre F, Alba C, Milne C, et al. Toxicity testing of pristine and aged silver nanoparticles in real wastewaters using bioluminescent Pseudomonas putida. Nanomaterials 2016, 6: 49.

[31] Echavarri-Bravo V, Paterson L, Aspray T J, et al. Natural marine bacteria as model organisms for the hazardassessment of consumer products containing silver nanoparticles. Mar. Environ. Res. 2017, 30: 293-302.

[32] Westmeier D, Hahlbrock A, Reinhardt C, et al. Nanomaterial-microbe cross-talk: physicochemical principles and (patho)biological consequences. Chemical Society Reviews 2018, 47, 5312-5337.

[33] Liu S, Lu Y, Chen W. Bridge knowledge gaps in environmental health and safety for sustainable development of nano-industries. Nano Today 2018, 23, 11-15.

［34］ Qiu T A, Nguyen T H T, Hudson−Smith N V, et al. Growth−based bacterial viability assay for interference−free and high−throughput toxicity screening of nanomaterials. Analytical Chemistry 2017, 89, 2057−2064.

［35］ Zhang X, Jiang X, Hao Z, et al. Advances in online methods for monitoring microbial growth. Biosensors and Bioelectronics 2019, 126, 433−447.

［36］ Bonkat G, Braissant O, Widmer A F, et al. Rapid detection of urinary tract pathogens using microcalorimetry: principle, technique and first results. BJU international 2012, 110, 892−897.

［37］ Knudsen S M, von Muhlen M G, Schauer D B, et al. Determination of bacterial antibiotic resistance based on osmotic shock response. Analytical Chemistry 2009, 81, 7087−7090.

［38］ Cermak N, Olcum S, Delgado F F, et al. High−throughput measurement of single−cell growth rates using serial microfluidic mass sensor arrays. Nature Biotechnology 2016, 34, 1052−1059.

［39］ Sovová K, Jepl Jaroslav, Markoš A, et al. Real time monitoring of population dynamics in concurrent bacterial growth using sift−MS quantification of volatile metabolites. Analyst 2013, 138, 4795−4293801.

［40］ Ahmed A, Rushworth J V, Hirst N A, et al. Biosensors for whole−cell bacterial detection. *Clinical* Microbiology Reviews 2014, 27, 631−646.

［41］ Jo N, Kim B, Lee S −M, et al. Aptamer−functionalized capacitance sensors for real−time monitoring of bacterial growth and antibiotic susceptibility. Biosensors and Bioelectronics 2018, 102, 164−170.

［42］ Amer M, Turó A, Salazar J, et al. Multichannel QCM−based system for continuous monitoring of bacterial biofilm growth. IEEE Transactions on Instrumentation and Measurement 2019, 10. 1109/TIM. 2019. 2929280

［43］ Yao L, Lamarche P, Tawil N, et al. CMOS conductometric system for growth monitoring and sensing of bacteria. IEEE Transactions on Biomedical Circuits & Systems 2011, 5, 223−230.

［44］ Jiang C, Wang G, Hein R, et al. Antifouling strategies for selective in vitro and in vivo sensing. Chemical Reviews 2020, 120, 8, 3852−3889.

［45］ Weidemaier K, Carruthers E, Curry A, et al. Real−time pathogen monitoring during enrichment: a novel nanotechnology−based approach to food safety testing. International Journal of Food Microbiology 2015, 198, 19−27.

［46］ Theophel K, Schacht V J, Schlüter M, et al. The importance of growth kinetic analysis in determining bacterial susceptibility against antibiotics and silver nanoparticles. Frontiers in Microbiology 2014, 5 (544): 544.

［47］ Chantipmanee N, Sonsa−ard T, Fukana N, et al. Contactless conductivity detector from printed circuit board for paper−based analytical systems. *Talanta* 2020, 206, 120−227.

［48］ Zhang X, Jiang X, Yang Q, et al. Online monitoring of bacterial growth with electrical sensor. Analytical Chemistry 2018, 90, 6006−6011.

［49］ Zhang X, Wang X, Cheng H, et al. A universal automated method for determining the bacteriostatic activity of nanomaterials. Journal of Hazardous Materials, 2021, 413, 125320.

海洋碳汇与我国海洋测绘技术

周兴华[1,2]，付延光[1]，周东旭[1]

（1. 自然资源部第一海洋研究所，山东青岛 266061；2. 山东科技大学，山东青岛 266590）

摘要： 陆地碳汇和海洋碳汇是生态系统碳汇的主要方式。海洋是地球上最大的碳储存库，通过利用海洋、海岸带、河口、湿地生物固碳、储碳增加碳汇。在"碳达峰、碳中和"战略背景下，国内沿海城市积极探索、加速推进海洋碳汇工作。为实现"低碳安全高效、建设洁净海洋"，本文主要阐述了海洋碳汇与我国海洋测绘技术的发展，在海底地形地貌测量、海岸带与海岛礁测量、重力与磁力测量、海图制图和海洋地理信息系统等 5 个领域详细论述了我国海洋测绘技术的发展现状，重点突出了海洋测绘为实现海洋碳汇提供海洋空间地理信息的基础性。

关键词： 海洋碳汇；海洋测绘技术；海洋空间信息

1　引言

全球变暖是当今国际社会共同面临的重大挑战。在全球积极应对气候变化背景下，习近平总书记在第七十五届联合国大会上提出了我国碳排放力争于 2030 年前达到峰值、2060 年前努力争取实现碳中和的目标。碳汇是应对气候变化以及实现经济社会高质量发展的基础性工作，而海洋碳汇是利用海洋、海岸带、河口、湿地生物固碳、储碳增加的碳汇，与陆地碳汇构成生态系统碳汇的主要方式。海洋是地球上最大的碳储存库，近几年我国高度重视海洋在提升碳汇能力方面的重要作用，并提出充分发挥海洋碳汇的作用，发展海洋碳汇经济。作为海洋活动的基础，海洋测绘为海洋碳汇的实施提供了积极有效的空间地理信息，为海洋生物资源保护、海洋生态资源修复等开展提供了实时保障。

海洋测绘是研究海洋、江河、湖泊以及毗邻陆地区域各种几何、物理、人文等地理空间信息采集、处理、表示、管理和应用的科学与技术。海洋测绘作为测绘科学与技术的一个重要分支，同时也涉及海洋科学，因而与陆地测绘相比，因其受海洋水层与海洋环境的影响以及陆地常规测量技术在海洋探测中的限制，声学探测便成为海洋测量的主要技术手段，也决定了海洋测绘有其跨学科、独特性、专业性与复杂性。

随着我国海洋经济的快速发展、海上安全威胁的形势驱动以及"一带一路"等海洋强国战略的逐步实施，对海洋地理空间信息的需求愈加急迫，也使得海洋测绘的地位和作用愈发重要。海洋测绘是一切水域活动的先导，具有国际性、全局性和基础性等特征，不仅为航行安全和军事行动提供保障，也为开展地球形状、海底地质构造运动和海洋环境等科学研究以及开展海洋资源开发和实施海洋工程建设提供基础资料。以下主要阐述了我国海洋测绘技术在海底地形地貌测量、海岸带与海岛礁测量、重力与磁力测量、海图制图和海洋地理信息系统等 5 个领域的发展现状。

2　我国海洋测绘技术

2.1　海底地形地貌测量

随着测量装备技术的发展和数据处理技术的突破，海底地形地貌测量正朝着立体、动态、实时、高效、高精度的方向发展。

2.1.1　天基测量技术

天基测量技术有大范围、低成本和重复观测的优势，适用于浅海和难以到达海域水下地形的探测和动态监测，在相当程度上弥补了现场测量的不足。利用"高分一号"等卫星，在对其进行图像几何校正、大气校正和耀斑校正预处理的基础上，应用常用的双波段线性和对数比值模型开展中国沿海浅海水深反演，并利用实测数据进行对比，在 30 m 以内的水深获取了近 1.5 m 的精度，达到了目前浅海水深卫星遥感反演的精度水平。

2.1.2　海基测量技术

船载一体化测量技术是当前海底地形地貌测量的主要手段，集单波束测深技术、多波束测深技术，侧扫声呐技术，GNSS RTK、PPK、PPP 高精度定位技术，POS 技术和声速测量技术等于一体，在航实现多源数据采集与融合，最大限度地削弱波浪、声速等各项误差对测量成果的影响，提高海底地形地貌测量精度和效率。探测数据处理技术主要集中在声速剖面简化、数据滤波和残余误差综合影响削弱等方面，显著提高了探测数据处理精度和效率。国内多波束、侧扫声呐等数据处理软件研发突破了技术壁垒，国产软件得到了一定程度的推广应用。

2.1.3　空基测量技术

机载激光测深技术是海底地形测量的研究热点，具有效率高、灵活性强、自主性强等优势，有效弥补了以舰船为载体的传统声学测深方法在近海浅水区作业存在的技术缺陷，也为相关工程问题的解决提供了新的技术手段。国内组织相关单位在常规飞机平台上加载 CZMIL 激光测深系统，开展了岛礁地形及周边 50 m 以浅水深测量任务，完成了测量作业实施、数据处理与成果图件绘制等工作，有效验证了空基海底地形测量技术的可行性和高效性。随着对 LiDAR 数据处理技术的深入研究和测量精度的不断提高，其在近海海域的应用将会越来越广泛。

2.1.4　潜基测量技术

以 AUV、ROV 等为平台，利用搭载的超短基线定位系统、惯性导航系统、压力及姿态传感器等设备获取平台的绝对位姿信息，同时利用多波束测深系统与侧扫声呐系统获取海底地形地貌，实现测量数据的有线或无线传输，进而综合计算获得海底地形地貌。潜基海底地形测量技术具有灵活高效、方便快捷等优势，已在一些重点勘测水域和工程中得到了应用。

2.1.5　反演技术

这是一种非直接测量来获得海底地形地貌信息的方式，主要利用卫星（或航空）遥感影像反演水深、重力信息反演海底地形和声呐图像反演海底地形地貌。通过反演技术获得的海底地形地貌信息虽有经济、快速、尺度大等优点，但与直接测量方式相比，反演技术有待深化，反演模型有待优化，反演精度有待提高。

在海底地形地貌测量装备方面，我国已具备独立自主研发和生产用于海底地形地貌测量的单波束、多波束、侧扫声呐等测量系统的能力，国产装备在海洋测量工程中的使用率同国外设备基本持平。北京联合声信公司研发的 DSS3065 双频侧扫声呐采用全频谱 Chirp 调频技术，300 kHz 和 600 kHz 同时工作，垂直航迹分辨率达 2.5 cm，缩短了与国外同类产品的差距。此外，将多波束测深系统与合成孔径声呐三维成像技术相结合，研制了多波束合成孔径声呐系统，可以获得与目标作用距离及发射信号频率无关的航迹向高分辨力，实现海底地形地貌的全覆盖探测，且可以对目标进行三维成像，精确测量目标深度信息。

2.2　海岸带与海岛礁测量

海岸带、海岛礁是陆地地形与海底地形的过渡地带，是当前海洋测量中的难点和热点。

2.2.1 地形测量

利用遥感技术结合 GNSS、水上水下一体化移动测量等技术实施海岸带、海岛礁地形测量具有宏观、快速、综合、高频、动态和低成本等突出优势。在海岛礁控制测量中，利用双频 GNSS 接收机进行不间断观测，通过精密单点定位解算分析达到了厘米乃至亚厘米级的精度，大大降低了海岛礁控制测量的难度。根据海岸带测量的不同需求，建立了海空地一体化海岸带机动测量技术体系，设计了针对不同地域基于天基卫星、空基有人/无人飞机、车载方舱、单兵等测量平台的移动作业模式、硬件配置方案及软件功能模块，为海岸带、海岛礁地理信息快速更新与应急保障提供了技术支撑。结合海岸带、海岛礁的特殊地理位置和形态结构，尤其近岸处水下地形极不规则的特点，采用多波束测深仪进行倾斜测量，最大程度地获取了岛礁附近不规则水下地形数据，保证了与水上三维激光扫描数据的有效拼接，并针对倾斜测量的安装校准残差、声线传播误差、运动姿态残差等干扰进行了分析研究。

2.2.2 潮位观测与海洋垂直基准建立、维持

潮位观测的目的在于消除潮汐的影响，将瞬时水深观测值校准到统一的基准面上。目前形成了以常规验潮站模式为主、以浮标（潜标）观测与卫星测高遥测模式为辅的潮位观测技术体系，实现了 GNSS RTK 无验潮水深测量工程化应用，利用高精度动态 GNSS 观测结果对其大地高进行归算改化，通过船只姿态改正解决水位、风浪对水下地形的影响，体现出无验潮水深测量模式具有突出的技术优势和明显的作业效率。

海洋垂直基准是潮汐改正、海岸工程筑港零点标定、海图图载水深计算及瞬时水深反演计算的重要参考面，主要由陆地高程基准、平均海平面、深度基准面、（似）大地水准面、参考椭球面等组成，海洋垂直基准的建立与维持通常需借助验潮站潮位观测数据来确定，除能提供稳定可靠的调和常数和高精度的平均海平面信息之外，还可为精密潮汐模型外部精度检核、深度基准面模型构建等提供数据基础。随着卫星测高、GNSS 与浮标等技术的发展，垂直基准采用的数据源和表达方式发生了深刻的变革，海洋潮汐模型的精度和分辨率得到不断提高。据此开展了验潮站深度基准确定及调和常数精度需求以及海洋测绘垂直基准体系研究，通过实验对局部海域的深度基准模型构建和远海 GNSS 潮汐观测技术下的垂直基准进行了转换验证；联合多代卫星测高资料和长期验潮站观测资料，建立了我国区域精密海潮模型，综合利用沿海及海岛礁卫星定位基准站和长期验潮站并置观测资料，开展了跨海高程基准传递的理论方法以及海洋无缝垂直基准构建技术研究，建立了我国高程基准与深度基准转换模型，探

索了海洋垂直基准的传递方法；提出根据不同海域的潮汐特点，分别选取适宜的垂直基准面，在不同的基准间建立转换模型，并在临界海域建立过渡模型，最终建立适用于全海域的海洋无缝垂直基准体系。

2.2.3　GNSS 无验潮水深测量

提出并验证了 GNSS 无验潮水深测量系统主要技术指标检测的常规方法及相应的操作流程；研究并验证了基于精密单点定位技术模式与基于双频差分模式获取的无验潮水深测量成果具有同等的精度，解决了水深测量中差分定位技术模式作业距离受限的问题；研究了 GNSS 无验潮水深测量中影响测深精度的几种因素，提出了相应的控制方法。通过陆海大地水准面精化研究，解决了高程异常对无验潮水深测量成果的影响。我国的 GNSS 无验潮水深测量理论和方法体系已相对成熟，并已被写入《水运工程测量规范》。

2.2.4　机载激光海岸带和水深测量技术

运用机载 LiDAR 开展了海岛城市高精度 DEM 数据获取和滩涂地形 4D 产品快速制作；综合运用 DOM 影像痕迹线和岸线理论高程值立体精细修测变化海岸线；基于机载 LiDAR 获取的正射影像解译瞬时水边线及提取的 DEM，推算出了砂质岸线和基岩岸线；基于机载 LiDAR 点云数据和局部几何特征优化数据，实现了岛礁的准确提取。机载激光测深技术正处于引进论证与自主研发并重阶段。依托国家重大科学仪器开发专项，正在开展机载激光测深设备的自主深化研制。持续开展了机载激光测深系统引进论证与试验检核工作，采取与国际厂商合作的方式，在黄海和南海海域相继开展了两型机载激光测深设备的测量试验，均取得了可靠、可信的结果，达到了测深精度要求，但在水质透明度较差海域，无法获取真实海底数据，针对此类区域的水深提取算法还有待进一步提高、完善。

2.3　海洋重力与磁力测量

海洋重力测量呈现出以高精度的船载重力测量方式为主，以船载、航空和卫星等多种测量方式为辅的立体测量态势。其中，航空重力测量发展迅速，已初步具备实际应用能力。同时，重力测量数据处理技术实现了全过程自动化与智能化，精细化数据处理方法体系和多源重力数据融合处理理论趋于完善，成果精度显著提高。

2.3.1　船载海洋重力测量

取得了引进海洋重力仪装备型号多样化、国产设备研制突破关键技术并开展工程应用试验的新进展。形成了由美国 Microg LaCoste 公司的 L&R S 系列、德国 Bodenseewerk 公司的 KSS 系列、俄罗斯的 GT-2M 与 CHEKAN-AM 等多种型号海洋重力仪构成的设备体系。国产海空重力仪研制取得突破性进展，通过同时加装 SGA-WZ01 型捷联重力仪和 GDP-1 型重力仪以及引进的俄罗斯 CHEKAN 重力仪和美国产 L&R SII 型海空重力仪等 4 套重力仪的同船测试试验表明，2 型国产重力仪的船载重力测量精度与 L&R SII 型海空重力仪相当。

探讨了海洋重力仪稳定性测评的技术流程和数据处理方法，重点分析了环境因素和重力固体潮效应对测试结果的影响，提出了由多参数联合组成的海洋重力仪稳定性能评估指标体系，分析论证并提出了重力仪零漂非线性变化的限定指标要求。针对采用重复线开展重力仪动态精度性能评估问题，推出了以组合参数代替传统单一参数为评估指标的新的重复测线内符合精度评估公式，为重力仪动态性能评估提出了更精细的评估指标。

2.3.2　海洋航空重力测量

实现了国产自主知识产权海洋航空重力测量系统研发关键技术的重大突破，进入工程样机试验阶段，组织实施了国内乃至国际上规模最大的多型航空重力仪同机测试试验。采用运八飞机平台，同机加装 4 型 5 套航空重力仪，在西沙海域测试了俄罗斯 GT-1A 航空重力仪和美国 TAGS（L&R S158）航空重力仪两型国际上最为经典的商用航空重力仪的运行性能，并对国内自主研制的 SGA-WZ01 捷联式航空重力仪、GDP-1 重力仪进行了全面检验测试。

研究并试验验证了基于差分定位处理模式所获得的航空重力测量成果精度，与基于 GPS 精密单点定位模式处理所获得的成果精度基本一致，为远离大陆海区实施航空重力测量作业提供了技术支撑。研究了航空重力测量数据向下延拓技术，提出了一种独立于观测数据、基于外部数据源的向下延拓新思路。在海域，提出了利用卫星测高重力向上延拓和超高阶位模型直接计算海域延拓改正数的两种方案；在陆域，提出了联合使用位模型和地形高信息计算延拓改正数新方法。两种延拓方法巧妙避开了传统求解逆 Poisson 积分方法固有的不稳定性问题，有效简化了向下延拓的计算过程和解算难度，提高了延拓计算精度。

2.3.3　重力测量数据处理技术

构建了更加严密的海空重力测量数据处理模型，开展了地面重力测量数据向上延拓和航空重力测量数据向下延拓两种计算模型的分析检验与评估，分别研究了 6 种向上延拓计算模型和当前国内外最具代表性的 3 种向下延拓计算模型的技术特点和适用条件。联合使用 Tikhonov 正则化方法和移去-恢复技术，构建了多源重力数据融合的正则化点质量模型；研究分析了数据融合统计法和解析法的内在关联与差异，提出了融合多源重力数据的纯解析方法。同时，开展了利用卫星测高资料反演海洋重力异常技术研究，联合使用 HY-2A、Geosat、ERS1/2、Envisat、T/P、Jason1/2 等多颗测高卫星数据，采用移去-恢复技术和逆 Vening-Meinesz 公式反演得到中国南海区域的重力异常；基于 Shepard 改进算法的高精度船测重力和测高重力的有机融合，增强了单一测高重力数据反演重力垂直梯度异常的细节纹理，提高了反演重力垂直梯度异常的分辨率和精度。

船载海洋磁力测量是获取高分辨率海洋磁场数据的主要方式。近年来，国内相关部门对船载磁力测量成果数据规范化、标准化处理技术展开研究。日变改正是当前海洋磁力测量面临的技术难题，为解决远海磁力测量日变改正难题，对海底地磁日变站布放选址方法展开深入研究；基于傅里叶谐波分析方法建立了日变数据处理谐波分析模型，实现了日变基值、平静日变改正和磁扰改正的合理分离，解决了强磁扰期日变改正问题。提出了基于微分进化法确定磁异常场向下延拓的最优参数，可同时确定最优正则化参数及最佳迭代次数，提高向下延拓的精度及计算效率。

在海岛礁地磁测量方面，实现了地磁经纬仪、陀螺经纬仪、天文观测和 GNSS 高精度定位与定向等多系统一体化集成应用。以陆地成熟的流动地磁测量技术为基础，以地磁三分量为观测对象，结合海岛礁磁偏角测量的特殊性，提出了完整的海岛礁地磁三分量测量技术流程，编制了海岛礁地磁测量技术规程，构建了海岛礁地磁测量技术体系，建立了完整的地磁测量数据处理模型。针对海岛礁地磁测量中出现的观测基线较短的问题，提出了基于陀螺经纬仪的超短基线磁偏角测量方法，代替现有的 GNSS 作业模式，可使观测基线从 200 m 缩短至 50 m；提出基于天文方位角观测的无基线磁偏角测量方法，解决了孤立小岛礁磁偏角测量技术难题。研究了依托太阳进行磁偏角测量的原理及其可行性，提出了实施技术流程，构建了完整的数据处理模型，有效弥补了采用 GPS 进行磁偏角测量的不足，拓展了磁偏角测量技术手段。

在海洋重力磁力测量装备方面，目前我国已完成多种重力仪、磁力仪的实验验证，实现了数据的自动采集和规范处理，性能指标接近国外同类产品。在海空重力仪研制方面，逐步缩短了与国外领先水平的差距，并呈现出领跑国际的趋势，在海洋重力场信息的获取中发挥了重要作用。国防科技大学于 2017 年推出了采用"捷联+平台"方案的第三代产品 SGA-WZ03，至今已完成多套该型重力仪的生产与推广应用。中国船舶重工集团公司第 707 研究所于 2017 年研制出基于双轴惯性稳定平台的海空重力仪原理样机 ZL11-1。中国航天科技集团公司 9 院 13 所 2015 年已成功研制出捷联式重力仪

SAG-Ⅱ系统，目前完成小批量生产并投入实际作业。在海洋磁力仪研制方面，逐渐打破长期依赖国外进口的局面，重大技术创新有力地推进了国产化进程。2018 年，中国船舶重工集团公司 715 研究所研制的 GB-6B 型海洋磁力仪通过严格测试，主要性能达到国外同类产品性能。GB-6B 型海洋磁力仪适用于浅水便携式作业条件，灵敏度优于 0.01 nT，数据采样率可根据需要多样化设置，全球适用性优于美国的 Geometrics 公司的 G882，标志着磁力仪国产化取得重大突破。

2.4 海图制图

海图是所有海洋测量要素的综合承载体，目前纸质海图虽仍在沿用，但电子海图更为普及。海图制图方面的研究主要集中在以下 4 个方面。

2.4.1 海图理论

研究了海图配准、电子海图数字接边、点状要素注记自动配置、色彩管理方案、海岛礁符号分类等问题，提出了顾及多重约束条件的海图水深注记选取方法；深入研究了顾及转向限制的最短距离航线自动生成方法和基于空间影响域覆盖最大的航标自动选取方法；开展了中线注记方法研究，有效地提高了电子海图岛屿动态注记自动配置的准确度和运算效率。

2.4.2 海洋地理信息技术

在云计算、大数据和智慧海洋等新架构、新技术、新方法推动下，提出了全息海图、智慧海图、移动电子海图等新概念，开展了极区海图编绘理论研究，为信息时代海图学发展提供了新动力，成功研制了移动电子海图智能应用系统，实现了外业调绘、船舶定位、自主导航、船舶引航等功能。

2.4.3 数字海图制图技术

建立了水深、海洋重力、海洋磁力、潮汐、数字海底模型（DTM）以及全球电子海图等专题数据库，开展了基于数据库的一体化海图生产能力建设，继续推进按需印刷 POD 生产实践，初步建立了数据库驱动的海图生产体系，具备数字海图、纸质海图、航海书表、航海通告等产品数字化生产能力，符合国际标准的电子海图系统研制工作取得重大进展。将云计算和云服务概念引入到电子海图生产体系中，构建了电子海图网络服务的云计算框架，对全球电子海图的云可视化技术进行了研究，初步实现了各类航海图书资料的在线发布与更新。

2.4.4 电子海图应用

开展了中国海区 e-航海原型系统技术架构研究，提出了以 e-航海系统为关键环节的"智慧港口"概念，积极推动 e-航海在各海区试点示范工程，成功研发"E 海通智能导航 APP"，采用"黑盒子"获取船舶导航设备信息，通过云数据中心获取最新海图、航行警通告、实时潮位、气象等信息，实现了船舶的智能导航。结合国际 e-航海发展最新成果，深入开展了 e-航海航保信息标准化研究和应用技术研究，探索了数字化海图改正、数字航标、数字动态潮汐等信息服务应用新模式，成功研发的"海 e 行智慧版"，解决了多种航海图书资料的在线发布与更新问题。

2.5 海洋地理信息系统

我国完成了数字海洋原型系统设计与实体建设，在研制数字海洋地理信息基础平台、电子沙盘系统与全球电子海图系统的基础上，启动了"智慧海洋"的建设，开展了智慧海洋系统基础框架设计与工程建设论证。

2.5.1 海洋地理信息系统技术研究

深入研究了海洋地理信息系统理论构成体系中的时空数据模型、时空场特征分析、信息可视化和信息服务等技术，通过 Multipatch 格式扩充 CDC 数据，实现了从二维 CDC 格式数字海图和海洋测量数据快速构建三维空间的方法；研究了数字海洋系统中电子海图数据融合可视化问题，提出了温跃层数据的自动提取和三维表达的理论与实现方法，实现了可视化海洋环境空间数据的动态演示，形象地表达了海洋环境空间分布。

2.5.2 数字海洋地理信息数据建设

沿用 S-57 标准数据结构的部分特性，以面向对象的思想，设计出了满足 ENC_SDE 要求的系统电子海图空间数据库的空间数据模型，支持了电子海图空间数据的统一管理；提出了一种优化的两级空间索引算法，设计了数据库存储文件的空间数据组织结构，以适应海量电子海图空间数据的存储和管理需求；提出了港口航行信息数据集成的组织方法，构建了港口信息数据模型；提出了海洋测绘产品的标准化、海洋测绘质量管理体系的标准化和海洋测绘生产体系的标准化等构想。基于云计算技术，提出海洋空间信息一体化架构服务平台，研发了集成数据管理与查询、数据处理与分析和数据可视化功能于一体的海洋信息集成服务系统。

2.5.3 数字海洋地理信息应用

从数据特征和用户需求出发，研发了集成数据管理与查询、数据处理与分析和数据可视化功能于一体的南海海洋信息集成服务系统；提出了"虚拟港湾"的概念，并以天津海岸带"虚拟港湾"仿真平台建设为原型，详细说明了"虚拟港湾"仿真平台建设的技术原理和技术路线；积极推进了"数字海洋"建设，实现了数据采集、全景图像生成技术、三维全景实景建库等关键技术，研发了数据库服务、三维全景实景显示漫游和渔政地图等子系统。

研制了海洋多源异构数据转换系统，设计了可实现海洋数据解译与再存储的统一数据存储结构，搭建了海洋水文环境要素可视化系统，基于面向数字海洋应用的虚拟海洋三维可视化仿真引擎——i4Ocean，模拟了海上溢油现象。研制了海洋多源异构数据转换系统，实现了多源数据的融合处理与综合应用。

3　总结

海洋测绘是开展海洋空间地理信息获取和表达的基础性工作，综合利用海底地形地貌、海图制图及海洋地理信息系统等海洋测绘技术能够准确获取我国红树林、海草床、滨海沼泽等生态系统地理分布，通过空间信息数据挖掘和地理信息相关性分析等手段，更好地服务于海洋生态保护与修复工作，提高海洋生态系统的碳汇能力。因此，应针对海洋碳汇需求进一步加强海洋测绘科学研究和技术发展，促进"碳达峰、碳中和"战略实施。

全球海洋空间规划 2030 计划进展、挑战与启示

李庆文[1,2]，张志卫[1]

（1. 自然资源部第一海洋研究所，山东 青岛 266001；2. 山东科技大学，山东 青岛 266000）

摘要： 为加速海洋空间规划在全球范围内的实施，联合国教科文组织政府间海洋学委员会和欧盟委员会于 2019 年 2 月启动了全球海洋空间规划 2030（MSPglobal 2030）计划。本文从海洋空间规划国际指南编制、试点项目实施以及成果交流传播 3 个方面对该计划实施的进展与挑战进行了介绍，结合我国国土空间规划改革的背景和联合国"海洋科学促进可持续发展十年"的实施，探讨了实施海洋空间规划的若干启示。

关键词： 全球海洋空间规划 2030 计划；实施进展；启示

人类的福祉和繁荣与海洋的健康、保护及可持续利用密不可分。然而，海洋生态系统正面临着气候变化、生物栖息地破坏和过度开发等日益严重的压力；与此同时，人类在海岸带和海洋区域的活动逐渐加强，严重改变了海洋的生态环境[1]。综合协调人类对海洋的开发利用活动，在海洋经济发展的同时，保障海洋生态系统的健康是亟待解决的问题。为此，2019 年 2 月，联合国教科文组织政府间海洋学委员会（IOC-UNESCO）和欧盟委员会启动了为期 3 年的全球海洋空间规划 2030 计划（以下简称"MSPglobal 2030"），旨在制定关于海洋空间规划编制的国际指南，协调近几十年来显著增长的海岸带和海洋水域的活动，并通过在全球范围内推动海洋空间规划（MSP）的实施以促进蓝色经济可持续发展[2]。该计划是实现全球海洋治理目标和联合国可持续发展目标 2030 的重要手段，是促进综合管理实践、保护及恢复海洋生态系统、增强海洋生态系统复原力的重要举措。该计划为决策者、利益相关者、科学家和公民积极有效参与海洋空间规划提供环境，促进了多层面的综合治理，包括跨界的海洋空间规划管理和通过基于生态系统的海洋管理推动蓝色经济发展等。系统梳理分析该计划的实施进展及其实践，可为当前我国国土空间规划体系改革中的规划编制与实

93

施提供参考，为深入参与全球海洋治理、推动21世纪"海上丝绸之路"建设提供借鉴。

1　MSPglobal 2030 计划概述

MSPglobal 2030 是联合国教科文组织政府间海洋学委员会和欧盟委员会海洋事务和渔业局（DG-MARE）的一项联合计划，旨在通过促进海洋空间规划计划的实施，制定海洋空间规划国际指南，创造有利于跨界合作的环境，并在尚未实施的地区推动海洋空间规划的实施进程，从而推动海上可持续的经济活动。该计划的内容如表1所示。

表1　MSPglobal 2030 计划内容

MSPglobal 2030 计划	内容
制定海洋空间规划国际指南	海洋空间规划国际指南是开展海洋空间规划编制的技术导则
开展两个试点项目	第一个试点项目为西地中海地区海洋空间规划，涉及的国家为阿尔及利亚、法国、意大利、马耳他、摩洛哥、西班牙和突尼斯，这一区域内其他国家也可以参加试点活动。 第二个试点项目为东南太平洋地区海洋空间规划，并重点在瓜亚基尔湾开展跨界海洋空间规划的尝试，并开展有利于智利、哥伦比亚、厄瓜多尔、巴拿马和秘鲁的交流与培训
交流和传播成果	到2030年，MSPglobal 2030 和2018年联合国教科文组织发布的"加速全球范围内海洋空间规划实施的联合路线图"中的工作重点交流和传播如下内容：推动跨界海洋空间规划的合作、举办国际海洋空间规划会议、蓝色增长会议、加强对跨界环境影响和共治的了解、国际海洋空间规划人员培训、海洋空间规划能力建设、海洋空间规划国际合作网络，推动受益于有效实施海洋空间规划的海域面积增加两倍

作为一项为期3年的行动计划，MSPglobal 2030 将在完成上述内容后，推动海洋空间规划指南的传播与实施，鼓励更多的沿海国家实施海洋空间规划，助力蓝色经济的发展。

2　MSPglobal 2030 计划进展

2.1　海洋空间规划国际指南

海洋空间规划国际指南是开展海洋空间规划编制的技术导则。当前，尽管不同的国家和地区的经济社会发展水平、生态环境状况、管理及文化背景等不同，海洋空间规划的技术手段也不尽相同，但联合国教科文组织于 2009 年发布的海洋空间规划国际指南是当前公认的流传度最高、影响力最大的海洋空间规划编制的技术导则。为规范海洋空间规划的编制技术方法，适应联合国可持续发展目标 2030 的相关要求和社会经济发展的新内容，如蓝色经济、跨界 MSP 和气候变化等，需要制定一份新的指南实现以上目标。

为此，通过提供有针对性的指导、案例和举措，在 2009 年出版的联合国教科文组织政府间海洋学委员会海洋空间规划国际指南的基础上，MSPglobal 2030 组织了国际专家组开展海洋空间规划编制经验、方法、挑战和机遇的研讨，并编制完成了海洋空间规划国际指南。

该指南主要围绕海洋空间规划的基础、规划流程设计、情景分析、规划评估、规划制定、规划实施、规划监测、评估和适应性调整等内容进行了描述。该指南强调将海洋空间规划作为不同主题下开展的经验教训，而不是一系列明确的步骤，并指出海洋空间规划的制定是一个反复的过程，需根据实施成效，对海洋空间规划的实施过程进行监测、评估，不断地完善调整规划内容，从而增强海洋空间规划的适应性。指南在规划评估、制定、实施、监测、评估和适应性部分提出了一系列具体的行动建议和实例，如评估现有部门状况的实例、评估现有社会文化条件所需数据的实例、海洋管理行动的实例、海洋分区类别的实例、能力发展需求的实例等。这些建议和实例能够帮助我们更好地理解海洋空间规划，从而根据本国的实际情况制定合理的规划目标，更好地管理海洋生态环境，发展可持续蓝色经济。

2.2 西地中海试点项目及东南太平洋试点项目

2.2.1 西地中海试点项目

该试点项目在西地中海区域部署，覆盖阿尔及利亚、法国、意大利、马耳他、摩洛哥、西班牙和突尼斯的海域。该试点项目的内容：一是根据欧盟西地中海计划制定区域性海洋保护与发展的建议，重点是发展该地区的蓝色经济，探索在区域实施跨界海洋空间规划的可行性，并在可能的情况下建立起实施西地中海海洋空间规划路线图；二是在该地区海洋空间规划经验的基础上推广成功的案例，对海洋开发利用活动进行优化调整，以满足西地中海背景下区域和国家海洋保护与发展的优先事项和需求。

2.2.2 东南太平洋试点项目

该试点项目在拉丁美洲的太平洋海岸（智利、哥伦比亚、厄瓜多尔、巴拿马和秘鲁）实施，具体的跨界空间规划的试点在厄瓜多尔和秘鲁之间的瓜亚基尔湾进行。瓜亚基尔湾是厄瓜多尔的渔业和水产养殖业生产力最高的海域，是秘鲁重要的红树林生态系统分布区和捕鱼区；但与此同时，厄瓜多尔和秘鲁的海岸带开发利用活动对该区域的资源环境带来了较大压力。东南太平洋的试点项目在评估当前影响海岸带和海洋环境的国家和地区政策执行效能基础上，为区域海洋空间规划的制定提供政策指导和建立共同的区域性准则。

2.3 交流与传播

为了在全球范围内更好地交流并分享海洋空间规划的良好实践，联合国教科文组织政府间海洋学委员会和欧盟委员会海洋事务和渔业局设立了海洋空间规划国际论坛，目的是增进政府机构、科学家、决策者和利益相关者之间关于实施海洋空间规划的良好做法和经验教训方面的交流，并加强国家之间的合作，制定建议以促进在国际层面上交流海洋空间规划的知识和实践框架。

海洋空间规划国际论坛的内容反映了海洋空间规划的研究与发展动向。为此，本文采用 Smart Analyze 工具对论坛中的交流内容进行了分析，交流的相关主题出现频率如图 1 所示。

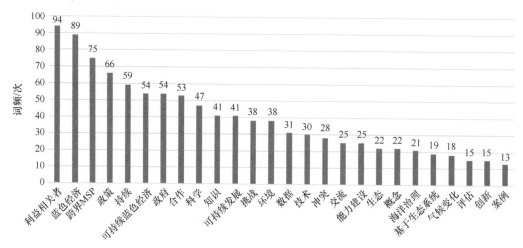

图 1　在论坛中相关主题出现的频次

由图可以得出以下几点：

（1）国际论坛的交流内容涉及了多个方面，其中交流频次较多的前 3 个主题为：利益相关者、蓝色经济、跨界 MSP。首先，利益相关者的有效参与可为海洋空间规划提供建议并促进海洋空间规划的实施，减少利益冲突。其次，发展蓝色经济对于海洋的可持续发展有着重要作用，它是维持海洋环境保护与海洋经济发展两者平衡的关键。最后是跨界 MSP 的发展，发展跨界 MSP 是解决不同国家/区域公共海域管理的有效措施。

（2）科学知识出现的频次相对较高。2021—2030 年为"联合国海洋科学促进可持续发展十年"（简称"海洋十年"），"海洋十年"强调了科学知识对于海洋可持续发展的重要性。此外，科学知识对于海洋空间规划有重要的决策作用。

（3）海洋空间规划的发展面临着很多挑战，如气候变化、冲突、规划人员的能力不足等，海洋空间规划在未来还有很大的发展空间。

3 MSPglobal 2030 试点项目面临的挑战

3.1 利益相关者的有效参与

让利益相关者适当参与海洋空间规划是其被接受和采用的关键。了解利益相关者的做法、期望以及当前和未来的利益，对于平衡海洋空间规划的经济、社会和环境目标以及减少海洋使用者之间的冲突至关重要[3-4]。同时利益相关者的有效参与可为 MSP 的制定提供建议，并促进 MSP 的有效实施。然而利益相关者的有效参与受到了以下限制：①决策限制：部分政府人员认为，决策权必须由具有处理当代复杂问题能力的国家代表来维护，而公众和利益相关者不一定具备这种能力；②个人限制：利益相关者参与 MSP 的动力不足；③应邀参加 MSP 的利益相关者缺乏代表性或代表性不足；④在政治和组织层面，不愿意分享权力。

这些限制产生了沟通不畅、缺乏透明度、认为决策带有偏见以及治理分散、难以整合本地利益相关者的数据和信息等问题[5]。在"瓜亚基尔海湾的使用现状和冲突的技术报告"中指出，同瓜亚基尔海湾的当地利益相关者交流，对于了解各部门的工作情况以及利益相关者对这些部门的看法至关重要，且有助于规划人员更好地了解海洋空间的使用情况及数据的提供情况。

3.2 跨界问题

基于生态系统的海洋空间规划，妥善处理跨界问题是其中的一个关键。越来越多的人认识到，海洋空间规划必须考虑不同类型的跨界因素[6-7]。跨界海洋空间规划有助于了解整个生态系统，解决单一国家无法解决的共同问题，尽量减少邻国之间的海洋冲突，提高海洋部门的管理效能。阿尔及利亚西地中海试点项目和可持续蓝色经济在线全国会议中指出跨界可减少部门间的冲突，并可在不同活动之间建立协同作用，通过可预测性、透明和明确的规则鼓励投资，通过平衡各种海洋活动的发展及增强各国政府之间的协调来加强跨界合作。东南太平洋的试点项目位于厄瓜多尔和秘鲁之间的瓜亚基尔海湾，瓜亚基尔海湾是厄瓜多尔和秘鲁共同的跨境海湾，由于缺乏适当的跨界计划，渔业与海上运输、旅游业与石油和天然气之间的冲突现象正在加剧。

3.3 海洋政策

健全的海洋政策和体制框架对于海洋空间规划的成功至关重要。政府在海洋空间规划方面拥有主要的公众信任力和责任，因此，如果机构和政府不能通过立法和监管政策支持海洋空间规划，其实施将会受到阻碍、延迟甚至不能执行。海洋政策的制定需要包含多方面的内容，巴拿马环境部法律顾问 Osvaldo Rosas 解释了正在制定的国家海洋政策的四个主题：生物多样性和海洋资源；海上治理与安全；蓝色经济与物流发展；科学、技术和创新。此外，海洋政策的制定不仅要考虑现在，还应将未来的需要转化为切实有效的法律和监管框架。

4 启示

我国的海洋空间规划始于 20 世纪 80 年代，在海洋空间规划的编制与管理方面积累了大量的经验，对于推动蓝色经济增长起到了积极的促进作用。但仍存在一些问题：如海洋空间规划体系尚未成熟，如处于不断的调整期；海洋空间规划重程序、轻实施、少评估[8]；我国海洋空间规划对生态系统的系统性关注不足[9]等。2019 年，《中共中央国务院关于建立国土空间规划体系并监督实施的若干意见》发布实施，改革了国土空间规划体系，海洋空间规划的内容更多地将国土空间规划中的涉海部分以及海岸带保护与利用以专项规划的形式体现，结合 MSPglobal 2030 计划的实施，得出如下的建议。

4.1 加强能力建设

海洋空间规划是一个综合且复杂的过程，涉及了规划、管理、政策、生态、海洋、测绘、经济发展等各方面的内容，需要各方面人才及机构的参与并进行有效的交流和沟通。从事海洋空间规划的人员及政策制定者水平的高低直接影响了实施成效。因此，能力建设对于国家海洋空间规划发展较为重要。可从个人、机构和社会 3 个层面进行能力建设。

（1）个人层面。发展个人能力是指通过培训、实践、参与来获得知识和发展技能[10]。个人能力发展的对象包括政策制定者、管理人员、研究人员、规划人员等。通过能力建设，可以发展利益相关者参与的能力、发展规划和监管海洋产业及技术的必要能力；对于规划团队而言，推进海洋空间规划进程需要具有一系列不同技能的专业知识。Ansorg 等人根据英国海洋管理组织海洋管理计划流程，描述了在海洋规划部门的初始设计中需要考虑的技能和专业知识[11]，如表2所示。

表2　设计海洋规划功能或机构时需要考虑的技能/能力和专业知识/背景[11]

技能和能力	专业知识和背景
战略性思考	海洋科学和技术专家，例如海洋学家、生态学家、测量人员
有效沟通、参与	经济学家、地理学家、政治学家
分析和判断	地理信息系统、数据和信息技术专家
客观决策	法律和政策专家
项目管理和流程/变更管理	规划
利益相关者管理和参与	渔业和海洋产业等部门利益
政策和决策	环境利益
分析/研究和解决问题的技能	传统和文化利益
引导技术	增长战略、再生经济
谈判和调解	可持续性评估

（2）机构层面。在这一层面需要解决的能力问题包括通过政策、任务、工具、合作机制和管理信息系统来发展机构的能力[10]。制定海洋空间规划不是一次性的任务，而是一个具有多个规划周期的迭代过程，发展机构能力对于确保实现长期规划非常重要[12]。机构包括政府部门和机构、研究机构和区域机构。需要发展研究机构的创新和研究能力，提高科学知识在海洋空间规划中的应用能力，以及通过借助一些决策工具为海洋空间规划部门及政策制定提供相关建议。此外，还需要发展政府部门政策制定、监督的能力，政府可根据一些现存的海洋环境问题，建议及时制定相关政策，并监督政策的执行情况，同时应提供资金支持。

（3）社会层面。海洋空间规划的顺利实施，需要社会全员共同参与。这就需要社会层面人员了解海洋空间规划的相关知识及具体的海洋保护措施，因此应面向社会普及相关知识，就影响海洋环境和相关管理活动的问题开展提高认识的宣传活动。其中，重要的是普及海洋知识，并将与海洋空间规划相关的海洋治理及海洋科学主题纳入从小学到中学的各级现有普通教育系统和课程。此外，可以通过广播、视频等形式进行海洋知识的普及。

4.2　认识气候变化的影响

气候的变化改变了海洋环境，海洋生态系统服务和利益的重新分配将影响海洋活动，这种影响因地区和海洋管理强度而异，但人类和自然都将受到越来越大的负面影响[13]。2021 年是"海洋十年"的启动年，其主要目标之一是填补海洋知识方面存在的重大空白，包括气候变化的影响。因此，有必要将气候变化因素纳入海洋空间规划中，这将有助于提高应对灾害的能力，降低海洋生态系统的脆弱性。此外，还应提高关于气候变化对海洋生态系统和海洋活动影响的认识，特别是对依赖于海洋资源的经济活动的影响，并在当地社区建立新的社会规范，并制定应对灾害的备选方案，以促进地方一级的可持续行动。

4.3 合理确定海洋空间规划的现状和未来情景

确定海洋空间规划的现状和未来情景是探索规划和目标实现时可以采取不同方法的基础。更具体地说是为明确界定的环境、社会和经济政策提供信息，从而使未来的海洋空间规划活动能够顺利开展。确定海洋空间规划的现状是为了解海洋空间规划的实施现状、有效举措、完成的目标等。通过此过程，可以了解到关于海洋规划区当前物理、生物、社会、经济和治理特征的信息。确定未来情景是在计划的周期内，根据当前模式的趋势确定未来 MSP 需要完成的目标及潜在需求，确定为未来需要做的准备，包括知识、技能、规划团队等各方面准备。对现状的确定过程包括调查海洋空间的海洋资源和人类活动，评估海洋环境质量和海洋保护管理的现状。对未来情景，确定其内容涉及海洋运输、渔业和水产养殖、填海造地、海洋能源和环境保护要求等知识。

4.4 发展可持续蓝色经济

"蓝色经济"这一概念指的是一系列经济部门和相关政策，它们共同决定海洋资源的利用是否可持续促进经济增长、社会包容和生计改善，同时确保海洋和沿海地区的环境可持续性[14]。可持续蓝色经济的发展始于良好的海洋治理，营造一个健康的海洋环境，才能更好地发展海洋经济。污染是海洋治理的一个难题，也是发展可持续蓝色经济的主要威胁，因此，需要采取综合措施减缓污染对海洋环境及人类的影响。此外，海洋资源是有限的，过度开发和非法、无节制地获取海洋资源会导致海洋的不可持续发展。目前全球渔业资源呈下降趋势，据了解，非法、无节制的捕捞占每年总渔获量的 20%，严重影响了国家和区域可持续管理渔业[15]。相关问题的解决都需要政策上的支持，海洋空间规划作为一个分析和分配过程，是一个将海洋空间用于特定用途以实现生态、经济和社会目标的政治过程[16]。发展可持续的蓝色经济，既是海洋空间规划的重要目标，也是实现海洋空间规划可持续实施的重要途径。

参考文献

［1］ Pörtner H O，Karl D M，Boyd P W，et al. Ocean systems // Field C B，Barros V R，Dokken D J，et al. Climate Change 2014：Impacts，Adaptation，and Vulnerability - Part A：Global and Sectoral Aspects. Cambridge and New York：Cambridge University Press，2014：411-484.

［2］ "全球海洋空间规划"项目启动［J］. 海洋与渔业，2019(04)：8.

［3］ Pomeroy R，Douvere F. The engagement of stakeholders in the marine spatial planning process. Mar. Policy，2008，32：816-822.

［4］ Katsanevakis S，Stelzenmüller V，South A，et al. Ecosystem-based marine spatial management：review of concepts，policies，tools，and critical issues. Ocean Coast. Manag，2011，54：807-820.

［5］ Flannery W，Healy N，Luna M，Exclusion and non-participation in marine spatial planning，Mar. Policy，2018，88：32-40.

［6］ Hassan D，Kuokkanen T，Soininen N，Transboundary Marine Spatial Planning and International Law，Routledge，New York and London，2015，248.

［7］ Jay S，Alves F，O'Mahony C，et al. Transboundary dimensions of marine spatial planning：fostering inter-jurisdictional relations and governance，Mar. Policy，2016，65：85-96.

［8］ 狄乾斌，韩旭. 国土空间规划视角下海洋空间规划研究综述与展望［J］. 中国海洋大学学报(社会科学版)，2019(05)：59-68.

［9］ 安太天，朱庆林，岳奇，刘楠楠. 我国海洋空间规划"多规合一"问题及对策研究［J］. 海洋湖沼通报，2019(03)：28-35.

［10］ Lusthaus C，Adrien M H，Morgan P. Integrating Capacity Development into Project Design and Evaluation：Approach and Frameworks. GEF Monitoring and Evaluation Working Paper No. 5. Washington D. C. ：Global Environment Facility. 2000.

［11］ Ansong J，Calado H，Gilliland P M. A multifaceted approach to building capacity for marine/maritime spatial planning based on European experience. Marine Policy，103422，ISSN 0308-597X. 2019.

［12］ UNDP. Monitoring Capacity Development in GEF operations. https：//www. undp. org/content/undp/en/home/librarypage/environment/energy/integrating_environmentintodevelopment/monitoring-guidelines-of-capacity-development-in-gefoperations. html. 2015.

［13］ IUCN. Guidance for using the IUCN Global Standard for Nature-based Solutions. A user-friendly framework for the verification，design and scaling up of Nature-based Solutions. First edition. Gland，Switzerland：IUCN. 2020.

［14］ World Bank and United Nations Department of Economic and Social Affairs. The Potential of the Blue Economy：Increasing Long-term Benefits of the Sustainable Use of Marine Resources for

Small Island Developing States and Coastal Least Developed Countries. Washington DC: World Bank. 2017.

［15］ Food and Agricultural Organization （FAO）. The State of World Fisheries and Aquaculture 2020. Sustainability in action. Rome. https://doi. org/10. 4060/ca9229en. 2020.

［16］ Ehler C, Douvere F. Marine Spatial Planning: a step-by-step approach toward ecosystem-based management. Intergovernmental Oceanographic Commission and Man and the Biosphere Programme. IOC Manual and Guides no. 53, ICAM Dossier no. 6. Paris: UNESCO. 2009.

海洋生态系统完整性与功能维持的内涵剖析及应用探索

刘大海

（自然资源部第一海洋研究所，山东 青岛 266061）

摘要：对于基于生态系统的海洋综合管理而言，明确海洋生态系统完整性与功能维持的科学内涵具有必要性且意义重大。文章在梳理归纳生态系统理论的基础上，明确海洋生态系统完整性与功能维持的具体概念，剖析其理论内涵及二者之间的关系，并针对海洋生态系统结构与功能特征深入探索生态系统完整性与功能维持在海洋空间布局管理上的应用，以期推动我国海洋经济稳步健康可持续发展。

关键词：海洋生态系统；海洋空间布局；生态功能；基于生态系统的海洋管理

1　引言

21 世纪以来，我国沿海地区海洋经济迅猛发展，海洋开发强度不断加大，海洋生态系统受到越来越多的干扰甚至破坏。随着海洋生态环境的逐步恶化，社会各界越来越重视在保护生态系统的基础上开发利用海洋，基于生态系统的开发与管理逐渐成为海洋管理领域的研究重点[1]。

近年来，生态系统管理思想逐渐得到广泛认同，"生态系统"一词被频繁地应用于区域规划、空间管理等领域[2-3]。同时，基于生态系统的管理思想也越来越多地被应用于海洋空间管理领域，并受到国内外海洋管理部门的重视与支持[1]。其中，针对生态系统管理特征、生态系统方法等的应用性研究成为近期研究重点和热点，但由于海洋生态系统自身的特殊性、复杂性以及人们认知能力发展的局限性，如何基于现有的生态系统知识有效推进海洋空间管理这一疑问尚未得到充分解答。针对这一核心问题，本文深入解析海洋生态系统完整性与功能维持的概念内涵，并以海洋空间布局和管理作为应用探索的切入点，理顺海洋生态系统完整性与功能维持和海洋空间管理应用相结合的思路，尝试运用生态系统原理与方法构建海洋空间布局和管理的理论框架，为完善基于海洋生态系统的海洋空间布局与管理提供理论支撑。

2 内涵剖析

生态系统（ecosystem）是生态学领域的基本结构和功能单位，是由生物与环境构成的，能够相互制约、相互影响的统一整体。作为生态系统的一部分，人类的生产生活与其身处的自然环境息息相关。伴随着人类文明的进步，生态系统文明越来越成为人类生存发展道路上不可忽视的重大课题。

回顾历史，早在20世纪已有学者致力于将生态系统的思想引入城乡规划、海洋管理等领域，并逐渐形成生态系统管理等学科方向。其中，大部分研究者将维持生态系统健康、保障生态系统结构与功能完整、保护生物多样性、确保环境资源可持续性等作为开展生态系统管理的最主要条件[4]。英国学者 Sue 等[1] 依据前人研究，将生态系统管理的首要特征总结为"维持生态系统健康"，并指出维持健康的主要内容为"维持和保护生态系统的完整性和生态系统功能"；官方文件也释放着同样的信号。1995年美国环保局将生态系统管理定义为"恢复和维持生态系统的健康、可持续性和生物多样性，同时支撑可持续的经济和社会"[5]；2000年《生物多样性公约》缔约方大会决议将"为了维持生态系统服务，保护生态系统结构和功能应当成为生态系统方法的一个优先管理目标"作为生态系统方法的原则之一[6]。通过对相关文献的梳理，基于海洋管理的实际需要，可初步得出以下结论：海洋生态系统完整性与功能维持作为基于生态系统的海洋空间布局与管理研究的优先概念，有必要将其作为当前亟须突破的核心问题进行深入探讨。

从目前已有的研究来看，生态系统完整性与功能维持的定义并不唯一，其内涵也因研究视角的不同而呈现多样性[7]。本文将在前人研究基础上，针对海洋生态系统结构与功能特征，逐一剖析海洋生态系统完整性与功能维持的概念、内涵及其相互关系，从而完成对海洋空间布局与管理新思路的初步探讨。

2.1 海洋生态系统完整性的内涵

生态系统完整性通常被用作环境政策管理的一种评价工具，具体是利用生态系统某些要素的状态指标衡量该生态系统的健康程度。生态系统本身在物理、化学、生物及其各部分之间的相互作用十分复杂，从时间和空间、组分和整体、人类价值和自然生态等不同视角来衡量其完整性均存在其合理性。正因如此，前人在生态系统完整性的解释上有不同侧重。目前常用的生态系统完整性概念发源于 Karr 的"生物完整性"，强调各生态要素的内部作用关系，即"一个有生命的、活的、能发挥全部生态功能的系统，并且该系统能与其所生长的动态的生物地理环境发生物理和化学作用和交互影响"[8-9]；随后，"系统"思想的加入丰富了生态系统完整性的内涵，系统内部的联结作用更加凸显，傅伯杰等[10]将完整的生态系统解释为"一个区域所有植物、动物、土壤、水、气候、人和生命过程相互作用的整体"，Kay则将生态系统完整性细化为"保证生态系统的组织状态，包括系统结构的完整和功能的健康"[11]；在此基础上，黄宝荣等、燕乃玲等[9,12-13]总结人们普遍接受的对生态系统完整性的阐述，表达对生态系统完整性相似的理解，即生态系统的组成要素（系统组成）完整和系统特性（系统成分间的相互作用和过程）完整。

以上研究历程可以体现出不同学者对生态系统完整性理解的相近之处——侧重于生态系统自身要素的性质，如要素结构及功能的完整、要素之间相互作用的完整等。值得注意的是，这里提到的功能是"元功能"，即一个要素在孤立的状态下不依赖整体而具有的功能，它是系统构成要素的固有性质[14]，与生态系统整体发挥的功能作用是不同的。当然，由于国内外生态系统方法的应用需求，生态系统完整性研究在生态系统整体功能维持方面也有拓展，但其核心概念与应用基础仍然是系统内部构成要素的性质。

以现有的生态系统完整性研究为基础，对海洋生态系统完整性的定义应基于自然生态视角，重点讨论海洋内部构成要素的完整性，包括要素结构完整、各自功能完善等。因此，海洋生态系统完整性可以定义为海洋生态系统的构成要素及其性质的完整，这种完整能使整个海洋生态系统在正常情况下保持平衡、稳定的演进状态。如，生物有机体（如动物）是由细胞、组织和器官构成，社会是由群体、阶级和社会制度构成，其与生态系统一样都可以被视作一个整体；其中，动物生命的延续首先要使其细胞、组织、器官的活性和代谢基本需求得到满足，社会的运行则首先要有群体、阶级和社会制度的合理设置作为保障。同理，要维持海洋生态系统的持续演进状态，保证其自身成分的完整和成分之间基本作用状态的稳定是十分重要的[15-16]。

海洋生态系统完整性的定义还包括2层内涵：一是组成成分数量和各自功能完整，此二要素综合保障海洋生态系统结构稳定、有序；二是海洋生态系统各成分之间形成有效联系，自然状态下能良好地发挥各自的作用，这说明各要素性质基本完整，可以满足生态系统正常运作的基本需求。海洋生态系统是一个连续的整体，其构成要素包括自养生物（生产者）、异养生物（消费者）、分解者、有机碎屑物质、参加循环的无机物质、水文物理环境等6大类。简言之，海洋生态系统完整性即要求以上6类要素结构完整、功能健全。

此外，完整性不是一个绝对概念，结构或组成成分本身也不存在时间、空间的边界，尤其是在人为干扰下，海洋生态系统的结构组分随时可能发生变化，这一变化若有悖于海洋健康发展要求，就会对海洋生态系统产生负面干扰。因此，完整性需求能为人类的海洋开发行为设置边界和规则，可将海洋生态系统完整性作为海洋开发管理的重要参考指标。如，不适宜的用海方式与不合理的用海规模均是海洋生态系统完整性的妨碍项，通过海洋生态系统完整性评估，首先能整体把控各海洋构成要素的状态，继而有针对性地调整优化海洋开发方式。

2.2　海洋生态系统功能维持的内涵

资源管理与可持续发展的最终目的是提高人类生活质量，实现人与环境和谐共存。因此，基于生态系统的海洋综合管理除要关注自然生态需求外，也要关注人类的需求和价值意愿。有别于对完整性自然生态属性的重点探求，关于海洋生态系统功能维持的探讨主要基于人类的用海需求。

要科学研究海洋生态系统功能维持的概念，首先要明确什么是生态系统功能。著名生态学家 Odum 将生态系统功能定义为"生态系统的不同生境、生物学及其系统性质或过程"[17]并获得国内外学界的广泛采纳，在此意义上，生态系统具有物质循环、能量流动和信息传递 3 大基本功能[18]；Boyd 和 Banzhaf[19]同样基于自然生态视角对生态系统功能进行研究。技术的不断进步促使人类在生态系统中扮演越来越重要的角色，人的需求成为生态系统功能研究的新视角。Groot 等[20]从满足人类需要出发，认为生态系统功能是生态系统为人类直接或间接提供服务的能力，并将生态系统功能分为调节功能（regulation function）、生境功能（habitat function）、产出功能（production function）和信息功能（information function）4 大类；Constanza[21]和联合国环境规划署[22]等支持 Groot 的观点。时至今日，针对生态系统功能的探讨仍在继续，以上 2 种视角仍然具有普遍代表性，且同样适用于海洋生态系统功能研究领域。目前，对海洋生态系统功能的相关研究更加着重于海洋生态系统服务功能的保护和治理[23]。

本研究中海洋生态系统功能维持的"功能"特指海洋生态系统的整体性功能，视角是人类对开发与利用海洋的需求，功能维持就是采取一定措施保障系统功能。因此，将海洋生态系统功能维持定义为通过维持海洋生态系统各组分间的协调运作，使海洋生态系统整体上达到持续、稳定地为人类提供与其功能类型相匹配的生态服务的目的。海洋生态系统是一个有机整体，其功能的发挥有赖于构成系统的各个部分对整体发挥一定的作用。如，生物体和社会都可以看作一个有机整体，只有当生物体的各个部分协调发挥作用时，才能维持摄食、代谢和繁殖等生命活动；而社会系统需要各个部分协调发挥作用，才能维持社会正常运行。同理，海洋生态系统功能的维持也需要海洋生态系统各组分协调发挥作用。因此，海洋生态系统功能维持的内涵为：首先，脱离人类需求的功能定义没有意义，在此基础上海洋生态系统功能的优劣主要基于人类价值取向，需维持的功能类型同样基于人的选择；其次，功能是系统整体作用的产物，是由海洋生态系统各组成成分之间协调作用产生的，要维持某种生态系统功能，必须要考虑各组分间的相互作用是否有利于整体功能的发挥；最后，功能维持是人类对现有海洋功能类型的保护，保护行为具有主观性，但系统的功能开发类型还受海域资源禀赋等条件制约。以人类需求为视角的海洋生态系统功能主要是生态服务功能，即供给功能、调节功能、文化服务功能、支持功能等类型[24]，类型的决定主要基于海域资源禀赋和社会需求等。

同时，功能是有正负性的，对整体的整合、内聚与稳定有贡献的是正功能，导致整体溃裂的是负功能；对结构复杂的生态系统而言，并非所有结构都能发挥正功能。对于有人类活动的海洋生态系统而言，人为因素也是海洋生态系统的重要结构组分，根据资源实际情况适当地控制人类开发活动十分必要。针对已经明确功能类型的海洋生态系统，应遵循经济性原则，按照其规划设想与目标定位，重点突出地保护其某一种或某几种功能，如旅游用海的文化服务功能、养殖用海的供给功能等。具体开发利用海洋生态系统功能或采取功能维持措施时，需要同时把握局部与整体、单一要素与全局，最大限度地使人类活动促进海洋生态系统正功能的发挥，实现人海和谐。

2.3 海洋生态系统完整性与功能维持的关系

海洋生态系统完整性与功能维持的概念内核同质。海洋生态系统完整性与功能维持的共同前提为，海洋生态系统是一个由不同组分构成的有机整体，构成整体的各部分均对整体发挥一定的功能，通过系统结构内各部分的不断分化与整合，维持海洋整体的动态均衡秩序。对于系统而言，结构是功能的基础，如结构遭到破坏则功能自然受损。广义地讲，生态系统的结构也是其功能的一部分，生态系统存在的必要条件往往存在于这些结构和功能中。因此，海洋生态系统完整性与功能维持均以海洋生态系统的构成组分为概念内核且内涵互通，分别以保持构成组分的结构和功能完整、系统组分之间的协调作用为概念成立的前提。

海洋生态系统完整性是功能维持的重要基础，也是实现功能维持的有效手段，其基于海洋自然生态需求，保障海洋生态系统的稳定运行。海洋生态系统功能维持则基于人类用海需求，体现人类的主观能动性和价值意愿，但其维持行为受生态系统完整性的制约。要实现海洋功能维持的目的，必须归依于海洋生态系统完整性评估。在人与自然和谐共存的命题中，二者必须紧密联系，协同发挥各自的规范性和导向性作用，才能达成既满足人类需求又不损害海洋环境的最终目的。

3 应用探索

在海洋开发过程中，合理的布局与有效的管理至关重要。实际操作中，人类用海活动影响生态系统，同时也受生态系统的制约。因此，海洋空间布局与管理需综合考量海洋生态系统的自然特点与人类生产生活的需求，综合运用生态系统完整性与功能维持的理论与方法，充分考虑生态系统构成要素的数量、性质和要素间的相互作用以制定海洋空间布局与管理措施，尽量减弱人类空间资源开发对生态系统的负面干扰，实现海洋生态系统的可持续利用。

海洋空间布局与管理首先要保障生态系统的完整性，即生态系统的构成要素及其性质完整，然后通过生态系统各组分的协调运作实现生态系统的功能维持。

就要素数量而言，应将海洋生态系统 6 类要素的数量及相应比例控制在合理范围内，以维持海洋生态系统功能持续演进为基本需求，以促进海洋生态系统功能优化为最高目标。

就生物组成要素而言，应实施总量控制制度，维持海洋生物多样性：针对以经济鱼类为代表的海洋消费者这一环节，海洋捕捞、养殖等活动对其种群数量、种群结构、丰度等造成严重影响，因此严格控制捕捞量、规范捕捞用具等措施十分具有必要性；针对以藻类、细菌等为代表的生产者和分解者这一环节，污水、温排水排放等行为造成的水体富营养化大幅改变其种群分布与群落结构，因此控制陆源污染物和海上倾废、实施污水达标排放等措施势在必行。

就环境组成要素而言，光照、水、大气等成分为生命生存发展提供基础，有机碎屑物质与无机物质的交替完成生物地球化学循环，而海洋作为碳循环的重要载体发挥着巨大价值，因此严格控制碳排放量、强化海洋碳汇功能是海洋开发过程中必不可少的要求。

就性质特征而言，一方面，海洋生态系统的构成要素在结构上存在稳定性和有序性，各组成部分的构成相对稳定，各部分相互作用的过程亦遵循一定的规律和顺序，如食物链、食物网等形式，同时系统表现出较强的包容性；另一方面，海洋本身具有流动性和连续性，系统内部的交流更是频繁而特殊，污染物的控制与受损修复难度大。因此，开发活动要尊重海洋生态系统的存在形式和发展规律，保证各个组成要素的完整性与比例控制的合理性，降低干扰、减少破坏，以保障生态系统功能的实现。此外，对于已被破坏的生态系统，应及时开展治理与修复工作，降低海洋污染或受损比率，帮助其恢复至自然原始状态或建立新的生存模式。

就海洋生态系统功能而言，其主要指能够为人类提供的供给功能、调节功能、文化服务功能、支持功能等服务功能。在进行海洋空间布局与管理的过程中，要充分依据生态系统功能维持的概念，加强对生态系统服务功能的保护和治理。首先，明确用海目的，划定开发范围。生态系统功能的优劣以人类价值取向为标准，但不代表人类可以无限制地消费生态系统；在开发利用过程中应明确开发目标，对有价值区域应合理利用，对无关区域应保护其不受干扰，维持其自然状态。其次，严格规范秩序，节约利用资源。资源利用是目前生态系统的主要开发形式，当地资源禀赋和社会需求等共同决定生态系统的功能类型，因此应严格规范资源的开发利用秩序，遵循适度、经济原则，有针对性地采取保护措施，提高资源利用效率，增强持续利用性。

在海洋空间布局与管理实践中，要长期维持海洋生态系统的服务功能，首先需明确该海域生态系统结构与功能的完整性，确保生态系统各要素组成数量与比例的合理性，在明确开发利用目的、规范开发秩序、尊重资源差异的基础上，实现各生态系统的稳定有序开发；对已破坏区域应开展具有针对性的诊断修复工作，恢复各组分间的协调作用和提供相应服务功能的能力。

4 结语

生态系统是开发利用海洋的重要载体，人类在发挥主观能动性改造生态系统的过程中势必会对其产生不同程度的影响，若对导致海洋生态系统产生负功能的人类行为长期不加以节制，必将阻碍海洋开发利用进程。因此，有必要从生态系统完整性与功能维持的角度出发，合理布局海洋空间，科学运用生态系统知识来认识海洋、开发海洋，实施有效管控措施，维持海洋生态系统各要素及其性质的完整，使生态系统在整体上达到持续、稳定地为人类提供与其功能类型相匹配的生态服务的目的，维护海洋生态系统健康，为实现我国海洋经济持续健康发展提供支撑。

参考文献

[1] Sue K, Andy P, Chris F.海洋管理与规划的生态系统方法[M]// 徐胜,译. 北京:海洋出版社,2013.

[2] Allen J C. A Modified sine wave method for calculating degree days[J]. Environmental Entomology,1976, 5(5):388-396.

[3] Bengston D N, Fan G X D P. Attitudes toward ecosystem management in the United States, 1992-1998[J]. Society & Natural Resources,2001, 14(6):471-487.

[4] 战祥伦. 基于生态系统方式的海岸带综合管理研究[D]. 青岛:中国海洋大学,2006.

[5] 百度文库.生态系统管理[EB/OL].(2010-09-18)[2015-12-10]. http://wenku.baidu.com/

link？ url ＝ Pbmn GuyJPfgmKCF1KMFZeOnceAJIBG4qLCEoSsqXpr C7bGK6ZPlgBZLObsGn 4nQKV4Uvw GHV9FjijLc-tCwQ4py-HMcUHy7gYqL4iH40X3.

［6］ 蔡守秋. 论综合生态系统管理[J]. 甘肃政法学院学报,2008(3):19-26.

［7］ Paul A H. Ecosystem integrity and its value for environmental ethics［M/OL］.（2013-04-01）［2015-12-10］. http://www.phil.unt.edu/theses/haught.pdf.

［8］ Karr J R, Dudley D R. Ecological perspective on water quality goals[J]. Environmental Management,1981(5):55-68.

［9］ 燕乃玲, 虞孝感. 生态系统完整性研究进展[J]. 地理科学进展,2007, 1(1):17-25.

［10］ 傅伯杰, 陈利顶, 马克明,等.景观生态学原理及应用[M]. 北京：科学出版社,2001.

［11］ Kay J J. The ecosystem approach to monitoring integrity［M/OL］.（2008-07-01）［2015-12-12］. http://www.fes.uwaterloo.ca/u/jjkay/HNA/chapter2.html.

［12］ 黄宝荣, 欧阳志云, 郑华,等. 生态系统完整性内涵及评价方法研究综述[J]. 应用生态学报,2006, 1(11):2 196-2 202.

［13］ Miller P, Ehnes J E. Can Canadian approaches to sustainable forest management maintain ecological integrity? In: Pimental D,ed. Ecological integrity: Integrating environment, conservation and health［M］. Washington,D C:Island Press,2000.

［14］ 百度文库.结构与功能［EB/OL］.（2011-11-29）［2015-12-28］.http://wenku.baidu.com/link？url＝gf6RVin8Y8wLxO9N1vTFYJCXIplW4C2_Iu4QLz1Q19sZS7MwFJn1wRgKkkAKPPP zgQIySwiIANrubXvmyqDWh_m1P7_nkxBIP6u71ZjeZe.

［15］ Cairns J. Quantification of biological integrity. In Ballentine R K and Guarraia L J Eds. The integrity of water, U. S. Environmental Protection Agency, Office of Water and Hazardous Materials［M］. Washington, D C:James Gordon Rodger, 1977.

［16］ 廖静秋, 黄艺. 应用生物完整性指数评价水生态系统健康的研究进展[J]. 应用生态学报,2013, 24(1):295-302.

［17］ Odum E. Fundamentals of ecology[M]. Philadelphia：Saunders,1971.

［18］ 冯剑丰, 李宇, 朱琳. 生态系统功能与生态系统服务的概念辨析[J]. 生态环境学报, 2009, 18(4): 1599-1603.

［19］ Boyd J, Banzhaf S. What are ecosystem services? The need for standardized environmental accounting units[J]. Ecological Economics,2007, 63(2-3): 616-626.

［20］ Rudolf S de Groot, Matthew A Wilson, Roelf M.J Boumang. A typology for the classification, description and valuation of ecosystem functions, goods and services[J]. Ecological Economics, 2002, 41(3): 393-408.

［21］ Costanza R, De G, Farber S, et al. The value of the world′s ecosystem services and natural capital[J]. Nature,1997, 387(6630): 253-260.

110

［22］ Millennium Ecosystem Assessment. Ecosystems and Human Well-being：Biodiversity Synthesis ［M］. Washington，D C：World Resources Institute，2005.

［23］ 赵平，彭少麟. 种、种的多样性及退化生态系统功能的恢复和维持研究［J］. 应用生态学报，2001，12(1)：132-136.

［24］ 王其翔，唐学玺. 海洋生态系统服务的内涵与分类［J］. 海洋环境科学，2010，29(1)：131-138.

基于生态文明价值导向的海岸带
空间用途管制的思考

李彦平

（自然资源部第一海洋研究所，山东 青岛 266061）

摘要： 海岸带是陆海相互作用最强烈的区域，其空间开发与保护问题具有明显的系统性和复杂性，并已成为制约海岸带地区高质量发展的瓶颈。因此，有必要重新审视国土空间开发利用与生态环境保护的关系，把生态文明理念贯穿于国土空间用途管制中。文章对海岸带空间用途管制的必要性和定位进行了探讨，并从陆海统筹视角提出当前海岸带空间用途管制存在缺少陆海一体化的管控制度、生态要素系统管控不足、未充分考虑开发利用活动的跨区域影响、陆海边界不统一、管制目标和内容相对单一等缺陷，阐述了基于生态文明价值导向的海岸带空间用途管制理念，并提出了陆海生态要素整体性保护、增强空间利用管控的系统性和全局性、坚持以人为本的管制理念、推进海岸带立法与规划编制等建议。

关键词： 海岸带空间用途管制；生态文明；陆海统筹；系统性

1 引言

海岸带地区一直是对外开放和经济社会发展的前沿阵地。经过几十年的高强度开发，海岸带地区环境质量下降、生态功能退化、资源约束趋紧等问题日益突出，已成为经济社会持续发展的重大隐忧。近二三十年来，陆海两大空间各自建立并逐步完善了用途管制制度，在资源环境保护和经济社会发展中发挥了重要作用。不过，现行制度多聚焦于陆地或海洋单一空间或单一要素管制，针对海岸带特殊性、整体性、脆弱性的管制制度尚不完善，难以满足海岸带空间治理体系和治理能力现代化的要求。因此，深刻认识陆海空间相互作用、相互影响、相互制约的关系，在现行陆海空间用途管制制度的基础上，建立和完善海岸带空间用途管制制度具有重要的现实意义。

2 海岸带空间用途管制的必要性

2.1 完善海岸带空间用途管制是新时期国土空间用途管制制度构建的内在要求

全域全类型是新时期国土空间用途管制的基本要求。我国海岸带空间利用类型多样，拥有所有的海域使用类型，土地利用类型与全国陆地区域相比，仅缺少永久性冰川雪地和戈壁两个二级子类[1]。因此，海岸带可以看作国土空间的一个缩影，全域国土空间用途管制所面临的规划重叠、职责交叉、政策矛盾等问题在海岸带地区同样存在，而且陆地和海洋用途管制相互独立、相互掣肘的问题尤为突出。因此，有必要在现行国土空间用途管制制度的基础上，构建"山水林田湖草海"系统保护和陆海开发利用全域管控的海岸带空间用途管制制度体系。

2.2 构建基于陆海统筹的用途管制制度体系是海岸带空间管理的现实需求

问题导向是国土空间用途管制制度建立的基本出发点。海岸带地区陆海相互作用复杂，各种自然过程和人类活动相互交织、相互作用，伴随空间利用产生的很多问题都具有系统性和整体性。由于陆海空间长期分割治理，现行制度设计多是为满足行业管理需求，缺少对海岸带地区空间开发与保护的综合考虑，解决陆海空间开发利用中矛盾的能力仍有欠缺。因此，需要立足海岸带空间的整体性，对陆源污染防控、典型生态系统保护、资源开发利用、岸线公共空间保护等空间管制任务进行细化和深化，弥补现行用途管制制度的不足。

2.3 完善海岸带空间用途管制制度是海岸带立法和专项规划编制的重要内容

生态文明体制改革和机构改革已经实现了国土空间规划"陆海合一"，国家和地方海岸带立法也在逐步推进，陆海空间统筹治理的法律基础和规划依据正逐步形成。不过，由于海岸带立法与《中华人民共和国海域使用管理法》《中华人民共和国土地管理法》等在目标、内容方面存在差异，海岸带专项规划与国土空间总体规划的功能也都有所侧重，这就决定了有必要针对海岸带立法与规划的需求，完善相应的空间管制制度，落实立法与规划确定的各项空间利用与管理任务。

3 海岸带空间用途管制的定位探讨

科学定位海岸带空间用途管制，明确海岸带空间用途管制与其他用途管制的关系，是完善海岸带空间用途管制的必要前提，并决定着管制的对象与内容。基于前文阐述，海岸带空间用途管制必然要以陆海统筹和综合管理为导向，在顶层设计层面中，既要衔接海岸带立法与规划确定的空间管控任务，又要落实国土空间用途管制全域全类型的要求。

海岸带空间用途管制是针对海岸带开发与保护进行的整体性管制，是在现行用途管制制度基础上的拓展，也是对国土空间用途管制关于"加强特殊区域管制的针对性"要求的落实[2]。因此，海岸带空间用途管制不能取代陆地和海洋已实施的各项用途管制制度，不直接管控微观层面的空间开发与保护活动，也不会简单重复已有的用途管制制度，一般不涉及空间或资源开发利用的行政许可事项。海岸带空间用途管制应重点关注具有跨陆海边界影响的利用活动及潮间带、海岸线、邻岸陆域、流域等重点区域，并在海岸带地区现行土地、林地、草原、海洋、海岛等各类空间管制的基础上进行细化和补充，从而使各项制度相互衔接、相互配合，弥补管制空白、协调管制冲突，提升海岸带空间综合管制水平。

4 海岸带空间用途管制的制度缺陷

4.1 缺少陆海一体化的分区管控制度

目前，涉及海岸带管理的各部门依据自身职责和管理需求建立了不同分区管控体系，例如海洋功能分区、海岛分类体系、土地用途分区、林地分类管理、城乡规划的"三区四线"及详细规划的用地分类管控等，但以上分区缺少对海岸带空间利用的整体考虑，如海洋功能区划以指导和约束海域开发利用为目的，土地用途分区以指导土地合理利用、控制用途转变为目的，而详细规划的用地分类则是以控制建设用地性质、使用强度和空间环境为目的。各类分区的出发点不一样，增加了陆海空间功能、管制措施协调的难度。在地方实践中，常出现陆海相邻空间功能冲突的现象，例如某岸段具有发展深水大港的天然条件，海洋功能区划将其邻近海域划为港口航运区，而在土地利用总体规划却将邻岸陆地划为基本农田和林地，导致港口发展与耕地、林地保护冲突。

4.2 生态要素系统管控不足

海岸带地区拥有海域、海岛、滨海湿地、河口、防护林、农田等众多的生态系统，也有沙滩、礁石、沙丘等典型的地形地貌和景观，共同构成了"山水林田湖草"生命共同体。由于不同要素的管控力度存在较大差异，往往管控力度小的自然资源或空间就成为拓展建设空间的突破口。例如，耕地保护很早就成为我国的基本国策，得到各级政府的重视，制度完善程度、违法成本等明显高于滨海湿地、近岸海域、防护林等。面临建设用地需求的不断扩张，沿海地区普遍把围填海、占用林地等作为拓展城镇建设和发展工业空间的手段，导致红树林、珊瑚礁、沿海防护林等众多海岸带生态系统退化甚至消失，引起海湾纳潮能力下降、海岸侵蚀、海洋环境污染。

4.3 未充分考虑开发利用活动的跨区域影响

海岸带空间狭长、紧凑，是陆海经济发展需求最旺盛的区域。海水养殖、港口与临港产业、滨海旅游、城镇建设等开发利用活动在此密集布局，而同时，此区域受到海浪、潮汐、河流等自然过程影响最为强烈，生态系统敏感性和脆弱性最突出。各类空间利用活动相互影响频繁，干扰了陆海之间物质循环与能量流动，并产生跨越陆海边界的负外部性影响。以砂质海岸侵蚀为例，海岸侵蚀往往是自然演变、不当的人类活动及全球气候变化综合作用的结果，受到来自陆地和海洋的双重影响。河流入海泥沙和水量减少、海砂开采、围填海、海水养殖、地下水开采、风暴潮、海平面上升等多种因素共同加剧了海岸侵蚀[3]（图1）。因此，单靠某一项空间管制制度很难有效保护砂质岸线。海岸带其他问题，如海洋环境污染、生态系统退化、海洋灾害加剧等问题同样具有大尺度、跨区域的特征，需要综合性的管制制度。

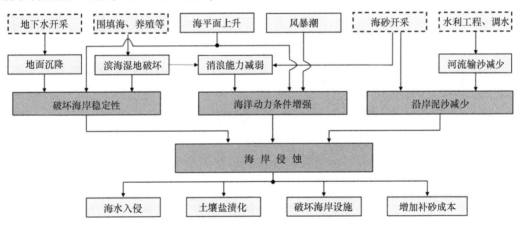

图 1 海岸带侵蚀的主要影响因素及危害

4.4 陆海管理范围重叠

在海岸带管理中，由于陆海分界线的标准长期没有得到统一，陆海区域重叠的问题普遍存在，使地方政府拥有较大的自由裁量空间，可以根据自身的利益考量来选择重叠区适用《海域使用管理法》还是《土地管理法》。根据 2018 年围填海专项督察结果，部分省份为了规避围填海管控，不按照海域使用管理规定办理用海审批手续，对用海项目直接办理用地手续，简化用地（海）流程，导致大量滨海湿地消失或退化。

4.5 管制目标和内容相对单一

海岸带用途管制制度大多集中在陆源污染防控方面，在资源利用、滨海景观风貌保护与协调、防灾减灾等方面的管控力度相对薄弱。目前，具有陆海统筹理念的管制制度大多集中在《中华人民共和国海洋环境保护法》《中华人民共和国防治陆源污染物污染损害海洋环境管理条例》《中华人民共和国防治海岸工程建设项目污染损害海洋环境管理条例》等海洋环境领域，其管制目标主要以海洋环境保护为主，管制内容一般为对邻岸陆域和入海河流开发建设、排污等活动的管控。不过，近年来出台的海岸带保护管理地方性法规或海岸带规划具有综合性管制的理念，但由于海岸带立法与规划发展尚不成熟，多目标的海岸带空间用途管制体系仍未形成。

5 生态文明视域下国土空间用途管制的价值取向

国土空间用途管制的演进历程表明，用途管制的诉求、内容与措施具有鲜明的时代特征[4]，体现了不同时期国家和社会对开发与保护关系的认识。经过 40 年的发展，我国生态文明建设的理念从最初的单纯解决环境污染问题上升为把生态文明建设融入经济社会发展的全过程[5]。当前生态文明建设已不再单纯追求生态环境保护，而是一种尊重自然、追求人与自然和谐相处的新发展理念，它强调人不可能脱离自然生态环境而谋求发展，坚持生态环境优先的发展理念并不意味着将生态环境保护作为唯一目标，而是将保护与发展辩证地统一起来，形成绿色的发展方式和生活方式，坚定走生产发展、生活富裕、生态良好的文明发展道路。

国土空间用途管制是生态文明体制改革的重要内容之一，也是推进生态文明建设的重要路径。新时期构建和完善国土空间用途管制制度必然要遵循生态文明体制改革的要求，围绕国土空间开发与保护协调进行顶层设计，从耕地保护的单一目标转向生产空间集约高效、生活空间宜居适度、生态空间山清水秀的综合目标。因此，海岸带空间用途管制制度改革，应在深刻把握生态环境对人类活动支持能力的限度和人类活动对资源环境影响后果的基础上，加强对敏感、脆弱、稀缺的海岸带空间与资源的保护，规范空间开发利用活动，把开发利用活动约束在资源环境承载力内，力求不对人类经济社会的可持续发展产生阻碍。

6 完善海岸带空间用途管制的建议

6.1 陆海生态要素整体性保护

深刻认识海岸带地区自然过程与人类活动双重胁迫下的生态保护困境，遵循"生态系统完整不可分割""生态影响不分边界""生态产品不可或缺""生物多样性弥足珍贵"的生态理念[6]，从更大的时空范围考虑海岸带生态系统演变过程，系统考虑海域、滨海湿地、沿海防护林、河口、沙滩、礁石等自然要素在海岸带地区国土安全、生态系统稳定、经济社会发展中的作用。首先，划定陆海衔接的生态保护红线，把具有重要生态功能和生态极为敏感脆弱的陆地和海洋衔接区域纳入红线管控，并依法清理生态红线内的非法养殖项目、围填海项目、违规工程和设施，恢复和提高海岸带生态功能。其次，总结自然生态空间用途管制试点经验，对陆海过渡区域的自然生态空间建立更严格、更具体的用途管制制度，如海岸带分级分类管理制度、岸线准入制度、自然岸线转用制度及陆海空间利用联合审批制度等。

6.2 增强空间利用管控的系统性和全局性

海岸带空间用途管制须重视海洋空间的开放性、流域的物质输移过程及陆海空间的相互作用，从更大尺度考虑各类开发利用活动的影响，深刻认识流域、近岸陆地和海洋各类开发建设活动的区际负外部性，科学预判其可能引发的生态环境风险，提高管控的科学性。一是重视海洋工程、流域水利工程建设对近岸水动力条件、河口地貌、海湾纳潮量等演变过程的影响，以及对海洋环境、潮间带生物栖息地和江海鱼类洄游通道的干扰，将水动力条件强的近岸海域、入海河流、邻岸陆域、潮间带、河口区域作为重点管控区域，划定特殊管控单元，实行负面清单管控，细化和提高空间准入条件，倡导生态友好、集约高效的空间利用模式。二是遵循自然规律，重视滨海湿地、沿海防护林等在抵御海洋灾害、防风消浪、涵养水源等方面的作用，严格控制开发建设对此类空间的侵占，并有序清退不符合生态功能的开发利用活动。三是重视沿海地区地下水开采对海水入侵、地面沉降的影响[7]，严格控制地下水开采。将海水入侵、地面沉降严重区域划为地下水禁采区，并采取回水措施；对其他区域应严格控制地下水开采总量，并严禁新建高耗水、高污染、低效率的项目。四是加强陆源污染控制，严格控制近岸、流域范围内工业和城镇污水排放，加强对沿海产业园区布局和污水处置设施建设的管理；对农业面源污染严重的区域，加强对农药、化肥使用的管控，禁止新增规模化禽畜养殖项目。

6.3 坚持以人为本的管制理念

海岸带空间用途管制落实以人为本的理念最重要的是让公众充分享受海岸带地区独特的自然景观和开放空间，在守住生态底线的前提下，关注人对自然生态的需求，摒弃"严格保护即禁止一切人类活动"的保护观念。一是综合考虑生态保护、防灾减灾、公众亲海等综合需求，划定海岸建筑退缩线，严格控制退缩线内新增永久性建筑，加强对沿海沙滩、礁石、湿地的保护，减少岸线使用的排他性，提高岸线的开放性和公共性，让沿海居民共享海洋生态治理成果。二是立足区域自然与人文景观资源，加强沿海风貌管控。针对港口及临港产业、滨海旅游、城镇建设等重点区域制定控制性详细规划，对建筑风格、基础配套设施等进行详细管控，提高滨海城市品质。三是强化海岸线利用的必要性审查，根据区域岸线自然条件制定相关水产行业名录，禁止非水产行业相关产业进入海岸带区域，减少对海岸线的低效重复利用，为沿海居民留下更多开放空间。

6.4 以空间内涵式开发促进生态空间保护

党的十九大报告明确指出"发展是解决我国一切问题的基础和关键，发展必须是科学发展，必须坚定不移贯彻创新、协调、绿色、开放、共享的发展理念"。新时期海岸带高质量发展的困境之一是如何在满足经济发展对空间需求的同时，有效避免或减少各类开发建设活动对生态空间的占用。因此，海岸带空间用途管制在严格生态环境保护的同时，也要把提高空间节约集约利用水平作为重要目标，以最小的空间资源消耗服务经济社会可持续发展。可对照国土空间规划确定的规划预期目标，整合自然资源（海洋）、生态环境、农业农村、交通运输等相关部门和国家发展改革委关于项目准入的指标，如《产业结构指导调整目录（2019 年本）》、"环境准入负面清单""建设项目用海面积控制指标""工业项目建设用地控制指标"等，构建包含规模、效率、强度、环境容量、防灾减灾、景观等约束性和引导性相结合的指标体系，为项目审批提供科学依据，在海岸带开发的源头上"把好关"。

6.5 推进海岸带立法与规划编制

统一立法、综合管理正成为当前全球自然资源管理的趋势[8]，海岸带空间用途管制的完善离不开海岸带立法的支持。因此，应加快推进海岸带立法，衔接《中华人民共和国海域使用管理法》《中华人民共和国土地管理法》及其他涉及海岸带管理的法律、法规，明确海岸线的具体位置及海岸带空间管理的核心范围，并合理划分海岸带保护与利用各相关部门事权，为海岸带空间用途管制措施的实施提供法律保障。

海岸带空间规划要站在陆海统筹的高度统一部署海岸带地区空间开发、保护与修复等各类活动。首先，应在海岸带立法明确的海岸带管理核心区域的基础上，按照严格保护、限制开发和优化利用对海岸带实行分级、分段管制，并制定差异化管控政策。其次，加强对沙滩、礁石、种质资源、滨海湿地、沿海防护林的整体保护，协调港口、渔业、海砂、地下水等各类资源的开发利用，与同级国土空间规划、港口规划、养殖水域滩涂规划、"三线一单"等衔接，统筹各类管控区、管控线的划定。第三，可结合海岸带开发与保护的突出问题制定空间管制部门责任清单，明确各有关部门的权责边界，避免出现管制交叉或空白的现象，提高管制效率。

参考文献

[1]　侯西勇，徐新良.21世纪初中国海岸带土地利用空间格局特征[J].地理研究，2011，30(8)：1370-1379.

[2]　焦思颖.统一行使所有国土空间用途管制职责:访自然资源部国土空间用途管制司司长江华安[J].国土资源，2019(1)：22-24.

[3]　罗时龙，蔡锋，王厚杰.海岸侵蚀及其管理研究的若干进展[J].地球科学进展，2013，28(11)：1239-1247.

[4]　黄征学，蒋仁开，吴九兴.国土空间用途管制的演进历程、发展趋势与政策创新[J].中国土地科学，2019，33(6)：1-9.

[5]　李娟.中国生态文明制度建设40年的回顾与思考[J].中国高校社会科学，2019(2)：33-42，158.

[6]　杨保军，陈鹏，董珂，等.生态文明背景下的国土空间规划体系构建[J].城市规划学刊，2019(4)：16-23.

[7]　吴吉春，吴永祥，林锦，等.黄渤海沿海地区地下水管理与海水入侵防治研究[J].中国环境管理，2018，10(2)：91-92.

[8]　严金明，王晓莉，夏方舟.重塑自然资源管理新格局:目标定位、价值导向与战略选择[J].中国土地科学，2018，32(4)：1-7.

海洋温差能转化研究综述

张智祥，袁瀚，梅宁＊，倪娜，易素筠

（中国海洋大学工程学院，山东 青岛 266100）

摘要： 海洋温差能是一种重要的海洋可再生能源，具有储量巨大、品位稳定的优点，开发海洋温差能是解决全球能源问题，实现碳达峰和碳中和的一种手段。本文从海洋温差能资源在全球和我国的分布出发，分别针对海洋温差能循环研究和电站两个角度对海洋温差能热力循环研究开展综述，并对两者的发展趋势进行归纳，对海洋温差能技术的进一步发展具有指导作用。

1 引言

海洋温差能是指海洋表层温水与海底温水温差产生的热能，在热带和亚热带地区，当地表层海水温度可常年高于25℃，而在水深为 1 000 m 的深层海水处，温度可常年稳定在5℃[1-2]。基于上述特点使用低沸点工质在表层温海水处沸腾发生蒸汽，并推动透平做功，在深层冷海水处冷凝为液态工质，用工质泵将其输送到与表层海水换热，循环往复，即可实现最基本的海洋温差能向电能的转化[3]。海洋温差能本质是存储在海水不同深度的太阳能资源，具有环境友好、可开发资源总量巨大、品位稳定的优点。

海洋温差发电转换（OTEC，即 Ocean Thermal Energy Conversion）技术，即使用海洋温差能驱动热力循环系统进行能量转化[4]。从全球资源分布来看，南北回归线之间且水深达到 1000 m 的海域具有较大的开发价值，不同地区之间资源除受水深和纬度影响外，还会受季节影响出现明显的周期性变化。目前，海洋温差能资源评估有多种方式[5-10]，而根据夏威夷大学海洋总循环模型估算，全球30%海域具有海洋温差能开发潜力，分布极其广泛[11]，全球的总储量约为 $2.88 \times 10^{13} \sim 3.67 \times 10^{13}$ kW·h[7,12]。

我国幅员辽阔，海域广袤，海域之间海洋温差能资源分布存在较大差异。渤海由于纬度较高，接受太阳辐射相对较小，表层海水温度有限，且海平均水深仅 18 m，最大水深 70 m，表层与深层冷海水之间温差不足，不具备开发温差能的条件。黄海在每

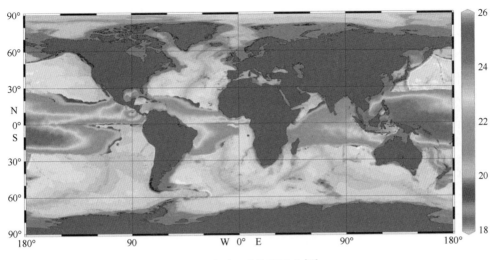

图 1　全球温差资源分布[11]

年 5—10 月有黄海冷水团出现，在水深 30~40 m 水深处具有冬季的 7~9℃冷水，使得表层与深层之间存在 20℃以上温差，存在一定温差能开发条件，该地区虽年工作时间有限，但可大大降低冷水管长度，降低温差能开发成本；据 Wen 和 Wonhao 计算，黄海温差能资源理论储量约为 0.141×10[18] kJ[13]。东海属于陆架区中的相对深水区，东海水深大部分达 200 m，钓鱼岛以东可达 2 000 m，但受限于纬度，主要在 5—10 月份（夏半年）可形成较为可观的表层深层温差能资源；但东海黑潮区表海水温度常年维持在 22~29℃，1 000 m 水深水温在 4℃以下，可维持超 18℃以上的海水温差；根据王传崑和吴文计算，理论温差能储量约为 0.79×10[18] ~ 1.75×10[18] kJ[13]。台湾岛以东海域由于黑潮经过，且纬度相对较低，常见表层与深层海水温差大于 20℃，且台湾岛东海岸较为陡峭，距离海岸线 8 km 处深度可达 1 000 m，这使得台湾岛 OTEC 资源利用难度较低[14]，据中国台湾地区电力公司估算，该地区具有可利用温差能量约为 0.216×10[15] kJ[15]。南海是我国最具有温差能开发条件的地区，该地区纬度低，水深较深（平均水深 1 212 m，最深处 5 559 m），海域广阔（350×10[4] km[2]），表层水温常年维持在 26℃以上，1 000 m 水深处水温维持在 5℃，具备良好的资源禀赋；据王传崑和吴文计算，南海理论温差能储量约为 12.96×10[18] ~ 13.84×10[18] kJ[13]，南海温差能资源储量占我国温差能总量 96%以上，研究发现，三沙市单位面积可用能储量在 300 kW/km[2] 以上，南海渚碧岛发电功率甚至可达 19 MW[16]；根据国家海洋局实施的"我国近海海洋综合调查与评价"专项（908 专项），南海近海表层与深层温差 18℃以上水域的温差能理论可开发装机容量为 3.67×10[8]kW，理论年发电量为 3.22×10[12] kW·h，技术可开发的年发电量达到 $2.25 \times 10^{11} kW \cdot h$，相当于三峡电站年发电量的 2.5 倍[17-18]。

OTEC 技术最早由法国作家 D'Arsonval 在 1881 年提出，1930 年首个 OTEC 开式电站在古巴建成，由于开式循环需要额外的能量维持，受限于科技和工业水平，加之传统能源相对低价，OTEC 技术直到 20 世纪中后期才开始引起人们的重视。当前，基于 Logictic 模型的技术成熟度分析表明，OTEC 技术的发展与石油危机、可再生能源的重视程度相关；2007 年以来，OTEC 的研究处于逐渐增温的状态，处于技术的成长期阶段[19]。

而 OTEC 研究中，最基本的问题是热力循环问题，即如何高效地将海水稳定的温差能转化为电能及其他产出，及其衍生的如何设计 OTEC 电站使得海洋温差能实现转化，本文将从这两方面展开介绍。

2　OTEC 循环研究

OTEC 电站的能量转化关键是热力循环，在 OTEC 循环中，系统从表层温海水取热，向深层海水放热，以实现能量的转化[20]。当前的 OTEC 循环研究主要分为开式循环、闭式循环和混合循环研究。

古巴于 1930 年建立了首个开式 OTEC 电站，该电站采用泵将过滤后的海水输进闪蒸器内，利用表层温海水将闪蒸器内的净水汽化，气态的水蒸气在透平做功，最终于冷凝器冷凝成净水（如图 2a 所示）。该方法具有结构简单，可以产生淡水的优点[21]，缺点是效率较低，由于系统直接与海水接触，因此存在溶解空气和海水腐蚀的问题[22]。

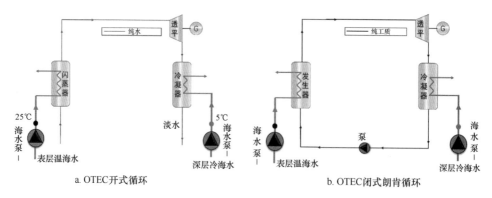

图 2　OTEC 开式与闭式循环原理

OTEC 闭式循环应用广泛，一种重要的闭式循环是朗肯循环（如图 2b 所示），该循环工质主要是各类低沸点有机工质，在发生器内被表层温海水加热后产生气态工质推动透平做功；透平出口发起在冷凝器内冷却成液态工质后经过泵加压输送至发生器内，完成循环。与开式循环相比，其工质与冷热源完全隔开，这使得闭式循环工质选择更多，系统内部更加清洁稳定；且由于无须真空设备维持系统内运行，热效率更高。

此外还有混合循环，即闭式循环与开式循环组合成的循环，此类循环可以克服闭式循环不能产生淡水的缺点[23-24]。

当前的 OTEC 研究主要围绕着闭式循环展开，闭式循环的高效清洁对于 OTEC 来说至关重要。针对闭式循环的研究，可以借鉴工程热物理中低品位热能开发的基本方法，具有良好的发展前景。

针对 OTEC 电站的朗肯循环，Yang 和 Yeh 选择了 R717、R600A 等 5 种工质，针对 OTEC 朗肯循环换热器总传热面积之比与净输出功率优选，认为 R717 表现最佳[25]，Hung 等研究了 R11 等 11 种工质在海洋小温差条件下的热效率[26]，但他们均没有考虑过热度的影响。另一个选择工质的方向是采用混合工质，如采用非共沸工质，郭丛等针对中低温热源选取了 R600A/R601 非共沸工质有机朗肯循环发电系统特性，研究显示当热源温度为 90℃ ~ 130℃ 时，混合工质输出功好于纯工质[27]。而后续的吸收式 OTEC 动力循环实质上是改进工质和改进循环的共同结果。由于大量有机工质存在对环境和人类健康的负面影响，在考虑透平工作条件情况下，选取一种环境友好、经济性优和效率高的工质，是 OTEC 领域极有必要和紧迫的研究方向。

除常规的针对朗肯循环采用回热再热等方式进行优化外，Alexander 针对中低温热源设计了氨水吸收式混合工质的卡琳娜循环（如图 3a 所示），该循环比朗肯循环提升了 10% ~ 20% 的效率[28]。在此基础上，Coto 等通过对透平中间级抽气回热，提出了针对海洋温差能的上原循环（如图 3b 所示），该循环效率可达 4.9%[29]。

袁瀚在卡琳娜循环基础上增加入引射器，对节流器的压力损失加以利用，提出 OTEC 氨水再热引射吸收动力循环（如图 4a 所示）[30-31]，并对该循环进行实验验证[32-33]，该循环理论热效率可达 5.1%。袁瀚在此基础上提出了 OTEC 氨水双级引射吸收动力循环（如图 4b 所示），该循环再次降低了系统对于冷源的需求，极大减小了 OTEC 电站建设成本[34]。

海洋温差能效率低下的根本原因是热源品位低下，而海洋温差能丰富的地区通常具有丰富的太阳能，袁瀚设计了太阳能辅热的双级引射吸收式 OTEC 动力循环，利用太阳能对热源进行补热，该循环热效率可达 8%[35]。Aydin 等提出太阳能补热的朗肯循环，该系统将比原先的朗肯循环效率提升了 60%[36]；Kim 等用核电站冷凝废水替代海洋表层温海水进行朗肯循环，结果该条件下系统热效率可达 6%[37]。

此外由于海洋温差能主要分布在沿海地区，该地区对冷量和淡水具有较高需求，

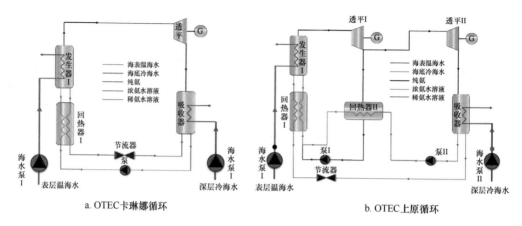

图 3　卡琳娜循环与上原循环原理

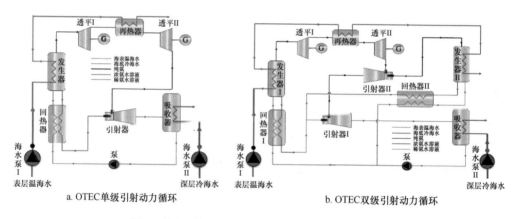

图 4　单级引射动力循环与双级引射动力循环原理

尤其是海洋渔业和食品保鲜领域。袁瀚设计了基于低品位能的冷-淡联产吸收式循环并进行试验研究，该系统利用-18℃冷源对海水进行冷冻结晶[38]，该循环能将淡水成本降低26%[39]。黄贤坤基于前述太阳能辅热的OTEC双级引射吸收式动力循环，设计了太阳能辅热的OTEC吸收式双级引射动力—制冷复合循环，该循环综合效率可达7.82%[40]。

除能量外，OTEC还可以有其他有益产出，Greg测算了利用海洋温差能产出电力固定CO_2的成本，此举将改善海洋酸度和气候变暖[41]。Fatih设计了一种基于OTEC的制氢系统，该系统效率可高达39%[42]。Hasan和Dincer设计了一种三联产系统[43]。Clark研究表明中国南沙群岛适合建立OTEC电站，并适合对冷凝器出口深层海水进行渔业和海洋化妆品的开发[44]。Zhou等研究一种具备淡化制冷和发电功能的太阳能辅热 OTEC 循环，研究表明综合输出后系统的效率得到明显的改善[45]。

随着全球极端高温天气日渐频繁，OTEC 资源丰富的热带地区对制冷需求较大，且海洋地区也严重缺乏淡水，如能实现 OTEC 制冷—电力联产，可继而利用盐水在 −18℃ 结晶析出的特点进行海水淡化[46]；且 −18℃ 下能极大抑制微生物活动，提高渔业产品保存时间[47]。

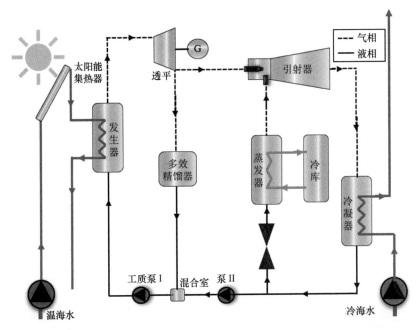

图 5 太阳能海洋能制冷−淡化−发电 OTEC 循环

从 OTEC 热力循环技术发展的需求来看，对动力循环的研究有助于提升对于小温差动力转化的通用技术能力，有助于提高对热力循环极限的认知，当前主要提升动力循环效率的方法是使用吸收式循环，进一步采用引射器降低系统内部的损失。此外，受限于海水温差的品位较低，动力输出后再进行制冷和淡化其效率过低，若能结合热带海岛地区的需求特征，实现多种能源的联供输出将极大地提高能源的利用率。最后，与制氢制冰蓄冷等方式结合实现能量的时空调用也将有利于丰富 OTEC 的应用场景。

3 OTEC 电站建设

截至 2016 年全世界 OTEC 电站主要为实验性质，部分主要功能已从发电转化为海水淡化，图 6 是世界主要 OTEC 电站分布情况，可以看出，虽然最适合开发温差能的位置主要是在海水温度较高的太平洋中部和大西洋中部，但是由于该地区陆地较少，加之科技水平较高的国家和地区距离此处较远，大多数试验电站位置均未位于温差能资源最丰富的地区。

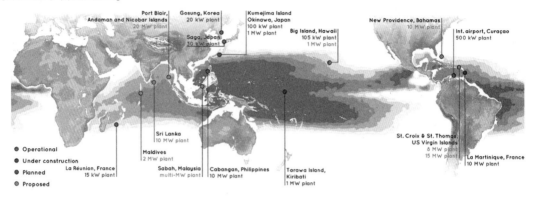

图 6　世界主要 OTEC 电站分布（2016 年）[3]

OTEC 系统根据电站安装方式可分为两种类型，陆基平台和浮动平台[1]，图 7 分别展示了路基和浮式平台 OTEC 电站的基本结构，下面对两种平台分别进行介绍。

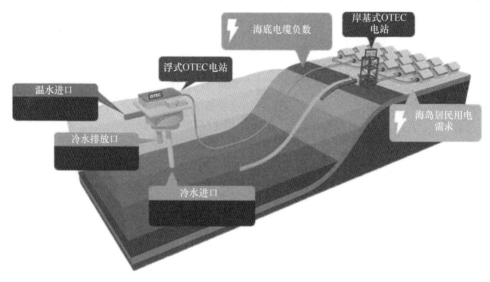

图 7　陆基平台和浮式平台 OTEC 系统示意图[48]

陆基装置（图 8）通常位于海床陡峭的热带沿海地区。由于这些装置是在岸上建造的，气候对电站的影响不如海上浮式电站，这有助于降低维护成本[49]。在我国台湾岛，中央山脉西侧具有较高的地址强度和垂直深度，同时，该海域常年维持较大的温差，资源优势巨大，具有良好的路基开发前景[14]。

图 8　夏威夷 1 MW 岸基式 OTEC 电站

目前，国际上最具影响力的路基平台 OTEC 设备由美国夏威夷大学和美国夏威夷自然能源实验室建造，位于夏威夷大岛中，于 2010 年建成，该电站具有两个冷水管道，分别进入 620 m 和 914 m 水深处，设计功率 1 MW。

虽然陆上工厂的建设容易实施，但在运营过程中仍然存在一些挑战。地震或火山喷发会导致滑坡和混浊流，这可能会损坏铺设在海床上的冷海水管道。

浮式平台 OTEC 电站（图 9）通常远离海岸，漂浮在水面上。通过前期选址获得足够的温差，但是由于热带地区通常伴随着恶劣的天气，因此设计浮式电站需要考虑到浮式平台的抗风浪和稳定运行的能力。当前最新的 OTEC 浮式电站于 2019 年在韩国建成，该电站由一艘 1995 年的韩国船只改造，具有 30 000 t 承重能力，该设备目前可实现 0.5 MW 的发电能力，仍具有较大的改进空间[50]。

但是由于热带地区经常发生恶劣天气（台风和海啸），因此在设计浮式 OTEC 电站时应考虑在巨大风浪中稳定运行的能力。

除此以外，OTEC 的工作场景位于海上或者海边，工作介质通常处于液相和气相的转变中，所以 OTEC 电站还面临腐蚀问题以及生物附着问题等。

Morse 等人研究了饱和状态海水对 OTEC 换热器的腐蚀，该研究预测了海水换热中碳酸钙的增长情况，认为阴极金属的增长最为严重[51]。Sasscer 确定了 pH 值、溶解氧和温度对铝合金缝隙腐蚀、点蚀的开始和发展的影响，得出结论是 pH 值和温度对铝合金的腐蚀速率有影响[52]。

图 9　韩国 1 MW 浮式 OTEC 电站

Sasscer 等对能源与环境研究中心 OTEC 蒸发器管进行了 404 天的生物污染试验，测定了耐污染性、ATP、表面总碳氮含量和湿膜厚度[53]。后来的 Kapranos 和 Priestner 比较了由不同材料制成的 OTEC 换热器，并分析了每种材料的性能。Cooper 等还总结了设计、建设和运营过程中面临的挑战，这表明了商业化 OTEC 应用的风险[54]。海洋热能虽然是绿色能源，但也破坏了 OTEC 工厂周围的环境。Lamadrid-Rose 和 Boehlert 发现由 OTEC 设备带到水面的冷水可能会对幼鱼产生重大影响[55]。Hauer 分析了 OTEC 建设带来的环境影响，认为 OTEC 电站出口的温水将对出口附近的浮游生物和鱼卵造成一定的负面影响，建议在商业电站建设前对当地的生态环境进行评估[56]。Gales 评估了 OTEC 设备引起的噪声，认为北极露脊鲸会因为噪声而产生活动轨迹的偏移[57]。于灏等从物理影响、生物栖息地、生物种类、鱼类和哺乳动物等角度构建了海洋能开发评估模型[58]。

世界主要的大型 OTEC 电站项目及建设时间如图 10 所示，在 OTWC 电站建造中，目前马丁公司是唯一的具有丰富施工经验的跨国公司，该公司参与的 OTEC 电站建设项目见表 1。

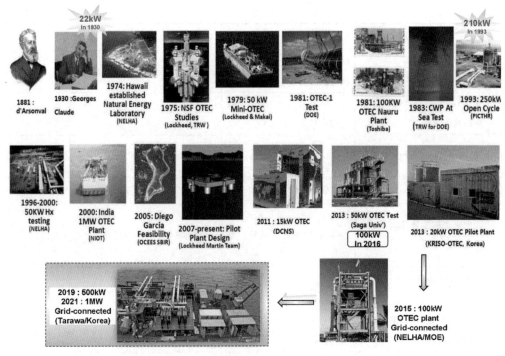

图 10　世界主要 OTEC 电站项目[50]

表 1　马丁公司参与的 OTEC 电站建设项目[48]

	OTEC 项目	马丁公司研究内容	时间/年	资金来源
1	OTEC 热交换器的腐蚀和性能测试	设计和建造 OTEC 换热器实验设备	2009	夏威夷自然能源研究所和海军研究办公室、海军设施工程司令部和夏威夷技术发展公司
2	OTEC 100 千瓦示范电站	安装 OTEC 涡轮机，开发系统控制，OTEC 成本预测	2013	夏威夷自然能源研究所和海军研究办公室
3	试验工厂设计	OTEC 原理设计，冷水管道，部件测试	2009	NAVFAC/L℃kheed Martin 公司
4	OTEC 水力和生物羽流模型	首要任务，低温烟羽数值模型	2009	海洋科学卓越研究中心和能源部
5	OTEC 雾化设备开发	应用于 100MW OTEC 工厂的雾气提升动力学的计算机模型	2009	能源部（美国）
6	岸基 OTEC 电缆	确定电力电缆的安装和部署要求	2009	能源部（美国）

续表

	OTEC 项目	马丁公司研究内容	时间/年	资金来源
7	100MW 电厂设计	OTEC 模块设计，冷水管处理，整体配置	2009	L℃kheed Martin
8	关岛 OTEC 的可行性；商业化的路线图	评估陆上和海上 OTEC，制定成本和商业化计划	2009	海军研究办公室（美国）
9	10MW 试验工厂设计	CWP、平台、HX、热循环设计	2008	L℃kheed Martin 公司
10	OTEC 可行性评估	冷水管道评估	2007	海军研究办公室（美国）
11	面向未来的制氢浮式 OTEC 平台评估项目	热力学模型，工厂船运动，CWP 结构和成本估算，系统集成	2005	海军研究办公室（美国）
12	7MW 迪戈加西亚工厂设计项目	设计管道、系泊、岸边连接	2006	℃EES Inti.
13	深海水域应用设施（DOWAF）	陆地 OTEC 和海水淡化厂的可行性研究	2004	Marc M Siah & Ass℃iates
14	综合海洋热能转换（OTEC）工厂的系统优化	编写软件，在技术上和经济上结合不同的深海水域应用	2003	海军研究办公室（美国）
15	1MW 浮动式 OTEC 工厂（印度）	冷水管道和系泊的概念设计	1999	国家海洋技术研究所（美国）
16	50kW OTEC 封闭式循环换热器测试设施	设计、施工管理、运行测试和分析	1995	国防高级项目局/海洋科学卓越研究中心/Algoods
17	冷水管（12718, 740755"）	规划、调查、设计和施工管理	1980—2000	夏威夷自然能源实验室管理局
18	8 英尺直径的管道测试	设计、施工管理和数据分析	1986	能源部/夏威夷疏浚和建设公司
19	船用挂式 8′直径冷水管	锚泊、部署、万向节和平台的设计	1983	能源部/夏威夷疏浚和建筑公司
20	OTEC-1 浮动热交换器测试设施	环境监测	1981	能源部（美国）
21	小型 OTEC 50kW 浮动装置	冷水管、停泊点和平台的设计和施工管理	1978-1979	夏威夷州 L℃kheed 导弹和空间公司/阿法拉瓦尔热力迪林汉姆公司

OTEC 技术的应用离不开大量的实验和示范应用，当前的 OTEC 电站主要还是依赖于有机朗肯循环，与 OTEC 循环的研究有一定的脱节，下一步应针对吸收 OTEC 循

环进行电站建设，热力循环效率提升到可观的水平。而 OTEC 电站建设亟须解决冷水管和工质透平问题等工程问题以及对海洋环境和渔业的影响问题，这些都有待进一步深化研究。

此外，由于 OTEC 电站建设所需成本巨大，目前仅少数国家和科研机构有能力进行建设，中国尚无兆瓦级海洋温差能电站建设经验，对进一步开展研究不利；建议发挥中国特色和优势，通过多家单位合作建设，实现大型科研设备的共享。

4　总结

OTEC 是一种重要的海洋可再生能源，具有储量巨大、品位稳定的优点，开发海洋温差能是解决全球能源问题，实现碳达峰和碳中和的一种手段。当前 OTEC 技术处于蓬勃的发展期，本文从 OTEC 电站和动力循环两方面对 OTEC 研究开展介绍，认为当前 OTEC 电站应主动吸取动力循环研究成果，建设效率更高的吸收式 OTEC 电站；OTEC 循环研究应沿着引射和多联供的方法继续发展，推动 OTEC 技术走向成熟。

参考文献

[1]　H A W,Ch W. Renewable Energy From the Ocean：A Guide to OTEC. 1994.

[2]　Committee M A H E,Systems B O E A,Sciences D O E A,et al. An Evaluation of the U. S. Department of Energy's Marine and Hydrokinetic Resource Assessments. 2013.

[3]　Hashemi,Neill M R,P S. Fundamentals of Ocean Renewable Energy Generating Electricity From the Sea. 2018.

[4]　Vega L A. Ocean Thermal Energy Conversion Primer. Marine Technology Society Journal, 2002, 36(4)：25-35.

[5]　王传崑,施伟勇. 中国海洋能资源的储量及其评价//中国可再生能源学会海洋能专业委员会成立大会暨第一届学术讨论会. 2008:中国浙江杭州.

[6]　Jia Y,Nihous G,Rajagopalan K. An Evaluation of the Large-Scale Implementation of Ocean Thermal Energy Conversion (OTEC) Using an Ocean General Circulation Model with Low-Complexity Atmospheric Feedback Effects. Journal of Marine Science and Engineering, 2018, 6 (1)：12.

[7]　Rajagopalan K,Nihous G C. Estimates of Global Ocean Thermal Energy Conversion (OTEC) Resources Using an Ocean General Circulation Model. Renewable Energy, 2013, 50：532-540.

[8]　Rajagopalan K,Nihous G C. An Assessment of Global Ocean Thermal Energy Conversion Resources Under Broad Geographical Constraints. Journal of Renewable and Sustainable Energy, 2013, 5(6)：63124.

[9] Jia Y,Nihous G C,Richards K J. Effects of Ocean Thermal Energy Conversion Systems On Near and Far Field Seawater Properties—a Case Study for Hawaii. Journal of Renewable and Sustainable Energy, 2012, 4(6): 63104.

[10] Nihous G C. An Estimate of Atlantic Ocean Thermal Energy Conversion (OTEC) Resources. Ocean Engineering, 2007, 34(17-18): 2210-2221.

[11] Rajagopalan K,Nihous G C. Estimates of Global Ocean Thermal Energy Conversion (OTEC) Resources Using an Ocean General Circulation Model. Renewable Energy, 2013, 50: 532-540.

[12] Rajagopalan K,Nihous G C. An Assessment of Global Ocean Thermal Energy Conversion Resources with a High-Resolution Ocean General Circulation Model. Journal of Energy Resources Technology, 2013, 135(4): 041202.

[13] Wen W,Wenhao J. An Estimation of China's Ocean Thermal Energy Resources and Development of Reserves, 1988.

[14] Liu C C K. Ocean Thermal Energy Conversion and Open Ocean Mariculture: The Prospect of Mainland-Taiwan Collaborative Research and Development. Sustainable Environment Research, 2018, 28(6): 267-273.

[15] 施伟勇,王传崑,沈家法. 中国的海洋能资源及其开发前景展望. 太阳能学报, 2011, 32 (6): 913-923.

[16] 白杨,张松,汪小勇,等. 三沙市温差能电站潜在站址选划分析. 海洋通报, 2018, 37 (02): 230-234.

[17] 吴亚楠,吴国伟,武贺,等. 海岛海洋能应用需求和发展建议探讨. 海洋开发与管理, 2017, 34(09): 39-44.

[18] 张继生,唐子豪,钱方舒. 海洋温差能发展现状与关键科技问题研究综述. 河海大学学报 (自然科学版), 2019, 47(01): 55-64.

[19] 兰志刚,于汀,焦婷,等. 基于专利信息的海洋温差能发电技术成熟度预测及关键技术领域分析. 中国海上油气, 2020, 32(06): 185-190.

[20] Rajagopalan K,Nihous G C. An Assessment of Global Ocean Thermal Energy Conversion Resources with a High-Resolution Ocean General Circulation Model. Journal of Energy Resources Technology, 2013, 135(4): 041202.

[21] Jin Z,Ye H,Wang H,et al. Thermodynamic Analysis of Siphon Flash Evaporation Desalination System Using Ocean Thermal Energy. Energy Conversion and Management, 2017, 136: 66-77.

[22] Zhang W,Li Y,Wu X,et al. Review of the Applied Mechanical Problems in Ocean Thermal Energy Conversion. Renewable and Sustainable Energy Reviews, 2018, 93: 231-244.

[23] Deng R,Xie L,Lin H,et al. Integration of Thermal Energy and Seawater Desalination. Energy, 2010, 35(11): 4368-4374.

［24］ Vega L A,Michaelis D. First Generation 50 MW OTEC Plantship for the Production of Electricity and Desalinated Water. 2010.

［25］ Yang M,Yeh R. Analysis of Optimization in an OTEC Plant Using Organic Rankine Cycle. Renewable Energy, 2014, 68：25-34.

［26］ Hung T C,Wang S K,Kuo C H,et al. A Study of Organic Working Fluids On System Efficiency of an ORC Using Low-Grade Energy Sources. Energy, 2010, 35(3)：1403-1411.

［27］ 郭丛,杜小泽,杨立军,等. 地热源非共沸工质有机朗肯循环发电性能分析. 中国电机工程学报, 2014(32)：5701-5708.

［28］ Combined K A I. Cycle and Waste Heat Recovery Power Systems Based On a Novel Thermodynamic Energy Cycle Utilizing Low-Temperature Heat for Power Generation. 1983.

［29］ Goto S,Motoshima Y,Sugi T,et al. Construction of Simulation Model for OTEC Plant Using Uehara Cycle. Electrical Engineering in Japan, 2011, 176(2)：1-13.

［30］ Yuan H,Mei N,Yang S, et al. Theoretical Investigation of a Power Cycle Using Ammonia-Water as Working Fluid. Advanced Materials Research, 2014, 875-877：1837-1841.

［31］ 袁瀚. 海水温差驱动的氨水再热—引射吸收动力循环理论与试验研究. 青岛：中国海洋大学, 2012.

［32］ Yuan H,Mei N,Hu S,et al. Experimental Investigation On an Ammonia-Water Based Ocean Thermal Energy Conversion System. Applied Thermal Engineering, 2013, 61(2)：327-333.

［33］ Yuan H,Mei N,Li Y 等. Theoretical and Experimental Investigation On a Liquid-Gas Ejector Power Cycle Using Ammonia-Water. Science China Technological Sciences, 2013, 56(9)：2289-2298.

［34］ 袁瀚. 海洋温差和深海电热驱动的热力循环系统理论研究. 青岛：中国海洋大学, 2015.

［35］ Yuan H,Zhou P,Mei N. Performance Analysis of a Solar-Assisted OTEC Cycle for Power Generation and Fishery Cold Storage Refrigeration. Applied Thermal Engineering, 2015, 90：809-819.

［36］ Aydin H,Lee H,Kim H,et al. Off-Design Performance Analysis of a Closed-Cycle Ocean Thermal Energy Conversion System with Solar Thermal Preheating and Superheating. Renewable Energy, 2014, 72：154-163.

［37］ Kim N J,Ng K C,Chun W. Using the Condenser Effluent From a Nuclear Power Plant for Ocean Thermal Energy Conversion (OTEC). International Communications in Heat and Mass Transfer, 2009, 36(10)：1008-1013.

［38］ 李栋梁,龙臻,梁德青. 水合冷冻法海水淡化研究. 水处理技术, 2010, 36(06)：65-68.

［39］ Yuan H,Zhou P,Mei N. Performance Analysis of a Solar-Assisted OTEC Cycle for Power Generation and Fishery Cold Storage Refrigeration. Applied Thermal Engineering, 2015, 90：

809-819.

[40] 黄贤坤,袁瀚,梅宁. 太阳能海洋热能驱动的冷电联供循环热力分析. 太阳能学报, 2019, 40(04): 906-913.

[41] Rau G H, Baird J R. Negative-CO_2-emissions Ocean Thermal Energy Conversion. Renewable and Sustainable Energy Reviews, 2018, 95: 265-272.

[42] Yilmaz F, Ozturk M, Selbas R. Thermodynamic Performance Assessment of Ocean Thermal Energy Conversion Based Hydrogen Production and Liquefaction Process. International Journal of Hydrogen Energy, 2018, 43(23): 10626-10636.

[43] Hasan A, Dincer I. A New Integrated Ocean Thermal Energy Conversion-Based Trigeneration System for Sustainable Communities. Journal of Energy Resources Technology, 2020, 142(6).

[44] Liu C C K. Ocean Thermal Energy Conversion and Open Ocean Mariculture: The Prospect of Mainland-Taiwan Collaborative Research and Development. Sustainable Environment Research, 2018, 28(6): 267-273.

[45] Zhou S, Liu X, Bian Y, et al. Energy, Exergy and Exergoeconomic Analysis of a Combined Cooling, Desalination and Power System. Energy Conversion and Management, 2020, 218: 113006.

[46] Xie C, Zhang L, Liu Y, et al. A Direct Contact Type Ice Generator for Seawater Freezing Desalination Using LNG Cold Energy. Desalination, 2018, 435: 293-300.

[47] 刘燕,张曼纳,卢娜霖等. 不同贮藏条件下熟制裸斑鱼品质变化分析. 食品与发酵工业, 2020: 1-17.

[48] Makai Ocean Engineering I. Ocean Thermal Energy Conversion - Makai Ocean Engineering. 2021.

[49] Yuan H. Theoretical Investigation of OTEC Based Thermodynamic Cycles and Subsea Power System: [博士]. Qingdao: Ocean University of China, 2015.

[50] Kim H, Lee H, Seo J, et al. Result and Lesson From Field Test of 1MW OTEC Plant. 2019.

[51] Morse J W, de Kanel J, Craig H L. A Literature Review of the Saturation State of Seawater with Respect to Calcium Carbonate and its Possible Significance for Scale Formation On OTEC Heat Exchangers. Ocean Engineering, 1979, 6(3): 297-315.

[52] Sasscer D, Tosteson T, Morgan T. OTEC Biofouling, Corrosion, and Materials Study from a Moored Platform at Punta Tuna, Puerto Rico. Ocean science and engineering, 1981.

[53] Sasscer D S, Ortabasi U. Ocean thermal energy conversion (OTEC) tugboats for iceberg towing in tropical waters[J]. Desalination, 1979, 28(3): 225-232.

[54] 雷飞. 地源热泵空调系统运行建模研究及能效分析. 武汉: 华中科技大学, 2011.

[55] Lamadrid-Rose Y, Boehlert G W. Effects of Cold Shock On Egg, Larval, and Juvenile Stages of Tropical Fishes: Potential Impacts of Ocean Thermal Energy Conversion. Marine Environmental Research, 1988, 25(3): 175-193.

134

［56］　Hauer W B O. Warm Water Entrainment Impacts and Environmental Life Cycle Assessment of a Proposed Ocean Thermal Energy Conversion Pilot Plant Offshore Oahu, Hawaii. 1［D］. New Hampshire：University of New Hampshire, 2017.

［57］　Gales R S,Moore S E,Friedl W A,et al. Effects of Noise of a Proposed Ocean Thermal Energy Conversion Plant On Marine Animals—a Preliminary Estimate. The Journal of the Acoustical Society of America, 1987, 82(S1)：S98-S98.

［58］　于灏,徐焕志,张震,等. 海洋能开发利用的环境影响研究进展. 海洋开发与管理, 2014 (4)：69-74.

作者简介：

张智祥，中国海洋大学博士研究生，主要研究方向海洋温差能开发。

袁瀚，中国海洋大学副教授，主要研究方向海洋温差能开发，海水冷冻结晶及淡化。

梅宁，中国海洋大学教授，博士生导师，主要研究方向低品位热能开发，复杂热力系统建模及控制，邮箱 Nmei@ ouc. edu. cn，通信地址山东省青岛市崂山区松岭路238 号中国海洋大学工程学院。

倪娜，中国海洋大学硕士研究生，主要研究方向脱硫废水高效处理技术。

易素筠，中国海洋大学硕士研究生，主要研究方向海洋温差能引射吸收循环开发。

第二编　守护海洋，绿色发展

美丽海洋建设——近海与海岸带生态调控与环境治理的思路与进展[①]

宋金明[1,2,3,4]，温丽联[1]，王天艺[1]

（1. 中国科学院海洋生态与环境科学重点实验室 中国科学院海洋研究所，山东 青岛 266071；2. 青岛海洋科学与技术试点国家实验室海洋生态与环境科学功能实验室，山东 青岛 266237；3. 中国科学院大学，北京 100049；4. 中国科学院海洋大科学研究中心，山东 青岛 266071）

摘要： 美丽海洋建设是美丽中国建设的重要组成部分，美丽海洋建设的实质是在最大限度地利用海洋的基础上最大限度地保持海洋的自然属性，实现人海的和谐发展，使海洋与社会得到永续发展。要实现这一目的，首要的任务是要减少陆源污染物的入海，降低来自陆源的污染水平，其次在海岸带区域实施进一步的污染降低/减缓措施，发挥海岸带的生态功能，最后要尽量避免海洋本身的污染，实施海洋生态的调控，实现海洋自身的可持续发展。本文在系统分析近海与海岸带生态环境调控治理思路基础上，汇总了近几年来美丽中国先导专项项目"近海与海岸带生态环境调控治理研发"的最新进展，在关键核心技术和系统解决方案方面已初步形成从近岸陆地到近海一体化的环境优化可复制实施的综合技术体系，即"流域种植优化-土壤改良-功能生物调控综合工程之陆地污染物减排、湿地水文连通网络构建-水位控制、多生境恢复、海岸带生态优化、污染物排放减缓和简易生物礁构建-种苗创制-营养盐调控、降低近海污染物水平、生物资源提质增效"，该技术体系已成功实施陆源（11 000亩）+海岸带（8 800亩）+近海（230亩）的综合技术示范区建设。

关键词： 生态调控；环境治理；美丽海洋

本文观点： 要实现近海和海岸带的可持续利用和发展，近海与海岸带生态环境调控治理需要陆海一体化的系统工程，首先在思想上要牢固树立人海和谐

---

①　该文获中国科学院战略性先导科技专项（XDA23050501）与烟台市双百人才项目（2019）资助。

的发展理念，构筑人与海洋命运共同体，通过系列修复技术和过程，逐渐恢复近海和海岸带的资源环境。

2012年11月，党的十八大提出"将生态文明建设放在突出地位，融入到经济建设、政治建设、文化建设、社会建设各方面和全过程中，努力建设美丽中国，实现中华民族永续发展"，这是美丽中国概念的首次提出，美丽中国是生态文明建设的奋斗目标。建设美丽中国，就是要实现物质文明与精神文明协同高度发展，社会与自然的和谐统一，生态环境健康可持续的发展。

海洋是资源的宝库，是高质量发展的战略要地。海洋保有地球上90%的水资源，每年可为人类提供30亿吨水产品，提供的蛋白质占人类食用蛋白质的22%，蕴藏的海洋石油和天然气的可采储量分别占地球拥有总量的45%和50%左右。海洋是地球上三大生态系统之一，据估算，每平方千米海洋为人类提供的生态服务价值每年6万美元。健康的海洋是人类社会可持续发展的基础。近年来，海洋灾害加剧、生产能力下降、生境破碎、生物资源和生物多样性衰退等，给人类可持续发展带来严重威胁，加强海洋生态保护修复迫在眉睫。

我国既是一个陆地大国也是一个海洋大国，主张管辖海洋面积300万平方千米，仅大陆海岸线长就达1.84万千米，陆地与海洋密不可分，海岸带区域在我国社会经济发展中占据极为重要的地位，是我国经济最发达、对外开放程度最高、人口最密集的区域，是实施海洋强国战略的主要区域，也是保护沿海地区生态安全的重要屏障，同时中国近海也是我国港航交通运输、油气开发、食品资源获取和旅游等产业的源地和基础，因此，美丽海洋建设是美丽中国建设极为重要的组成部分。

如果以地缘政治的视角来分析中国的陆海结构就会发现，我国具备形成陆权强国的辽阔疆域，也具备成为海洋强国的天然优势。从历史上看，世界上的陆海复合型国家如果只偏重一隅，即使能取得一定的成就也终究会被超越。陆地与海洋绝不是两个截然不同的舞台，它们二者是相互联系、相互影响、相互制约的。中国的全面发展特别是高质量发展离不开陆海两域的共同发展。因此，全面而深刻地处理陆地与海洋间彼此对立又相互统一的复杂关系，坚持陆海统筹，落实海洋强国的发展战略，平衡好、协调好、建设好21世纪新型的陆海关系，是维护我国国家权益与国际地位、实现中华民族伟大复兴的必由之路。

一、近海与海岸带的生态调控与环境治理的思路

美丽海洋建设的实质是在最大限度地利用海洋的基础上最大限度地保持海洋的自

然属性，实现人海的和谐发展，使海洋与社会得到永续发展。要实现这一目的，首要的任务是要减少陆源污染物的入海，降低来自陆源的污染水平，其次在海岸带区域实施进一步的污染降低/减缓措施，发挥海岸带的生态功能，最后要尽量避免海洋本身的污染，实施海洋生态的调控，实现海洋自身的可持续发展。

1. 基于陆海一体化思路，减少和降低陆源污染物入海

毋庸讳言，近海的污染主要来源于陆源排放，要实现海洋的可持续发展，必须卡住陆源污染物入海这一关键源头，从根本上减少和降低来自陆地的污染物量和污染水平，所以，陆海统筹、陆海一体化的指导思想和实施策略是美丽海洋建设的根本。海洋的问题大多源于陆地，海洋的问题也影响着陆地。因此，应加强入海河流、排污口的综合整治，从源头上控制入海污染物的排放，改善海洋水质；加强港口、养殖、海上作业平台的污染防控，防止海洋开发利用造成的污染；调整海岸线及其两侧的开发利用布局，防止陆海相互影响；打通和建设生态廊道，使陆海生物有序迁移；提高海洋资源开发利用水平，引领带动"向海经济"的高质量发展。

进入21世纪以来，海洋的重要性与日俱增，党的十九大报告中更是明确提出要坚持陆海统筹，加快建设海洋强国。可以说，陆海统筹对海洋强国的建设起到了战略引领作用。近年来经济的快速发展、频繁的人类活动已经给生态环境带来了前所未有的巨大挑战。坚持以陆海统筹为指导思想，坚持发展高效、环保的海洋产业，就要统筹好沿海地区与内陆地区的发展关系，合理配置好产业布局与资源要素，全面改善和提升海洋生态环境。

陆海统筹战略既要重视经济要素发展，更要重视生态环境的保护。陆海统筹战略就是以陆海兼顾的大环境为立足点，在完善陆域国土开发的基础上，以全面提升海洋在国家整体发展中的关键地位为前提，并以资源开发、技术创新、产业布局、经济效益为着力点，充分释放陆地与海洋的发展潜能，搭建陆海协调的可持续发展格局。

高质量发展对陆海一体化提出了更高的要求。陆海统筹战略是一种重要的、务实的、前沿的发展理念，它的提出不仅受到国际海洋开发大趋势的影响，更是由中国进入高质量发展阶段所驱动。改革开放以来，中国的经济一直呈现出高速增长的态势，但应十分重视经济增长背后的深层次问题，中国经济面对着某些发达国家的围堵、经历着国际金融市场的动荡；面对劳动力供给的结构性矛盾、资源环境压力加剧、技术水平及产品附加值较低等现实问题，我国原有的经济增长模式受到制约与挑战，其效能呈下行趋势。因而，利用海洋通道的重要作用，加快经济转型就成为重要且迫切的任务。在这样的大背景下，陆海统筹战略便随之产生。经济的转型与升级，不论是从需求维度、供给维度、研发维度或其他维度上来说，都需要以陆地与海洋为基本载体，

其中海洋更是 21 世纪经济发展的全新增长点，构建高质量的陆域经济与外向型的海洋经济成为促进经济转型的有力抓手。可以说，陆海统筹战略为经济结构的调整、增长动力的创新、发展方式的转变提供了战略支撑，是对经济转型升级的深入实践与积极探索。

对海洋生态环境伤害最大的是由陆地向海洋排放的陆源污染物，陆源污染具有影响范围广、损害面积大、事后清理难等显著特征，对近海海域的水文环境造成了极大的破坏。现阶段，我国沿海地区的陆源污染态势已经十分严峻，大量排放的陆源污染物已经超过了海洋的自净能力。沿海地区不仅是人类活动最为密集的区域，更是经济活动、工业活动密集的区域。陆源污染物不仅导致了近海海域水质下降、赤潮频发等生态灾害，更带来了航道萎缩、港口淤积等现实问题。由此造成以下问题，第一，海洋生物多样性锐减，近岸海域生态环境恶化。不断增长的船舶数量与吨位、日渐成熟的海洋捕捞技术、持续扩张的养殖规模，不仅使野生珍稀海洋物种的栖息地大为减少，造成了海洋生物多样性减少，更导致了海洋生态系统的失衡。此外，由于盲目开发和大量的陆源污染物排海，造成了近岸海域生态系统受损，服务功能明显退化。第二，海洋生态灾害频发。由于海洋生态环境被大规模破坏，不仅造成了近海海洋生态系统的亚健康状态，更造成了自然岸线被侵蚀、被渠化，保有率大大下降的现象。赤潮、风暴潮、绿潮等海洋自然灾害频繁发生。从 2010—2020 年，我国赤潮年平均暴发 51 次，其中 2012 年暴发 73 次，是 2010 年以来最多的一年。虽然从 2016—2020 年赤潮发生次数略有下降，但海岸带及近海海域环境质量恶化趋势明显。海洋自然灾害的频繁发生不仅使海洋经济蒙受了巨额损失，更令海洋生态环境愈发脆弱。第三，海洋资源过度开发。由于长期"灭绝式"的捕捞，导致近海渔业生态系统急速退化，个别鱼类已经形不成鱼汛，部分水域甚至陷入了无鱼可捕的境地，海洋水产资源总量明显下降。

沿海地区快速的经济增长带动了工矿业、运输业、养殖业等现代化产业蓬勃发展，提高了城市化水平。但粗放的发展模式给陆海生态环境带来了极为严重的破坏，不断发展的重工业及不断膨胀的城市，也给海洋开发增加了一定的风险。沿海地区广泛分布着大型的火电厂、化工厂、核电站、炼油厂，而且更大规模的石油气管线与化工基地也在相继建设，沿海地区的重工业已经呈现出集中化、规模化的趋势。这就给近海地区增加了核污染、热污染、油污染等潜在的环境风险。海洋环境潜在风险一旦爆发就会呈现出破坏性强、发生频率高、防控难度大等特征。与过去相比，海洋环境风险不仅在类型上明显增多，在影响范围与影响程度上也呈现出了明显的上升趋势。海洋环境风险已经限制了我国陆海两域的可持续发展，严重阻碍了人与自然的和谐关系。

陆域污染物的产生多种多样。非点源污染源，也称面源污染，包括城市径流污染、农田径流污染、矿山径流污染、畜禽养殖污染、农村生活污染、土壤侵蚀等。非点源是在降雨冲刷地表作用下，将污染物带入水体形成的污染源。农业活动是非点源污染的最主要原因，城市地表径流次之。早期水污染主要是大城市的生活污水排放造成的，产业革命后，工业废弃物成为水污染的主要来源。随着农业的发展，化肥和农药的施用量逐年增加，在许多水域，农业非点源污染已经超过点源，成为导致环境污染的主要原因之一。研究表明，美国的非点源污染占污染总量的 2/3，其中农业非点源污染的贡献率占总非点源污染的 78%，美国的经验表明随着污水处理、清洁生产技术进步，点源污染可以逐步实现控制，相比较而言，非点源污染更难于调控管理，成为环境污染管理的主要问题。陆域社会经济活动产生的污染源强，通过河流和排污口入海，造成海域环境污染。

陆源污染产生量的数据获取方法也不相同。工业点源的污染可以通过行业产值与行业产值产污系数来估算污染负荷，产值、污水产生量、用水量是影响工业污染的主要社会经济指标。城镇生活点污染源的污染负荷主要采用人均排污系数法和污水排放系数法，城镇人口数、生活用水量是影响城镇生活点污染源的主要社会经济指标。城镇径流非点源污染负荷主要采用用地排污系数法，城镇用地面积是影响城镇径流非点源污染的主要社会经济指标。农田径流非点源污染负荷与城镇径流类似，主要采用用地排污系数法估算。农村生活非点源污染负荷主要采用人均排污系数法。畜禽养殖非点源污染负荷主要采用畜禽养殖规模系数法、畜禽排泄系数法。

仅就污水排放一项，我国每年废水排放量达 620 亿吨，且相当部分没有经过处理，导致近海海域及河流，如渤海、黄海及海河、黄河、长江、珠江等污染严重，水质下降，水生生物受到损害。如渤海每年接纳数十亿吨污水，渤海鱼类由原来的 116 种（1982 年 100 种）减少到不足 2004 年的 60 种，盛极一时的渤海中国对虾和小黄鱼鱼汛已不复存在，产量分别由历史最高年份的 4 万吨和 1.9 万吨下降到目前的 1 000 吨和几十吨。此外，石油的危害也很大，从开发到使用的过程中可能由于平台坍塌或油轮泄漏、搁浅、碰撞、遭遇风暴等原因进入海洋，并在海水表面形成油膜，减弱太阳光辐射透水的能力，影响海洋浮游植物的光合作用。石油污染物还会干扰海洋生物的摄食、繁殖、生长，使生物分布发生变化，改变群落和种类组成；大规模的石油污染事件会引起大面积海域严重缺氧，使生物面临死亡的威胁。

海洋对污染物的净化能力是有限的，超过海水的自净能力会对海洋环境造成污染，使水体变色、发臭，水生生物难以生存，甚至威胁到人类健康。因此，必须对海洋的净化能力有正确的认识，以便对区域污染物的排放总量进行控制，必须健全法制法规，加大执法力度，共同保护我们的海岸带湿地。适时建立排污交易市场，引导企业保护环境的积极性，使企业探索无污染的绿色生产工艺，这对于控制水污染、保护环境具有很大的作用。

陆源污染物大多通过河流和排放口进入海岸带和近海，所以，减少和降低这些陆源污染物的入海量，降低其污染水平是美丽海洋建设的根本任务之一。

2. 实施海岸带修复，使其发挥生态功能，进一步降低和减缓陆源污染水平

世界沿海国家在陆域资源匮乏以及环境破坏的压力下，将发展的重点逐渐转向近海地带，导致海洋资源的过度开发利用，对海洋生态系统造成严重的损害。在海岸带区域生态系统极度脆弱的形势日益严峻下，沿海国家纷纷选择可持续发展的道路。海岸带及其近海不仅是我国发展的战略高地，也是保障沿海城市、百姓生命财产安全的生态屏障。健康的海洋不仅能提供发展所需的资源和能源，还是维护生物多样性、抵御各类海洋灾害的天然屏障。因此，应进一步加强海岸带保护，对重要的生境和生物群落，加强保护地选划与管理，提升管理能力；对退化的生态空间，加强修复，提升其质量；加强防灾减灾和应急能力建设，建设生态海堤，筑牢生态安全屏障。

对资源的合理开发利用以及对生态系统和生态环境的保护是海岸带区域社会经济繁荣发展的前提，否则，衰退成为必然。而区域社会经济想要保持可持续发展需要在资源环境承载力的约束下实施最恰当的发展方式。侵占海岸带湿地进行工业区、港口、海防路等建设，不仅破坏了浮游生物的生存环境，而且破坏了底栖生物生活的温床，造成生物的死亡、迁移，生物种类和数量大大减少，给周围海域的生物资源造成长期影响。红树林、珊瑚礁生态系统的破坏，使防浪护堤的天然屏障遭到破坏，直接给沿海居民带来财产和生命损失。

围垦和填海造地带来海岸带生态环境的剧烈破坏，许多的围垦由于没有经过科学论证，出现了淡水水源不足，围垦内的土壤含盐量高等问题，使围垦之后的土地无法利用，不仅造成围垦时人力物力的浪费，大规模围垦还造成了生物多样性及生态系统服务功能的急剧下降，威胁区域生态安全，阻碍区域的可持续发展，围垦区域生态环境甚至无法恢复。我国从20世纪五六十年代开始围填海活动，到20世纪末，沿海地区围填海造地面积达1.2万平方千米，平均每年围填海230~240平方千米，围填海是使海域永久消失，造成海岸生态系统退化、防灾减灾能力降低、海洋环境污染、海岸自然景观破坏、宜港资源减少、海岛消失、重要渔业资源衰退等一系列问题的工程，填海附近海区生物种类多样性明显降低；对滩涂和海湾大面积的围填海，严重影响纳潮量和海水自净能力，造成海洋生态系统的自我修复能力下降。填海造地对海岸线的影响十分严重，仅1996—2007年，渤海填海造地面积551平方千米，沿海滩涂湿地面

积减少了 718 平方千米，年均减少 1% 以上。同时，环渤海海岸线由 1970 年的 5 399 千米缩短为 2000 年的 5 139 千米，总长度缩短了 260 千米。仅就山东省而言，1990—2010 年的 20 年，填海造田、围海养殖使海湾面积减少了 2.20 万公顷，海岸线长度因此缩短了 186 千米。

海岸带的修复必须向与之相连的陆地延伸，海岸线至最高高潮位之间的地带的生物群落、土壤等具有明显的海洋特征，如土地多是盐碱地、植被也多耐盐等。从自然生态系统的完整性看，海岸带生态修复不能仅限于海岸线以下。一个有植被的海岸，具有非常高的生态功能：海岸以及潮间带共同组成了陆域土地、城市等的安全防护带，能有效抵御台风、风暴潮等的侵袭；海岸植被可以过滤和阻挡陆域污染物、水土等进入海洋；海岸是一些两栖生物生存、演替的通道和栖息地。因此，为了有效地保护沿海城市、土地，减轻陆源污染入海，需要统筹考虑海岸线附近的修复措施，以便其发挥更大的效益。目前，国际上对于水陆交界带的生态修复，一个重要的措施就是构建"滨岸缓冲带"，即主要通过一定宽度的各类植被带发挥作用，其在稳固河湖海等堤岸、净化水质、削减非点源污染、改善生物栖息地功能、提高景观多样性等方面具有很好的作用。

在我国，最先进行的海岸带整治修复主要针对由于风暴潮等自然灾害侵蚀或者人类过度开发利用而受损的岸段，通过空间整理、淤积防护、侵蚀防护、沙滩养护等工程措施修复海岸带空间形态和自然景观，提升防灾能力。最近 20 年来，海岸带特有的盐沼湿地、海草床、红树林等生态系统得到了世界各国的普遍重视，海岸带不再是人类可以恣意向海洋索取的开发利用区域，而被重新定义为应该得到人类尊重的自然生态空间，人类可以获取的是生态系统服务而不应当是土地价值。因此，基于生态系统的海岸带生态恢复（coastal restoration）逐渐主流化，主要通过退堤还海、引入潮汐等措施恢复海岸带生态系统结构与功能。与此同时，荷兰、英国等欧洲国家进一步提出了"主动重构"（managed realignment）的观点，以便更积极地应对海岸带受损退化问题，即在优化调整海岸带空间开发利用格局的基础上，综合考虑不同修复措施的功能以及彼此之间的协同作用，将工程设施和生态系统相结合，增强海岸保护，使海岸带更好地适应气候变化问题，同时为人类提供可持续的服务功能。我国近年来开展的典型的"海岸带生态整治修复"工程，大都是在传统"海岸带整治修复"的基础上，同步考虑"海岸带生态恢复"问题，期望实现岸线修复与生态系统恢复的双重目标，但在"主动重构"方面开展的工作还相对较少。所以，海岸带生态环境修复应针对受损、退化、服务下降的海岸带区域，采取适当的人工干预措施保护岸线免受侵蚀并维持空间形态稳定，在此基础上利用生态工程技术手段修复滨海生态系统景观，保护生态系统结构与功能的完整性并促进自然演替，进而发挥生态系统服务功能。

目前海岸带的修复主要有以下几种：①硬质岸线生态化，即在硬质设施基础上调整结构和增加生态措施。②进行堤外基底修复和海滩养护，海滩养护即是利用机械或水力手段将泥沙抛填至受损海滩的特定位置。③微地形水文调控，通过改变海岸带局部区域水文限制设施，恢复原有湿地的自然潮汐交换，同时修复主次级潮沟，增加水文流通性，经过自然演替最终达到修复目标。④潮间带植被恢复，一种是针对修复区域内的现有植被斑块，营造有利环境，通过自然恢复形成丛群；另一种是人工播撒种子和移植其他繁殖体（幼苗、根茎），优化群落结构。⑤低潮滩牡蛎礁保育，直接利用混凝土或将收集来的牡蛎装入网袋，利用网袋构建礁体，成熟牡蛎产生的牡蛎幼虫到达牡蛎礁后，会永久性地黏合在礁体上，实现牡蛎礁的不断扩张。

研发集成人工干预与自然演替相结合的海岸带生态环境修复技术是主要趋势。从近年来海岸带生态整治修复技术的应用实践情况来看，单一的人工或自然修复技术都有其特定的优、劣势，而研发人工干预与自然演替相结合的复合技术体系是极为重要的趋势。从生态学的角度来看，生态恢复应当是自然生态系统消除干扰之后的次生演替过程，就海岸带而言，长期的基底侵蚀和外源污染造成了海岸带湿地等生态系统的退化消失。针对上述外部干扰问题，必须通过人工干预的方法才能确保在较短时间恢复岸线植被，为生态系统恢复创造条件。在此基础上，海岸带生态整治修复技术应给自然演替过程预留空间，提供基于自然的解决方案（nature-based solution），即依靠生态系统自设计、自组织，逐渐形成生物多样性较高、生态系统结构与功能完整、能量冗余很少、物质循环通畅高效的海岸带生态系统。欧美国家新兴的活生命海岸（living shorelines）利用牡蛎礁、岩床等设施来保护、恢复、增强和创建盐沼等滨海生态系统，保护岸线免受侵蚀，风浪较大的地区可以加入障壁岛，形成"障壁岛-牡蛎礁-盐沼"体系来削减风浪对岸线的影响。综合集成技术将水工结构与生态修复措施相结合，适用于不能仅靠自然作用达成修复目标的受损岸段，同时也体现了"基于自然的解决方案"的重要理念，能够为当地提供关键的生态系统服务功能。海岸带生态整治修复技术的另外一个值得关注的趋势是更加注重提升海岸带生态系统功能和结构。海岸带生态系统处于海洋与陆地交汇区域，在潮汐水文条件作用下，演化形成了盐沼湿地、光滩、近岸低潮海域等生态系统空间序列以及多样性极高的滨海生物群落。海岸带生态整治修复技术应当坚持海洋特色和生态属性，注重保护海岸带生态系统结构与功能的完整性，修复与维持独特的水文条件和基底特征，复壮与保育滨海建群种和关键种，诱导形成相互连接的食物网络，并进一步促进营养物质的内生循环与能量流动。完整的海岸带生态系统具有极高的生态价值，可为当地提供抗风消浪、渔业资源、清洁水质、大气调节等服务功能。以上海鹦鹉洲湿地生态修复项目为例，项目主要采取工程保滩、基底修复、植被恢复以及潮汐调控技术重构与恢复海岸带盐沼湿地生态系统。恢复后的湿地通过植物、微生物、基质的复合作用有效地去除水中氮、磷营养元素和悬浮物，同时利用水文调控技术促进植物对 CO_2 的吸收和减少 CH_4 的排放，发挥了"蓝碳"作用，为实现国家碳中和目标做出贡献。

3. 应用生态环境调控技术，实现可持续利用海洋资源环境

20 世纪中期以来，由于人口不断增长、城市化进程加快，人类与资源环境之间的矛盾日渐突出，尤其是能源与食品短缺的问题，已严重制约了沿海区域的社会经济发展。这导致世界上所有沿海国家都把重点放在海洋上，通过海洋向人类提供食品、能源以及生存空间。海洋开发已经被各国升级到国家发展战略的水平，以前所未有的速度向海洋推进，促进了世界海洋经济的快速增长。统计资料显示，自 20 世纪 70 年代以来，每 10 年 1 个周期，全球海洋产值总量大约增加 1 倍，初始的海洋经济总量大约为 1 100 亿美元，到 1980 年总量达到了 3 400 亿美元之高，到了 90 年代总量增长了 3 300 亿元，到 21 世纪初时海洋经济总量已破万亿，为 1.3 万亿美元，2015 年达 1.5 万亿美元。自 20 世纪 80 年代，我国逐渐从传统的"渔盐舟楫"的粗放利用方式向海水养殖、油气勘探、旅游等新兴海洋经济领域扩大，海洋生产总值从 1986 年的 226 亿元增加到 2016 年的 7 万亿元，2019 年达到 8.9 万亿元，年均增长 21% 以上，远超于全国经济平均发展速度，对国民经济增长的贡献率近 10%。

随着社会经济的高速发展，海洋生态环境总体在恶化，仅就长江口邻近海域，通过 2004 年以来 15 年的资料对比分析可知，2004—2018 年间，长江口海域海洋生物群落结构组成发生了较明显的变化，与 20 世纪 90 年代末相比，浮游植物种类数减少，浮游动物、底栖生物种类数增加。浮游植物以硅藻为主，但甲藻占比在增加，2010 年以来硅藻、甲藻群落结构进入新的平衡状态；浮游动物以节肢动物为主，主要类群桡足类占比有所下降；底栖生物种类数明显升高。生物多样性总体水平一般，浮游植物多样性指数总体较低，第一优势种的优势度较高；浮游动物多样性指数和丰富度指数多年呈现下降趋势；底栖生物多样性水平一般，优势种渐趋单一。海洋生物总体处于"不健康"状态，主要表现为浮游植物密度偏高，浮游动物密度偏低、生物量偏高，底栖动物密度偏高、生物量偏低。生态系统变化与陆源主要污染物排放、营养结构变化及水体富营养化有相关性，其中无机氮（DIN）、石油类入海通量与生物健康指数呈显著负相关关系（$P<0.05$），无机磷（DIP）与底栖生物生物量呈显著负相关关系。N/P 与浮游植物丰度呈显著负相关，但与浮游植物均匀度和多样性指数呈显著正相关；Si/N 与浮游植物多样性指数呈显著负相关。

海洋生态环境修复和调控要关注三方面的问题，一是理念上要确立海洋生态保护修复的本质是对"人海"关系的再调适，其目的是维护海洋生态系统本身的完整性和弹性，保障海洋生态系统健康，提高海洋保护利用综合效率和效益，最终达到"人海和谐"。二是在策略把握上对海洋生态保护修复不能只关注生态空间，还应关注生产、生活空间。海洋生态问题主要缘起于人对海洋及其临近的陆地资源和空间的不合理开发利用。因此，生产、生活空间利用格局和利用方式若不改变，受其影响的生态空间保护修复也不会达到预期效果。三是在操作层面上要用综合技术进行海洋生态保护修复。要达到保护修复的目的，既包括实施具体的保护修复工程技术措施，还应包括严密的管理措施，构建合理的制度体系和运转机制等。

海洋生态环境修复需要统筹考虑"生产、生活、生态"三类空间。通过开展海洋保护修复，推动三类空间布局调整，最终形成内在统一、相互促进的海洋保护利用格局。要实施基于生态系统的管理，以资源环境承载能力为基础，加快推进空间规划的编制与实施，以最严格的空间用途管制，推动空间布局和生产生活方式的转变，推动海洋保护利用格局优化。

海洋牧场建设是近海生态环境修复的重要手段。海洋牧场狭义上指以人工鱼礁为基本养殖载体，以生态系统平衡为指导思想，结合渔业增殖放流、健康养殖等养殖技术手段，从而实现渔业可持续发展的一种生态渔业生产方式；广义上，海洋牧场是一种人工生态系统，是以人工鱼礁投放和海藻床建设为改善海洋生态环境基本手段，选定重点海洋物种繁衍为生态核心目标，在总结传统海洋渔业生产规律和实践的基础上，运用系统工程的方法建立起来的一种动态平衡的生态系统。因此，海洋牧场的目的很明确，人工生态系统运行的目的不仅要维持自身的平衡，而且要满足人类的需要。高效提供目的服务的人工构建生态系统，与自然生态系统"非生物环境—生产者—消费者—分解者"四部分组成的链式结构不同，人工生态系统是由自然环境（包括生物和非生物因素）、社会环境和人类组成的网络结构。人类在系统中既是消费者又是主宰者，人类的生产、生活活动必须遵循生态规律和经济规律，才能维持系统的稳定和发展。海洋牧场的建设具有明确的目的性，无论是提高海洋渔业产量、维护海洋渔业可持续发展，还是修复海底生境、丰富海洋生物资源，都是海洋牧场建设规划时就赋予其的建设目标。在海洋牧场建设中，一方面应明确建设目标，坚持目标导向，从而确保海洋牧场建设达到预期成效；另一方面也要综合考量，坚持重点目标与辅助目标相结合，经济目标与生态目标相结合，避免以偏概全、只注重个别目标而偏废其他目标的现象，导致海洋牧场不能充分发挥作用。

二、近海与海岸带的生态调控与环境治理的重要进展

"近海与海岸带环境综合治理及生态调控技术和示范"项目自2019年立项实施以来，按照项目任务书的目标和要求，在陆源与海岸带入海污染物控制与减排、近海生态灾害防控与生物资源提质增效等技术研发和示范区建设方面展开工作，在关键核心技术和系统解决方案方面已初步形成从近岸陆地到近海一体化的环境优化可复制实施的综合技术体系，即"流域种植优化-土壤改良-功能生物调控综合工程之陆地污染物减排、湿地水文连通网络构建-水位控制、多生境恢复、海岸带生态优化、污染物排放减缓和简易生物礁构建-种苗创制-营养盐调控、降低近海污染物水平、生物资源提质增效"，该技术体系已成功实施陆源（11 000亩）+海岸带（8 800亩）+近海（230亩）的综合技术示范区建设。目前，项目出版专著2部，发表支撑近海与海岸带生态环境恢复技术的学术论文77篇，授权国家发明专利5项，申请国家发明专利8项。

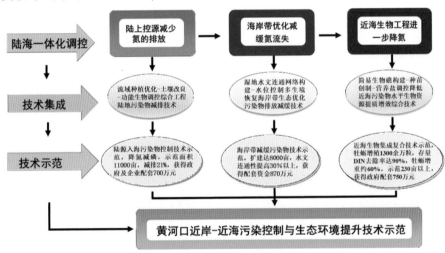

图1 黄河口近岸—近海污染控制与生态环境提升技术示范体系

1. 陆源入海污染物控制与技术示范

（1）完成了黄河三角洲工农业污染源分布格局识别与污染物入海路径分析，形成了面向黄河三角洲的工农业污染时空分布数据集；查清了黄河三角洲沿海地区不同陆域来源污染物的空间分布规律和农村污染物主要类型、污染途径和致污原因，提出了村镇污染物分类处置方案和资源化利用模式。

① 解析了三角洲工农业污染源分布格局与污染物的时空分布特征。

集成研究区地形、数字高程模型DEM、土壤、地貌、土地利用、河流水系及行政

边界等基础地理信息数据，获得了不同土地覆盖土壤污染状况。研究发现径流是造成土壤硝态氮流失的重要途径，而人类活动是造成硝酸南北差异的主要原因。土地利用类型是影响三角洲土壤中总氮、总磷含量的重要因素。

② 查明了农村污染物主要类型、污染途径和致污原因。

"黄三角"沿海地区农村厨余垃圾中有机物含量特别是易腐类有机物含量高达70%以上，与当地食物消费习惯侧重水产品和高盐食物有关。沿海村镇污染废弃物类型主要是厨余垃圾、生活固废、生活粪污、家庭养殖固废，通过气体、沉降、渗漏、径流等途径产生污染，农村生活污水处理率不到30%，多数旱季累积、雨季入河入海。

（2）提出了面源污染风险控制的农业土地利用格局优化方案，使滨海盐碱地旱作农田每年可减少 $1.10×10^8$ kg 氮投入量，使化肥施用污染风险在短期和中长期分别减少6.3%和15.8%。针对农田、村镇和水产养殖废水污染物分别形成4套减排技术，分别使农田土壤无机氮减排21%，沿海村镇污水处理后水质铵态氮低于Ⅲ类地表水标准值的43%，海蓬子和海马齿种植使银鲑和海参养殖废水总氮去除率分别达到93.8%和80%。构建陆源入海污染物控制技术示范区 11 000 亩，综合减排21%。

①提出了农业面源污染物入海削减优化方案。

以施氮与土壤含盐量双因素为分析对象，以作物产量、经济效益、环境效益以及氮素利用率为优化目标，提出在含盐量为 2.99‰~3.79‰ 的玉米地及 3.13‰~3.84‰ 的小麦耕地上应加强农田氮肥管理；在含盐量超过 3.79‰ 及 3.84‰ 时应加强盐碱地改良措施、优化农技措施或改变种植模式提高农户收益。通过优化施氮，在环保视角和农户视角下滨海盐碱地旱作农田每年可减少 $1.10×10^8$ kg 氮投入量。在保持总体经济效益水平下，调整作物的种植结构比例可从源头上降低污染风险，使化肥施用污染风险在短期和中长期分别减少6.3%和15.8%。

②陆源污染物减排技术集成。

形成了有效的污染物减排"草粮"种植模式，采用微生物材料和生物炭处理重度盐碱地并进行田间种植，可显著增强作物氮利用效率，最终达到无机氮减排21%。针对公共排水、办公生活排水、餐厨废水等综合污水，采用 A2O（厌氧耗氧反应池）+MBR（膜生物反应器）+消毒工艺，设计集成一体化污水处理设备，处理后水质的铵态氮和BOD分别低于Ⅲ类地表水标准值43%和69%。探索出两套养殖废水处理技术以及提高海蓬子种子萌发、移苗、水培成活率的技术方案，构建海蓬子浮床原位生态修复技术，养殖废水总氮去除率可达93.8%。构建了海马齿—银鲑养殖减排增效技术，无机氮去除效果明显。构建陆源入海污染物控制技术示范区

11 000亩，综合减排21%。

2. 海岸带污染物减排技术集成与应用示范

（1）筛选出5种抗污染（耐高温）性能良好红树植物（木榄、红海榄、白骨壤、秋茄、桐花树），提出了红树林具有高生产力、高归还率、高分解率和高抗逆性的"四高"特性新观点。构建完成红树林生态修复示范区800多亩，初步建立受损滨海湿地（抗污染）红树植物等生态修复技术体系。

针对无机氮、重金属等污染和南方高温生境，开展了耐热/抗污染红树植物筛选，并从生理生化和分子调控等不同角度，揭示红树植物对极端环境的适应和响应机制。筛选出白骨壤、桐花树、秋茄、木榄和红海榄5种红树植物可以作为抗污染、耐高温生态修复物种，发现除老鼠簕抗污性能较差，剩余其他红树植物物种对污染物去除率均大于50%（图2）。比较了不同红树/半红植物重金属耐性，并从抗氧化酶系统和金属硫蛋白两个方面，揭示了红树植物对重金属胁迫的响应的适应机制。

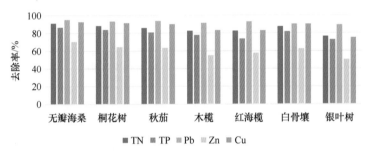

图2 红树植物对总氮、总磷和重金属污染的去除率

通过比较发现红树植物耐热性的种间差异显著：白骨壤>桐花树>木榄、红海榄>秋茄，发现抗氧化酶系统和脯氨酸合成酶基因在红树植物适应高温环境中具有重要的调控作用。完成了红树林和柽柳生态修复示范区800多亩，尤其温州洞头示范区秋茄安全过冬且成活率90%以上，新移栽柽柳长势良好，促成了地方政府成立温州洞头红树林北移研究中心。

（2）揭示了黄河三角洲湿地40余年景观时空演变特征，完成黄河三角洲湿地植被群落调查以及土壤种子库调查；研发了滨海湿地水文连通性网络恢复及构建技术，明确了一级、二级潮沟构建的具体技术指标；基于微地形改造和水连通性，完成构建湿地景观生态网络，建成退化湿地恢复与功能提升技术示范区8 000亩，为退化滨海湿地水文连通修复提供理论和技术支撑。

基于1976—2018年黄河三角洲10期遥感影像，通过对象分类方法解译近40年来黄河三角洲湿地景观格局变化（图3）。研究发现，近40年来黄河三角洲自然湿地面积急剧减少，主要减少土地类型为滩涂和苇草地，自然湿地最大变化强度在2005—2018年，达到最大值（1.38%）。另外，在不同区域，自然湿地转化类型不同，在河口区域大部分的自然湿地主要向养殖池、油井和盐田转化；在中部区域，自然湿地主要向农田、水田和建筑用地转化。

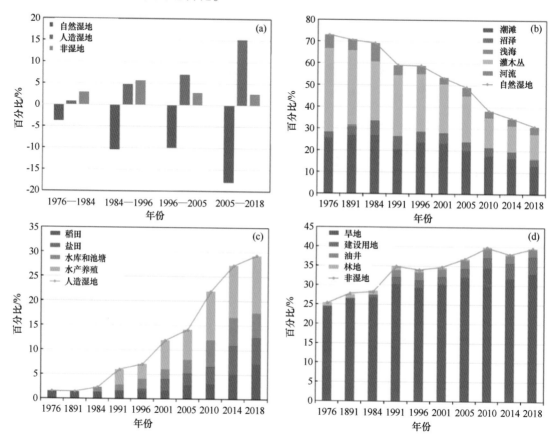

图3 近40年来黄河三角洲湿地景观类型演变过程

通过遥感影像，利用目视解译技术，提取了近40年黄河三角洲河流潮沟、人工沟渠信息，分析了其时空演变动态（图4）。建立了基于图论方法的水文连通性评价方法。研究发现黄河三角洲自然河流沟渠在数量和长度上呈现减小的趋势，河流密度降低。沟渠的环度、线点率、网络连通度总体上是增加的，但是网络结构特征较为简单，网络连通度较低。

基于微地形改造的结构特征和功能分异量化方法，营造各种微地形和集水区，构建集水区、坡地、平地镶嵌分布的多样性生境，建立湿地异质性生境优化组合模式。

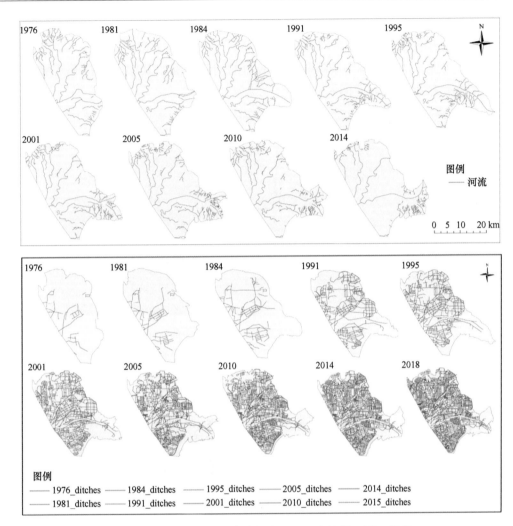

图4　近40年来黄河三角洲河流（上）和沟渠（下）演变

经过生态修复示范区建设，裸地面积由占总面积的16.7%下降到总面积的3.2%；水域面积由占总面积的15.5%上升到总面积的32.2%；植被面积基本保持稳定，构建退化湿地恢复与功能提升技术示范区8 000亩。

（3）基于盐度、水动力、污染负荷等室内模拟及野外验证，发现硫为滨海水体黑臭演化的关键驱动因子，创建了一种通过控硫实现水体与沉积物黑臭防治技术体系，围绕硫与磷的控制，研制了高效"控硫锁磷"制剂，完成烟台鱼鸟河黑臭水体处理示范工程以及逛荡河、永丰河支流治理。

通过不同盐度、水动力、污染负荷等室内模拟及野外验证等技术手段，探明了滨海水体黑臭演化的关键驱动因子为硫。对滨海河流沉积物中硫的分布和来源进行了深入研究，发现有机硫占总硫的80%，且有机硫与有机质和铁的有效性有关；硫酸盐还原是恶臭有机硫的主要来源（图5）。采用升流式三维电极生物膜反应器，经微生物挂膜与驯化，实现了低碳水体中硝酸盐和硫酸盐的同步去除，其中硝酸盐和硫酸盐去除率分别在80%和20%以上（图6）。

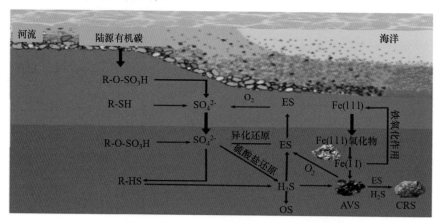

图5 不同形态硫在海岸带水体与沉积物中的迁移转化

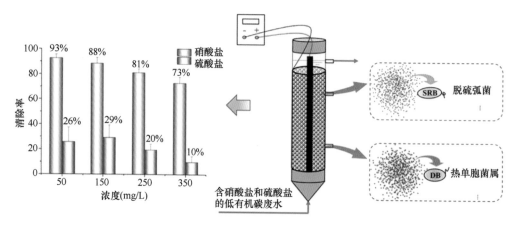

图6 上流式三维生物膜电极反应器去除硝酸盐和硫酸盐

通过集成滨海污染水体及沉积物修复技术，构建了滨海污染水体综合治理关键技术体系。采用土著微生物促生、潮汐防控、原位增氧、藻相改善、底泥硝化与固定、生态浮床、人工生物膜构建、重污染底泥的清淤及清淤底泥的异位处理处置等多种技术手段对逛荡河进行治理，目前示范工程修复工作基本完成，逛荡河流域水质及生态环境质量将得到全面恢复，水质稳定、达标并具备了水体景观功能，削减入海陆源污染物50%以上。对黄河三角洲养殖废水受纳滨海河道开展了水质修复示范工程，已完成藻菌共生体系中藻种筛选纯化及扩增培养，并在某养殖基地开展中试试验。放大池中藻类生长状况良好，已基本具备野外河道放大条件。

3. 近海生态灾害防控与生物资源提质增效

（1）完成水母溯源、绿潮发生关键过程和低氧生消过程预警研究，提出了引入高捕食率捕食者对水母水螅体、使用茶皂素对水母螅状、碟状幼体的生物和化学防控策略，实践验证了苏北浅滩紫菜筏架绿藻源头生物量防控成效；构建了 BP 神经网络低氧预报模型预测底层溶氧变化过程，设计加工的导流板式下降流装置克服层化产生下降流，成功去除了牟平近岸底层低氧状况。

开展了致灾水母水螅体源区调查，探明了多个水螅体栖息地及种群规模，发现礁体、牡蛎以及礁石为海月水母螅状幼体提供了大量的人工附着基，是水母水螅体的重要源区。开展了底栖动物对沙海蜇、海蜇和海月水母水螅体的捕食测试实验，发现 7 种底栖动物包括 3 种软体动物（海牛类扁脊突海牛、蓝无壳侧鳃和网纹多彩海牛），以及 4 种海葵（中华近丽海葵、多孔美丽海葵、不定侧花海葵和绿侧花海葵）能够直接捕食或者摄食水螅体，对水螅体的下行生物防控有重要作用。探索了茶皂素对海月水母螅状幼体和碟状幼体杀灭作用，高于 2 mg/L 的茶皂素在 24 h 时对水母螅状幼体的致死率达到 100%（图 7）。

分别于 2019 年和 2020 年调查跟踪分析了南黄海漂浮大型藻类藻华的发生发展过程，掌握了漂浮绿藻物种组成特征与变化规律。基于所提出的南黄海浒苔绿潮发生机理和控制生物量为核心的防控机理，推进了苏北浅滩紫菜筏架源头生物量防控策略，研究成果为 2019—2020 年冬季国家在苏北浅滩 36 万亩紫菜筏架的绿藻杀灭行动提供科学支撑。2020 年现场调查发现，苏北浅滩 4 月漂浮绿藻总量较往年同期显著降低，综合判断浒苔绿潮规模在输出源头得到有效控制，结合卫星遥感和 6 月初南黄海现场观测得到证实（图 8）。相关结果不仅表明浒苔绿潮源头防控策略有效，同时也证明了前期所提出的浒苔绿潮发生机理、关键过程和防控机理的正确性。

构建了牟平近岸低氧海域水文、气象、生物、化学和沉积物特征等 40 余项指标的数据集，分析筛查了影响底层溶解氧变化的主要环境因子，选取与底层溶解氧相关性较高的风速、风向、气温、海温和层结强度作为低氧预报模型的输入。确定了对预报准确度最高的 BP 神经网络为低氧预报模型，训练完成后的 BP 神经网络能够初步预测底层溶解氧在稳定条件下缓变过程以及异常天气下突变过程，在 72 小时之内的预报误差小于 20%，为实现低氧灾害的预警预报提供了有效途径。分别完成了导流板式和立管式下降流装置的设计和加工，采用 ROMS 模型计算，确定了能够产生最佳增氧效果的海域试验地点，该地点较弱的水动力环境使得下降流产生的富氧羽流容易保持在该

图7　茶皂素处理对海月水母碟状幼体和螅状幼体的影响

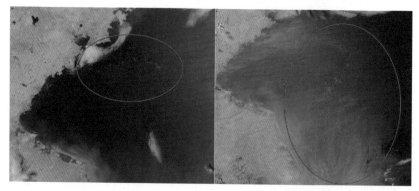

图8　2020年6月（左）与2019年6月（右）南黄海绿潮覆盖面积对比

区域，从而可能获得较好的增氧效果。在牟平近岸低氧海域开展了两种下降流装置的海试评估，导流板式下降流装置能够成功克服层化产生下降流，并能够改善底层溶解氧浓度（图9），为后续的工程化应用提供了重要的参考数据。

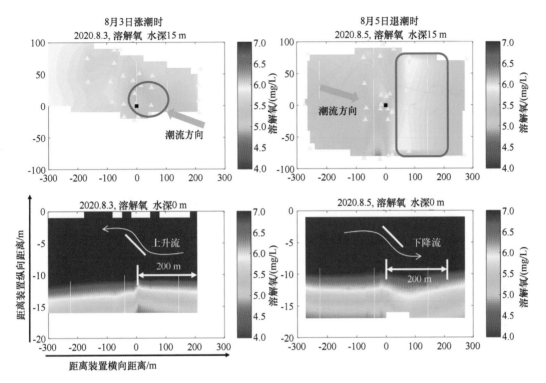

图9　导流板式下降流装置对底层溶解氧的改善作用

（2）利用稻壳灰施肥硅酸盐添加促进贝类养殖去除水体氮存量的主动生态调控技术，施肥后牡蛎增重28.4%；创建牡蛎礁快速生态构礁技术，对近江牡蛎进行人工增殖与生态系统重构，使牡蛎稚贝在赤潮期存活率提高了204%，克服了牡蛎礁材料的生态环保性差、牡蛎繁殖效率低以及牡蛎礁构建困难的难题，构建近海生物集成复合技术高效示范区230亩。

通过在贝类饵料缺乏期利用营养盐调控增加饵料生物供给，增加产量的同时避免营养盐结构失衡导致浮游植物群落变异。以牡蛎为实验对象，首次提出营养盐调控可以促进贝类养殖并去除水体中的氮。通过稻壳灰施肥硅酸盐添加促进存量DIN去除，同步改善水体环境。稻壳灰施肥能够将总无机氮降低到初始浓度以下（图10），克服氮磷增加后的硅酸盐限制，同时施肥提高了溶解氧水平，改善生物水体环境，有效增加贝类食物供给，施肥后牡蛎多增重28.4%。实现了营养盐调控+贝类养殖真正氮去除的目的，构建营养盐综合调控技术示范区200亩。

系统研发了不同群体近江牡蛎适应生物学，发现自然近江牡蛎不同群体间存在显著的温、盐适应性分化。为了提高其野外存活率以及最大可能地保护近江牡蛎不同群

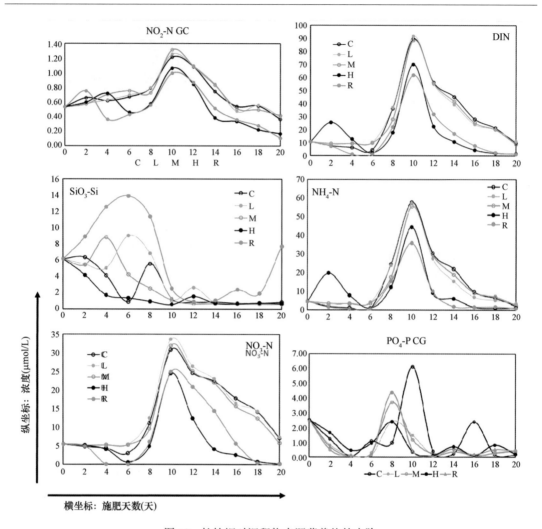

图 10　长牡蛎对沉积物来源营养盐的去除

C：对照；L：低密度长牡蛎；M：中密度长牡蛎；R：施肥长牡蛎；AM：中密度近江牡蛎；AR：施肥近江牡蛎；H：高密度长牡蛎组

体的多样性，提出了基于原产地原位的增殖与修复理论。突破人工苗种规模繁育技术，实现了近江牡蛎的人工增殖，分别在滨州市大口河河口、套尔河河口、东营市河口区、潍坊市小清河河口开展了近江牡蛎资源的人工增殖示范。开发了一种可显著提升牡蛎度夏存活率的方法，选育系存活率较对照组提高了36.21%。系统构建了牡蛎礁选址技术和礁体构建技术，针对牡蛎礁建礁区域环境多变的特点，搭建了潮间带环境模拟平台，开发了一种基于模拟潮间带环境的牡蛎表型测评方法，建立了基于异位与原位的礁核构建技术，研发了一种生态型活体牡蛎礁快速构建技术，显著提升了繁殖期苗种丰度和礁体的扩张速度（图11），建成了两个牡蛎礁示范区，共投放了25个礁群，礁区总面积7.5公顷，构建核心示范区30亩。

图11　生态礁礁核建成3个月（左）与10个月（右）效果比较

4. 近海生态承载力评估、情景分析与战略布局

（1）解析了典型海域生源要素与生态灾害间的耦合关系，揭示了有机态营养盐矿化所致的低氧/酸化的发生以及对生态灾害发生的驱动机制，初步构建了我国近海环境健康评价"双核"框架体系并应用于烟台近岸海域的实际评估。开展了近海环境与生态系统演变以及关键控制因子与过程分析，完成了近海生态系统承载力评估框架及模型建设，开展整治措施效果情景模拟研究，发现养殖区后撤将显著提高养殖区海域自净能力。

通过对南黄海秋季水体—颗粒物中各形态营养盐的水平、分布、结构状况的分析，并结合溶解氧、pH值和黄海冷水团的特征温盐参数，对南黄海冷水团中生态灾害发生的生物地球化学过程进行了系统解析，揭示了微生物介导下近海有机营养盐矿化再生对低氧、酸化等生态灾害发生具有重要驱动作用。构建了一个可在河口、海湾等近海生态系统中具有普适应用范畴的海洋环境健康状况综合评价的"双核"框架体系，该框架以海洋生态系统自身的健康状态为评价内核，以人类开发利用海洋的社会经济学指标为评价外核。对烟台近岸海域的评价为优/良+0.99，表明烟台近岸海域维持着高开发利用程度，目前海域生态环境健康状况良好，但部分地区部分时段开始出现恶化，需在发展海洋经济的同时予以密切关注。

建立多过程耦合系统动力学模型，构建了桑沟湾不同养殖情景方案，对比分析了各情景下的桑沟湾潮位分布、水平流速、流通量和水体半交换时间的变化。养殖区后撤将增加断面入流量和出流量，养殖区两侧入流量增加明显，净通量由正转负，可显著提高养殖区海域自净能力。从优势互补的角度对现有生态承载力研究手段进行优化整合，结合系统动力模型、概念模型、实验手段等多种方法，构建能够反映生态系统复杂内部关系结构以及要素间相互作用的评估方法，建立起以"承载功能"和"健康状况"为基础的承载力评估框架，评估结果表明桑沟湾在目前养殖模式、体量和规模下，生态系统承载压力较大，但整体仍处于良好的健康状况。

（2）完成莱州湾地区海洋产业发展及"黄三角"地区海洋产业发展考察调研，初步完成中国近海与海岸带海洋产业战略布局方案。

完成了山东莱州湾沿岸地下卤水资源现状及卤水化工产业发展现状和黄河三角洲地区海洋科技产业的优势特色、制约因素、科技需求调研，提出创造绿色盐业发展模式、开发新型卤水资源，拓展精细化、高端化产业链条，发展"循环利用"型产业模式，发展复合化、多元化、宽领域的产业集群，立足自主创新、实现海洋盐卤产业的转型升级等发展建议。提出通过发展海洋经济作物、海水蔬菜和海洋环保植物，来实现"白地绿化"，支撑"渤海粮仓"，进而达到修复黄河三角洲河口生态环境的目的。根据对国家"十二五"以来海洋领域相关规划的实施情况、海洋功能区划、海洋产业发展现状的研究，从生态系统健康和海洋经济可持续发展角度，对我国近海与海岸带产业布局进行情景分析和战略规划研究，提出"十四五"及中长期我国近海与海岸带产业发展方案研究报告。

参考文献

李乃胜,宋金明.2019.经略海洋（2019）——美丽海洋专辑.北京:海洋出版社:1-339.

宋金明,段丽琴,王启栋.2020.直面健康海洋之问题2——海水低氧及其生态环境效应//李乃胜.经略海洋（2020）——健康海洋专辑.北京:海洋出版社:21-46.

宋金明,李学刚,曲宝晓.2020.直面健康海洋之问题3——海洋酸化及其对生物的影响//李乃胜.经略海洋（2020）——健康海洋专辑.北京:海洋出版社:47-66.

宋金明,温丽联.2020.直面健康海洋之问题1——近海浒苔/水母/海星等生态灾害频发及其与生源要素的关系//李乃胜.经略海洋（2020）——健康海洋专辑.北京:海洋出版社:3-20.

宋金明,邢建伟,王天艺.2020.直面健康海洋之问题5——海洋微塑料及其对生物的影响//李乃胜.经略海洋（2020）——健康海洋专辑.北京:海洋出版社:87-101.

宋金明,袁华茂,马骏.2020.直面健康海洋之问题4——海洋持久性有机物污染物及其对生物的影响//李乃胜.经略海洋（2020）——健康海洋专辑.北京:海洋出版社:67-86.

宋金明,袁华茂,李学刚,等.2020.胶州湾的生态环境演变与营养盐变化的关系.海洋科学,44（8）:106-116.

宋金明,袁华茂,吴云超,等.2019,营养物质输入通量及海湾环境演变过程//黄小平,黄良民,宋金明，等．人类活动引起的营养物质输入对海湾生态环境影响机理与调控原理．北京：科学出版社：1-159.

宋金明，王启栋．2021．近40年来对南海化学海洋学研究的新认知．热带海洋学报，40（3）：15-24.

宋金明，袁华茂，邢建伟．2019．我国近海环境健康的化学调控策略//李乃胜等．经略海洋（2019）．北京：海洋出版社：3-38.

宋金明．2004．中国近海生物地球化学．济南：山东科技出版社：1-591.

宋金明，李学刚，袁华茂，等．2019．渤黄东海生源要素的生物地球化学．北京：科学出版社：1-870.

宋金明，李学刚，袁华茂，等．2020．海洋生物地球化学．北京：科学出版社：1-690.

宋金明，李学刚．2018．海洋沉积物/颗粒物在生源要素循环中的作用及生态学功能．海洋学报，40（10）：1-13.

宋金明，王启栋，张润，等．2019．70年来中国化学海洋学研究的主要进展．海洋学报，41（10）：65-80.

宋金明，徐永福，胡维平，等．2008．中国近海与湖泊碳的生物地球化学．北京：科学出版社：1-533.

宋金明．2020．奠基海洋化学研究，助推海洋科学发展——中国科学院海洋研究所海洋化学研究70年．海洋与湖沼，51（4）：695-704.

杨颖，刘鹏霞，周红宏，等．2020．近15年长江口海域海洋生物变化趋势及健康状况评价．生态学报，40（24）：8892-8904.

Song Jinming. 2010. Biogeochemical Processes of Biogenic Elements in China Marginal Seas. Berlin Heidelberg and Hangzhou：Springer-Verlag GmbH & Zhejiang University Press：1-662.

作者简介：

宋金明，中国科学院海洋研究所研究员、博士生导师，兼任青岛海洋科学与技术试点国家实验室副主任、中国科学院大学海洋学院副院长。国家杰出青年科学基金、中国科学院"百人计划""中国青年科技奖"、国家百千万人才工程国家级人选与国务院政府特殊津贴的获得者。长期从事海洋环境生物地球化学研究，任《中国科学-地球科学》（中英文版）、《海洋学报》（副主编）、《海洋与湖沼》（副主编）、《热带海洋学报》（副主编）、《生态学报》（执行副主编），《地质学报》（英文版）等10余种学术刊物编委。发表论文500余篇，其中SCI论文180篇，独立或第一作者出版专著9部（包括国外出版英文专著1部），科普著作3部。

生态系统健康与海洋健康评价

宋金明[1,2,3,4]，王启栋[1,2,3]

（1. 中国科学院海洋生态与环境科学重点实验室 中国科学院海洋研究所，山东 青岛 266071；2. 青岛海洋科学与技术试点国家实验室海洋生态与环境科学功能实验室，山东 青岛 266237；3. 中国科学院大学 北京 100049；4. 中国科学院海洋大科学研究中心 ，山东 青岛 266071）

摘要： 生态系统健康的提出作为百年来综合系统研究的典范，近年来备受重视，目前已扩展到几乎所有的生态系统，海洋健康评价的发展稍晚，仅有30多年的历史，所有这些对认识评估生态系统的状况，确保生态系统持续发展至关重要。生态系统健康与海洋健康评价体系的构建是其研究和应用的关键，生态系统健康的评价方法经历了从定性到定量，从个别评价指标向综合指标，从小尺度到大尺度变化的过程，在对生态系统的健康评价过程中，往往根据系统的特性不同，采用合适的方法进行评价，其最终的目的是要能比较全面、综合地反映生态系统的健康状况，但至目前，评价指标及其数据获取、评价体系的自然与服务社会体现性、评价结果的客观科学性等许多问题还没有通用或公认的标准或体系。对海洋而言，综合评估海洋生态系统整体状况的评价方法——海洋健康指数（OHI）常被应用，该指数是一个评估海洋为人类提供福祉的能力及其可持续性的综合指标体系，在OHI评价框架中，人类因素、环境因素和生态因素是海洋生态系统的关键因素，相对而言，衡量的是可持续且最优的效益数量，并不是衡量海洋或海岸带区域的原始状态，许多用于河口、海湾、海岸带等典型海域的健康评价均是在此基础上改进或简化进行的。对海洋健康而言，现有评价方法中存在评价指标繁多、数据量要求大、生物指标所需分类水平高和鉴定难度大等问题，海洋生态系统健康的评价及影响过程还有很多的科学和技术问题需要探明和解决，海洋健

资助项目：该文获中国科学院战略性先导科技专项（XDA23050501）与烟台市双百人才项目（2019）资助。

康评价不应主要限制在科学研究层面，更重要的是要把评价结果用于指导海洋资源环境的开发利用和海洋管理，从这些方面来说，海洋生态系统健康评价的任务十分艰巨。

关键词：生态系统健康；海洋环境健康；评价指标

本文观点：生态系统健康与海洋健康评价由于系统的极端复杂性，对其内涵与表现的内在联系并不清楚，对人类提供服务后的内在反馈与表观界定也不清晰，评价体系的构建还有很长的路要走。

系统化和整体化的科学研究是现代科学发展的主要特点，从生态系统的角度阐明和揭示生态环境问题也是生态学和环境科学的主要发展趋势，从个体到群落再到生态系统，探明生态环境变化的机理机制，综合给出系统结果也是社会发展的必然要求。生态系统健康从强调其结构和功能的完整性、动态平衡性、生态自我修复能力、持续稳定性等到将人类社会经济发展纳入生态系统一并考虑，强调生态系统自然特性和生态系统服务人类的性能就是系统化发展的典型。

20 世纪以来，由于社会经济的高速发展和人类对生活水准要求的提高，不可避免地对地球生态环境造成了破坏。生态环境的严重破坏，使得地球自然环境的承载力越来越差，出现了越来越多的全球性环境问题。全球气候变化、海平面上升、淡水资源枯竭、荒漠化严重、物种多样性降低、生态灾害频发等，使得人们不得不关注人类赖以生存的生态系统究竟怎么样了，其状态如何，变化的趋势是什么。从 20 世纪 80 年代中期开始，健康的概念被引入生态系统研究中，我国的生态系统健康研究起步于 20 世纪 90 年代后期，生态系统健康在生态系统管理和可持续发展中的重要地位日益被人们所认识，生态系统健康和人类健康的相互关系和作用机制成为研究的热点，生态系统健康评价也从理论研究一步步走向实践。

1　生态系统健康的提出与含义

健康的生态系统意味着生态系统能正常发挥生态系统的功能，维持其正常的运转并能为人类提供最佳的服务。生态系统健康评估的目的不仅仅是为生态系统诊断疾病，还要定义生态系统的期望状态，确定生态系统从正常到不正常的阈值，从而实施有效的生态系统管理，实现生态系统的可持续发展。

1.1　生态系统健康的由来与发展

生态系统健康的发展经历了大体 3 个阶段：思想萌芽阶段（20 世纪 80 年代之前，

从个体到系统运转的思考）、理论研究阶段（20 世纪 80—90 年代，聚焦研究生态系统健康的内涵，注重生态系统的自然特征）和理论—实际结合应用阶段（20 世纪 90 年代至今，构建和完善生态系统健康的评估方法并实际应用，明确把人为影响纳入了其中）。

健康的概念最早被应用于人体的医学诊断，后来逐渐用于动植物，随后又出现了公众健康，在出现严重环境污染而影响到人体健康后，这一概念又应用于环境学和医学的交叉研究领域，出现了环境健康学和环境医学，主要研究与人类健康有关的环境问题。1778 年，苏格兰著名地质学家 James Hutton 在投给爱丁堡皇家协会的论文中首次将健康的概念应用于地球，认为地球是一个能够自我维系的"超级有机体"，提出了"自然健康"的观点，认为虽然自然生态系统并不完全类似于有机体或超有机体，但它们都包含了复杂系统所具有的共同特征，包括维持系统整合性和恢复力所必需的自我调节机理。1916 年，美国生态学家 Clements F. E. 提出群落演替概念和顶级群落论断时，认为生态系统是一个生命个体，有健康和不健康的属性。1941 年，著名环保主义者、土地伦理学家 Aldo Leopold 认为，土地是个有机体，研究土地健康需要与其正常状态（土地荒野状态）的数据作对比，用土地疾病描述土地紊乱的症状如土地侵蚀、有害物种的偶然暴发和肥力缺失等，提出研究土地健康应与研究个体有机体健康一样来考虑，但这一观点在当时并未引起足够的重视，"土地健康"的提出被认为是首次"生态系统健康"的原始论述。同一年，新西兰土壤学会宣告成立，并于第二年创刊《土地与健康》杂志，倡导"健康的土地—健康的食品—健康的人"。20 世纪 60—70 年代，Aldo Leopold 将土地健康概念进一步提升为景观健康，认为土地的自我再生能力是景观健康的重要表现。20 世纪 70 年代，Woodwell 和 Barrett 极力提倡胁迫生态学，同时兴起的生态系统生态学，继承了 Clements F. E. 的演替观，把生态系统看作一个有机体生物，具有自我调节和反馈的功能，在一定胁迫下可自主恢复，从而忽视了生态系统在外界胁迫下产生的种种不健康症状。1979 年，Odum 研究生态系统在胁迫下的反应，提出"补助胁迫等级"理论，认为低水平的干扰会有助于提高系统的生产力，而超过一定范围的干扰反而会降低生产力水平，当干扰中含有有毒或有害物质时，可能会导致耐受种群落被取代，甚至会导致这个系统生物的消亡。加拿大的 Rapport 等在 1979 年提出了"生态系统医学"，从人类医学类推到生态系统医学，并将生态系统作为一个整体来进行评估，对生态系统中受损害的症状进行多学科的综合性诊断，随后，这一理论应用到了"生态系统健康"的原理和概念中。

20 世纪 80 年代，以 Costanza 和 Rapport 为代表的生态学家认为现在世界上的生态系统在各种胁迫下已经出现问题，已不能像过去一样为人类服务，并对人类产生潜在威胁，他们认为生态系统健康的概念可以引起公众对环境退化等问题的关注。1982
年，加拿大多伦多大学环境研究所的 Lee 把生态系统的健康与恢复力、持久力联系起
来并首次使用"生态系统健康"（ecosystem health）一词。1986 年，Karr 等将"健康
生态系统"定义为"可以维持自我并且状态稳定，并且在受到外界干扰动时可以自我
修复的生态系统"。1988 年，Schaeffer 首次探讨了有关生态系统健康度量的问题，但
没有明确定义生态系统健康，到 1989 年，Rapport 从活力、组织结构和恢复力 3 个方面
定义生态系统健康，论述了生态系统健康的内涵，提出"生态系统健康是指一个生态
系统所具有的稳定性和可持续性，即在时间上具有维持其组织结构、自我调节和对胁
迫的恢复能力"。同年，加拿大成立国际上第一个有关生态系统健康的学术团体——
水生生态系统健康与管理学会，其宗旨是促进和发展整体的、系统的和综合的方法保
护与管理全球水资源，它的会刊《Ecosyste Health and Management》于 1988 年由
Elsevier Science 出版发行，2001 年后转给 Taylor & Francis 出版。1990 年 1 月，来自学
术、政府、商业和私人组织的代表在美国马里兰召开了生态系统健康定义专题讨论会。
1991 年 2 月，在美国科学促进联合年会上，国际环境伦理学会（成立于 1990 年）召
开了"从科学、经济学和伦理学定义生态系统健康"讨论会。1994 年，来自 31 个国
家的 900 多名科学家在加拿大渥太华召开了首届"国际生态系统健康与医学"研讨
会，集中讨论了如何评估生态系统健康，衡量人和生态系统的相互作用，提出基于生
态系统健康的政策，讨论并展望了生态系统健康在地区和全球环境管理中的应用问
题，希望组织区域、国际和全球水平的管理、评估和恢复生态系统健康的研究，同时
宣告"国际生态系统健康学会"（International Society for Ecosystem Health，简称 ISEH）
成立，国际生态系统健康学会将"生态系统健康学"定义为"研究生态系统管理的预
防性的、诊断性的和预兆的特征，以及生态系统健康与人类健康之间关系的一门科
学"。其主要任务是研究生态系统健康的评价方法、生态系统健康与人类健康的关系、
环境变化与人类健康的关系、各种尺度生态系统健康的管理方法。1995 年《Ecosystem
Health》和《Journal for Ecosystem Health and Medicine》创刊，并成为国际生态健康学
会会员发表论点的重要刊物。

1996 年，ISEH 在丹麦哥本哈根召开了第二届国际生态系统健康学研讨会及"96
生态峰会"（Ecological Summit' 96），明确要解决复杂的全球性的生态环境问题需要综
合自然科学和社会科学，提出生态系统健康在应对全球生态环境问题时的重要性和迫
切性。1999 年 8 月，在美国加利福尼亚州召开了以"生态系统健康评估的科学与技
术""影响生态系统健康的政治、文化和经济问题"以及"案例研究与生态系统管理
对策"为主题的"生态系统健康的管理"国际生态系统健康大会。2002 年，由 ISEH

在美国华盛顿举行了生物多样性、生态系统健康与人类健康的学术研讨会，大会的主题是"健康生态系统与健康人类"。2010 年，Jessica Wiegand 认为生态系统健康是一个融合了社会和生态目标的概念框架。2012 年，Robert Costanza 认为生态系统健康是环境管理的最终目标，应该作为生态工程的主要设计目标，将生态系统健康描述为一个具有系统活力、组织力和抵抗力的综合多尺度可测量体系（a comprehensive, multiscale, measure of system vigor organization and resilience）。因此，生态系统健康与可持续发展的理念密切相关，这指的是随着时间的推移面对外部压力（抵抗力）系统保持它的结构（组织）和功能（活力）的能力。

1.2 生态系统健康的内涵

尽管生态系统健康的研究与实践已经有两个多世纪的历史，但国内外对生态系统健康的内涵认识并不完全统一，但随着对"系统"的逐步认识，生态系统健康的内涵也逐步清晰。

在国外许多科学家针对不同的生态系统和面对的不同问题都提出过生态系统健康的论述。1986 年 Karr 等指出"无论是个体生物系统或是整个生态系统，如果它能实现内在潜力，状态稳定，受到干扰时仍具有自我修复的能力，管理它只需要最小的外界支持，那么就认为这样的生态系统是健康的"。1989 年 Rapport 首次论述了生态系统健康的概念，认为生态系统健康是指生态系统具有的稳定性和可持续性，即在时间上具有维持其组织结构、自我调节和对外界胁迫的恢复能力。1991 年，Norton 提出了 5 条生态管理的原理，构建了定义生态系统健康的框架：①动态原理（Dynamism），自然不仅仅是一堆物体，更是一系列的过程，一切都在不断变化，生态系统随时间发展和变化。②相关性（Relatedness），一个生态系统内的各个生态过程之间是相互联系的。③等级定理（Hierarchy），过程不是同等的，而是在系统内一层层地展开的，有高低层次之分，有包含与非包含之别。④创造性原理（Creativity），生态系统的自主过程是创造性的，代表所有生物生产力的基础，它通过系统内循环往复的能量流动，为系统的自我维持提供足够的稳定性。⑤脆弱差异性原理（Differential Fragility），生态系统是人类活动的环境基础，可以在自主过程中吸收和平衡人为干扰，当干扰达到一定程度，系统不能承受时才会崩溃。1992 年，Haskell 等采用医学模式定义生态系统健康（而不是传统的经济模式），从系统科学、管理学、哲学和伦理学的跨学科的角度提出定义，认为健康的生态系统不受疾病困扰、活跃、可保持自身的自主性，对压力有抗性和恢复力。1992 年，Costanza 认为生态系统健康即是对可持续性的度量，需要在时间和空间框架内度量，要保持健康和可持续性，必须保持系统的代谢水平和它内部的结构和组织，对外部胁迫具有恢复力/弹性，继而提出关于生态系统健康的概念以及具体的生态系统健康内涵，包括①自我平衡（homeostasis），唯一的难点是如何区分内部自然变化与外部胁迫导致的变化。这个方法较适用于生物体，尤其是热血脊椎动物，因为他们是自动平衡的，并且有很大的群体可以确定"正常范围"，但不适用经济系统和其他内部不稳定的小群体系统。②没有疾病（absence of disease），定义不明确，外界对系统的压力具有不确定性，过分强调系统的内在性。③多样性或复杂性（diversity or complexity），近期在网络分析方面的进展有望更深刻地了解系统的组织，而不是像多样性测量一样简单地通过测量组成成分的数量。④稳定性或恢复力（stability or resilience），健康的系统能在干扰后快速地恢复过来，这个能力越大这个系统就越健康。这个定义存在的问题是它对系统的操作水平或组织化程度，一个死系统比活的系统更稳定因为它对变化更具有抵抗力，但是这不一定更健康，因此一个充分的健康定义应该也要表述系统的活力水平和组织力。有个相关的但是在许多方面很有吸引力的关于弹性的定义："面对干扰时，系统有维持其结构和行为模式的能力。"这个定义重点在生态系统的适应性而不是它们摆脱扰动的速度。如果系统能够吸收胁迫，并能创造性地利用胁迫，而不是简单地抵抗/忍耐和维持系统先前的结构，那么这个系统是健康的。⑤活力或生长范围（vigor or scope for growth），测定难度大。⑥系统组分间的平衡（balance between system components），只做一般解释，还未用于预测及诊断。

在 1992 年的报道中，Page 认为健康是机体各个部分、机体与外界之间的和谐关系，在医学中体内平衡是标准化的概念，它与生态系统稳定的概念是类似的。Ulanowicz 认为生态系统是其向顶点运行的轨迹相对没有受到阻碍，当受到外界的影响可能导致生态系统返回到以前的演替状态时，结构能保持自我平衡。Schaeffer 等认为生态系统健康指的是生态系统的功能在没有超过临界值/阈值的时候，生态系统健康一直在朝前发展，在这里临界值定义为当超过时会增加维持生态系统的不利风险的任何条件或状态。

1993 年，Karr 认为生态系统健康就是生态完整性，并率先在对河流的评估中建立和使用了"生物完整性指数"。Woodly 等从生态系统所处的状态出发，提出生态系统健康是生态系统发展的一种状态，在此状态中，地理位置、光照水平、可利用的水分、营养及再生资源量等都处于最适宜或十分乐观的水平，或者说，处在可维持该系统生存的水平。美国国家研究委员会（NRC）从生态系统提供的服务方面提出："如果一个生态系统有能力满足我们的需求并且在可持续方式下，产生所需要的产品，那么这个系统就是健康的。"

1995 年，Megeau 等根据活力、组织、弹性力提出了生态系统健康的可操作定义，认为一个健康的生态系统包括生长能力、恢复能力和结构等特征，就人类利益而言，一个健康的生态系统能为人类提供生态系统服务支持，例如食物、纤维、吸收和再循环垃圾的能力、饮用水、清洁的空气等；提出健康的生态系统应生机勃勃，充满活力；受到干扰有良好的恢复能力；有一个良好的有机组织。Callow 认为当一个生态系统的内在潜力能够实现、它的状态稳定、遇到干扰时有自我修复能力以及以最少的外界支持来维持其自身管理时，这个系统就可认为是健康的。

1997 年，Haworth 等认为生态系统健康可以从系统功能和系统目标两方面理解，系统功能指生态系统的完整性、弹性、有效性以及使生境群落保持活力的必要性。1998 年，Rapport 从胁迫生态学（stress ecology）的角度将健康定义为"系统的组织性、恢复力和活力，还包括生态系统受胁迫的症状"，定义还包含了维持生命系统所需的基本功能和关键属性。活力用"活动性、代谢或初级生产力"来衡量，组织性用系统组分间相互作用的多样性和数量来衡量，恢复力（反作用能力）指在胁迫作用下，系统维持结构和功能正常的能力，当恢复力一旦被超过，系统会跳到另一个状态。1999 年，Rapport 等将生态系统健康的概念总结为"以符合适宜的目标为标准来定义的一个生态系统的状态、条件或表现，即生态系统健康应该包含两方面的含义，即满足人类社会合理要求的能力和生态系统本身自我维持与更新的能力"。前者是后者的目标，而后者是前者的基础。同年，Epstein 对海洋生态系统健康的解释是系统必须维持它的新陈代谢活动水平、内部结构和组织，必须能够在较大的时间和空间范围内抵抗压力，这样的系统才是健康可持续的。2010 年，Wiegand 等评估了应用生态方法进行管理的潜在益处和挑战，提出了综合生态系统健康指数（Holistic Ecosystem Health Indicator，HEHI），该指数综合了生态、社会和相互影响维度的数据，构成一个单一的生态系统"健康"指数。2012 年，Halpern 等提出海洋健康指数，指出不论现在还是将来健康的海洋是能够可持续地造福于人类的。2017 年，Flint 等构建了生态健康指数（Ecosystem Health Index，EHI），提供了生态系统评价和交流的机制，包括自然和人为活动对环境的影响，综合了各种单独的指标以建立一个整体的生态系统健康评分，用综合的方法监测和评估水生生态系统健康。

在我国，有关生态系统健康的研究始于 20 世纪 90 年代末，在生态系统健康内涵上基本采纳了国外已经形成的综合观点，但在实际生态系统研究上也有一些新的拓展。比如认为从生态系统观出发，健康的生态系统是稳定和可持续的，在时间上能维持它的组织结构和自治，对胁迫有恢复力；从人类利益的角度来看，健康的生态系统为人类提供各种生态服务，如食物、水、空气等，因此综合起来，既能维持系统的复杂性又能满足人类的需求的生态系统才是健康的。认为生态系统健康是指生态系统随时间的推移有活力并能维持其组织结构和自主性，在外界胁迫下容易恢复，提出在时间和空间格局上对生态系统健康进行评估和研究的等级理论，即生态系统的基本性质包括结构、功能、动态与服务，而生态系统又可以分为基因、物种—种群、群落—生态系统、景观—区域等4个层次，两者通过巢式等级整合。认为生态系统健康是指系统内的物质循环和能量流动未受到损害，关键生态组分和有机组织被完整保存，且缺乏疾病，对长期或突发的自然或人为扰动能保持弹性和稳定性，整体功能表现出多样性、复杂性、活力，其发展终极是生态整合性。认为生态系统健康可以被理解为生态系统的内部秩序和组织的整体状况，系统正常的能量流动和物质循环没有受到损伤、关键生态成分保留下来（如野生动植物、土壤和微生物区系）、系统对自然干扰的长期效应应具有抵抗力和恢复力，系统能够维持自身的组织结构长期稳定，具有自我调控能力，并且能够提供合乎自然和人类需求的生态服务。生态系统健康的一个必要组分就是满足合理的人类利用目的，全面综合的生态系统健康应该把人类考虑在内。生态系统健康是指生态系统没有疾病；相对稳定且可持续发展，即生态系统随着时间的推移具有活力并能维持其组织及自主性，在外界胁迫下容易恢复；对相邻系统不造成压力；不受风险因素的影响；经济上可行；可维持人类和其他有机群体的健康。将生态系统健康归结为自我平衡、没有病症、多样性、有恢复力、有活力和能够保持系统组分间的平衡6个方面。也有从稳定性和可持续以及恢复力的角度来论述生态系统健康的，并认为生态系统具有一个健康阈值，一旦突破就会危及生态系统的维持和健康，表现出生态系统失调综合征（Ecosystem Distress Syndrome EDS）。

综上所述，生态系统健康是指生态系统的组织和结构稳定，具有可持续性，对胁迫有恢复力，能为人类提供合理的生态系统服务。需要特别说明的是，生态系统健康是以人类的角度来判断健康程度的，并且许多不健康的生态系统是由人为干扰造成的，因此不能将人类因素排除在外。

至目前，被大多数人认可的生态系统健康的内涵包括应具有自我平衡、没有病征、多样性、有恢复力、有活力和能够保持系统组分间的平衡的6大特征，具备生态系统没有任何病痛反应、相对稳定且可持续发展，在外界胁迫下有容易恢复的能力，拥有最活跃的系统整体、最强的生境特化性、最大的物种多样性、最完善的循环和反馈机制的系统表现。

纵观最近20多年来的研究报道，虽然有关生态系统健康内涵的研究不少，但总体大同小异，研究的重点也转移到生态系统健康评价体系的构建和实际应用中来。

2　生态系统健康评价的方法

起初曾用特殊物种或成分的单一性指标指数来衡量生态系统健康，其优点是从管

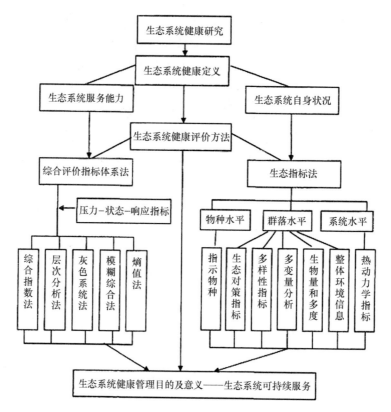

图 1　生态系统健康的内涵及管理意义

理或政策的立场来看，有利于将复杂信息传递给资源的管理者、政治家和民众。但是这种单一的指标不能充分反映生态系统的复杂性，急需建立比较全面和综合的指标体系。大多数生态系统健康的评估体系可以归结为两大类，即既考虑生态系统自身的指标体系也考虑人类活动的指标体系。

2.1　生态系统健康评价的指标体系

指标是对客观现象的某种特征进行度量，指标的功能和作用在于能够通过彼此间的相互比较，反映客观事物的情况和特征的不均衡性，为管理和决策提供依据。

指标体系的构建有些基本的原则，如选择指标时应具备：①科学性，科学性原则是指生态系统健康的评价指标体系能科学准确地反映拟评价的生态系统的实际情况。选取评价指标要有科学依据，并且要有权威性和说服力。评价指标的名称、定义、计量单位、范围和计算方法等要科学明确，不能产生歧义。②整体性，要评价的生态系统不是孤立存在的，而是一个整体存在。在评价生态系统健康时，需要综合考虑人类和其他生态系统对其产生的影响。③可操作性，可操作性原则要求评价指标计算所需的基础数据要易测易得并且要简单可行，最好都是定量指标，可消除定性指标对生态系统健康评价的主观因素影响。④层次性，生态系统是生态、环境、社会经济等构成的复杂系统，是由不同层次、不同要素组成的，因此通过分层方法可以降低生态系统的复杂程度，而且还可以比较直观地判断生态系统健康状况。⑤代表性，每个生态系统都有其各自的特点和独特的物种，因此评价指标要能反应研究区具体的自然属性和社会经济情况。

2.2 生态系统自身的指标体系

1980 年，Rapport 认为"健康"相应的生态学概念是生态系统可持续性或恢复力，并且推测这一属性可以通过一系列的指标来评估，包括初级生产力、营养物质循环率、物种多样性、指示生物、群落生产和呼吸的比率等。1984 年 Kerr 和 Dickie 首次提出了评价生态系统健康的第一个具体指标，1985 年，Hannon 提出生态系统总产量（GEP）作为生态指标，用于监测滩涂湿地生态系统健康。同年，Rapport 等提出生态系统压力的 5 个指标，即营养库、初级生产力、尺度分布、物种多样性、系统恢复（回复到更早的状态）。1986 年，Karr 等认为生态系统健康就是生态完整性（Ecological Integrity），并率先在对河流的评估中建立和使用了"生物完整性指数"（Index of Biotic Integrity，IBI），用物种组成、营养组成、鱼类丰度和环境等 12 项指标来评估和监测水体的生物完整性，这种做法在水生生态系统健康评估中得到了广泛的应用。其后 Utl-lanowicz 在 1986 和 1992 年提出了网络优势指数，将生态系统的 4 种重要特征（物种丰富性、小生境的特殊性、循环和反馈、整体活动）结合起来，并建议用这个指数来评估生态系统健康。

1992 年，Costanza 提出整个生态系统健康指数 $HI=V \cdot O \cdot R$，V 为系统活力，是测量系统活动、新陈代谢或初级生产力的指标；O 为系统组织系数，系统组织的相对程度，用 0~1 的数值表示，包括组织多样性和连接性；R 为恢复力指标，系统恢复力的相对程度，用 0~1 的数值表示。1995 年，Mageau 等建议活力可以用生产力或物质、能量的产量来评估，组织力可以用组分的多样性和它们相互依赖的程度来衡量，恢复力可以用胁迫存在时系统维持其结构的能力和行为模式来衡量。同年，Jorgensen 突破了传统的分析方法，引入系统能、结构系统能和生态缓冲容量作为评估生态系统健康的生态指标。其后，又有人用多样性指数、营养状态指数、系统能、结构系统能和浮游植物缓冲容量作为湖泊生态系统评估的生态指标对 4 种化学压力的生态系统水平的响应进行度量。

2004 年，对近海生态系统，Fabiano 等提出以沉积物微型底栖生物测量法为基础，用系统能、结构系统能和优势度来评估生态系统健康。2006 年，Vassallo 将系统能、结构系统能和优势度作为生态指标，利用沉积物中微型和小型底栖生物对环境压力的快速响应特点，来评估近岸海洋生态系统（亚得里亚海沿岸）的健康。

2.3　考虑人类活动的指标体系

目前，指标体系的研究已经从单一考虑生态系统自身特点转到了将人类活动（人类干扰）也纳入指标体系中。在国家和国际环境项目进行生态系统健康评估时，越来越多地综合考虑社会、经济和人类健康等因素。典型代表之一是北美大湖区生态系统健康评估，在这项研究项目中，指标包括压力指标（包括工农业污染，人类定居），相应的响应指标（包括污水环境的物理、生物和化学方面指标）以及相关的经济机会和对人类健康造成的风险。1993 年，Cairns 等把生态系统健康评估指标分为生态学指标、物理化学指标和社会经济学指标三大类，认为人类活动和健康与环境之间的联系对从总体上评估环境健康必不可少。2000 年，Corvalan 等列举了一些与人类有关的环境问题，如人口、空气污染、居住条件、水质量、传播性疾病、食物安全等，并针对这些问题，根据驱动力—压力—状态—暴露—影响—响应的概念模型来选取指标，其后的大部分生态系统健康评价均是在这一体系下针对不同的生态系统来修改完善的。

总之，生态系统的健康评价指标不仅使用包括系统综合水平、群落水平、种群及个体水平等多尺度的生态指标来体现生态系统的复杂性，还应用包括物理、化学方面的环境指标以及社会经济、人类健康等指标，达到反映生态系统为人类社会提供生态系统服务的质量与可持续性的目的。

生态指标包括：

1）生态系统水平上的综合指标

1985 年，Rapport 等提出以"生态系统危险症状（Ecosystem distress syndrome，EDS）"作为生态系统非健康状态的指标，包括：系统营养库（Systemnutrient pool）、初级生产力（Primary productivity）、生物体型分布（Size distribution）、物种多样性（Species diversity）等方面的下降，因而出现了系统退化（System retrogression）（Rapport et al.，1985）。具体表现为生物贫乏，生产力受损，生物组成趋向于机会种，恢复力下降，疾病流行增加，经济机会减少，对人类和动物健康产生威胁等。1992 年和 1998 年，Constanza 从系统可持续性能力的角度，提出了描述系统状态活力、组织和恢复力及其综合评价的 3 个指标。具体评价途径是：活力可由生态系统的生产力、新陈代谢等直接测量出来；组织由多样性指数、网络分析获得的相互作用信息等参数表示；而恢复力则由模拟模型计算。这是目前被普遍接受的生态系统健康指标，同时也较为全面，并与生态系统健康的概念和原则较为相符。针对当今生态系统退化的主要原因被认为是人类的干扰活动，很多学者认为生态系统健康就是生态完整性。1993

年，Karr 应用生物完整性指数，通过对鱼类类群的组成与分布、种的丰度以及敏感种、耐受种、固有种和外来种等方面变化的分析，来评价水体生态系统的健康状态。Jorgensen 等提出使用活化能（Energy）、结构活化能（Structural energy）和生态缓冲量（Ecological buffer capacity）来评价生态系统健康。活化能是与环境达成平衡状态时，生态系统所能做的功，由生态系统进行有序化过程的能力来体现；结构活化能是生态系统中的某一种有机体成分相对于整个系统所具有的活化能，而生态缓冲量是生态系统的强制函数与状态变量（活化能与结构活化能）之比。即体现生态系统的组织水平的活化能、结构活化能与生态缓冲量将随着生态系统的发展与稳定而升高，故它们能从能量角度将 Constanza 的 3 个评价指标结合在一起，从整体上对系统状态进行衡量。

2）群落水平指标

当生态系统因受到干扰和外来压力发生改变乃至退化时，通常会在群落结构上有所表现。在近年有关生态系统健康评价的文献中，最常使用的群落结构指标有分类群组成（Composition of taxonomic groups/assemblage）、种多样性和生物量等。由于近年来多样性问题在生态学界和社会公众中引起广泛关注，物种多样性已成为环境评价中被广泛使用的一个由种丰度和种均匀度构成的参数。在众多的政府机构、国际组织等支持的生态评估监测项目中，都将其列为关键性指标。但是，种多样性指数测量和计算方法的有效性及其与环境压力的相关性尚有争议。一些研究者还在努力寻求更适于生态系统健康评价的种多样性计算方法。对群落中某些分类群的组成进行分析和比较，已在健康评价实践中，尤其在水体生态系统方面，成为卓有成效的方法与指标。研究较多的分类群包括鸟类、鱼类、浮游植物、浮游动物和底栖动物等，目前，以鱼类和底栖无脊椎动物作为水体生态指标尤为广泛。对鱼类分类群组成与变化的分析是诸多湖泊、河流和沿海等水体生态系统健康评价的主要指标，水体中的无脊椎动物也是被广泛使用的监测对象，其中，底栖生物由于其定居性和在营养结构中的重要地位，故成为地区性的指标。如在澳大利亚的河流评价计划（AusRivAS）中使用了大型无脊椎动物作为重要评价指标。相对于鱼类和大型无脊椎动物这些长生活史的指示生态群，一些繁殖迅速、易于散布的分类群，如浮游生物，也能提供快速的早期反映。同时，因其流动性也带来了大区域评价功能。此外，生物体型分布、群体结构（Guild structure）、营养结构（食物网）、关键种和网络分析等也是近来使用较多的指标和方法。

3）种群及个体水平指标

依据个体或种群进行检测的基础在于选择那些对于环境变化具有指示作用的种——指示种，从公众较熟悉的、对化学因素变化较敏感的动植物以及对其他压力的作用和生态过程的变化表现较明显的种进行筛选。依赖指示种个体及其种群的评价指标，如细胞或亚细胞水平的生化效应、个体的生长率、致癌作用、畸变和先天性缺陷、个体的不同组织对化学物质的机体耐受量、对疾病的敏感度、行为效应、藻类细胞的形态变化、雌性化；种群出生率和死亡率、种群年龄结构、种群体型结构、繁殖对数目、种群的地理分布、丰富度、产量和生物量等，当指示种发生变化时，整个系统的功能和整体性质有可能还未显示出来。

人类健康与社会经济指标：

生态系统健康评价的社会经济指标集中反映了生态系统要满足人类生存与社会经济可持续发展对环境质量的要求，必须能反映：①保持人类的健康，②保证对资源的合理利用，③提供适宜的生存环境质量等目的。这些指标包括来源于经济学的指标，如收入和工作稳定性等；同时，还着眼于造成环境压力的社会指标，如人口增长、资源消费和技术发展导致人类对环境的影响强度增加。人口增长、资源过度消费和技术发展导致人类对环境的影响强度不断增加，是人类对环境造成压力的主要因素，因而，人均能量消费与消费单位物质造成的环境影响，可分别作为能源消费和科学技术因素对环境的压力指标，它们可与人口增长速度来共同评价环境压力。

物理化学环境指标：

物理化学环境指标是对生态系统的非生物环境进行检测的指标。非生物环境的因素可能是导致或影响生态过程变化的原因。如水体富营养化程度、环境中重金属含量、沉积物类型及组分含量等；同时，非生物环境的变化也是生态系统行为的反映，如水体中的溶解氧含量、酸碱度等，许多成熟的环境评价方法的物理化学指标对其选择有借鉴作用。

总而言之，不同的指标显示了生态系统健康的不同侧面，对生态系统健康的全面了解需要运用多种指标。生态系统的健康评估不仅包括生态系统水平、群落水平、种群和个体水平等多尺度的生态指标，而且还必须包括物理、化学方面的指标以及社会经济和人类健康指标，这样的评价结果方可反映生态系统为人类社会提供生态系统服务的质量和可持续性。由于生态系统的多样性和复杂性，不同的生态系统所处的自然、经济和社会状态不同，很难建立一个统一的指标体系来评估所有的生态系统。因此既要综合考虑各种生态系统自身的特点，又要兼顾生态系统的时空性及人类影响的胁迫性，针对不同类型的生态系统，筛选关键核心指标，进行综合分析，针对不同生态系统构建定性—半定量—定量的有效健康评估体系。

2.4 生态系统健康的评价方法

生态系统健康的评价有很多方法，如常用的定性描述方法：生态系统失调综合征诊断法、营养级分析法等。生态系统失调综合征诊断法的本质是判断生态系统是否异常，生态系统失调常常表现为生物多样性（包括生境、物种等）下降、初级生产者的减少、营养资源受损、外来物种优势度增加、生物分布生境范围的降低、种群异常变动、有毒物质的积累等，可以通过生态系统的特征选取关键指标进行生态系统健康状况的评估。营养级分析法是通过调查和研究获得生物丰度，以其来判断生态系统健康的状况，对于近海海域的生态健康状况可以通过测定浮游植物的丰度进而表示海域的富营养化水平，间接地定性反映近海的健康状况；也有用鱼类丰度来定性评价一个生态系统健康状况的，鱼类丰度越大代表生态系统状态越好。

近年来，生态系统健康的评价更多用半定量—定量的生物参数指示以及综合指标体系来评价。

2.4.1 生物指示法

用生态系统的生物生存、繁殖等状况来评估生态系统健康状况是最直接的生态系统健康的评价方法。

1）生物物种指示法

生物物种指示法是指根据特定物种对环境变化的响应来判断某一生态环境的状况，是一种比较简便快速的方法，但是容易遗漏重要信息，难以全面地反映复杂的生态系统变化。海洋生态系统评价中的指示物种法主要是针对海岸带区域自然生态系统进行健康评价，即根据生态系统的关键种、指示种、特有种、濒危种、长寿种、环境敏感种等物种的数量、生物量、生产力、结构指标、功能指标及其一些生理生态指标来衡量生态系统的健康状况，包括单物种生态系统健康评价和多物种生态系统健康评价，常见的海洋生态系统健康警示物种（Marine Sentinel Species）包括海獭、海牛、海豚、海鸟、海龟等。当生态系统受到外界胁迫后，生态系统的结构和功能受到影响，这些指示物种的适宜生境遭到破坏，指示物种结构功能指标将产生明显的变化，因此可以通过这些指示物种的结构功能指标和数量的变化来表示生态系统的健康程度。

1916 年，德国 Wilhelmi 首次用小头虫 *Capitella capitala* 指示和评估海洋有机污染状况。目前，指示物种的类群已扩大到包括原核生物的细菌、原生动物、线虫动物、环节动物［如多毛类的小头虫和寡毛类的颤蚓（*Tubifex* spp.）］、软体动物［如紫贻贝（*Mytilus edulis*）和加洲贻贝（*M. californianus*）］、节肢动物［如甲壳类的糠虾目（Mysidacea）、蜾蠃蜚属（*Corophium*）和石蝇幼虫］、棘皮动物、半索动物的柱头虫（*Balanoglossusgigas*）、鱼类［如弯月银汉鱼（*Archomcnidia sallei*）和裸项栉虾虎鱼（*Ctenogobius gymanauchen*）］、两栖动物（如海娃）、鸟类、哺乳动物（如南方水獭）、高等水生植物等。随着科学技术的发展，除了在个体或种群水平去研究这些物种的指示作用外，还可在细胞、亚细胞等水平应用毒理学和分子生物学的检测方法去研究其

175

生理生化指标，更加定量地反映环境污染和生态健康现状：遗传毒理学方法，如利用细胞微核技术、四分体微核技术来监测水体污染；分子生态毒理学方法，如把腺三磷酶等酶作为生物学标志，测量动物体内各种酶的活性，并以其活性强弱作为多种污染物胁迫的指标；水生生物环境诊断技术（AOD），如采用红鳍鱼和淡水虾检测水体环境中的低毒性物质；还有 SOS 显色法、四膜虫（*Tetrahymenapyrofimris*）刺泡发射法等技术也得到较广泛应用。

快速生物评价法是 20 世纪 80 年代在北美应用的一种半定性半定量方法，最早用以快速评价的生物是鱼类，近年来，大型底栖无脊椎动物以其独特的优越性已被美国、英国、加拿大和澳大利亚等国环保部门广泛作为指示物。在国内较多使用快速生物评价法评价河流及湖泊生态系统，在近海区的海岸带应用较少，但该法具有诸多优点，应用前景较广阔，具体的优点包括：①对不同小生境进行半定量和半定性采样，而不是重复定量采样；②采用标准化的亚样选取法，即限定亚样的总个体数和单个分类单元个体数的最大值，节省了时间；③用多种生物指数综合评价水质，而不是单用某个指数，如香农—威纳（Shannon-Wiene）多样性指数、BMWP 记分系统等，评价方法和结果易为公众理解；④注重对采样点栖境质量的评估，供判别水质时参考。这种方法的关键在于选定一系列不受人为活动干扰或最低限度受损害的地点作为"参照点"，以形成参照组信息数据库。

2）生物指数法

自 20 世纪 50 年代后期起，由于生物的适应性和生态系统的复杂多样性，单纯用个别或少数种类来指示或判断环境质量似乎过于简单化，难于反映实际情况，因而在评估健康状况时除了采用丰度、生物量等简单参数外，还引入一些反映群落结构稳定性与生物耐污能力有关的生物指数。此法主要是通过群落生态调查，比较某一区域污染前后群落结构上的差异，或比较相似生境中群落结构上的差异，如不同生物类群的比例，来检查群落结构稳定性的维持情况，进而作为生态健康评价的一个依据。常见的生物指数有香农—威纳多样性指数（H′）、线虫与桡足类数量之比（N/C 指数）、生物系数（BC）、O/E 指数（Observation/Expectationindex）、生物完整性指数（IBI）、底栖动物完整性指数（B-IBI）、底栖生物栖息地质量指数（BHQ）等。

1981 年，美国生物学家 Karr 首次提出生物完整性指数（Index of Biological Integrity，IBI），指出完整性指数是由多个生物状况参数组成的，通过比较参数值与参考系统的标准值可以得到该生态系统的健康状况。Karr 首次利用鱼类的 IBI 指数评价河口健康状况，此后生物完整性指数应用到了更多的领域。Weisberg，Lacouture 和 Carpenter 等相继建立了美国 Chesapeake Bay 底栖生物完整性指数（B-IBI）、浮游植物生物完整性指数（P-IBI）、浮游动物生物完整性指数（G-IBI）。2006 年起，美国环保局选取生物完整性指数（IBI）作为生物指标对 Chesapeake Bay 环境质量进行综合评价。生物完整性指数（IBI）主要是从生物集合体的组成成分即多样性和结构两个方面反映生态系统的健康状况，在水生生态系统研究中被广泛应用。2009 年，Jorge 等用营养级指数（The trophic index）和加拿大水生生物指数（Canadian index for aquatic life）诊断每个子区域的健康状况，从而评价墨西哥东南部近海生态系统的健康状况。海湾生态系统健康评价较早的案例研究是美国切萨皮克湾，从生态系统的活力、组织和恢复力 3 个方面评价了切萨皮克湾的健康状况。

2000 年，海洋生物指数 AMBI（AZTI's Marine Biotic Index）由 Borja 等提出，该指数最初用于欧洲河口和近海海域的生态质量状况和生境质量的评估，现已被广泛地应用在欧洲、北美洲等区域的河口和近海海域的底栖生境健康评价中。M-AMBI（Multi-variate-AMBI）是 AMBI 指数的拓展形式，其将 AMBI 指数、物种丰富度以及 Shannon-Wiene 多样性指数结合，既包含了底栖生物生态群落等级因子，又包含了物种丰度和多样性指数因子，能更综合地评价区域的质量状况，该指数也被列为欧洲近海和河口水域评估的标准方法。M-AMBI 指数评价生态质量状况的关键因素是参照条件的确定。2012 年，F. Lugoli 测试了过渡水域和近海水域的一个新的指数——浮游植物粒径谱敏感性指数（Index of Size spectra Sensitivity of Phytoplankton，ISS-Phyto），这个指数综合了简单的粒径谱度量，粒径等级对人类干扰的敏感性，浮游植物生物量（叶绿素 a）以及分类丰富度阈值（Taxonomic Richness Thresholds），结果表明 ISS-Phyto 能够区分人为和自然干扰状况。

渔获物平均营养级（Mean trophic level，MTL）概念由 Pauly 等在 1998 年提出，近年来，将渔获物平均营养级作为以生态系统为基础的渔业管理评价指标被普遍应用，渔获物营养级水平的变化，能够反映出捕捞活动下群落结构的变化，对了解海洋生态系统结构和功能的变化有重要意义。随着营养动力学研究的深入，学者开始从渔获物平均营养级入手，研究特定海域生态系统的动态变化。高营养级鱼类的资源丰富度越高，表明该生态系统的生物多样性水平越高。群落平均营养级不仅可以揭示系统或群落的营养格局和结构组成特征，也能用于评估生态系统的资源利用状况和外界干扰程度。

目前常用的与生物指数法相关的群落水平的图析法主要有 2 类。①丰度生物量比较曲线法（ABC）。由 Warwick 在 1986 年提出，并两度修正，其基本原理是在稳定的生态环境中，群落的生物量由一个或几个大型的种占优势，种内生物量的分布比丰度分布显优势，若将每个种的生物量和丰富度对应作图在 K 优势度曲线上，得出整条生物量曲线位于丰度曲线上方；当群落受到中度污染时，生物量占优势的大个体消失，在此情况下种内丰度的分布与生物量分布优势难分，表现为生物量曲线与丰度曲线相互交叉或重叠；当严重污染时，生物群落的个体数由一个或几个个体非常小的种占优势，种内丰度的分布比生物量的分布更显优势，整条丰度曲线位于生物量曲线上方。②对数正态分布法（Thelog-normaldistribu-tion），又称对数正态图形法，由 Gary 在1981 年提出，该法被认为是一种敏感的测定有机质污染引起的变化的方法，其基本原理是对一个未受污染处于平衡状态的群落，即种的迁出和移入速率固定，对数正态是一个合适的统计学描述，在轻微的富营养化条件下，有些种增加其丰富度，同污染的条件相比，前者的对数正态图形中包括的几何级数量要多一些，这就导致了对数正态直线的弯折，但只有长时间持续弯折，才可能指明是污染的影响。

2.4.2　指标体系法

指标体系法是目前发展最快、应用最广的生态系统健康评价方法，它综合了生态系统的多项指标，反映了生态系统的过程，能够全面地反映生态系统的状况。合理的指标体系既要反映水域的总体健康水平，又要反映生态系统健康变化趋势。从评价内容上看，指标体系法分为两类：①仅考虑生态系统自身特点的指标体系。②同时考虑人类活动的指标体系。指标可分为生态学指标、物理化学指标和社会经济指标，这类指标体系综合了生态系统的多项指标，从生态系统的结构功能和生态系统服务功能的角度来衡量生态系统健康，强调生态系统为人类服务以及生态系统与区域环境的演变关系。

较早的完整的生态系统健康指标体系是由 UNEP 构建，1992 年在日内瓦建立的海洋生态系统健康指标体系，具体的做法是选取生物学、物理化学和水文形态学质量要素，以未受干扰的水体状况作为评价参考基准，将生态状况分为优、良、中、劣、差5 个级别。指标体系法是一种系统综合的评价方法，需要遵守一定的指标选取理论、原则及方法，自行合理构建评价生态系统的指标体系，经指标值标准化和指标权重值确立，最终建立评价模型；该法关键在于如何选择适宜的评价指标和评价标准，难点在于权重的确立。指标选取的理论及原则、指标选取的方法、指标体系的构建、评价标准和等级的确定、指标标准值的确定及指标值的标准化、权重的确定及评价模型的建立等是指标体系法的核心和关键。

多指标体系综合指数法是指根据生态系统的特征和服务功能建立的指标体系，通过数学模拟确定其健康状况。该方法被较多地应用于海湾生态系统健康评价。合理的指标体系既能反映水域的总体健康水平，又能反映生态系统健康变化趋势。多指标体系综合指数法根据指标分类又可分为综合指数法、活力组织恢复（Vigor-or ganizationresilience，VOR，结构功能）综合指数法和压力状态响应（Pressure-state-response，PSR 模型）综合指数法。多指标体系综合指数法的主要内容包括确定研究区域和研究尺度（研究区域分区）；针对研究区域特点，选取适当指标，建立指标体系；确定指标权重；确定指标评价标准，对指标进行赋值或归一化处理；计算综合健康指数，得出研究区域生态系统健康状况。其中，确定指标权重是重要的步骤。较常用的确定权重方法有层次分析法（Analytichier archyprocess，AHP）、主成分分析法、模糊数学法和灰色关联度法等，其中 AHP 较多地被用于多指标体系综合指数法中权重的确定。层次分析法经过多年发展，形成改进层次分析法、模糊层次分析法、可拓模糊层次分析法和灰色层次分析法等。根据研究的实际情况，它们各有其适用的范围。评价标准的确定是基于环境管理目标、未受人类影响或受影响较小的区域、历史数据或相对评价（通过依靠现有的调查）数据，将各评价因子的最大值、最小值、中值作为确定相对标准的主要依据等。综合健康指数的计算，采用直接加和、算术平均或者模糊数学等方法。

综合指数法选取多指标建立指标体系，包括物理化学指标、生物生态指标、人类健康指标和社会经济指标。其中，物理化学指标集中于水生生态系统中非生物环境的测定，如溶解氧、重金属浓度、总磷、pH 值、色度等；生物生态指标是反映生态系统特征和状态的生物指标，分为种群及个体水平、群落功能与结构水平（生物完整性指数、多样性指数等）、生态系统综合水平（初级生产力、能质等）；人类健康指标包括死亡率、主要疾病发生程度、文化水平等；社会经济指标包括 GDP、失业率、人均能量消费等。美国沿岸海域状况综合评价方法选取水清澈度、溶解氧、滨海湿地损失、富营养化状况、沉积物污染、底栖指数和鱼组织污染 7 个指标，以各指标的平均值为评价标准，直接加和进行综合评价。评价结果划分为 1（差）、3（一般）、5（好）3 个级别。我国的《近岸海洋生态健康评价指南》选取水环境、沉积环境、生物残毒、栖息地、生物 5 类指标，分别赋予权重和赋值。各类指标赋值之和为综合健康，按健康（>75）、亚健康（≥50、<75）和不健康（<50）来分级。

活力组织恢复（Vigor-organization-resilience，VOR 或结构功能组织）综合指数法是指基于对指标体系的构建选取活力、恢复力、组织结构的方法。活力是指根据营养循环和生产力所能够测量的所有能量。海洋生态系统活力主要考虑初级生产力、单位养殖容量和单位渔获量。组织结构是指生态系统结构的复杂性，包括溶解氧、无机磷、无机氮、化学耗氧量、底栖生物种类多样性指数、浮游动物种类多样性指数、浮游植物种类多样性指数。恢复力是指系统在外界压力消失的情况下逐步恢复的能力，如无机磷环境容量、无机氮环境容量、COD 环境容量。

压力状态响应（Pressure-state-response，PSR）综合指数法是根据生态系统对外界压力的反应建立的生态系统健康评价体系。该体系中压力和与压力相关的因子对生态系统的影响比较重要。其中，压力指标是描述人类开发利用资源和土地等活动所排放的物理的、生物的影响，包括水产养殖、城市化、物种入侵等；状态指标描述的是特定区域物理、生物、化学方面的质量，如富营养指数等；响应指标是指社会群体和政府采取的阻止、补偿、改善和适应环境状态变化的行动。

指标体系法能够反映信息的全面性和综合性，因而被广泛应用于生态系统健康评价中。该方法综合了生态系统的多项指标，反映生态系统的过程，从生态系统的结构、功能演替过程和生态服务、产品服务的角度来度量生态系统健康程度，强调生态系统为人类的服务以及生态系统与区域环境的演变关系，并且反映生态系统的健康负荷能力及其受胁迫后的健康恢复能力，能够较全面地揭示生态系统不同尺度的健康状况。

生态系统健康的评价方法经历了从定性到定量，从个别评价指标向综合指标，从小尺度到大尺度变化的过程。在对生态系统的健康评价过程中，各种方法繁多，根据各系统的特性不同，可采用合适的方法进行评价，其最终的目的是要能全面综合地反映某一生态系统的健康状况，每一种方法均不是独一的，在一个系统中，为达到客观评价的目的，有时需要同时采用几种方法。环境污染、人为活动以及社会经济的发展均会带来一系列生态系统健康问题，而只采用一种方法具有一定的片面性，同时，在评价的过程中，新的更可行的方法仍需不断建立，对各系统特性的研究及外来物的监测，可能是发展新方法的最有效途径。

由于生态系统的复杂性、多变性和人类认识的局限性，健康的内涵和标准、评价的时空尺度、关键指标的阈值、重要数据获取等生态系统健康评价研究还存在很多的问题，具体体现在：①生态系统健康状态的不确定性，虽然生态系统健康的标准已提出许多，但对于生态系统健康状态的确定仍有许多不确定性，尤其是生态系统在什么状态下才是没有干扰，才是健康的，这可能要从各种生物如何面对不可确定性的反应中寻找答案；②生态系统健康的程度的差异性，其健康评价要综合考虑生态、经济和社会因素，但对各种不同的时间、空间和异质的生态系统而言实现起来比较困难，尤其是人类影响与自然干扰对生态系统影响有何不同难以确定，生态系统改变到什么程度下其为人类服务的功能仍能维持，等等；③生态系统的极端复杂性，生态系统健康很难简单概括到一些易测定的具体指标，评估方法也还有待改进，很难找到准确的参考点来评估生态系统受干扰的情况；④生态过程的变化性，生态系统变化是一个动态的过程，它自有一个产生、成长到死亡的过程，很难判断哪些是演替过程中的症状，哪些是干扰或不健康的症状，尤其是幼年的和老年的生态系统；⑤生态系统健康的评估的困难性，健康的生态系统应具有吸收、化解外来胁迫的能力，但这种能力还很难测定，尤其是这种能力在生态系统健康中的支撑作用很难获得；⑥生态系统的健康的时间稳定性，一定状态下的生态环境到底能持续多长时间；⑦生态系统保持健康策略揭示的艰难性，生态系统保持一定的状态，其本质的原因是什么，物种、群落与环境胁迫所起的作用及耦合机制是什么，等等，至今还不清楚，尽管生态系统健康评价可为探明环境问题提供一些概念构架和研究手段，但这些问题的解决还需科学家多年的努力。

3　海洋健康评价

海洋生态系统健康（Marine Ecosystem Health，MEH）是将生态系统健康概念应用到海洋生态系统中，是指海洋生态系统内部的自然健康状态。强调系统的组成结构、功能的变化以及系统的完整性，以系统内部人类的贡献反映其健康状态，更看重的是海洋生态系统向外输出指标和发挥服务功能的变化。一般认为健康的海洋生态系统应：①没有严重的生态胁迫症状；②能够从正常的人为干扰或自然的胁迫中恢复成原有状态；③能够在不存在或者基本不存在注入的情况下，具有自我维系的能力；④不会给周围系统造成胁迫；⑤可维持人类和其他生物群落的健康。

海洋健康的概念是 20 世纪 70 年代由联合国教科文组织/全球海洋学委员会（UNESCO/IOC）提出的，定义为由人类活动所产生的负面影响导致的海洋环境状态，这里的状态既指海洋当前的状况，也指海洋普遍发展的趋势及对今后海洋质量或改善或恶化的预判，也就是指海洋受到人类经济社会行为引发的污染损害，海水中污染物增多、海洋生物出现中毒、营养结构改变、热量不平衡等，使海洋表现出如人体健康受到某些威胁或影响时的状态。所以，海洋健康通常描述为海洋生态系统内部运转有序、和谐稳定的状态或状况，是一种拟人化的表述。只有海洋处于机体健康、有序生产的状态，才能可持续地为人类的福祉提供服务。对于海洋生态系统，注入生态系统内的能量越多，各种物质在生态系统内循环得越快，它就有越好的活力，但是，这不能说明活力越好就表示生态系统越健康。通常在水土生态系统中，能量注入得越多越是有可能引发富营养化效应。海洋生态系统是一个极其复杂的系统，具有纷杂的组织类群，故健康的海洋生态系统一般都具有复杂的组织性。海洋生态系统健康应包含以下几方面内涵：①自身形态结构的完整性；②维持正常的服务功能；③抵御外界压力的能力；④生态系统功能的完善。海洋健康应是海洋生态系统的自然形态结构与功能处于良好状态，即近海生态系统的结构合理、功能健全，在面对自然和人类一定程度的外界压力时，具有一定的抵抗力和恢复力，可正常发挥其各项自然生态和社会服务功能，并能满足人类社会合理需要、经济发展和福利要求，最终保证海洋资源环境的可持续利用（图2）。

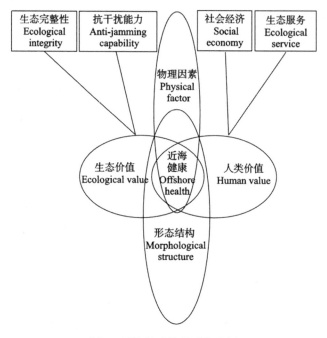

图2　近海健康的范畴与内涵

保护国际基金会（CI）组织协调多方合作在整合现有的数以百计的各类指标的基础上，通过科学分析研究，提出了一个综合评估海洋生态系统整体状况的指数——海洋健康指数（OHI），OHI表明人类社会与海洋生态系统存在联系，人类是海岸带和海洋系统的组成部分，该指标体系强调数据的连续性以及数值的保守性和可获取性，该指数是一个评估海洋为人类提供福祉的能力及其可持续性的综合指标体系。在OHI评价框架中，人类因素、环境因素和生态因素被视为海洋生态系统的关键因素，相对而言衡量的是可持续且最优的效益数量，并不是衡量海洋或海岸线区域的原始状态。它将自然和人类看作健康体系中相互协调、相互依赖的一部分，运用从世界各地搜集来的数据，选取10个被广泛认可的目标，包括食物供给（Food provision，FP）、传统渔民的捕捞机会（Artisanal opportunities，AO）、自然产品（Natural products，NP）、碳汇（Carbon storage，CS）、海岸防护（Coastal protection，CP）、海岸带生计与经济（Coastal livelihoods and economies，CLE）、旅游与休闲（Tourism and recreation，TR）、海洋归属感（Sense of place，SP）、清洁水域（Clean waters，CW）、生物多样性（Biodiversity，BD）进行赋分，OHI最后的得分是在计算每个指标的得分之后，乘以每个指标的权重得出的，分数通过百分制表示。

10 个指标的内涵如下：

（1）FP 是海洋为人类提供的一项最基本的服务功能，该目标主要评估的是人类能够可持续地获得的海产品的量，包括野生捕获的商业捕捞鱼量、海水养殖、观赏和休闲鱼类养殖。人类能够可持续地获得的海产品产量越多，得分越高。包括捕捞渔业和海水养殖两个子目标。捕捞渔业：从海洋和海岸带水体中获得的可持续的商业捕捞量。分数越高，表明实际捕捞渔业产量与最大可持续产量（MSY）越接近。海水养殖：从海洋和海岸带养殖业中获得的商业捕捞量。海水养殖这个子目标严格的定义为来自海洋和（粮农组织类别中的）微咸水的海洋类别养殖的产量，不包括水生植物，例如巨型藻类、水草等短期养殖用以制药或者日化使用而非食物供给的产品。该指标反映了一个地区的当前状态与达到最大产量的比值。

（2）AO 就是通常所谓小规模捕捞，这种捕捞行为主要为沿海居民，特别是发展中国家沿海居民提供食物营养和生计。AO 主要涉及家庭捕捞、合作社或小公司（相对于大的商业公司）等。他们使用相对少的资金、精力以及相对小的捕捞船，捕获的产品主要供给当地的消费或交换。这些特点不同于商业规模的捕捞之处在于它不参与全球的渔业贸易。该目标主要评估捕捞行为是否是合法和被允许的。高分意味着 AO 是符合法律规定并是一种可持续的行为。

（3）NP 在许多国家对当地的经济贡献很大，有时还可用于国际贸易。所以这类NP 的可持续收获也是海洋健康的一个重要组成部分。该目标主要评估一个区域能够最大化且可持续地从海洋获得非食物性海洋资源的能力，包括：观赏鱼、珊瑚制品、鱼油、海藻、海绵和贝壳等，但该资源不包括石油、天然气和矿产等，其被划分为不可持续的资源。可持续的获得能力意味着该区域的海洋活动对海洋环境和海洋生物不产生或仅产生很小的影响。高分说明当前的可持续收获率接近但不超过该地区的最大历史收获率。

（4）CS 用于评估海洋对于碳的吸收和储存能力。由于滨海湿地可以储存空气中大量的碳，因此对于这些湿地的破坏也将会使固定于其中的碳被大量释放到海洋大气中。该子目标主要关注的是对于红树林、海草床、盐沼等 3 类海岸带生境类型的有效管理，从而提高滨海湿地储存碳的能力。高分意味着海草床、盐沼和红树林得到很好的管理和保护。

（5）CP 用于评估海洋和海岸带生境对于沿海居民的设施建设、房屋等，以及海洋公园等对人类活动有意义或者价值的区域的保护能力。具体评估内容包括了珊瑚礁、海草床、红树林、盐沼和海冰对于洪水、岸滩侵蚀等的抵抗作用。分数越高意味着生境越完好，或恢复能力越接近参考状态。通过保护和恢复工程可以使以上几种生境的损失最小化。

（6）CLE 用于衡量一个区域是否能够提供稳定的涉海工作岗位以及从事海洋工作人口的收入能力。包括生计与经济两个子目标：生计用于衡量涉海工作的就业率与人均工资水平；经济用于衡量海洋相关产业相对于该区域 GDP 的贡献率。

（7）TR 是沿海地区蓬勃发展的重要组成部分，同时也是人们对海洋系统价值的一种衡量，即人们到海岸带和海洋地区旅游表达了他们亲临游览这些地方的偏好。该目标并不是指 TR 所带来的收入或生计（这在生计目标中得以体现），而是旨在获取人们从海洋所获得的体验和享受的价值。

（8）SP 是试图获取将人们视为他们的文化身份一部分的价值的沿海和海洋系统的各个方面，这包括了居住在海洋附近的人们以及那些虽然住得离海洋很远但可通过特定区域和物种的存在而得到身份或价值感的人们。SP 划分为两个子目标，即标志性物种和人文价值区。标志性物种是用于评估在当地文化传统中具有重要意义的物种，包括：①传统活动，如钓鱼、捕猎或贸易；②当地的民族或宗教活动；③存在价值；④当地公认的审美价值（例如，旅游景点/常见的艺术主题，如鲸）。人文价值区是用于评估海洋对人们产生美、精神、文化、娱乐作用的重要场所。

（9）CW 用于评估海洋水体是否受到污染。油类、化学品、富营养化、病原生物和垃圾均会对人类的健康、生活及海洋物种和生境的健康产生影响。分数越高意味着海洋水体受到营养盐、化学品、病原生物和海洋垃圾的影响程度越小，水体的清洁程度越高。化学品类型污染的计算采用的是以下 3 个方面的平均值：陆源有机物污染、陆源非有机物污染以及来自商业船只和港口造成的海洋污染。由于数据收集的困难，OHI 把多项 CW 评价指标归纳成为 4 项：营养盐、化学物质、病原体及海洋垃圾。这样做能够使得评价指标更容易被接受，数据也更容易收集。

（10）BD 目标通过物种和生境两个子目标来评估当前物种受保护的状态。物种：用于评估各地区海洋物种灭绝的风险，较高的得分意味着该区域很少有物种受到威胁或濒临灭绝。生境：用于评估生境的状况，评估珊瑚礁、红树林、海草床、盐沼和底栖的环境质量状况。

OHI 首先进行了全球海洋的健康评价，提供全球性的得分，此后又对全球 171 个专属经济区的海洋健康状况进行了评价，2012 年 8 月 16 日，由美国加利福尼亚州大学圣巴巴拉分校的 Halpern 等在《Nature》发表了采用海洋健康指数指标体系计算的全球海洋生态系统的评价结果，结果显示，全球海洋总分为 60 分，表明全球海洋健康状况还有很大的改善空间。全球各国海域的得分在 36~86 分之间，太平洋上的贾维斯岛海域是最高分的海域,西非沿海是最低分的海域,得分高于 70 分的沿海国家只有 5%。从不同区域来看,得分较高的有部分北欧、加拿大、澳大利亚和热带岛国及未开发区域,得分较低的有西非、中东和中美洲国家。自 2012 年开始,Halpern 等在美国西海岸和巴西对近岸海洋健康状况进行了 OHI 评估,结果显示,美国西海岸得分 71,最高分的指标包括 TR(99 分)和 CW(87 分),而得分最低的指标是 SP(48 分)和 AO(57 分)。巴西的渔业管理比较薄弱,需要扩大海洋保护区面积,监控生物栖息地环境。

2015 年全球海洋 OHI 平均得分为 71 分,各国邻近海域的得分在 42~89 分之间,全球最低分是非洲的象牙海岸(42 分),最高的是赫德和麦克唐纳群岛(89 分),中国邻近海域得分为 61 分,2016 年、2017 年和 2018 年中国邻近海域 OHI 得分分别为 63 分、62 分和 60 分,反映了我国海洋生态系统健康有待改善。

近海是人类影响最严重的海域,近岸日益增长的人口和人民生活水平的不断提高导致土地利用方式的变化,城市化进程加快;人工养殖范围的不断扩大,导致生物栖息地的转移或消失、部分物种濒临灭绝;陆源污染物的大量输入导致水体富营养化和海洋生物中毒;海洋资源的不合理开发利用导致生物多样性减少等。在人类的高强度活动干扰下,近海生态系统的功能已严重紊乱,出现了"生态系统危机综合征"(ecosystem distress syndrome EDS),业已成为"患病"最严重的生态系统。

目前国际上最有代表性的两种近海生态系统评价方法分别是美国的"沿岸海域状况综合评价方法"(ASSETS)和欧盟的奥斯陆—巴黎协议(Oslo-Paris Convenion,OSPAR)东北大西洋海洋环境保护计划中的"综合评价法"(OSPAR-COMPP)。两种方法都是通过构建大型系统的评价指标体系来评价生态系统健康的,其主要区别也在于指标体系的差异,前者将水质、溶解氧、滨海湿地损失、富营养化状况、沉积物污染等共 7 类指标作为标准评价;后者则通过生物学质量要素、物理化学质量要素和水文学要素来构建评价指标体系。但是两者都基于压力(P)-状态(S)-响应(R)框架,建立了包括水体、沉积物、生物和大气污染物沉降等众多参数的评价指标体系。PSR 模型是在 20 世纪 90 年代后期由联合国经济合作开发署(OECD)提出的,该模型从社会经济与环境有机统一的观点出发,清晰地反映了生态系统健康与自然、经济、社会因素之间的关系,为生态系统健康评价体系的构建提供了一种逻辑基础,因而获得比较广泛的认可和应用。

4 结语

生态系统健康评价因其生态类型千差万别,评价的时空差异巨大,对生态系统外观表现和内在变化认识有限,到目前为止尚无统一而被广泛接受的评价方法。不同学者根据评价对象和不同的评价目的，侧重点不同，具体评价方法呈多元化的发展趋势。生态系统健康评价的方法经历了从定性到定量，从个别评价指标向综合指标，从小尺度到大尺度变化的过程。在对生态系统的健康评价过程中，往往根据系统的特性不同，采用合适的方法进行评价，其最终的目的是要能比较全面、综合地反映生态系统的健康状况。

对海洋健康而言，现有评价方法中还存在的评价指标繁多、数据量要求大、生物指标所需分类水平高和鉴定难度大等现实问题，对此也提出了不少的解决思路，如针对海洋生物指标和生物鉴定水平，分层次地简化海洋生态系统健康评价指标和海洋的生物分类鉴定过程，筛选优化生态系统健康的评价指标体系；采用主观权重法（层次分析法）、客观权重法（改进熵值法）及主–客观结合的权重折中系数法，估算海洋生态系统健康评价指标权重值，优化给出评价的指标及权重等。

结构与功能内涵的表征是海洋健康评价的核心，所以，完善海洋生态系统健康评价指标体系是首要问题，目前评价指标通常选取海洋环境化学指标和海洋生物的结构指标，反映海洋生态系统特征的一些重要指标，如海洋地形地貌参数、滩涂生境及物质循环、能量流动等功能指标较少被应用，如何将这些指标与常见的海洋环境化学、生物等指标结合，提出符合实际情况的度量标准是关键，同时，如何将海洋生态系统服务指标和社会经济指标纳入现有的评价指标体系中，探明评估指标与人类活动的相关性也是亟须解决的问题。其次，海洋健康评价的标准亟须建立，定量化海洋生态系统健康评价的评价标准是定量评价的依据和基础，海洋生态基准值、环境背景值、评价基准值等均需慎而又慎地客观科学地确定。第三，海洋生态系统健康影响的过程和机制亟须深入探明，对于海洋生态系统健康多数局限于对"状态"的评估和判断，而对于海洋生态系统健康的动态变化趋势，外来的干扰因素如何作用并影响海洋生态系统的健康状态，不同因素的作用程度、作用机制及调节机制等还很不清楚，海洋生态系统动态变化过程的研究必不可少。第四，海洋健康评价的结果对海洋资源环境可持续利用的指导作用需要强化，目前，海洋健康评价更多的是研究和少量指导海洋管理，这种状况必须改变，即海洋健康评价的结果要用于指导海洋资源环境开发利用的实践和刚性要求。

总之，海洋生态系统健康的评价及影响过程还有很多的科学和技术问题需要探明和解决，海洋健康评价不应主要限制在科学研究层面，更重要的是要把评价结果用于指导海洋资源环境的开发利用和海洋管理，从这方面来说，海洋生态系统健康评价的任务十分艰巨。

参考文献

陈耀辉,刘守海,何彦龙,等.2020.近30年长江口海域生态系统健康状况及变化趋势研究.海洋学报,42(4):55-65.

戴本林,华祖林,穆飞虎,等.2013.近海生态系统健康状况评价的研究进展.应用生态学报,24(4):1169-1176.

李志鹏,杜震洪,张丰,等.2016.基于GIS的浙北近海海域生态系统健康评价.生态学报,36(24):8183-8193.

刘守海,张昊飞,何彦龙,等.2018.基于河口生物完整性指数评价上海周边海域健康状况的初步研究.生态环境学报,27(8):1494-1501.

刘志国,叶属峰,邓邦平,等.2013.海洋健康指数及其在中国的应用前景.海洋开发与管理,11:58-63.

牛明香,王俊,徐宾铎.2017.基于PSR的黄河河口区生态系统健康评价.生态学报,37(3):943-952.

蒲新明,傅明珠,王宗灵,等,2012,海水养殖生态系统健康综合评价:方法与模式.生态学报,32(19):6210-6222

宋金明,李学刚,袁华茂,等.2019.渤黄东海生源要素的生物地球化学.北京:科学出版社:1-870.

宋金明,李学刚,袁华茂,等.2020.海洋生物地球化学.北京:科学出版社:1-690.

宋金明.2004.中国近海生物地球化学.济南:山东科技出版社:1-591.

王启栋,宋金明,袁华茂,等.2021.基于"双核"新框架的烟台近岸海洋环境健康综合评价.应用生态学报(出版中)

王启栋,宋金明,袁华茂,等.2021.基于近海健康评价现有体系的我国普适海洋健康评价"双核"新框架的构建.生态学报,41(10):3988-3997.

吴斌,宋金明,李学刚.2011.一致性沉积物质量基准(CBSQGs)及其在近海沉积物环境质量评价中的应用.环境化学,30(11):1-8.

吴斌,宋金明,李学刚.2014.黄河口大型底栖动物群落结构特征及其与环境因子的耦合分析.海洋学报36(4):62-72

吴斌,宋金明,李学刚,等.2013.证据权重法及其在近海沉积物环境质量评价中的应用研究进展.应用生态学报,2013,24(1):286-294.

吴斌,宋金明,李学刚,等.2012.沉积物质量评价"三元法"及其在近海中的应用.生态学报,32(14):4566-4574.

杨颖,刘鹏霞,周红宏,等.2020.近15年长江口海域海洋生物变化趋势及健康状况评价.生态学报,40(24):8892-8904.

周晓蔚,王丽萍,郑丙辉.2011.长江口及毗邻海域生态系统健康评价研究.水利学报,42(10)：1201-1208.

Bin Wu, Jinming Song, Xuegang Li. 2014. Evaluation of potential relationships between benthic community structure and toxic metals in Laizhou Bay. Marine Pollution Bulletin 87：247-256

Bin Wu, Jinming Song, Xuegang Li. 2014. Linking the toxic metals to benthic community alteration：A case study of ecological status in the Bohai Bay. Marine Pollution Bulletin 83：116-126

Borja A,Franco J,Valencia V, et al. 2004. Implementation of the European water framework directive from the Basque Country (Northern Spain)：a methodological approach. Marine Pollution Bulletin, 48:201-218.

Halpern B S,Longo C,Hardy D,et al. 2012. An index to assess the health and benefits of the global ocean. Nature,488:615-620

Halpern B S. 2008. A global map of human impact on marine ecosystems,Science,319:948-952

HY/T 087-2005,近岸海洋生态系统健康评价指南.2005.

Rapport D J, Regier Hutchinson T, et al. 1985. Ecosystem beharior under stress[J]. American raturalist, 617-640.

U. S. Environmental Protection Agency. 2012. National Coastal Condition Report IV,EPA-842-R-10-005. Washington DC：U. S. Environmental Protection Agency,Office of Research and Development/Office of water.

作者简介：

宋金明，中国科学院海洋研究所研究员、博士生导师，兼任青岛海洋科学与技术试点国家实验室副主任、中国科学院大学海洋学院副院长。国家杰出青年科学基金、中国科学院"百人计划""中国青年科技奖"、国家百千万人才工程国家级人选与国务院政府特殊津贴的获得者。长期从事海洋环境生物地球化学研究，任《中国科学-地球科学》（中英文版）、《海洋学报》（副主编）、《海洋与湖沼》（副主编）、《热带海洋学报》（副主编）、《生态学报》（执行副主编），《地质学报》（英文版）等10余种学术刊物编委。发表论文500余篇，其中SCI论文180篇，独立或第一作者出版专著9部（包括国外出版英文专著1部），科普著作3部。

大气干湿沉降及其对海洋生态环境的影响

宋金明[1,2,3,4],邢建伟[1,2,3,4]

(1. 中国科学院海洋生态与环境科学重点实验室 中国科学院海洋研究所,山东 青岛 266071;2. 青岛海洋科学与技术试点国家实验室海洋生态与环境科学功能实验室,山东 青岛 266237;3. 中国科学院大学,北京 100049;4. 中国科学院海洋大科学研究中心,山东 青岛 266071)

摘要: 作为全球变化研究的重要领域,大气沉降及其生态环境效应备受关注。本文比较系统总结了大气沉降及其对海洋生态环境影响进展,在此基础上分析了大气沉降研究的发展趋势。海洋大气沉降主要来自海洋气溶胶和人为影响带有污染物质的陆地气溶胶传输沉降,在中国近海大气沉降中,渤海总氮沉降中以硝酸氮沉降为主,其他 3 个海域以铵氮沉降为主。渤海、黄海、东海干沉降中以硝酸氮沉降为主,南海以铵氮沉降为主;4 个海域大气氮湿沉降中均以铵氮沉降为主。大气氮的输入对近海初级生产有重要贡献,相比于工业革命前,由人为活动造成的大气氮沉降的增加已占到全球海洋外源氮输入的近 1/3,可支持海洋中约 3% 的新生产力,并且这部分氮输入还将继续增加,综合研究分析可知,大气氮输入对东海初级生产的贡献在 2%~70%。纵观百年来的研究,可以发现,大气干湿沉降研究有很容易获得"结果",但很难获得"结论"的显著特点,因此,构建规范的海洋大气污染物沉降监测网、聚力监测数据质量控制与科学应用、开展与全球变化相关的海洋大气沉降前沿研究将成为大气沉降对海洋生态环境影响研究的重要关注点。

关键词: 大气沉降;气溶胶;海洋生态环境;影响

本文观点: 大气沉降对海洋生态环境影响研究的深度和广度还非常不够,既有监测/检测数据有限,也有研究手段的不足,所以,大气沉降本质的过程并

资助项目:该文获中国科学院战略性先导科技专项(XDA23050501)与烟台市双百人才项目(2019)资助。

未探明，需要用全新的思路和手段进行其研究。

大气沉降在全球物质循环中有重要的作用，沉降到海洋对海洋生态环境的持续运转意义重大。作为大气气溶胶之一的海洋气溶胶（maritime aerosol）是指海面风力使海水形成波浪，随后破碎并进入海洋上空大气，形成海盐气溶胶，典型粒径在 1 μm 附近，其浓度受风速影响较大，具有较强的吸湿性，作为云凝结核通过降水被清除，因此其在大气中的滞留时间较短，不会输送到大陆内地深处。

大气干湿沉降是指大气气溶胶粒子，或经过雨、雪、雹、雾等的冲刷携带，经天气动力过程被沉降至地面或水体的过程，前者为干沉降，不同尺度的天气过程、重力沉降、湍流扩散、布朗扩散及碰撞等均对其有主要影响，粒径小于 0.1 μm 的颗粒主要受控于布朗扩散，粒径大于 10 μm 的颗粒主要受重力沉降制约，而粒径介于两者之间的颗粒，其沉降过程主要受凝结及凝聚作用的影响；后者为湿沉降。大气干湿沉降是地球表面重要的物质来源之一，对地面和水体的生态环境有重要影响，特别是近年来污染的加重，大气干湿沉降已对地球生态环境造成了比较严重的影响，所以，大气干湿沉降及其环境影响已成为近年来全球变化研究所关注的重大科学问题，也成为全球关注的热点之一。

大气干沉降的主体是气溶胶。大气气溶胶通过干沉降和湿沉降两种方式被清除。干沉降是指颗粒物经天气动力过程通过重力作用或与其他物体碰撞后发生沉降。气溶胶粒子的干沉降速率与颗粒大小、风速、下界面的物理化学性质、相对湿度及大气的稳定性有关。直径大于 5 μm 的颗粒极易因重力作用而沉降，直径在 0.1~5 μm 的颗粒的干沉降主要由下界面的撞击和拦截控制，直径小于 0.1 μm 的气溶胶粒子主要由凝结作用，结合到其他颗粒上或聚集为较大颗粒，通过大气湍流扩散或碰撞消除。通常干沉降有两种过程：一种是粒径小于 0.1 μm 的艾根核粒子，在布朗运动的作用下扩散并互相碰撞凝集成较大的颗粒，再通过碰撞而消除或通过大气湍流扩散到地面；另一种是在重力作用下的沉降使它降落在水体、土壤、建筑物、植物等物体的表面从而实现颗粒物的去除，其沉降速率与颗粒的密度、粒径、空气运动黏滞系数等有关。

大气湿沉降过程是从核化成云过程开始的，与云和降水形成的微物理机制及化学过程密切相关。大气气溶胶的清除过程可分为云内过程和云下过程，云滴形成以后，将吸收大气中的各种微量气体，在形成降雨时，这些微量气体被带到地面。同时雨滴在下降的过程中还将继续吸收云下气溶胶组分。降雨过程具有速度快、带有突发性等特点，是对大气气溶胶中各种粒子有效的清除过程。据估算，每 1 千克雨水在其沉降过程中平均可以"洗涤" 330 万升的空气。

湿沉降往往经历雨除和冲刷两类过程，雨除是指气溶胶粒子中有相当一部分细粒子，特别是粒径小于 0.1 μm 的粒子可以作为云的凝结核，这些凝结核成为云滴的中心，通过凝结过程和碰撞过程，云滴不断长为雨滴。当整个大气层温度都低于 0℃ 时，云中的冰、水和水蒸气还可生成雪晶。对于那些小于 0.05 μm 的粒子，由于布朗运动可以使其黏附在云滴上或溶解于云滴中。一旦形成雨滴或雪晶，在适当的气象条件下就会形成雨或雪，降落在地面上，大气颗粒物也随之去除。冲刷是指在降雨或降雪过程中，雨滴或雪晶、雪片不断地将大气中的微粒挟带、溶解或冲刷下来，造成了降雨或降雪过程中大气气溶胶的粗、细粒子含量发生变化。通常，雨滴可兼并粒径大于 2 μm 的气溶胶粒子。

1 海洋大气干湿沉降

海洋飞沫气溶胶（Seaspray areosols, SSAs）是全球最大的气溶胶来源，在影响大气沉降过程中起着重要的作用，但其复杂的物理化学和生物-非生物过程至今并不清楚。海洋飞沫气溶胶在海气界面通过波浪破碎引起的气泡碎裂而产生，成分主要是无机盐、有机质以及颗粒态生物质等，粒径范围从 0.01 μm ~ 1 mm。粒径小于 10 μm 的海洋飞沫气溶胶粒径分布呈现出三峰分布，分别集中于 0.02 ~ 0.05 μm、0.1 ~ 0.2 μm 和 2 ~ 3 μm，根据产生的机制，海洋飞沫气溶胶可分为膜滴、射滴和裂滴。气泡上升到海面并破裂形成膜滴，膜滴粒径一般小于 1 μm，主要集中在 0.2 μm；在形成膜滴的过程中，气泡跃出海面时在海面上留下空穴，周围海水迅速填充使其内部压力释放而形成大小在 1 ~ 25 μm 的射滴。对于海面上产生的大量气泡来说，虽然产生的膜滴数量远远大于射滴，但就产生概率来说，气泡破裂会更易产生射滴，所以这两种海水滴对于海洋飞沫气溶胶的贡献是相当的。膜滴和射滴的存在周期可达 5 天，是海洋飞沫气溶胶生成的最主要机制。当风速较大时（大于每秒 10 m），波峰直接被风撕裂而产生粒径较大（10 μm 以上）的裂滴，但裂滴在大气中的停留时间极短，在大气化学和气溶胶-气候相互作用的研究中一般不考虑，但对海洋干湿沉降研究有影响。

海洋飞沫气溶胶的大小和分布会随季节、有机物浓度等因素变化，太平洋、南极、北极和大西洋的海雾气溶胶粒子其大小有两个峰值，位于 20 ~ 80 nm 和 100 ~ 200 nm 处，还有一个在 170 ~ 450 nm 的肩峰。通常，海洋飞沫气溶胶的粒径通常分布在 20 ~ 80 nm 和 100 ~ 200 nm。

新生的海洋飞沫气溶胶颗粒的形成发生在气液界面上，海洋飞沫气溶胶颗粒的化学成分取决于气泡破裂时海洋表面存在的化学成分。新生的海洋飞沫气溶胶的成分近似为海盐（即 NaCl 和其他较低浓度的碱金属和碱土金属）。然而，使用在线和离线单颗粒技术研究表明，新生海洋飞沫气溶胶含有不同的颗粒，而且有机和无机化合物的浓度在单个颗粒和海水中有所不同。海洋飞沫气溶胶颗粒中的有机物与无机物的比例随颗粒大小的变化而变化，按质量计可有高达80%的有机碳。虽然大多数超微粒海洋飞沫气溶胶颗粒主要成分为海盐组分，但随着粒径减小至亚微粒大小时，海洋飞沫气溶胶颗粒中有机物质更加丰富，常含有一元和二元羧酸（长链和短链）、糖类和生物微型碎片等。

海洋大气沉降既有来海洋自生的气溶胶，也有来自通过大气传输的陆地气溶胶，海洋大气沉降包括沉降于海面的直接沉降和通过沉降在地面汇入河流等再排入海洋的间接沉降，由于后者的来源及经历的过程极为复杂，目前研究的海洋大气沉降均为海洋大气直接的干湿沉降。

尽管SSA颗粒主要成分是NaCl，但它们还包含多种可能影响其吸湿性的无机成分。根据天然海水的组成，干燥新鲜生成的SSA颗粒的离子质量组成为55.04%的Cl^-，30.61%的Na^+、7.68%的SO_4^{2-}和3.69%的Mg^{2+}。SSA颗粒还含有部分有机化合物，其中一些在上升过程中会分配到海洋泡沫的空气-水界面。

海盐气溶胶对大气环境影响主要体现在：①海盐气溶胶悬浮在大气中会通过凝结核的成云作用改变海洋上的云物理过程，散射来自太阳的辐射使得全球的辐射平衡和气候环境发生改变。②在远海地区海盐气溶胶的产生改变了大气中的化学组成，新生的海盐颗粒一方面会与大气中的某些气体成分相互作用而发生化学反应，另一方面还会和大气中其他气溶胶颗粒发生物理作用使得其粒径分布发生变化，最终影响到海洋大气层中的生物-化学循环。③由于海盐气溶胶使海洋大气边界层内的化学反应链发生了变化，大气的化学环境也会随之改变。④环境化学的改变会破坏大气微生物原有的生存环境，使得海洋大气中的微生物组成和原先的生态平衡发生改变。当海盐气溶胶颗粒被海风输送到近海海岸带时，其还会对海岸带产生不利影响：①大量的海生微生物会附着在气溶胶颗粒上，随同其传输到海岸带。这些海相微生物一方面改变了海岸带原本的菌落组成，另一方面可能成为海岸带疾病传播的重要媒介。②当海盐气溶胶传播到海岸带后，会由于重力或湿擦除作用在海岸带沉降下来。这些盐粒会使得海边许多非耐盐植被患上盐病并导致其死亡，给海岸生态造成不良的影响。③海盐沉降在海岸带上建筑物的表面会使得建筑物的表面发生腐蚀，对于钢筋混凝土构筑物，海盐的渗入还会使得混凝土发生碳化并导致其内部的钢筋锈蚀，严重危害构筑物的寿命和使用安全。④大气中的海盐沉降还是导致海岸带土地盐碱化的一个重要因素。此外，沿海工业城市雾霾天气的增多也可能和海盐气溶胶的存在有着一定的关系。

海洋飞沫气溶胶可与大气中的化学组分发生复杂的作用。当海水与其他盐或有机物混合时，无机盐特别是那些能形成水合物的无机盐，影响并支配着海洋飞沫气溶胶的挥发性。对天然海洋气溶胶颗粒的单颗粒测量的研究表明，有机物可占颗粒质量的10%。有研究显示，海洋飞沫气溶胶与水溶性有机酸反应由气态 HCl 的释放驱动，在氯化钠与二元酸（低分子量二元羧酸中，草酸是主要成分，其次是丙二酸和琥珀酸）混合的气溶胶上，氯化物会被耗尽。

海洋-大气交换（SEAREX）项目是对海洋气溶胶的首次系统调查研究，该项目历时 10 年，有多位科学家共同参与，研究自然源和人为源气溶胶对太平洋气溶胶的输送影响，发现海洋气溶胶参数与下层海洋有明晰的相关、海洋气溶胶显著受长途输送的陆地区域气溶胶的影响。其后，作为国际全球大气化学项目 IGAC 一部分的第二阶段气溶胶特征实验 ACE-2，1997 年 6—7 月间在亚热带的大西洋东北部开展，对海洋边界层内和对流层内海洋背景气溶胶、人为源的污染气溶胶和矿物粉尘气溶胶的性质进行了研究，明晰了卷吸、云内净化和凝结是海洋边界层内污染气溶胶的主要输送过程；首次记录陆地污染气溶胶在云系统规模上的间接辐射效应；有机物对亚微米气溶胶质量有重要贡献，且可能在自由对流层的贡献最高；深化理解了大气中盐酸、硝酸和氨气对输送到海洋上空中的污染空气团中次微米气溶胶的增长机制，观测到气象参数（如水平/垂直风速、边界层的发展、卷吸、湿度场）和气溶胶以及云的特性之间有密切的联系。1998 年开展的印度洋海洋气溶胶特征实验项目 INDOEX 聚焦于赤道印度洋的实验，聚焦评估了硫酸盐和其他陆地气溶胶对全球辐射强迫的意义、地表和包括热带辐合带云系的对流层内太阳辐射吸收量、热带辐合带对微量物质和污染物的输送以及其综合的辐射强迫作用等。

海洋占据地球表面的 70.8%，所以，海洋是地球大气干湿沉降的主接收体，对海洋生态环境有重大影响。大气干湿沉降可能是造成近海富营养化的主要原因之一，大气干湿沉降可为贫营养海域提供营养物质，是影响海洋初级生产和海洋储碳的重要因子之一。通过大气干湿沉降，海洋得到了大量氮的输入，从全球尺度上看，大气沉降每年带入海洋的 N 约占陆源输入（大气沉降与河流输入之和）的 1/2 到 2/3，据估算，人类活动排放到大气中的活性氮含量已从 1860 年的 15 Tg/a 增加到了 21 世纪初的 165 Tg/a，大气沉降到海洋表面的活性氮达 1.93×10^{15} mmol/a，55%~60% 的人为活化氮会以氨氮或氮氧化物的形式回到大气中，其中的 70%~80% 又会通过大气沉降的途径进入陆地或海洋。

北太平洋中部、北大西洋、地中海等海域的大气 N 沉降占这些海区陆源 N 的 40%~70%，地中海东南部海域大气 N、P 沉降通量及对海域生态系统有重要影响，无机氮和无机磷沉降通量分别为 280 mg/（$m^2 \cdot a$）和 9 mg/（$m^2 \cdot a$），并将呈继续增加趋势，且造成该海域浮游植物生长明显 P 限制，地中海东部海域的大气氮沉降通量每年以气溶胶形式进入该海域的可溶性大气氮干沉降通量高达 162.4~614.6 mg/（m² · a）（以 N 计）。通过 3 年的长期观测发现，大气向地中海利万特海盆（Levantine 海盆，临近爱琴海）输入的无机氮和无机磷的年沉降通量分别为 784 mg/（m² · a）（以 N 计）和 15.5 mg/（m² · a）（以 P 计），干沉降是海盆西部中 N 和 P 的重要来源。日本中部新潟县的佐渡岛（Sado 岛）和北海道的利尻岛（Rishiri 岛）的气溶胶中硝氮（NO_3-N）在大气颗粒物中的浓度要小于氨氮（NH_4-N），但颗粒态 NO_3-N 的沉降通量却大于 NH_4-N。纽约湾、萨拉索塔湾和坦帕湾大气输入的 N 分别占到各自海域外源输入 N 总量的 38%、26% 和 28%，对美国切萨皮克海湾的大气 N 沉降的分析研究表明，大气沉降的 NO_3-N 和 NH_4-N 是该海湾水质下降的主要因素，且大气沉降 N 通量占进入海湾总 N 通量的 25%~80%。对美国东海岸 10 个河口多种途径 N 输入的研究显示，大气沉降占总氮输入量的 15%~42%，在其中 4 个河口区大气 N 沉降占比高达 35%~50%。对约旦的亚喀巴（Aqaba）海湾北部海域的大气干沉降的分析表明，在 4—10 月份通过大气输送的 N 占进入该海域无机氮（DIN）的近 35%。大气干沉降进入孟加拉海湾的 N 为 0.03~2.34 mg/（m² · a），能支撑 13% 的初级生产力，日本海和西太平洋的降雪中溶出的 NO_3-N 对海域硅藻的生成有明显的刺激，而干沉降可以改变海域水体中细菌种群的相对丰度。近 20 年来越来越多的观测发现，大气氮（N）沉降对全球近岸海域污染的贡献与河流输入相当，对德国湾海域的研究表明，水体中 30% 的 N 来自大气输入。而在美国近岸海域，大气 N 沉降通量同样非常显著，大气沉降已对全球近岸海域的生态系统演化和水质恶化产生重要的影响。

在不同的海域，大气对海洋重金属的输入也很可观。在英吉利海峡，大气 Zn 和 Cd 的湿沉降通量分别为 109 mol/（m² · L）和 0.4 mol/（m² · a），占总陆源输入量的 70% 和 65%。而在地中海的东北部，大气 Cd 沉降通量高达 11 mol/（m² · a），对总陆源输入量的贡献超过 80%，在我国黄海海域，大气 Zn 和 Cd 的沉降通量分别为 3.3 mol/（m² · L）和 685 mol/（m² · a），与河流输入量相当。铁在海洋的沉降被认为是贫瘠大洋控制初级生产的重要因素（图 1），铁明显促进海洋的初级生产及生物固碳，对海洋二氧化碳的收支以及全碳循环有重要影响，在全球变暖背景下，上层海洋增温使得海洋层化现象加强，垂向混合作用的减弱会抑制海洋深层对上层营养物质的补充，并且来源于深层海底热液的铁会快速沉降至海底，造成开阔大洋的初级生产更加依赖于来自大气沉降铁的供应，所以，探明铁等微量元素包括大气沉降的循环异常重要。

由于人类活动的加剧，全球生态环境恶化，沙尘暴频发，作为干沉降的特例，沙尘大量被搬运甚至入海，给海洋生态环境带来重要影响。据估算，沙尘气溶胶每年到

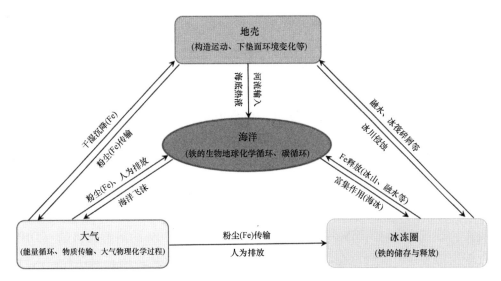

图 1 全球聚焦大气沉降海洋的铁循环

达海洋上的沙尘量约为 450 Tg，其中 43% 进入北大西洋，25% 进入印度洋，15% 进入北太平洋。沙尘气溶胶不仅可以通过"铁肥料效应"降低大气中 CO_2 的浓度，进而对气候变化产生重要的影响，还可以经过远程输送沉降到海洋中，为海洋补充氮、磷、铁、锌、锰等营养物质，从而影响海洋生态系统的结构和功能。一场大的近岸强沙尘暴携带沙尘进入海洋引起温跃层有机碳和叶绿素大幅增长，有结果显示，沙尘暴在短时间内可提供南海北部 3%~13% 的净初级生产力所需营养物质。

相较于西方国家，我国对大气 N 沉降研究起步较晚，就观测方而言，主要局限在单点监测或是走航调查中的辅助观测，缺乏完整系统的覆盖较大范围的长期监测。初步的研究表明，中国近海 NH_4-N 是干沉降中 N 的主要组分，所占比例可达 60%~70%，而在整个中国海域的 N 沉降中，干沉降约占 20%，且沉降通量和比例随着离岸距离的变化有明显的梯度，大气 N 沉降通量与径流输入相当。进入南黄海和东海的 NH_4-N 和 PO_4-P 以大气沉降为主，而 NO_3-N 以径流输送为主，并且 N 以湿沉降为主，而 PO_4-P 在干沉降中所占比例较大。长江口海域的嵊泗群岛降水中营养盐浓度主要由污染物来源和降水量决定，且与径流输入相比，通过大气湿沉降进入长江口海域的营养盐相对较小，黄海降水中营养盐浓度普遍高于东海，且降水中 N 和 P 的比例远高于海水，大气湿沉降中的营养盐对目标海区的生产力和元素地球化学过程有重要影响，由于陆源氮氧化物（NOx）排放量增加以及河流径流入海量的减少，通过大气沉降进入渤海的 N 营养盐通量和在保持渤海新生产力方面的重要性可能超过了河流的营养盐输入。大气湿沉降对于长江口水域营养盐的贡献分析表明，NH_4-N 是 DIN 的主要贡献者，而海水中 DIN 主要以 NO_3-N 的形式存在，降水能够在短时间内给表层海水带来大量的 NH_4-N，使浮游植物迅速繁殖，进而可能诱发有害赤潮的暴发。大气沉降为海洋提供可观的营养盐，对元素地球化学循环以及气候变化都有一定影响，在大气污染加剧和沙尘事件频发的背景下，通过大气沉降进入海洋的营养盐及对海洋生态环境的影响还会继续增加。统计分析显示，环渤海地区大气 N 干、湿沉降通量（以 N 计）分别达到 1.44~6.72 g/（m^2·a）和 1.58~5.09 g/（m^2·a），其沉降总量显著高于我国其他近岸海域 [1.19~2.3 g/（m^2·a）]，并大大高于世界其他近岸海域 [0.24~0.83 g/（m^2·a）]，环渤海地区大气沉降在全球大气沉降通量中属高值。北黄海大气湿沉降中营养盐（N、P）主要来源于陆源排放，且浓度含量明显高于远离陆地的大洋，在黄海海域有 65% 的溶解无机氮（DIN）和 70% 的溶解无机磷（DIP）通过大气湿沉降输送，大气沉降是 DIN、DIP 输入黄海西部地区的主要途径。大气输入的 N 营养盐会导致或加剧近岸海域的富营养化，显著影响海洋浮游植物的生长和群落组成，甚至会引发水华。大气营养盐沉降可以显著改变表层水体的营养盐结构（N/P 比），在其他生长条件较好的情况下，一场大的降雨就可能引发藻类暴发，NH_4-N 和 NO_3-N 主要来自人类化石燃料排放，大气湿沉降对该海域的生物生产力和元素生物地区化学循环有显著影响，南黄海和东海主要营养盐干、湿沉降有显著的季节变化。大气沉降对全球近岸海域富营养化和有害藻类暴发有重要影响。随着大气 N 沉降通量的持续增加，每年通过大气沉降向近岸海域输送的 N 达 300~1 000 mg/（m^2·a）。黄海西部来自大气沉降的溶解无机 N 和 P 分别占陆源输入量的 58% 和 75%，在中国东部海域，大气 NO_3-N 的沉降入海量每年约为 140~166 Gg（以 N 计），与长江经流携带入海量相当。有结果表明，黄海西部海域，真光层 65% 的 DIN 是通过大气沉降输送的，输入量达 1.4×10^{13} mmol/a，湿沉降中的硝酸盐输入量占该海域年初级生产所需 N 量的 4.3%~9.2%。综合现有的结果，美国大西洋沿岸、波罗的海、北海、地中海西部以及黄海是受大气 N 沉降影响较为显著的海域。

在海洋气溶胶的氮组分中，对无机部分研究最多，有机部分较少，它们进入地面和水体中发挥的作用不同。对气溶胶中的有机氮有研究报道，南海气溶胶中有机氮对总氮的贡献约为 30%，在黄海和青岛近海这一比例约为 20%。有机氮浓度在青岛近海气溶胶中最高，黄海次之，南海最低。在中国近海，超过 70% 的有机氮存留在小于 2.1 μm 细粒子中，约 10% 存留在 7.0~11.0 μm 的粗粒子上，部分有机氮可能来自海盐气溶胶。在沙尘期间，气溶胶中有机氮的浓度显著升高，但是有机氮占总氮的比例在降低。在沙尘气溶胶中，有机氮存留在大于 2.1 μm 粗粒子上的贡献率升高约 20%，表明有机氮可能包含在大的沙尘粒子中和/或吸附在粗的矿物气溶胶表面。因子分析结果表明，有机氮主要来自人为污染源，海洋源和地表扬尘的贡献相对较小。在中国近海，气溶胶中尿素对有机氮的贡献约为 8%。在非沙尘气溶胶中，50% 左右的尿素出现在细粒子上，而在沙尘气溶胶中，这一比例下降为 30%。游离氨基酸仅占有机氮的为 1% 左右。初步分析表明，黄海气溶胶主要来自海洋、地表扬尘、人为污染和机动车排放，在 21 世纪初，对有机氮的贡献分别为 18.0%、25.3%、41.7%、15.0%；在 2009 年 2—4 月，黄海近岸大气总氮的沉降通量中人为污染源贡献了 66%，海洋源和地表扬尘分别贡献了 10% 左右，机动车排放贡献了 15%。

海洋大气沉降研究的前提是进行大气沉降业务化定点观测站的建设与样品的采集分析。国家海洋局自 2002 年正式启动海洋大气监测业务化工作，通过近 20 年的监测体系建设和业务化运行，我国部分重点海域的大气污染水平、干湿沉降情况及变化趋势已经比较清楚。但与欧洲西北大西洋海域国家的综合大气监测网络（CAMP）、美国的国家大气沉降计划（NADP）和清洁空气状况与趋势网（CASTNet）、加拿大的空气与降水监测网（CAPMon）等发达国家和地区的大气污染物沉降监测工作相比仍存在较大差距，主要表现为海洋大气监测与评价产品类型单调，不能满足环境管理者依据大气沉降入海通量及负荷以及生态环境影响效应来确定污染控制对策。随着我国沿海社会经济的快速发展，海洋活动的日益频繁，排放进入大气中的污染物明显增多，我国近岸海域大气沉降负荷的增加已成为导致海洋环境质量日趋下降的重要原因之一。我国海洋大气污染物沉降监测及评价工作体系亟须与经济高质量发展、生态中国等国家战略需求相协调，需根据社会经济的发展和管理要求以及模型评价技术发展及其对基础监测网络和数据的要求进行优化升级。

我国海洋大气业务化监测起步于 1994 年，当年国家海洋环境监测中心在大连老虎滩建立了我国第一个海洋大气连续监测站，并开展了海洋大气业务化试点监测工作，在多年的工作基础上，编写了《海洋大气监测技术规程》，并于 2002 年 4 月由国家海洋局发布。在此基础上，国家海洋局组织各海区沿中国海岸线从北到南增设了青岛小麦岛、舟山嵊山和珠海大万山共 3 个海洋大气观测站，每年 2 月、5 月、8 月、10 月采样，每个月采集 10 个干沉降样品。到目前为止，4 个全国性监测站已连续开展 18 年的大气污染物干沉降监测，监测项目包括总悬浮颗粒、铜、铅、镉、锌、硝态氮和铵氮等。监测结果表明，经济发展迅速且城市人口密集的长江三角洲、珠江三角洲的海洋大气环境有劣化趋势，而滨海城市周边如大连近岸和青岛近岸海域大气污染相对较轻，总体上变化不大。2007 年国家海洋环境监测中心在渤海东岸的旅顺董砣建立了第一个系统性的干湿沉降渤海试点业务化监测站，并实现了干湿沉降高频采样（干沉降每周采样，湿沉降逢雨必采），并在此基础上，编写了《渤海大气污染物沉降监测与评价技术指南》（试行稿）。此后，国家海洋局在北隍城、龙口、东营、塘沽、京唐港、秦皇岛、葫芦岛、鲅鱼圈、旅顺建立渤海大气干湿沉降监测站网，并从 2010 年起，《海洋环境质量公报》对渤海区域的干湿沉降的基本情况进行了评价，其他监测站（青岛小麦岛、舟山嵊山和珠海大万山）也增设了湿沉降监测项目。

业务化的监测对获得系统长序列监测数据意义重大，但对监测数据的深入分析研究十分缺乏，未来长序列监测数据与明确研究目标的科学研究相结合是我国海洋大气监测的聚力方向之一。实际上，国内外海洋大气沉降研究的绝大多数数据都是少数监测站点一段采样时间内采集样品的研究结果和结论，所以，目前的大气沉降结果和结论在某种程度上说很不"确定"，将来海洋大气沉降监测网的构建以及与之相适应的科学研究是海洋大气沉降领域的重点和焦点。

2 大气干湿沉降对海洋的影响

2.1 大气干湿沉降对海洋的输入

如果对大气 N 的沉降如仅考虑硝酸氮和铵氮，渤海以干沉降为主外，在黄海、东海以及南海氮沉降以湿沉降为主。渤海总氮沉降中以硝酸氮沉降为主，其他 3 个海域以铵氮沉降为主。渤海、黄海、东海干沉降中以硝酸氮沉降为主，南海以铵氮沉降为主，4 个海域大气氮湿沉降中均以铵氮沉降为主。中国近海硝酸氮干沉降通量变化范围为 468.5~1 073.88 mg/（$m^2 \cdot a$），铵氮干沉降通量范围为 479.4~738.0 mg/（$m^2 \cdot a$），硝酸氮和铵氮总干沉降通量范围为 947.9~1 811.88 mg/（$m^2 \cdot a$）。渤海、黄海、东海和南海年均降水量分别为 655.20 mm、1 057.45 mm、1 720.19 mm、1 860.34 mm。中国近海硝酸氮湿沉降通量变化范围为 452.52~628.08 mg/（$m^2 \cdot a$），铵氮湿沉降通量范围为 631.8~817.8 mg/（$m^2 \cdot a$），总无机氮湿沉降通量变化范围为 1 084.32~1 445.88 mg/（$m^2 \cdot a$）。

监测结合模式结果显示，渤海湾及邻近海域大气 N 沉降量较大，多年平均大气氮湿沉降通量为 1.58~5.09 g/（$m^2 \cdot a$）（以 N 计），最大沉降量位于渤海的唐山；干沉降通量为 1.44~6.72 g/（$m^2 \cdot a$）（以 N 计），最大沉降量位于秦皇岛，天津和沧州也是沉降通量相对较大的区域，干湿沉降通量明显高于我国其他近海，且高于世界其他近岸海域。从多年监测结果的变化来看，大气 N 沉降呈现一定的增加趋势。

大气对重金属的海洋输入也相当可观，在英吉利海峡，通过大气湿沉降的重金属元素占总输入量的 20%~70%，在北海，通过大气沉降的 V、Cr、Ni、Cu、Zn 和 Pb 的沉降量分别达到了 560 t、1300 t、650 t、690 t、3 500 和 1 970 t，对 Cu、Pb、Zn 总输入量的贡献达 28%、29%、57%。

2.2　大气干湿沉降对海洋生物群落的影响

尽管大气干湿沉降对海洋生物群落影响的报道不少，但获得实质性的结论和结果并不多，其原因在于外海的调查结果特别是围隔实验结果基本获得不了明确的定量结果，其结论一般是影响不明显，根据沉降计算和室内模拟培养的结果常常是大气干湿沉降对海洋生物群落有明显影响，但不同的模拟结论和结果相差很悬殊。但综观现有的报道可推测，大气干湿沉降作为海水物质重要来源之一，肯定对海洋生物群落有影响，由于大气干湿沉降的组分不同、沉降量不同、海域特点不同以及季节差异等，其影响的结果和程度会有显著的差异。

大气沉降能通过改变海水的营养盐结构对浮游植物生长及群落结构演替产生影响。研究发现，在一般条件下（浮游植物未达到最大生长率），浮游植物对 N∶P 比的需求与周围环境中 N∶P 供给比呈正相关关系。这一关系体现了浮游植物通过调节自身生理状态及改变群落结构对周围环境的适应能力。如在西大西洋的近巴巴多斯岛海域，来自非洲的沙尘沉降提供过量的 N 营养盐，提高了海水中的 N∶P 比，加剧了该海区的 P 限制程度，进而有利于原绿球藻。在西北太平洋，来自亚洲的沙尘沉降可通过改变海水中的 N∶P 比影响大粒径浮游植物优势类群，使其在硅藻和甲藻之间转变。

在东海开展的加富实验表明，大气颗粒物中的 Cu、Fe 相较于 N 对该海域的初级生产具有更重要的促进作用，相比于 P 限制，浮游植物在 N 限制条件下对环境中的 Cu 更敏感。对中国近海及西北太平洋开阔海域进行的灰霾颗粒加富的现场培养实验，发现低浓度的灰霾加富（0.03~06 mg/L）对浮游植物生长起促进作用，而高浓度的灰霾加富（2 mg/L）则具有抑制作用，但大气化学模型的研究结果显示，现有大气污染条件下，沉降至表层海水的灰霾浓度远低于 2 mg/L，因此灰霾沉降总体表现为促进浮游植物的生长。在黑潮延伸体海域，沙尘提供的 N 引起了硅藻的快速增殖，成为优势藻种，而在东海发现了优势藻种转变为甲藻。同时，在相同环境条件下，不同粒级浮游植物对大气沉降的响应存在差别。当大气沉降提供的营养盐满足各粒级浮游植物的生长时，浮游植物的粒级结构会呈现逐渐向大粒级方向转移的趋势。

2.3　大气干湿沉降对海洋生态环境的影响

据估计，通过大气沉降至全球近海的无机氮盐为 300~1 000 mg/（m² · a），加上地下水的输入，可以占到近海 20%~50% 的外来氮源。相比于工业革命前，由人为活动造成的大气 N 沉降的增加已占到全球海洋外源 N 输入的近 1/3，可支持海洋中约 3% 的新生产力，并且这部分氮输入还将继续增加。

研究表明，大气 N 的输入对近海初级生产有重要贡献，综合结果大气 N 输入对东海初级生产的贡献在 2%~70% 之间。湿沉降中的硝酸盐能增加叶绿素的产量，但磷酸盐不一定。营养元素的偶发性沉降只占海水中营养盐含量的一小部分（小于 10%），然而局部的降雨可能导致表层海水的暂时富营养化，则有可能导致陆架区的有害赤潮发生。初步的观测和计算表明，对于胶州湾大气沉降，春夏秋冬四季所支持的新生产力分别为 3.76 mg/（$m^2 \cdot d$）（以 C 计）、1.33 mg/（$m^2 \cdot d$）（以 C 计）、1.88 mg/（$m^2 \cdot d$）（以 C 计）和 2.70 mg/（$m^2 \cdot d$）（以 C 计），分别占同期胶州湾初级生产的 1.3%、0.2%、0.8% 和 3.0%。在南黄海北部，仅以无机氮沉降估算，大气沉降在春夏秋冬季所支持的新生产力分别为 36.3 mg/（$m^2 \cdot d$）（以 C 计）、39.4 mg/（$m^2 \cdot d$）（以 C 计）、19.2 mg/（$m^2 \cdot d$）（以 C 计）和 21.5 mg/（$m^2 \cdot d$）（以 C 计），分别占同期海水中初级生产的 4.4%、6.1%、2.7% 和 6.3%，大气沉降在一定程度上可缓解黄海中部浮游植物生长 N 限制。在东海中西部，大气沉降带来的新生产为 102 mg/（$m^2 \cdot a$）（以 C 计），约占其初级生产的 0.07%。尽管大气营养盐沉降对近海初级生产的贡献较小，但突发性、大量的营养盐输入会对浮游植物生长和种群结构产生重要影响，而且大气沉降中的微量元素如铁等的输入对海洋浮游植物的生长"触发"也有着不可忽视的作用。东海长江口外花鸟岛附近海域大气沉降的可溶磷约为（4.8±1.8）μg/（$m^2 \cdot d$），可支持 164 μg/（$m^2 \cdot d$）（以 C 计）的初级生产，而大气沉降的可溶铁可支持 21 μg/（$m^2 \cdot d$）（以 C 计）的初级生产，这显然比实际情况高得离谱，所以，海水中的铁可能不是东海浮游植物生长的限制因素，这可能与长江等大量输入含有较高含量的铁颗粒物有关。

模拟结果表明，就不同月份而言，1 月份东海大气 N 沉降量最大为 7.4×10^4 t，东海的年 N 沉降量为 49.8×10^4 t，大气干沉降约占 20%，但大气干湿比例随着离岸距离有明显的梯度变化，部分近海海域大气干沉降约占总沉降的 70% 以上。不同区域源排放对东海大气 N 沉降的贡献率不同，华东以外区域的贡献占 44%，而华东的长三角地区的贡献也占 44% 左右，东海全年 N 沉降量入全部转化为海洋初级生产，则为（100~200）mmol/（$m^2 \cdot a$）。大气干沉降溶出单添加 NO_3-N 和单添加 PO_4-P 对水体 Chl a 浓度影响并不显著，但添加 NH_4-N 导致甲藻大量增加，而 NO_3-N 能促进硅藻的大量增加，由此可推知，随着近年来人为活动的增加，大气气溶胶中的铵含量明显增加，目前铵氮的沉降占总氮的约 70%，干湿沉降导致输入海洋的 NH_4-N 增加，对硅藻生物量影响不大，但对甲藻有大的影响，培养实验的初步结果显示，引入铵氮后甲藻数量可迅速占到其浮游植物生物量的 80%，导致海洋硅藻优势种群向甲藻的更替，并导致甲藻赤潮发生。

通过数值模拟，评估大气 N 沉降对渤海水质的影响，结果显示其影响非常显著，大气沉降输入的 DIN 与径流输入相当，局部海域甚至占绝对优势，大气沉降对渤海营养盐空间分布的影响不可忽视，大气沉降贡献率占约 54%，对应浮游植物 Chl a 的增加量约为 56%。径流 N 输入占 46%。在莱州湾、辽东湾和中部海域，大气 N 沉降输入通量对各自海域 DIN 的相对贡献率分别为 49%、37% 和 44%；而在径流输入最少的渤海湾，这一比例高达约 85%。可见，大气 N 沉降对渤海海域营养盐的贡献非常大，对生态环境产生的影响效应也非常显著。

3 结语与展望

近百年来对大气沉降及其生态环境影响研究获得了大量结果，可以说在不同时间、地点获得的大气干湿沉降数据十分丰富且各有不同，尽管如此，还是获得了一些共性结论，如大部分结果显示大气沉降以湿沉降为主；大气沉降对海洋初级生产的影响主要受控于溶解态物质的入海量，与沉降物质的总量关系并不明显；大气沉降对海洋生态环境的影响大多体现为营养物质和微痕量元素供给的差异和海洋浮游生物类群以及初级生产响应的不同，等等，但这些结论还需更为宽广区域观测的证实，但至目前是客观的科学结论。

大气干湿沉降具有很容易获得"结果"、但很难获得"结论"的显著特点。纵观百年来的研究，可以发现，大气沉降研究的论著特别是论文发表很多，根据知网的数据，至 2021 年，共发表相关论文约 2 600 篇，其中 1915—1990 年仅有 220 篇，占 8.3%；1991—2000 年有 250 篇，占 9.5%；2001—2010 年有 460 篇，占 17.6%，2011—2021 年有 1 700 篇，占 64.6%。这些数据表明，对大气沉降的研究，最近 10 年是一个研究结果暴发期，其原因主要有：对人类生存环境特别是大气环境的重视，科研投入的增加以及大气干湿沉降特别是以降水为代表的湿沉降研究进入的门槛很低等，但这一领域高水平的论文和颠覆性研究结论不多。

大气干湿沉降很容易获得"结果"，但很难获得"结论"的原因也不难寻找，主要的原因：一是大气干湿沉降的观测结果会因时间地点、气象因素、气溶胶组成、颗粒大小、沉降到的对象、降雨量等因素的不同，其结果会完全不同，所以，每一篇论文报道的结果也会不同，论文的产出量很大，但真正有影响和突破性认识却不多；二是大气干湿沉降的研究有太多的不确定性，仅就海洋大气沉降对海洋生态环境的研究为例，大气沉降物质海洋生物可利用性具有高度的不确定性，包括大气颗粒态物质的海水溶解度、大气沉降物质海洋生物可利用性等的复杂变化，大气沉降对海洋初级生产过程的高度不确定性等；三是控制大气干湿沉降的自然因素与人为影响"纠缠叠加"，难以区分，研究很难进入本质，往往是大众化的东西很多，自然的影响不是恒量，人为的影响就更具不确定性，再加上难以区分自然因素与人为影响或者说就根本没办法区分。这种多因素不确定性导致其研究必然会出现观测和获得结果很多，共性的结论却不多的境况。

统计分析还表明，大气干湿沉降研究的论文不少，但研究专著却很少，大气沉降对生态环境影响的论著就更少，且多为常识性介绍的小册子，而且目前的专著和论文均集中于小区域、单类型的结果报道，如从大气沉降化学组分大体分类，涉及大气氮沉降的占70%左右，其他营养物质、重金属、矿物元素、有机组分占26%，其他约占4%，大范围大尺度、综合类型的研究很少或者几乎没有，这些数据也从另一侧面证明了大气干湿沉降很容易获得"结果"，但很难获得"结论"。

海洋占据地球最大的表面积，因此也接受了地球最多的沉降物质，大气沉降是地球物质循环的关键一环，海洋大气干湿沉降作为海洋物质循环和支撑海洋运转的物质源的作用不可忽视，所以，毋庸置疑，海洋大气干湿沉降及其生态环境效应研究将一直是全球科学家关注的焦点之一。

近几十年来，大气污染物沉降对海洋生态环境的影响得到国内外学者的广泛重视，已成为全球变化的一个重要研究领域。现在已经证实，大气沉降是海洋环境中污染物的主要来源之一，来自毗邻沿岸污染源和经由长距离传输的源自内陆的大气污染物质通过沉降过程进入海洋。就全球尺度而言，大气污染物输入通常等于或大于河流向海洋的输入，在远离人类活动影响的大洋，大气物质入海占了绝对的比重，某些沿海区域，经由大气输入的若干痕量物质的总量几乎相当于河流的输入量，有的甚至更多，大气物质中的含氮、磷化合物及铁等营养物质在某种程度上能促进海洋生产力，而重金属和一些有毒有机物对海洋生态系统和海洋环境也产生了不良的影响。

我国大部分海域受大气环流西风带的影响，海洋大气常年处于陆地的下风向。而中国沿海是经济发达的地区，包括众多工业基地和人口的密集区，人为活动排放的大量污染物直接影响着大气环境。目前沿海地区经济的快速发展，尤其是能源消耗增长和城市交通迅速发展，城市群的拓展和崛起等，使得陆地区域性大气环境问题日益突出，近年来备受关注的雾霾天气，警示我国大气污染总体在加剧，大气污染已经成为全社会必须面对的社会问题。除环保部门重点监控空气质量恶化对人群健康的影响以及大气污染的综合防治对策以外，海洋管理部门也非常有必要加强对陆地污染物通过大气沉降入海量及其生态环境影响的监测和评价，这对于海洋资源环境的可持续利用、评估和认识大气沉降对社会经济发展和海洋生态环境演化中的作用具有重要意义。

综合以上的分析可知，近期内海洋大气沉降研究应重点关注，①构建规范的海洋大气污染物沉降监测网。区域背景值监测站点的选择是开展海洋大气监测与评价工作的基础，如果监测站点不合规范要求，不具有区域代表性，评价结果的可靠性就无从谈起。具体而言，海洋大气监测站应符合点位代表性、空间垂直条件、空间水平条件、场地畅通条件等规范要求，并在这一前提下尽可能从后勤保障条件等方面进行优化。监测站的生活区应远离监测区域，生活区应使用电等清洁能源，尽可能不用天然气、煤等矿物能源，以免监测人员的生活活动对大气背景值监测结果造成影响。②聚力监测数据质量控制与科学应用。建立完善的质量保证和控制管理体系可以使监测工作制度化、规范化，并保证其完整性及可操作性，从而保证监测结果的代表性、准确性、有效性。构建海洋大气沉降监测与评价质控体系，主要包括质量控制措施、质量保证程序以及对监测和评价过程中不确定度的评估方法等。推进现场监测结果与大气动力模型相结合的海洋大气沉降监测评价系统，开展我国监测大气湿沉降和干沉降的定量评估，实现对大气干湿沉降输入的区域评估和源汇情景分析，并选择一些敏感海洋生态系统开展大气沉降生态响应与反馈的长期定位试验，为我国控制大气污染对海洋生态系统的影响提供有力支撑。③亟须开展与全球变化相关的海洋大气沉降前沿研究。具体包括海洋大气干湿沉降新型污染物与病毒的传输与沉降机制、大气干湿沉降的生物可利用性及对海洋生态环境的影响机理、自然与人为影响海洋大气干湿沉降的甄别与效应、海洋大气干湿沉降的短期与长期生态环境效应以及大气气溶胶来源与长距离传输变化对海洋沉降的影响等系统研究。

参考文献

陈焕焕，王云涛，齐义泉，等．2021．北太平洋大气沉降的时空特征及其对副极区海洋生态系统的影响．热带海洋学报，40(1)：21-30.

陈莹，庄国顺，郭志刚．2010．近海营养盐和微量元素的大气沉降．地球科学进展，(7)：682-690

高会旺，张潮．2019．海洋大气沉降研究面临的挑战．中国海洋大学学报，49(10)：1-9.

李佳慧，张潮，刘莹，等．2017．沙尘和灰霾沉降对黄海春季浮游植物生长的影响．环境科学学报，37(1)：112-120.

李茜，石金辉，李鹏志，等．2018．青岛大气降水中微量元素的浓度及溶解度．环境科学，2018，39(4)：1520-1526

刘科，侯书贵，庞洪喜，等．2021．雪冰中铁的研究进展．第四纪研究，41(3)：778-789.

牟英春，褚强，张潮，等．2018．南海浮游植物对沙尘和灰霾添加的响应．中国环境科学，38(9)：3512-3523

宋金明，李鹏程，詹滨秋．1992．青岛雾水中的氯离子．海洋环境科学，11(4)：14-22.

宋金明，李鹏程，詹滨秋．1994．大气污染物 SO_2 对雾水酸度的控制作用．海洋科学，(5)：

50-58.

宋金明,李鹏程,詹滨秋.1997. 热带西太平洋定点海域(4°S,156°E)营养盐变化规律及降水对海水营养物质的影响研究,海洋科学集刊,No.38:133-141.

宋金明,李鹏程.1997. 热带西太平洋定点海域降水的化学特征研究. 气象学报,55(5):634-640.

宋金明,袁华茂,李学刚,等.2020. 胶州湾的生态环境演变与营养盐变化的关系. 海洋科学,44(8):106-116.

宋金明,袁华茂,吴云超,等.2019. 营养物质输入通量及海湾环境演变过程//黄小平,黄良民,宋金明,等. 人类活动引起的营养物质输入对海湾生态环境影响机理与调控原理. 北京:科学出版社:1-159.

宋金明,詹滨秋,李鹏程.1992. 中国酸性沉降物致酸机理的研究//中国科协首届青年学术年会论文集(理科分册). 北京:中国科技出版社:600-610

宋金明,詹滨秋,李鹏程.1994. 青岛雾水中 SO_2 的研究. 海洋科学,(2):66-69.

宋金明.1994. 近海岸(青岛)大气盐份研究. 海洋环境科学,13(2):40-44.

宋金明,李学刚,袁华茂,等.2019. 渤黄东海生源要素的生物地球化学. 北京:科学出版社:1-870.

宋金明,李学刚,袁华茂,等.2020. 海洋生物地球化学. 北京:科学出版社:1-690.

邢建伟,宋金明,袁华茂,等.2017. 胶州湾生源要素的大气沉降及其生态效应研究进展. 应用生态学报.28(1):353-366.

邢建伟,宋金明,袁华茂,等.2017. 青岛近岸区域典型海陆人为交互作用下酸雨的化学特征. 环境化学,36(2):296-308.

邢建伟,宋金明,袁华茂,等.2019. 典型海湾大气活性硅酸盐干沉降特征及其生态效应初探——以胶州湾为例. 生态学报,40(9):3096-3104.

邢建伟,宋金明,袁华茂,等.2017. 胶州湾夏秋季大气湿沉降中的营养盐及其入海的生态效应. 生态学报,37(14):4817-4830.

Shi J, Gao H, Zhang J, et al. 2012. Examinationofcausativelinkbetween a spring bloom and dry/wet deposition of Asian dust in the Yellow Sea, China. Journalof Geophysical Research:Atmospheres, 117(D17):1-8

Song Jinming. 2010. Biogeochemical Processes of Biogenic Elements in China Marginal Seas. Berlin Heidelberg and Hangzhou:Springer-Verlag GmbH & Zhejiang University Press:1-662.

Xing Jianwei, Song Jinming, Yuan Huamao, et al. 2017. Atmospheric wet deposition of dissolved trace elements to Jiaozhou Bay, North China:Fluxes, sources and potential effects on aquatic environments. Chemosphere, 174:428-436

Xing Jianwei, Song Jinming, Yuan Huamao, et al. 2017. Chemical characteristics, deposition fluxes and source apportionment of precipitation components in the Jiaozhou Bay, North China. Atmospheric Research, 190: 10-20.

Xing Jianwei, Song Jinming, Yuan Huamao, et al. 2018. Water-soluble nitrogen and phosphorus in aerosols and dry deposition in Jiaozhou Bay, North China: Deposition velocities, origins and biogeochemical implications. Atmospheric Research, 207:90-99.

Xing Jianwei, Song Jinming, Yuan Huamao, et al. 2017. Fluxes, seasonal patterns and sources of various nutrient species (nitrogen, phosphorus and silicon) in atmospheric wet deposition and their ecological effects on Jiaozhou Bay, North China. Science of the Total Environment, 576: 617-627.

Xing Jianwei, Song Jinming, Yuan Huamao, et al. 2019. Atmospheric wet deposition of dissolved organic carbon to a typical anthropogenic-influenced semi-enclosed bay in the western Yellow Sea, China: Flux, sources and potential ecological environmental effects. Ecotoxicology and Environmental Safety, 182: 1-9.

沙尘气溶胶及在海洋中的沉降与影响

宋金明[1,2,3,4]，邢建伟[1,2,3,4]

（1. 中国科学院海洋生态与环境科学重点实验室 中国科学院海洋研究所，山东 青岛 266071；2. 青岛海洋科学与技术试点国家实验室海洋生态与环境科学功能实验室，山东 青岛 266237；3. 中国科学院大学 北京 100049；4. 中国科学院海洋大科学研究中心，山东 青岛 266071）

摘要：沙尘天气在历史上均存在，但随着人为活动对地球环境影响的加重，沙尘暴近年来愈加强烈，2021 年春季的沙尘是自 2012 年以来的最严重的，沙尘随着大风的搬运传输进入海洋，对海洋生态环境产生影响。全球每年向大气中排放的气溶胶几乎占了对流层气溶胶总量的一半，在季风区，我国的气溶胶类型以硫酸盐为主，占比为 71%；在过渡区，气溶胶类型以硫酸盐和沙尘为主，占比分别为 57% 和 27%；在非季风区，气溶胶类型以沙尘为主，占比为 83%。我国沙尘暴主要有新疆塔克拉玛干沙漠周边地区、甘肃河西走廊和内蒙古阿拉善盟地区、内蒙古阴山北坡及浑善达克沙地毗邻地区、蒙陕宁长城沿线等四大策源区，沙尘暴有北、西北、西 3 条路径对中东部地区产生影响。东海受大陆气溶胶传输影响较大，特别是沙尘天气条件下更甚，人为源气溶胶的占比达 86.9%，东海气溶胶中富硫颗粒是气溶胶的主导组分，其所占比例在 32%~71% 之间，包裹层有机物颗粒占比在 2%~20% 之间，沙尘入海后，可明显提升海洋的初级生产力。

关键词：沙尘气溶胶；沉降；海洋影响

本文观点：沙尘沉降对海洋生态环境影响研究还很初步，这种影响是长期的且与其他过程叠加，很难区分，所以，探明沙尘沉降对海洋生态环境的影响还有很长的路要走。

资助项目：该文获中国科学院战略性先导科技专项（XDA23050501）与 烟台市双百人才项目（2019）资助。

沙尘气溶胶作为大气气溶胶之一，具有来势凶猛、对局地大气影响剧烈、可造成重大灾害等特点，其主要来源于北非的撒哈拉沙漠地区、亚洲大陆和美国西南部，由干旱和半干旱地区矿物风蚀作用形成，主要为含钙、铁和硅的土壤粒子。沙尘气溶胶在一定的条件下通过远程输送可到达数千千米外的海洋而沉降，沙尘以粗模态粒度分布为主，且受风速的影响较为明显。

对沙尘气溶胶的研究已有许多报道，大多集中于沙尘的传输、危害以及沉降效应等。沙尘沉降到海洋中，在一定程度上额外为海水浮游生物提供营养，从而提升海洋初级生产的水平，因此沙尘气溶胶对海洋的影响已成为海洋—大气交叉领域研究的主要关注点。

1 沙尘气溶胶的形成与分布

沙尘天气是近年人为影响加剧的典型体现之一。沙尘气溶胶备受关注，就全球尺度而言，其主要来源于干旱、半干旱地区以及荒漠化严重的戈壁沙漠地区，由土壤风蚀过程产生，在适当的气象条件下，沙尘气溶胶可以传输很远距离，甚至绕地球1周，也可以被垂直抬升到十几千米的高空，沙尘气溶胶在大气中停留的时间从几个小时到几个月，质量大的颗粒通常通过重力沉降在形成沙尘后很快地被清除出大气，另外一部分会被雨水冲刷而清除掉，还有一些小的颗粒可以在大气中停留很长时间并长距离传输。沙尘暴的形成必须具备3个条件，即沙源、气旋和平流活动，后两者是天气过程，而沙源是物质基础，荒漠化会导致地面沙源增多，从而加剧沙尘暴的发生概率。

沙尘气溶胶通过气溶胶—辐射相互作用可以直接参与许多大气物理、化学过程。它可以散射、吸收太阳短波辐射和地面长波辐射，直接影响地球系统的辐射平衡，可悬浮在对流层中的沙尘气溶胶可以半直接吸收太阳辐射，加热中高层大气，导致云的蒸发加剧，大气稳定度改变，影响云和降水过程；沙尘气溶胶还可以通过气溶胶-云-降水相互作用，间接作为云凝结核和冰核参与云和降水过程，通过影响云的辐射特性、生命周期、云和降水的三维结构等间接地影响到地气系统的能量平衡。

沙尘气溶胶的直接辐射强迫值大小主要依赖于单次散射反照率。一般来说，单次散射反照率较大时，沙尘气溶胶在大气层顶的辐射强迫是负值；相应的，单次散射反照率较小时，沙尘气溶胶在大气层顶的辐射强迫是正值。一些研究结果表明亚洲地区（中国西北地区和印度）沙尘气溶胶的单次散射反照率一般介于0.73~0.85之间，远小于非洲地区沙尘气溶胶的值，所以，亚洲的沙尘气溶胶可能具有较强的吸收性。沙尘气溶胶直接通过吸收和散射太阳短波辐射及地气系统发出的长波辐射来加热大气和冷却地表。沙尘气溶胶不仅能够通过散射和吸收太阳短波辐射及地气系统发出的长波辐射，对地气系统的能量收支平衡产生影响（即直接效应）；也可通过作为云凝结核改变云微物理特性、云量和云的寿命，进而间接影响气候系统（即间接效应）；另外，沙尘气溶胶还可吸收太阳辐射改变大气辐射加热结构，加速云滴蒸发减少云水含量（即半直接效应）（图1）。

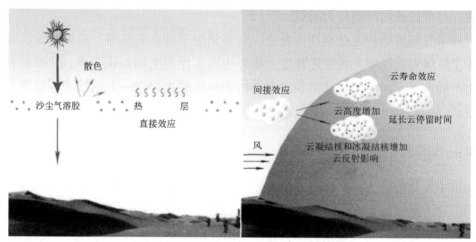

图1　沙尘气溶胶的直接效应与间接效应

全球沙尘气溶胶光学厚度（DOD）可表征沙尘的强度或范围，其高值区分布在北半球的"沙尘带"，从非洲北部撒哈拉沙漠、经过阿拉伯半岛和中亚、印度北部恒河流域、一直连续到我国北方。全球六大沙尘源地除上述"沙尘带"区域，还包括北美和澳大利亚。全球每年DOD大于0.4的天数、极端沙尘事件发生的频次以及极端沙尘事件的强度的空间分布表明，沙尘影响时间最长的区域与极端沙尘事件最频发的区域对应，同时也是极端沙尘事件强度最大的区域。不同沙尘源地的季节变化规律不同，非洲北部、印度次大陆、北美的季节平均DOD在夏季时达到最大，而中东、东亚的季节平均DOD在春季为最高。东亚、印度次大陆分别是春季、夏季全球DOD最高且DOD变化最剧烈的区域。而澳大利亚的DOD季节变化不明显。总体来说，在北半球秋冬季节（9月至次年2月），全球的DOD都处于较低的水平。全球六大沙尘源地DOD的年际变化趋势各不相同，非洲北部、印度次大陆、澳大利亚的年平均DOD在10年期间在波动中略有下降，东亚DOD无明显趋势，中东和北美自2010年后有上升趋势。

2　我国沙尘与沙尘暴的基本状况

我国夏季风影响过渡区内，沙尘气溶胶主要集中在2~6 km高度层，分布于过渡区西部；污染型气溶胶发生高度低于沙尘气溶胶，主要集中在地面至4 km高度，且主要分布于过渡区内的中东部地区。强季风年，沙尘气溶胶发生频率明显低于弱季风年，且沙尘粒子占比约为19.6%，而污染型气溶胶发生频率呈现相反态势，占比约为71.8%，高于弱季风年。结合风场分析，夏季风将中国东南部地区的污染粒子输送至过渡区，并且在这里聚集，导致强季风年的污染型气溶胶多于弱季风年。不同极端季风年期间东亚夏季风影响过渡区内气溶胶粒子总量基本相同，而粗细粒子的占比不同。在季风区，气溶胶类型以硫酸盐为主，占比为71%；在过渡区，气溶胶类型以硫酸盐和沙尘为主，占比分别为57%和27%；在非季风区，气溶胶类型以沙尘为主，占比为83%；在季风区，硫酸盐气溶胶在季风发展的3个阶段对气溶胶总光学厚度的贡献率最大，其在季风爆发前、季风盛行期和季风撤退后贡献率依次为45%、43%和52%；在过渡区，季风爆发前，沙尘对气溶胶总光学厚度的贡献率为16%，硫酸盐贡献率为18%，在季风爆发后，沙尘的贡献率降低至8%，而硫酸盐的贡献率略有升高，为20%；在非季风区，沙尘的贡献率始终占据主导地位。

在我国，沙尘暴的策源地主要有新疆塔克拉玛干沙漠周边地区、甘肃河西走廊和内蒙古阿拉善盟地区、内蒙古阴山北坡及浑善达克沙地毗邻地区、蒙陕宁长城沿线等四大源区。我国北方的沙尘暴有3种路径，北方路径从蒙古东部向南移动，影响我国东北、内蒙古中东部和山西、河北及以南地区；西北路径多起源于巴尔喀什湖附近，经古尔班通古特沙漠，影响我国新疆、甘肃、内蒙古、宁夏、陕西北部及华北西部等；西方路径多起源于中亚地区，翻越帕米尔高原进入南疆盆地，影响我国新疆西北部及以南地区。我国沙尘天气主要出现在春季和冬季，其次为秋季，夏季最少。春季（3—5月）发生的沙尘天气次数，占到全年的77.5%。其中，沙尘天气最频繁发生的月份是4月，其次为3月和5月。其中对我国北方影响最为严重的是由蒙古气旋所控制的春季沙尘暴，春季的北方沙尘一般分两路夹带着蒙古国的沙土进入我国，一路于蒙古国的东南部起沙，影响我国华北大部分地区；另一路于蒙古国西部和南部戈壁荒漠起沙，影响我国西北、华北地区。

蒙古国近20年来出现了前所未有的极端高温、干燥天气频发的倾向，沙尘暴发生的频率最近几十年显著增加，20世纪60年代，蒙古国平均每年有18.3 d发生沙尘暴，而从2000—2007年，这个数据已经上涨到了57.1 d，增加了逾2倍。其中，戈壁沙漠地区每年发生沙尘暴的天数已经超过了90 d。2021年3月13—14日蒙古国多个地区发生严重的沙尘暴灾害，系由极为强盛的蒙古气旋引发，在气旋影响下，强烈的冷暖空气交汇，形成局地强对流天气（强对流天气包括暴风雨、暴风雪等），结果导致近地层风速陡增，为沙尘暴提供了动力条件。14日上午，蒙古国首都乌兰巴托刮起沙尘暴，整个城市被沙尘笼罩，能见度仅几十米，沙尘暴在乌兰巴托持续约3 h后，西北方向刮来的冷空气把沙尘带向南部并向我国西北进发，14日晚，蒙古国多省发生暴风雪和强沙尘等灾害性天气，风速达到20 m/s，阵风达30～34 m/s，至15日17时，蒙古国东方、苏赫巴特尔、南戈壁、中戈壁、戈壁苏木贝尔等省份51个县发生暴风雪和强沙尘等灾害性天气，致10人死亡，58个蒙古包和121个院落被强沙尘暴毁坏，20多间房屋屋顶被掀，1 200余头/只牲畜被强沙尘暴卷走，强沙尘暴致使蒙古国西部部分电力线路被毁，导致多个省的部分地区电力中断。中央气象台3月15日06时发布沙尘暴黄色预警，3月15日08时至16日08时，源起于蒙古国南部的沙尘随气流逐步南下，新疆南疆盆地和东部、内蒙古、黑龙江西南部、吉林西部、辽宁西部、甘肃、宁夏、陕西北部、山西、河北、北京、天津等地的部分地区有扬沙或浮尘天气，其中，内蒙古西部、甘肃河西、宁夏北部、陕西北部、山西北部等地的部分地区有沙尘暴，内蒙古西部、宁夏北部、陕西北部、山西北部等地局部有强沙尘暴。自15日开始，这股来自蒙古国南部的沙尘影响范围西起新疆吐鲁番，东至黑龙江大庆、吉林长春，沙尘带长达近3 000千米，大部分地区能见度300～800 m、PM10浓度超过2 000 μg/m³，我国北方多地遭遇了自2012年以来最强沙尘天气。甘肃的嘉峪关12时PM10浓度达到9 985 μg/m³，北京城区PM10浓度一度超过8 000 μg/m³，最高接近10 000 μg/m³。

图2　2021年3月13—14日蒙古国沙尘暴及过后牧民在救援埋在沙尘中的羊群

从近区域来说，北京的沙尘暴其沙源有毛乌素和库布齐沙漠、乌兰布和沙漠、浑善达克沙地3个，从远区域来说，源自蒙古国的沙尘暴对北京有更严重的影响。传播的路径有3条，分别为内蒙古浑善达克沙地一带—河北黑河河谷—北京地区、内蒙古朱日和一带—河北洋河河谷—北京永定河河谷、河北桑干河谷—北京永定河河谷。

图3　2021年3月15日沙尘中的北京街道和鸟巢体育中心

实际上，沙尘暴在历史的每个阶段都存在，仅就中国而言，据中国古籍资料记载，在公元前4世纪，关于沙尘天气的记载只有2次，到了4—10世纪的700年间，中国境内关于沙尘暴的记载出现了39次，11—15世纪的500年间，中国境内关于沙尘暴的记载剧增到了97次，而从16—19世纪的400年间，沙尘暴的记载共出现了115次。由此可见，统计时间在不断地缩短，但沙尘暴的记载次数却越来越频繁，而且，当时的沙尘暴记载有个特点，就是从先秦时期的主要局限在西北地区，开始呈现东扩的趋势，例如北宋时，当西北的统万城（黄河上游）深陷流沙之时，相对东部的河南开封等黄河流域也开始频繁出现了沙尘暴的记载，而到了元明清时期，整个华北地区，都广泛出现了关于沙尘暴的身影。所以，治理、减少沙尘暴还任重而道远。

3　沙尘气溶胶的传输、海洋沉降及其影响

沙尘气溶胶在热带、副热带洋面上的主要传输路径包括出现在每年夏季（约6月至10月）的非洲沙尘气溶胶向西传至加勒比海北部和北美洲以及中东沙尘传输到阿拉伯海、孟加拉湾和北印度洋；出现在每年春季（约2月至5月）非洲沙尘气溶胶传输至几内亚湾、赤道大西洋，达到加勒比海南部和南美洲以及东亚沙尘气溶胶向中国海域、北太平洋传输，达到北美洲甚至欧洲。全球沙尘起沙量集中在各个主要沙漠地区，北非对全球沙尘气溶胶贡献可占2/3，沙尘气溶胶沉降的高值区分布在沙漠源区及其紧临的下风地区，最大净沙尘气溶胶接收主要分布在沙漠周围地区，并形成净接收量大于10^7g/（km^2·a）的位于0°-60°N之间的北非、欧亚大陆、西太平洋、北印度洋、北美和大西洋的带状分布。在北非、阿拉伯半岛、中亚、东亚和澳大利亚5个主要沙漠地区中，起沙量和沉降量都存在明显的季节变化，除了中亚其他个区域干湿沉降量和起沙的季节变化基本一致，东亚地区沙尘气溶胶起沙量和总沉降量的季节变化最为明显，而北非沙漠起沙量和总沉降量的季节变化最小，其他几个区域的季节变

化幅度基本相同。中亚和阿拉伯半岛起沙高值出现在夏季，其他区域的高值均出现在春季。1995—2004 年间全球陆地年平均起沙量为（1500±94）×10^{9}g，基本呈略微上升趋势。起沙量年际变化率以北非沙漠最低，为 6.3%；东亚（28.3%）和澳大利亚（45.0%）起沙量年际变化最为明显，全球陆地的沙尘气溶胶沉降量约以每年 9.9×10^{9}g 的速率递减，但全球海洋的沙尘气溶胶沉降量在递增。

如果按区域划分，中亚、中东、北美和澳洲地区是世界四大沙尘暴高发区（即中亚地区、非洲撒哈拉沙漠南端、美国西部和墨西哥北部、澳大利亚）。据统计全球每年向大气中排放的气溶胶几乎占了对流层气溶胶总量的一半。而蒙古和中国北方干旱及半干旱地区（蒙古国南部的沙漠和戈壁、以塔克拉玛干沙漠为主体的中国西部沙漠区、以巴丹吉林腾格里乌兰布和沙漠组成的中国北部沙漠区）作为仅次于撒哈拉沙漠的第二大沙尘暴源地，是全球沙尘气溶胶的重要排放地，每年约向大气中排放的沙尘气溶胶约 800 Tg，占全球沙漠排放总量的一半左右，占整个亚洲排放量的 70%。其中，中国境内的排放量占该区域总排放量的 30%。从传输距离上看，其中约 30% 会沉降到沙漠等地区，约 20% 会在小区域尺度内传输，约 50% 会传输到太平洋地区、甚至更远的地区。该区域向大气中排放的沙尘气溶胶约有一半在西风急流等作用下被输送到我国东部沿海地区和西太平洋地区，一部分沙尘气溶胶甚至能够穿过太平洋到达北美等地。在长距离传输过程中，沙尘气溶胶会和沿途的其他类型气溶胶（硫化物、氮化物、烟羽及黑炭等）相互混合，使其光学特性、物理和化学组分等发生改变，相应的，沙尘气溶胶作为云凝结核和冰核的性质也会发生重要的改变，使其与云的相互作用变得更加复杂。沙尘气溶胶不仅通过改变能量收支平衡、云特性、降水发生率等影响区域气候，而且沙尘气溶胶的长距离传输也会引起全球水循环、碳循环及气候的变化。但由于沙尘气溶胶的物理和化学组分较复杂，在空间分布上具有明显的非均一性、并且会随时间变化而变化。因而，近些年来，沙尘气溶胶与云、降水的相互作用、沙尘气溶胶的长距离传输、输送量和沉降量以及由此带来的生态环境影响等引起了人们的高度重视。

表 1　沙尘在三大洋的沉降量的研究结果　　　　　　　　Tg

大洋区域	结果 1	结果 2	结果 3	结果 4	结果 5	结果 6	结果 7	平均
北太平洋	480	96	92	35	31	56	141	133
南太平洋	39	8	28	20	8	11	41	22.1
北大西洋	220	220	184	230	178	259	122	201.9
南大西洋	24	5	20	30	29	35	25	24.0
印度洋	144	29	154	113	48	61	97	92.3

从表 1 中可以看出，在三大洋中，沙尘沉降量以大西洋最高，印度洋最低；大西洋占 47.7%，太平洋占 32.8%，印度洋占 19.5%。北太平洋和北大西洋是三大洋中沙尘沉降的主要区域量，沉降量占三大洋的 70.8%，印度洋、南太平洋和南大西洋仅占 29.2%（其中南太平洋和南大西洋仅占 9.7%）。

全球每年向大气中排放出大量的沙尘气溶胶，我国西北的沙尘气溶胶一般在蒙古气旋或青藏高原的作用下，抬升到高空，进而在西风急流等的带动下进行长距离传输，并通过直接、间接、半直接效应对我国北方大部区域产生影响。一部分沙尘气溶胶会以干沉降和湿沉降的形式落到陆地或者海洋，而沉降到海洋的沙尘气溶胶直接影响海洋生物的营养盐供应，通过促进海洋浮游生物的生长，直接影响海洋的初级生产力，进而影响海洋及全球的碳循环。塔克拉玛干沙漠作为沙尘暴的频发地，春季约向 5 km 的高度层输送 17.06 Tg 的沙尘气溶胶，夏季约向该高度层输送 7.43 Tg 的沙尘气溶胶。春季，该高度层约有 28.6% 的沙尘气溶胶通过高空传输到我国东部沿海地区；夏季，该高度层约有 24.0% 的沙尘气溶胶通过高空传输到我国东部沿海地区。到达东部沿海地区的这部分沙尘气溶胶，春季约有 30.7% 通过 1.5~3.0 km 的高空跨越太平洋，到达北美地区；夏季由于风速较小，沙尘含量也相对较少等因素，因而约有 13.4% 能够通过 1.5~3.0 km 的高空跨越太平洋，达到北美地区。

在海洋领域，尽管大气气溶胶来源与长距离传输变化对海洋沉降的影响有些研究报道，但研究的广度与深度与陆地相比，差距不小。在对陆地的研究中，获得了许多有共性的认识。比如在我国，东亚季风对气溶胶的输送和空间分布特征有重要影响，其中东亚夏季风活动的年际变化对中国区域的气溶胶浓度和空间分布有明显影响。在季风区，气溶胶类型以硫酸盐为主，占比为 71%；在过渡区，气溶胶类型以硫酸盐和沙尘为主，占比分别为 57% 和 27%；在非季风区，气溶胶类型以沙尘为主，占比为 83%；在季风区，硫酸盐气溶胶在季风发展的 3 个阶段对气溶胶总光学厚度的贡献率最大，其在季风爆发前、季风盛行期和季风撤退后贡献率依次为 45%、43% 和 52%；在过渡区，季风爆发前，沙尘对气溶胶总光学厚度的贡献率为 16%，硫酸盐贡献率为 18%，在季风爆发后，沙尘的贡献率降低一半为 8%，而硫酸盐的贡献率略有升高，为 20%；在非季风区，沙尘的贡献率始终占据主导地位。有研究显示，东海受到大陆气溶胶传输影响较大，特别是沙尘天气条件下更甚，人为源气溶胶的占比达 86.9%，其中富硫颗粒和富硫-黑炭颗粒是两种主导颗粒物。西北太平洋深海区域气溶胶以自然排放的海盐气溶胶为主，占比为 89.8%。传输过程中，气溶胶颗粒中的富硫颗粒和包裹层有机物颗粒均是由人为气态污染物在大气中氧化形成的二次颗粒，它们在气溶胶中的含量可以用来反映气团的传输和老化特性。东海气溶胶中富硫颗粒都是气溶胶的主导组分，其所占比例在 32%～71% 之间，包裹层有机物颗粒占比在 2%～20% 之间，西北太平洋深海区域气溶胶中未观测到包裹层有机物颗粒，富硫颗粒占比大都在 5% 以下，说明东海气溶胶不仅受大陆气溶胶传输影响强烈，而且老化程度较高。

沙尘事件明显加剧大气的沉降，从而对海洋生态系统产生影响。黄海近岸春季的沙尘天气期间颗粒物、无机硝酸盐和铵氮等在大粒子上的贡献较之非沙尘期间分别升高了 50%、20% 和 20%，溶解铁、溶解磷和总无机氮的沉降通量分别为非沙尘时的 15 倍、13 倍和 5 倍左右。沙尘发生时伴随的降雨对沙尘粒子有明显的清除作用，通过沙尘期间表层海水中铝的增量推算总沉降通量，结果显示，在沙尘事件中，溶解铁、溶解磷和无机氮的总沉降通量分别为（21.25±5.45）mg/（m² · d），（5.15±1.3）mg/（m² · d）和（38.6±9.9）g/（m² · d），且以湿沉降为主。沙尘期间，大气氮沉降是黄海中部表层营养盐的主要来源，约为海洋向上输送通量的 6 倍，磷的大气输入与海洋内部再生输入相当。比较营养盐的大气输入和浮游植物的需求，发现沙尘沉降带来的氮几乎可以满足水华发生时生物生长的需要，沙尘带来的铁则远超过水华生物生长的需要量。因果关系检验结果显示沙尘沉降带来的氮、磷和铁是沙尘发生 3～5 天后水华生物响应的主要原因，因此，沙尘事件后发生的水华，与沙尘发生存在因果关系，沙尘带来的营养盐及微痕量元素是水华发生的关键因子。在长距离传输中，三价铁可以被污染气体二氧化硫还原成直接可被生物利用的二价铁，从而促进浮游植物生长以及二甲基硫的产生，而二甲基硫进入大气后可转化为二氧化硫然后进一步还原沙尘中的三价铁，如此往复循环，这种铁硫耦合反馈机制将对海洋初级生产力产生更为重要的影响。

沙尘的输入由于其组分的溶出被浮游生物利用，可导致浮游植物种群及生物量发生变化，但其结果变化很大，有许多不确认定性。有结果表明，沙尘对旋链角毛藻、小角毛藻、东海原甲藻、圆海链藻生长有促进作用，在近岸水体并不明显，但对大洋水体，沙尘添加可以明显地促进浮游植物的生长，对小角毛藻的促进作用最强。对寡营养的大洋水来讲，沙尘的添加剂量也对海链藻生长有明显的影响，海链藻的比生长速率随着沙尘添加剂量的增加而增高。从围隔实验叶绿素 a 粒级结构的变化看，不同组成的沙尘添加后均表现出小型浮游植物所占比例逐渐上升，微微型浮游植物所占比例下降，但添加不同沙尘的围隔叶绿素粒级结构的变化幅度不同，且浮游植物对铵氮的利用优先于硝酸氮。

4　结语

近年来，日益增加的人为污染物排放明显改变了大气化学成分，以灰霾颗粒、船舶排放、生物质燃烧为主要成分的人为源气溶胶与主要来自自然源的沙尘气溶胶的化学组成存在较大差异。人为源气溶胶一方面含有较高浓度的 N、P、Fe 等营养物质，对浮游植物生长起促进作用，另一方面又含有较高浓度的 Cu、Zn、Cd 等重金属，可能对海洋浮游植物生长产生毒性作用。相比于对生物生长促进作用，人们对于颗粒物沉降对浮游植物毒性作用的认识非常有限。据估计，每年在大风等气候条件的作用下，平均有 1.82 亿吨的沙尘被从撒哈拉沙漠吹起，其中约 2 700 万吨沙尘被吹入了亚马孙盆地，这是地球上最大规模的沙尘输送。撒哈拉的沙尘中富含磷，每年约有 2.2 万吨磷从地球上最为贫瘠的沙漠，输送到了最富饶的雨林，而恰在热带地区，磷比较缺乏，所以沙尘的输入对亚马逊雨林的繁茂很重要。

在我国一般的沙尘天气爆发阶段，也就是发展最强烈时期，沙尘粒子的垂直分布高度均在 3 km 以上；在沙尘天气减弱时期，地面一般为扬沙、浮尘天气，沙尘粒子分布高度在 0~3 km。对中国的沙尘来源、移动路径及对渤海、黄海东部海域影响的分析，发现中国的沙尘天气有 70% 起源于蒙古国，在经过境内沙漠地区时得以加强，沙尘粒子的移动和入海途径主要有西北路、西路和北路 3 条，其中西北路的沙尘暴天气最多，占总发生次数的 76.9%。沙尘运移过程中的路径明显受西风引导气流、沙尘粒子自然沉降以及局部地形的影响。

我国西北地区的沙尘被抬升到一定高度的同时向我国东部输送，在传输的过程中与污染物气溶胶混合，经过污染严重区域时，沙尘粒子会与污染物粒子相互作用，如沙尘粒子表面与酸性气体成分的非均相反应、与硫酸盐和硝酸盐间的混合作用以及有机成分在沙尘粒子表面的吸附等过程，这些作用都会使沙尘粒子对大气中水汽的吸附能力发生改变，进一步改变其转化云滴的效率。

对大气沉降自然部分和人为部分进行甄别，构建甄别的定量体系和指标尤为重要，在此基础上，探明人为活动对大气沉降的影响特别是对敏感生物群落和社会经济发展的影响是全球生态环境工作者面临的重要科学命题。

参考文献

陈莹,庄国顺,郭志刚.2010.近海营养盐和微量元素的大气沉降.地球科学进展,7:682-690.

高会旺,张潮.2019.海洋大气沉降研究面临的挑战.中国海洋大学学报,49(10):1-9.

李佳慧,张潮,刘莹,等.2017.沙尘和灰霾沉降对黄海春季浮游植物生长的影响.环境科学学报,37(1):112-120.

牟英春,褚强,张潮,等.2018.南海浮游植物对沙尘和灰霾添加的响应.中国环境科学,38(9):3512-3523.

宋金明，李鹏程．1997．热带西太平洋定点海域降水的化学特征研究．气象学报，55（5）：634-640．

宋金明，袁华茂，李学刚，等．2020．胶州湾的生态环境演变与营养盐变化的关系．海洋科学，44（8）：106-116．

宋金明，袁华茂，吴云超，等．2019．营养物质输入通量及海湾环境演变过程［M］//黄小平，黄良民，宋金明，等．人类活动引起的营养物质输入对海湾生态环境影响机理与调控原理．北京：科学出版社：1-159．

宋金明，李学刚，袁华茂，等．2019．渤黄东海生源要素的生物地球化学．北京：科学出版社：1-870．

宋金明，李学刚，袁华茂，等．2020．海洋生物地球化学．北京：科学出版社：1-690．

邢建伟，宋金明，袁华茂，等．2017．胶州湾生源要素的大气沉降及其生态效应研究进展．应用生态学报，28（1）：353-366．

邢建伟，宋金明，袁华茂，等．2017．青岛近岸区域典型海陆人为交互作用下酸雨的化学特征．环境化学，36（2）：296-308．

邢建伟，宋金明，袁华茂，等．2019．典型海湾大气活性硅酸盐干沉降特征及其生态效应初探——以胶州湾为例．生态学报．40（9）：3096-3104．

邢建伟，宋金明，袁华茂，等．2017．胶州湾夏秋季大气湿沉降中的营养盐及其入海的生态效应．生态学报，37（14）：4817-4830．

张爽，徐海，蓝江湖，等．2021．中国北方近 500 年沙尘暴．中国科学：地球科学，1-12［2021-04-21］．http：//kns．cnki．net/kcms/detail/11．5842．P．20210407．1752．005．html．

管阳，石金辉．2021．雾霾天对青岛 PM 2.5 中铁、磷浓度及溶解度的影响．中国海洋大学学报（自然科学版），51（4）：117-125．

金同俊，祁建华，郗梓延，等．2019．一次沙尘事件对沿海及海洋大气气溶胶中金属粒径分布的影响．环境科学，40（4）：1562-1574

孙佩敬，李瑞香，徐宗军，等．2009．亚洲沙尘对三种海洋微藻生长的影响．海洋科学进展，27（01）：59-65．

高会旺，祁建华，石金辉，等．2009．亚洲沙尘的远距离输送及对海洋生态系统的影响．地球科学进展，24（1）：1-10．

邓祖琴，韩永翔，白虎志，等．2008．中国大陆沙尘气溶胶对海洋初级生产力的影响．中国环境科学，10：872-876．

韩永翔，宋连春，赵天良，等．2006．北太平洋地区沙尘沉降与海洋生物兴衰的关系．中国环境科学，2：157-160．

Xing Jianwei, Song Jinming, Yuan Huamao, et al. 2017. Atmospheric wet deposition of dissolved trace elements to Jiaozhou Bay, North China: Fluxes, sources and potential effects on aquatic environments. Chemosphere, 174:428-436.

Xing Jianwei, Song Jinming, Yuan Huamao, et al. 2017. Chemical characteristics, deposition fluxes and source apportionment of precipitation components in the Jiaozhou Bay, North China. Atmospheric Research,190: 10-20.

Xing Jianwei, Song Jinming, Yuan Huamao, et al. 2018. Water-soluble nitrogen and phosphorus in aerosols and dry deposition in Jiaozhou Bay, North China: Deposition velocities, origins and biogeochemical implications. Atmospheric Research, 207:90-99.

Xing Jianwei, Song Jinming, Yuan Huamao, et al. 2017. Fluxes, seasonal patterns and sources of various nutrient species (nitrogen, phosphorus and silicon) in atmospheric wet deposition and their ecological effects on Jiaozhou Bay, North China. Science of the Total Environment, 576: 617-627.

Xing Jianwei, Song Jinming, Yuan Huamao, et al. 2019. Atmospheric wet deposition of dissolved organic carbon to a typical anthropogenic-influenced semi-enclosed bay in the western Yellow Sea, China: Flux, sources and potential ecological environmental effects. Ecotoxicology and Environmental Safety, 182: 1-9.

Shi J, Gao H, Zhang J, et al. 2012. Examinationofcausativelinkbetween a spring bloom and dry/wet deposition of Asian dust in the Yelow Sea, China. Journalof Geophysical Research: Atmospheres, 117 (D17):1-8

Song Jinming. 2010. Biogeochemical Processes of Biogenic Elements in China Marginal Seas. Berlin Heidelberg and Hangzhou: Springer-Verlag GmbH & Zhejiang University Press: 1-662.

光催化海洋污染防治技术

王毅[1]，张盾[1,*]，任文玉[1,2]

（1. 中国科学院海洋研究所，中国科学院海洋环境腐蚀与生物污损重点实验室，山东 青岛 266071；2. 青岛科技大学，山东 青岛 266042）

摘要： 随着海洋经济的迅猛发展，沿海环境污染已严重影响海洋环境和海洋生态安全系统，成为制约经济发展的重要因素。面对海洋污染，发展治理技术，帮助海洋减轻直至消除污染物对海洋生态环境的威胁势在必行。利用太阳能作为能源，基于半导体光催化剂，用光催化反应治理海洋污染，是一种潜在的理想解决方案。本文综述了光催化反应在治理海洋石油、微塑料、农药、重金属离子和放射性核素等几类主要海洋污染物的潜在应用进展，并展望了应用前景。

关键词： 海洋污染；光催化；防治技术

1 引言

在地球上，海洋覆盖面积在 71% 以上。根据科学研究表明，最早的生命起源于海洋。海洋资源是人类赖以生存和发展的重要物质基础之一。海洋作为一个庞大的水系，有着自己的自净能力，包括对污染物的稀释、扩散、氧化、还原和降解等。但是，随着工业现代化的快速发展，必然造成大量污染物排入海洋，并呈增长趋势，部分海域由于负荷过重无法形成自清洁。因此，海洋环境遭到破坏，衍生出很多海洋问题，一些海洋生物甚至濒临灭绝。面对海洋污染，除加强人们环保意识、加强监管和加大海洋环保执法力度、科学开发海洋资源等对策之外，发展治理技术，帮助海洋减轻直至消除污染物对海洋生态环境的威胁，也是势在必行的[1]。虽然面对广阔的海洋，海洋污染治理技术的发展举步维艰，但在人们的努力下，还是取得了可喜的进展。针对石油、塑料、农药、重金属离子和放射性核素等几类主要的污染物发展了相应的处理技

资助项目：中国科学院战略性先导科技专项（A 类）（XDA23050104）。

术，具有潜在的应用前景。

光催化技术是基于半导体材料特殊的能带结构而建立的一种新型技术，其核心是半导体光催化剂。半导体的能带是由价带、导带以及价带和导带之间的禁带组成。当入射光子能量大于或接近于半导体的禁带宽度，半导体价带上的电子受到激发跃迁至导带上，同时在价带留下光生空穴，于是在半导体内部形成了电子-空穴对。在电场的作用下，形成的电子-空穴对会发生分离，并转移至半导体材料的表面，与吸附在材料表面的物质发生相应的氧化还原反应。半导体材料的价带和导带的化学势决定了它们的氧化还原能力，最终影响催化剂的催化活性。半导体导带的位置越负，越有利于还原反应的进行，而价带的位置越正，更利于发生氧化反应。导带上的电子可以与催化剂表面吸附的分子氧发生作用，形成超氧自由基（$\cdot O_2^-$），参与到氧化还原反应，而价带上的空穴不仅可以直接参与氧化反应，还可以与吸附在催化剂表面的水分子或OH^-发生作用，生成强氧化能力的羟基自由基（$\cdot OH$）。这些活性物质可以直接将污染物氧化为CO_2、H_2O等，最终实现各种污染物，比如石油烃、微塑料、农药等的高效去除[2]。此外，光催化技术可以利用光生电子将高毒性的金属离子还原为低毒甚至无毒的低价金属离子，且无二次污染，可广泛应用于水体及土壤中重金属的去除[3]。

1972年，Fujishima和Honda[4]在《Nature》首次报道了以TiO_2为催化剂，在紫外光照射下可以分解水产生氢气和氧气。目前，TiO_2已经被广泛研究并已实现工业化生产，投入到实际应用中。但是TiO_2较宽的带隙使其只能在紫外光下表现出较高光催化活性，而紫外光仅占太阳光谱的4%左右，这极大限制了TiO_2的高效利用。因此，可见光响应光催化半导体材料的开发是十分必要的[2]。

2　光催化处理石油污染

自从20世纪初在海上进行石油开采以来，海上石油开采以及运输泄漏带来的污染变得越来越多。2010年4月发生的墨西哥湾漏油事件，又称英国石油漏油事故，这是人类历史上最大的海洋石油泄漏事件。这次漏油不仅影响了当地的渔业和旅游业，更导致了一场环境灾难。漏油影响的区域里有8 332个物种，包括1 270种鱼类、2 018种鸟类、1 456种软体动物、1 503种甲壳亚门动物（例如螃蟹，虾，龙虾）、4种海龟以及29种海洋哺乳动物。此次漏油事件对生态环境造成的影响可能会持续数十年甚至更久[5]。因此，治理水面石油污染已成为当前世界各国科学家关心和迫切需要解决的问题之一。

目前，对于大面积的溢油情况，常采用化学法和物理法清除溢油，通常二者配合使用。化学法主要采用溢油分散剂法。溢油分散剂俗称"消油剂"。它是用来减少溢油与水之间的界面张力，从而使油迅速乳化分散在水中的化学药剂。在许多不能采用机械回收或有火灾危险的紧急情况下，及时喷洒溢油分散剂，是消除水面石油污染和防止火灾的主要措施。溢油分散剂溶剂具有降低溢油黏度和表面张力的特性，有利于溢油乳化分散，有利于油水充分接触与混合，使油易于被水中生物降解，被水体所净化。但这需要消耗大量昂贵化学药品，而且还会产生二次污染。其次，暴露在空气中的原油会逐渐氧化和生成一种棕褐色胶冻物质，其中包括一些有毒的酚类聚合物也必须进行处理[6]。与化学方法相比，利用太阳能作为能源，用光催化反应降解，减少石油处理成本，价格低廉、不产生二次污染，是一种潜在的理想解决方案[7, 8]。

2.1 光催化降解石油烃的机理

石油烃一般包括烷烃类、烯烃类、环烷烃类和芳香烃类。具体到石油烃氧化机理为[9]：

2.1.1 脂肪烃氧化机理

光激发半导体所产生的（·OH）将脂肪烃氧化为醇，进一步氧化为醛和酸，最后脱羧生成 CO_2，其反应步骤如下：

$$R - CH_2CH_3 + 2 \cdot OH \rightarrow R - CH_2CH_2OH \tag{1}$$

$$R - CH_2CH_2OH \rightarrow R - CH_2CHO + H_2 \tag{2}$$

$$R - CH_2CHO \xrightarrow{H_2O} R - CH_2COOH + H_2 \tag{3}$$

$$R - CH_2COOH \rightarrow R - CH_3 + CO_2 \tag{4}$$

整个过程描述为：

$R - CH_2CH_3 \rightarrow R - CH_2CH_2OH \rightarrow R - CH_2CHO \rightarrow R - CH_2COOH \rightarrow R - CH_3 + CO_2 \rightarrow R - CH_2OH \rightarrow R - CHO \rightarrow R - COOH$

每降解一个碳原子，生成一个 CO_2，重复循环，直到脂肪烃完全转化为 CO_2 为止。

2.1.2 芳香烃氧化机理

与脂肪烃一样，光激发半导体所产生的（·OH）首先将苯环羟基化，生成了羟基环己二烯自由基，该自由基进一步与 O_2 作用，生成过氧羟基环己二烯自由基，随后开环生成己二烯二醛，并按脂肪烃氧化途径降解。生成 CO_2 和 H_2O 以及与取代基相对应的无机酸，其副反应产生苯酚，所生成的苯酚仍按上述氧化途径进行，最后生成 CO_2 和 H_2O。

2.2 负载型 TiO_2 光催化剂的制备

自 Fujishima 和 Honda[4] 发现 TiO_2 的光催化作用，TiO_2 便广泛被用于光催化方面。

其中光催化降解水中有机污染物也是研究之一[3]。由于石油污染物不溶于水，漂浮在水体表面，而锐钛矿型的 TiO_2 密度为 3.84 g/cm^3（大于海水密度），TiO_2 颗粒将沉于水底，起不到光催化剂的作用。为了使 TiO_2 进行光催化降解反应，则需要将 TiO_2 固载到一种载体上从而使 TiO_2 漂浮在水面，这就要求该载体密度要远小于水，而且与 TiO_2 附着良好，且不被 TiO_2 光催化氧化[10]。此外，还要保证 TiO_2 可与石油接触，又能充分接受太阳光的照射，进行光催化反应。

Berry 和 Muller[11]系用环氧树脂将 P25 TiO_2 粉末黏附在木屑上，在紫外灯照射下 30 min 可光催化降解 70 mol%的芳香烃和 25 mol%的烯烃。Ollis 和 Al-Ekabi[12]用烧结法和偶联法将 TiO_2 粉末负载于空心玻璃球上，在紫外灯照射下可降解原油。赵文宽等[10, 13-14]、方佑龄等[15-16]采用 3 种方法在硅铝空心玻璃球表面负载了 TiO_2 光催化剂，研究了其光催化降解石油的性能。

第一种是用浸涂、热处理的方法在硅铝空心玻璃球表面负载 TiO_2 薄膜制成可漂浮在水面的 TiO_2 光催化剂，并以辛烷为石油中烷烃的代表，用气相色谱法测定了经不同时间光照后（125 W 高压汞灯作光源，测定辐照强度为 18 mW/cm^2）辛烷残留的百分含量[16]。具体的制备方法是以异丙醇为溶剂配制钛酸四异丙酯溶液，浓度为 0.5 mol/L，加入二乙醇胺，搅拌成透明的混合溶液，将空心玻璃球洗净烘干后，用上述混合溶液对它进行多次浸涂，烘干后在不同温度下热处理 1 h，制得负载有 TiO_2 薄膜、能漂浮在水面的光催化剂。当载体未负载 TiO_2 薄膜时，辛烷也会发生紫外线的光降解反应，但其速度较慢，且反应进行得不彻底；用漂浮负载型 TiO_2 薄膜光催化剂，能有效地光催化降解水面的辛烷，经 1 h 光照能降解辛烷 90%以上。

第二种是以硅偶联剂将纳米 P25 TiO_2（平均粒径 21 nm）偶联在硅铝陶瓷空心微球上，制成了能漂浮在水面的 TiO_2 光催化剂，同样以辛烷为代表，研究其对水面油膜污染物的光催化分解[15]。具体以无水乙醇为溶剂，加 4 mL 甲基三甲氧基硅烷和 0.4 mL 水，加热回流。然后分别加 12 g 硅铝陶瓷空心微球和 5 g TiO_2 继续回流。经系列处理最后在 110℃下烘干制得漂浮负载型纳米 TiO_2 光催化剂。该光催化剂经 1 h 紫外光照（18 mW/cm^2）能降解辛烷 90%以上。

第三种方法是以钛酸四丁酯为原料，经水解、胶溶和高压处理制备纳米 TiO_2 粉体。取 10 g 硅铝空心玻璃球漂珠为载体，将其余 2.5 g TiO_2 粉体用水调成糊状于 550℃ 煅烧 2 h，冷却后，用水洗去少量下沉物，烘干制得负载型 TiO_2 光催化剂，测定负载量为 16.0%[14]。在紫外光照下（46 mW/cm^2），对马来西亚产 TAPIS 原油光催化降解的实验结果如表 1 所示。在开始阶段（4 h 前），原油表观降解速率较快，这是因为原油中易挥发组分的挥发和可溶组分在水中的溶解所致；在第二阶段，原油的光催化降解速率符合一级反应动力学方程，表观速率常数 $k = 0.18$ h^{-1}。将盛有原油的容器放在太阳光下直接照射，累计光照时间。可观察到水中加入原油后在水面铺展形成了一层黑色油层。加入光催化剂，未通入空气，催化剂周围吸附黑色原油。通入空气，放在太阳光下照射，光照开始一段时间，油层颜色变化较快，随着光照时间延长，原油逐渐被光催化降解，油层的颜色逐渐变淡。光照 16 h 后，可降解约 75% 的原油，此时油层变淡褐黄色；64 h 后，95% 以上石油已被降解，催化剂表面略带黄色。这项研究结果表明，用紫外光灯和太阳光作能源，利用漂浮负载型 TiO$_2$ 光催化剂，能够有效地降解和清除水面的石油污染，并且能够避免原油在自然氧化过程中生成有害的污染物质。

表 1　原油光催化降解

光照时间/h	0	4	8	12	16
原油残留量/%	100	40.7	29.6	26.8	24.8

陈士夫和程雪丽[17]以四异丙醇钛为原料，采用浸渍法将 TiO$_2$ 负载在空心铝硅玻璃球表面，制备出 TiO$_2$/beads 光催化剂，研究了利用其光催化降解水面漂浮的正十二烷基甲苯的可行性。结果表明，375 W 中压汞灯照射 120 min，正十二烷的光催化去除率达 93.5%；光照 80 min，甲苯被完全催化去除；通入空气有利于光催化去除，外加微量 H$_2$O$_2$（5 mmol/L）可大大提高光催化去除率，而少量加入的 Na$^+$ 对光催化去除率无明显影响。制备的 TiO$_2$/beads 光催化剂密度小于 1.0 g/cm^3，可漂浮在水面上直接利用太阳光，且不需要回收光催化剂，便于工业化连续操作。

2.3　改性 TiO$_2$ 光催化剂的制备

上述基于 TiO$_2$ 的光催化降解石油研究均展现了良好的效果。但是 TiO$_2$ 也存在一些缺点，比如 TiO$_2$ 的禁带宽度为 3.2 eV，限制了其对太阳能的吸收和利用。此外，光生电子-空穴对在 TiO$_2$ 内很容易被捕获而湮灭，导致光量子率在一个低的水平。对半导体材料进行改性是一个有效的解决方案，例如，Grzechulska 等[7]为了研究光催化剂对油污染废水的光催化降解，他们制备了纯 TiO$_2$ 和改性 TiO$_2$，对比纯 TiO$_2$ 和改性 TiO$_2$ 对油污废水的光催化降解，可知对废水中油的去除率较高的是改性 TiO$_2$。可用的改性方法主要包括贵金属沉积、离子掺杂修饰、复合半导体、染料敏化等。

田明[18]针对海水溶水石油烃的光催化降解，采用溶胶凝胶法结合超声波振荡制备负载于空心玻璃微珠上的 Fe^{3+} 改性 TiO$_2$ 光催化剂，通过正交实验确定各个制备参数的影响主次排序，进而通过单因素实验确定出催化剂最佳制备条件为：前驱体酞酸丁酯、乙醇、硝酸、去离子水的体积比为 $V_{酞酸丁酯}:V_{乙醇}:V_{硝酸}:V_{去离子水}=5:20:0.4:1$，Fe-Ti 原子比为 5%，煅烧温度和时间为 500℃ 和 2 h。Fe^{3+} 改性负载后的催化剂比表面积增大到 147.909 cm^2/g，同时粒径减小到 16.96 nm，光催化效率得以极大提高。在最佳条件和最佳投加量（2 g/L）下光催化降解海水溶水石油烃，最大降解量为 84%，TOC 降解最大达到 45.7%。相同反应条件下，Fe^{3+} 改性催化剂在紫外和紫外可见混合光中降解 TOC 为 30 mg/L 海水溶水石油烃时，比使用未改性催化剂降解效率分别提高 23% 和 8%，说明 Fe^{3+} 改性催化剂拓宽了催化剂的吸收光谱。动力学研究表明光催化降解分为 2 个阶段：第一个阶段表观降解速率较快；第二个阶段符合 Langmuir-Hinshelwood 动力学模型，线性拟合求出 Langmuir 速率常数 k 为 12.47 mg/（L·d），吸附平衡常数 K 为 0.029 mg/L。

刘云庆[19] 采用溶胶凝胶法和共沉淀法分别制备的 CaF_2（Er^{3+}）/TiO_2 和 ZrO_2（Er^{3+}）/TiO_2 复合光催化剂用于处理海洋石油的污染。吕思宜[20] 使用具有良好光催化活性的核壳结构 $BaTiO_3$@TiO_2 纳米复合光催化材料处理石油废水，但是核壳材料的壳体厚度不均匀，影响了其光催化效率。

综上所述，采用光催化技术降解石油污染还处于实验室研究阶段，距离实际应用尚有很大距离。但是，相较于目前广泛采用的溢油分散剂法，光催化法具有绿色、环保、可重复利用的优势。未来，如能在固载技术、效率和成本等层面取得突破进展，就有望成为有效的石油污染处理技术。

3 光催化处理微塑料污染

2015 年发表在《Science》上的一项研究显示，每年有将近 800 万吨的塑料污染进入到海洋，在海洋里漂浮的塑料将近 27 万吨。海洋中 60% 以上的漂浮垃圾是塑料，而且数量每年都在增加[5]。海洋环境中的塑料聚合物暴露在阳光、氧化剂和物理压力下，随着时间的推移，它们会风化并降解。这些塑料大致可以分为 6 类：聚乙烯（PE）、聚丙烯（PP）、聚氯乙烯（PVC），聚苯乙烯（PS）、聚对苯二甲酸乙二酯（PET）和聚氨酯（PU）。其中 PE、PP、PVC、PS 的主链上完全由碳原子组成，而后两者 PET 和 PU 主链上存在杂质原子。紫外辐射和氧化是引发碳骨架聚合物降解，导致链断裂的最重要因素。由断链形成的较小的聚合物碎片更容易被生物降解，因此非生物降解先于生物降解。当杂原子存于聚合物的主链时，降解过程通过光氧化、水解和生物降解进行。塑料聚合物的降解可以产生低分子量聚合物碎片，如单体和低聚物，并形成新的端基，特别是羧酸[21-27]。

按目前的增长速度，到 2050 年预计将有 120 亿吨的塑料废物被丢弃在环境当中。

因此，采取有效策略来完全降解水中塑料是十分必要的[28]。光催化是一种能降解水中聚合物材料的有前景的代表性方法，因为它仅需要光源和催化剂。而用于降解水中污染物的最常用催化剂，主要有光催化半导体，例如 TiO_2 和 ZnO。当光催化半导体被能量等于或高于其带隙能量的光子照射时，光生电子-空穴对与水反应，生成超氧化物和羟基自由基等高活性物质，从而导致一系列氧化过程，将污染物降解为 CO_2 和 H_2O。例如，Tofa 等[29]则利用 ZnO 纳米棒激活的可见光诱导的多相质光催化对 LDPE 进行催化研究，结果表明该方法具有良好的降解能力且与催化剂的表面积成正比。

Wang 等[30]提出了利用 Au@Ni@TiO$_2$ 微电机消除微塑料的新策略。其研究结果表明，双面微型机器人有实现从水中收集和去除微塑料的能力。赤铁矿（α-Fe_2O_3）是一种窄带隙（为 2.2 eV）的低成本、生态友好的 n 型半导体。它在紫外线照射和 H_2O_2 催化下，能产生更多的 ROS 来攻击水中的污染物，因此可以被用于制造可见光驱动的水体净化微型/纳米机器人。基于此原理，Urso 等[31]设计并开发了自推进式、光驱动、磁场导航的赤铁矿/金属双面微型机器人，能在水中降解聚合物链。该微型机器人在紫外光照射下均显示出无燃料自推进的特性，并进行对开/关切换和运动方向的可编程控制。研究人员还通过电化学测量评估和解释了微型机器人在不同燃料浓度和金属涂层下的速度差异，并使用高分子量（M_w = 4 000）聚乙二醇（PEG）证明了微型机器人对聚合物材料的光降解能力。微型机器人的主动运动、静电捕获能力、在赤铁矿/金属界面处的优异电荷分离以及催化的 photo-Fenton 反应，实现了对 PEG 链的有效光降解。这项工作提出了使用大量可再生资源（例如水和光）去除聚合物和塑料材料的环保策略。

4 光催化处理农药污染

海洋的农药污染主要有汞、铜等重金属农药，六六六等有机农药和多氯联苯（polychlorinated biphenyls，PCBs）等。六六六等有机氯农药的性质不稳定，极易在海洋环境中分解，并能在海水中长期残留，对海洋产生严重污染，并危害海洋生物[32-33]。TiO_2 光催化可以将有机氯农药降解为氯离子、含氯的有机物和无毒物质[34]。在有机氯农药光催化降解的早期研究中，如林丹[35]、硫丹[36]等都被成功降解，并且大多数有机氯农药都可以被光催化降解，有的甚至可以在几分钟的时间内达到 100%降解率。Huang 等[37]用 1% FC-143 表面活性剂改性 TiO_2 来对土壤中 PCBs 进行光催化降解，结果表明，在持续照射 4 h 后，94%的 PCBs 被降解，取得了很好的效果。蔡云东[38]采用光沉积法制备的 Fe-TiO_2 负载于软性材料上，负载量为 2 g/L 时，2, 4-二氯苯氧乙酸的光催化降解效率达到 60%（4h）。采用溶胶凝胶法制备的 N/Fe-TiO_2 负载于软性材料上，负载量为 2.25 g/L，阿特拉津的光催化降解率达到 55.1%，光催化剂负载于软性材料上具有较好的重复使用性和稳定性。李爽等[39]用 TiO_2 光催化降解地下水中的六六六，当地下水 pH 值为 5，温度为 14℃，在 8 W 紫外光下照射 30 min，降解率为 47.96%。

目前，采用光催化技术处理海洋农药污染还处于发展阶段，仍然存在诸多亟待解决的问题，比如 TiO_2 材料自身的性能缺陷以及光催化剂对海洋环境的适应性等。但是，作为一种有效且廉价的环境污染治理技术，相信随着研究的深入，可为实现光催化降解海洋农药的实际应用提供保证。

5 光催化处理重金属离子污染

海洋中重金属来源有岩石、土壤的风化侵蚀和工农业生产产生的污染物这两大类，主要包括铬、锰、铁、铜、锌、银、镉、锑、汞、铅等金属和磷、硫、砷等非金属。这类物质入海后往往是河口、港湾及近岸水域中的重要无机污染物，或直接危害海洋生物的生存，或蓄积于海洋生物体内而影响其利用价值[32]。

Li 等[40]报道在羟基修饰的 TiO_2 上，Cr（Ⅵ）光催化还原为 Cr（Ⅲ）的效率更高。羟基修饰可有效提高 TiO_2 表面的电正性，在酸性体系下产生电荷，有利于 Cr（Ⅵ）的吸附以及还原产物 Cr（Ⅲ）的脱附，避免了 Cr（Ⅵ）和 Cr（Ⅲ）的竞争吸附造成的活性位点掩盖。因此，反应溶液的 pH 值对 Cr（Ⅵ）在羟基修饰 TiO_2 表面的选择性吸附和 Cr（Ⅲ）的解吸至关重要。该原理还可以推广到商用 TiO_2 光催化剂，以提高其光催化还原性能。Deng 等[41]发现使用的聚苯胺修饰可有效浓缩 Cr（Ⅵ），促进 Cr（Ⅲ）的脱附，避免 Cr（Ⅲ）在催化剂表面的沉积，从而提高光催化还原 Cr（Ⅵ）的速率以及催化剂的使用寿命。Hosseini 等[42]发现 Cu（Ⅱ）、Pd（Ⅱ）及 Zr（Ⅱ）等离子可与咪唑配位，因此用咪唑修饰 TiO_2，光生电子能够快速通过咪唑从导带转移向金属离子，显著提高重金属的还原速率。在 10 min 内，Cu（Ⅱ）和 Pd（Ⅱ）的还原效率均达到 99.99%。同时，研究也表明用惰性阴离子（如 F^-、PO_4^{3-}、SO_4^{2-}）等进行表面修饰，表面的修饰基团会捕获光生电子，阻碍电子向金属离子的转移，从而不利于金属离子的光催化还原。

贵金属的费米能级低于 TiO_2 的导带，因此可以作为电子捕获剂，捕获导带电子，当电子在贵金属/半导体的接触面达到平衡时，半导体导带会弯曲，并形成肖特基势垒。Liu[43]发现 Ag 修饰 TiO_2 在光催化还原 Cr（Ⅵ）的过程中，Ag 纳米粒子作为电子捕获剂，可有效吸收光生电子，显著提高电子与空穴的分离效率。修饰后，Cr（Ⅵ）的去除率可提升 3 倍。除 Ag 外，Au 纳米粒子也可为电子提供快速传输通道，避免氧气对电子的捕获。此外，贵金属还具有优异的表面等离子体效应，为重金属还原提供更多的自由电子[44]。

带隙较窄的半导体与 TiO_2 耦合，可用于可见光下重金属的去除。例如，You 等[45]通过简单的水热法制备高效的 Bi_2O_3-TiO_2 复合材料并用于可见光催化废水中重金属离子 Pb（II）与 Cr（VI）的去除研究。由于 Bi_2O_3 的导带势能高于 TiO_2，在光照条件下，Bi_2O_3 的导带上的光生电子转移到 TiO_2 的导带。光生电子和空穴分别转移到 TiO_2 的导带和 Bi_2O_3 的价带。TiO_2 作为 Pb（II）和 Cr（VI）的还原中心，Bi_2O_3 则作为有机污染物邻苯二甲二丁酯的氧化中心。这种电子与空穴的空间分离，大大提高了重金属的去除效率。与 Bi_2O_3 相比，Bi_2O_3-TiO_2 光催化去除 Pb（II）和 Cr（VI）的效率有了 3 倍的提升。

除 TiO_2 外，其他具有可见光催化活性的半导体催化剂也被报道可用于光催化还原重金属。例如，Ren 等[46]采用溶剂热法成功制备了 $MoSe_2$/ZnO/ZnSe（ZM）杂化材料。与纯 ZnO 相比，ZM 具有更强的可见光还原 Cr（VI）活性。$MoSe_2$ 和 ZnSe 的引入增加了 BET 比表面积和光吸收，抑制了载流子的复合，增强了光催化反应。此外，光诱导电子控制了光催化还原 Cr（VI）过程。Wang 等[47]将强可见光吸收卟啉单元和强毒性阴离子吸附柱同时集成到一个金属有机框架材料中，大大提高了 Cr（VI）的光催化还原性能。

目前，光催化还原重金属的研究还处于性能探索阶段，鲜有工业化应用的报道。要实现海洋污染治理的实际应用还需进一步提高太阳能利用效率和多金属同时处理能力，提高海洋环境适配性和去除效率，明确反应机制，通过设计提高寿命。

6　光催化处理放射性核素污染

海洋的放射性核素污染主要来自核武器爆炸、原子能工业、核动力船舰的排污和核武器试验的沉降物，包括铈-114、钚-239、锶-90、碘-131、铯-137 等。其中锶-90、铯-137 和钚-239 的排放量较大，半衰期较长，对海洋污染尤为严重[32]。放射性核素污染对海洋生物的生存影响极大，严重破坏了海洋生态环境，对人类健康也有直接或间接的影响[48]。因此，发展有效的放射性核素去除策略具有重要的意义。Yin 等[49]以金属有机框架材料 MIL-53（Fe）为光催化剂，针对废水中核化污染物（以铀酰离子和芥子气为例）去除成本高、速率慢的难题，将 MIL-53（Fe）与光催化技术相结合，实现了 MIL-53（Fe）光催化还原铀酰离子及光催化降解芥子气的目的。但是值得注意的是，在反应过程中需加入 H_2O_2 等添加剂促进反应速率。目前，采用光催化处理放射性核素还处于初始的探索阶段，相关报道较少。但是，基于半导体材料的光催化还原金属能力，在未来依然有广阔的应用前景。

7 结束语

基于前人工作，本文系统总结了光催化技术在处理海洋污染物的研究进展，对提高光催化效率的方法进行分析和归纳。未来，随着对新型光催化剂以及处理各类海洋污染物机理的不断探索，光催化在海洋污染治理领域必将取得巨大进展。但是，必须指出的是当前研究还主要处于初始的性能探索阶段，对于实际应用还鲜有报道。此外，大量研究也是针对淡水水体污染物的去除，而直接面对海水体系的研究报道很少。因此，为能将光催化技术应用于海洋污染治理，还存在如下问题需进一步探究。

（1）部分实验室使用光源强度是太阳能的 10~50 倍，并且大多数半导体材料是在 300~500 nm 附近有光吸收，因此提升太阳能利用率仍具有很大挑战。

（2）目前研究都是针对单一的目标污染物进行的，而在海洋环境中往往多种污染物共存。因此，研究多种类型污染物存在条件下的光催化降解效能具有十分重要的实际意义。

（3）光催化剂自身使用寿命短、抗污染和抗中毒能力差，能否适用海洋环境还需进一步探究，在海洋环境中的失活机理和再生方法也需进一步探究。

（4）面对开放的海水环境，发展有效的光催化剂负载方法是必由之路。目前虽有少量报道，但是在效率和寿命层面还无法满足实际应用需求，需进一步研究。

参考文献

［1］ 周缘，贺文麒，蒋燕虹，等．海洋污染现状及其对策［J］．科技创新与应用，2020：127-128.

［2］ 朱永法，姚文清，宗瑞隆．光催化:环境净化与绿色能源应用探索［M］．北京:化学工业出版社，2014.

［3］ 许振民，施利毅．光催化去除水体中重金属离子的研究进展［J］．上海大学学报自然科学版，2020，26：491-505.

［4］ Fujishima A, Honda K. Electrochemical photolysis of water at a semiconductor electrode［J］. Nature，1972，238：37-38.

［5］ 王姣．触目惊心的海洋污染［J］．世界环境，2019：55-58.

［6］ 薛聚彦．海面溢油处理技术的分析与选择［J］．石油化工环境保护，2006，29：56-58.

［7］ Grzechulska J, Hamerski M, Morawski A M. Photocatalytic decomposition of oil in water［J］. Water Research，2000，34：1638-1644.

［8］ 崔振峰，王永芝．TiO₂光催化降解脂肪烃类反应机制的探析［J］．云南环境科学，2000，19：13-14.

［9］ 张新荣，杨平．光催化降解石油烃的可行性研究［J］．河南化工，1999：8-9.

［10］ 赵文宽，覃榆森，方佑龄，等．水面石油污染物的光催化降解［J］．催化学报，1999，20：368-372.

［11］ Berry R J, Mueller M R, Photocatalytic decomposition of crude oil slicks Using TiO₂ on a floating substrate［J］. Microchemical Journal, 1994,50：28-32.

［12］ Ollis D F, Al-Ekabi H, Photocatalytic purification and treatment of water and air［M］. Amsterdam：Elsevier Science Publishers BV, 1993.

［13］ 赵文宽，方佑龄．光催化降解石油污染的研究［J］．宁夏大学学报自然科学版，2001,22：219-220.

［14］ 赵文宽，方佑龄，董庆华．太阳能光催化降解水面石油的研究［J］．武汉大学学报自然科学版，2000,46：133-136.

［15］ 方佑龄，赵文宽，尹少华，等．纳米 TiO₂ 在空心陶瓷微球上的固定化及光催化分解辛烷［J］．应用化学，1997,14：81-83.

［16］ 方佑龄，赵文宽，张国华，等．用浸涂法制备飘浮负载型 TiO₂ 薄膜光催化降解辛烷［J］．环境化学，1997,16：413-417.

［17］ 陈士夫，程雪丽．空心玻璃微球附载 TiO₂ 清除水面漂浮的油层［J］．中国环境科学，1999,19：47-50.

［18］ 田明．海水溶水石油烃的光催化降解研究［D］．天津科技大学，2014.

［19］ 刘云庆．紫外可见上转换剂/TiO₂光催化剂降解海洋石油污染的研究［D］．大连海洋大学，2015.

［20］ 吕思宜．BaTiO₃-TiO₂复合材料的光催化性能及其在处理石油废水的应用研究［D］．重庆：重庆科技学院，2019.

［21］ Vroman I, Tighzert L. Biodegradable Polymers［J］. Materials,2009,2：307-344.

［22］ Burke A, Hasirci N. Biomaterials：From Molecules to Engineering Tissues［M］. Kluwer Academic/Plenum Publishers, 2004.

［23］ Fagerburg D R, Clauberg H. Modern Polyesters：Chemistry and Technology of Polyesters and Copolyesters［M］. John Wiley & Sons, Ltd, 2003.

［24］ Gauthier J J. Biotechnology in the sustainable environment［M］. New York：Plenum Press, 1997.

［25］ Lu K, Yan G, Chen H, et al. Microwave-assisted ring-opening copolymerization of E-caprolactone and 2-Phenyl-5,5-bis(oxymethyl) trimethylene carbonate［J］. Chinese Science Bulletin,2009,54：3237-3243.

［26］ Mera N, Iwasaki K. Use of plate-wash samples to monitor the fates of culturable bacteria in mercury - and trichloroethylene - contaminated soils ［J］. Applied Microbiology and Biotechnology, 2007, 77: 437-445.

［27］ Kumar G A, Anjana K, Hinduja M, et al. Review on plastic wastes in marine environment-Biodegradation and biotechnological solutions ［J］. Marine Pollution Bulletin, 2020, 150: 110733.

［28］ Auta H S, Emenike C U, Fauziah S H. Distribution and importance of microplastics in the marine environment: A review of the sources, fate, effects, and potential solutions［J］. Environment International, 2017, 102: 165-176.

［29］ Tofa T S, Kunjali K L, Paul S, et al. Visible light photocatalytic degradation of microplastic residues with zinc oxide nanorods ［J］. Environmental Chemistry Letters, 2019, 17: 1341-1346.

［30］ Wang L, Kaeppler A, Fischer D, et al. Photocatalytic TiO_2 Micromotors for Removal of Microplastics and Suspended Matter ［J］. ACS Applied Materials & Interfaces, 2019, 11: 32937-32944.

［31］ Urso M, Ussia M, Pumera M. Breaking Polymer Chains with Self-Propelled Light-Controlled Navigable Hematite Microrobots［J］. Advanced Functional Materials, 2021, 2101510.

［32］ 代婧炜, 陈澳庆, 海洋污染对人体健康的影响［J］. 河北渔业, 2020, 57-59.

［33］ 邢警, 农药对海洋生态环境的危害及防治措施［J］. 农村经济与科技, 2020, 31: 62-63.

［34］ 唐石云, 钟雪芝, 苏进凤, 等. TiO_2光催化降解有机农药的研究进展［J］. 山东化工, 2020, 49: 62-64.

［35］ 朱荣淑, 田斐, 曾胜. 稀土元素负载改性 TiO_2紫外光催化降解林丹［J］. 中南大学学报自然科学版, 2015, 46: 1166-1173.

［36］ Thomas J, Kumar K P, Chitra K R. Synthesis of Ag Doped Nano TiO_2 as Efficient Solar Photocatalyst for the Degradation of Endosulfan［J］. Advanced Science Letters, 2011, 4: 108-114.

［37］ Huang Q D, Hong C S. TiO_2 photocatalytic degradation of PCBs in soil-water systems containing fluoro surfactant［J］. Chemosphere, 2000, 41: 871-879.

［38］ 蔡云东. 软性材料负裁的改性 TiO_2 对水中除草剂的光催化降解［D］. 南京: 东南大学, 2016.

［39］ 李爽, 张兰英, 王显胜, 等. 二氧化钛光催化降解地下水中的六六六［J］. 吉林大学学报理学版, 2007, 45: 153-156.

［40］ Li Y, Bian Y, Qin H, et al. Photocatalytic reduction behavior of hexavalent chromium on hydroxyl modified titanium dioxide ［J］. Applied Catalysis B - Environmental, 2017, 206: 293-299.

［41］ Deng X M, Chen Y, Wen J Y, et al. Polyaniline－TiO_2 composite photocatalysts for light－driven hexavalent chromium ions reduction［J］. Science Bulletin, 2020,65: 105-112.

［42］ Hosseini F, Mohebbi S. High efficient photocatalytic reduction of aqueous Zn^{2+}, Pb^{2+} and Cu^{2+} ions using modified titanium dioxide nanoparticles with amino acids［J］. Journal of Industrial and Engineering Chemistry, 2020,85: 190-195.

［43］ Liu S X. Removal of copper(Ⅵ) from aqueous solution by Ag/TiO_2 photocatalysis, Bulletin of Environmental Contamination and Toxicology, 2005,74: 706-714.

［44］ Misra M, Chowdhury S R, Singh N. TiO_2@ Au@ $CoMn_2O_4$ core－shell nanorods for photo－electrochemical and photocatalytic activity for decomposition of toxic organic compounds and photo reduction of Cr^{6+} ion［J］. Journal of Alloys and Compounds, 2020,824: 10.

［45］ You S Z, Hu Y, Liu X C, et a. Synergetic removal of Pb(Ⅱ) and dibutyl phthalate mixed pollutants on Bi_2O_3－TiO_2 composite photocatalyst under visible light［J］. Applied Catalysis B-Environmental. 2018,232: 288-298.

［46］ Ren Z, Liu X, Zhuge Z, et al. $MoSe_2$/ZnO/ZnSe hybrids for efficient Cr(Ⅵ) reduction under visible light irradiation［J］. Chinese Journal of Catalysis, 2020,41: 180-187.

［47］ Wang X S, Chen C H, Ichihara F, et al. Integration of adsorption and photosensitivity capabilities into a cationic multivariate metal－organic framework for enhanced visible－light photoreduction reaction［J］. Applied Catalysis B-Environmental, 2019,253: 323-330.

［48］ 马树森, 海洋放射性污染对鱼类的影响及与人类的关系［J］. 环境科学丛刊 4, 1983, 22-27.

［49］ Yin H L, Tan Z Y, Liao Y T, et al. Application of SO_4^{2-}/TiO_2 solid superacid in decontaminating radioactive pollutants, Journal of Environmental Radioactivity, 2006,87: 227-235.

作者简介:

王毅, 男, 1981 年生, 博士, 研究员, 研究方向为环境友好海洋防污技术, E-mail: wangyi@ qdio. ac. cn

通信作者: 张盾, E-mail: zhangdun@ qdio. ac. cn

海洋微塑料和相关有机污染物的研究

刘彦东[1, 2]，张鹏举[2]，张凯旋[2]，张大海[2]，李先国[2]

（1. 忻州师范学院 化学系，山西 忻州 034000；2. 中国海洋大学 海洋化学理论与工程技术教育部重点实验室，山东 青岛 266100）

摘要：塑料工业的发展给人类社会生活、生产带来方便的同时，也导致大量废旧塑料垃圾的不断产生。微塑料（Microplastics，MPs）是粒径小于 5 mm 的塑料颗粒，其不仅可以通过被摄食对生物产生物理伤害，而且可以释放自身有毒化学添加剂，或者表面富集环境中的重金属、持久性有机污染物等，在影响污染物环境浓度水平和环境迁移等行为的同时，对生物体和生态环境产生危害。本研究总结分析了海洋 MPs 的来源、分析方法和研究现状，并对邻苯二甲酸酯（PAEs）、多溴联苯醚（PBDEs）和有机磷酸酯（OPEs）等塑料相关的有机污染物进行了介绍和相关性讨论，为海洋中 MPs 和相关有机污染物的相互联系以及生态风险研究提供基础资料，为 MPs 的管控提供理论依据。

关键词：微塑料；多溴联苯醚；邻苯二甲酸酯；有机磷酸酯

塑料及其制品由于轻便、经济和耐用等优点，已成为人类日常生活中不可或缺的一部分。自 20 世纪中期以来，塑料开始大规模生产使用，2018 年全球塑料产量达到 3.6 亿吨[1]，并且预计在未来 20 年还将增加 1 倍。研究表明，仅有 6%~20% 的废旧塑料被回收利用[2]，其余大量的塑料被废弃后通过各种不同途径进入环境，在长时间的太阳辐射和自然环境条件（风雨、波浪等）作用下发生（光）降解、风化老化和脆化，形成细小的塑料碎片或颗粒[3]，当其直径小于 5 mm 时即被定义为微塑料（Microplastics，MPs）[4]。MPs 具有不同的大小、颜色、形状（例如：纤维，碎片，小球，薄膜和颗粒等）和聚合物类型，常见的聚合物类型及主要用途描述见表 1 所示。

表 1　常见的聚合物类型

聚合物名称	英文	缩写	密度/g·cm^{-3}	环境行为	主要应用	市场需求比例/%[1]
聚丙烯	Polypropylene	PP	0.90~0.92	漂浮水面	塑料管材、包装材料、瓶盖等	19.3
聚乙烯	Polyethylene	PE	0.91~0.96	漂浮水面	塑料袋、保鲜膜、容器、玩具等	29.8
聚苯乙烯	Polystyrene	PS	1.04~1.09	向下沉降	餐盒、绝缘绝热材料、包装材料等	6.6
聚酰胺或尼龙	Polyamide/Nylon	PA/Nylon	1.13~1.15	向下沉降	纺织器材、化工设备、电器等	/
聚氨酯	Polyurethane	PU	1.10~1.25	向下沉降	家具、隔音材料、管道保温材料等	7.7
聚氯乙烯	Polyvinyl chloride	PVC	1.16~1.58	向下沉降	薄膜、管材、建筑材料等	10.2
聚对苯二甲酸乙二醇酯	Polyethylene glycol terephthalate	PET	1.34~1.39	向下沉降	薄膜片材、纺织品、包装瓶、电子电器等	7.4
聚酯	Polyester	Polyester	>1.35	向下沉降	纺织品、服饰、工程塑料等	/

1　微塑料的来源、分析方法和研究现状

1.1　微塑料的来源

MPs 的来源分为初级来源和次级来源两类，初级来源主要包括直接生产的和应用于化妆品及其他工业用途的微小塑料颗粒[5]；次级来源主要包括大型塑料碎片降解和纤维纺织品的洗涤等过程产生的微小塑料碎片和纤维等[6]。

MPs 的来源也可分为陆源和海源两类[7]。陆源 MPs 的来源较为广泛，主要包括：①陆地表面的塑料垃圾随着降雨被冲刷进入沟渠，流入河流，最终进入海洋；②城市污水处理厂未经处理的污水被直接排放是河流或海洋中 MPs 的主要来源之一[7]；③研究报道称洗衣废水中排放的纤维是环境中塑料纤维的主要来源，一次洗涤中至少可产生 1 900 根纤维[6]，此外，大气输送也被认为是海洋中纤维类 MPs 的来源之一[8]；④人类活动也是 MPs 的主要来源，如塑料垃圾（塑料包装、塑料袋和塑料容器等）的随意丢弃，塑料制品在加工、生产和运输中的遗漏，聚合物涂料的使用和交通工具轮

胎的磨损[9]等；⑤农用地膜的使用也是 MPs 的主要来源之一，其化学成分主要是聚乙烯，具有透光性好，质量轻等特点[10]，在我国农田中被广泛使用，据统计，我国农用地膜的使用量自 2006 年的 $1.85×10^6$ t 增加至 2015 年的 $2.6×10^6$ t，增幅达 41%，但地膜的回收率却不到 60%，仅占使用量的 25% ~ 33%[11]，土壤 MPs 也成为重要的土壤污染问题。

海上 MPs 的主要来源有：①渔业活动和海水养殖，包括渔民捕鱼时所使用的渔网、鱼线、绳子、包装材料和随意丢弃的塑料垃圾等；②游客在参加水上娱乐活动时丢弃的塑料垃圾，如食品包装袋、饮品容器、塑料吸管等；③大型船只，如商业运输船、军舰和科考船等，会携带大量的生活物资，包括一些塑料制品，若没有得到安全妥善的处理就会成为海洋塑料垃圾，此外，船舶表面涂料的脱落也会成为海洋塑料颗粒[12]；④海洋资源的开采也可能会产生一些塑料垃圾进入到海洋环境中。

1.2　微塑料的分析方法

1.2.1　不同介质中微塑料样品的采集

水环境中 MPs 的研究已被广泛报道，但迄今为止水体中 MPs 的采集方法尚未统一，并未形成一套标准化的采样程序。目前，表层水体中 MPs 的采集主要是通过浓缩样本（拖网采集）和大体积采样（原位泵采集、采水器采集）两种方法。拖网采集是对表层海水中漂浮 MPs 样品最常用的采样方法，目前使用的拖网类型主要有 Manta 网、Neuston 网和 Plankton 网，不同的拖网类型适用于不同的采样环境。Manta 网和 Neuston 网适用于表层水样的采集，Plankton 网常用于中层水样的采集，Manta 网一般采用 330 μm 的孔径，其有成为表层海水中采集 MPs 标准化方法的趋势[8]。大体积采样一般采用原位泵采集和采水器采集，使用采水器采集后及时用不锈钢筛网进行过滤浓缩。水环境中 MPs 采集方法的选择主要是受采样区域和设备的限制，实验人员可根据实际情况来选用合适的采样方式，拖网采集和大体积采样的优缺点见表 2。

沉积物中 MPs 的采集由于采样位置的不同，所使用的采样工具也有所差异。海底或河底沉积物样品可通过抓斗或箱式采泥器采集，柱状沉积物可选用岩芯取样器，而岸边沉积物则可用不锈钢铲采集，采集后的样品用铝箔纸包好低温运回实验室，冷冻或干燥后置于暗处保存，待进一步分析。

生物样品主要是指浮游生物、底栖生物及大型生物。浮游生物和底栖生物大多采用拖网的方式进行样品采集，然后使用淋洗液进行冲洗拖网来获得样品[13]。对于大型生物如鱼类等，通常是利用渔网捕获或者从市场上购买，也可从当地渔民处购买。

表 2　水体中微塑料采样方法的比较

采样方式	设备	优点	缺点
浓缩样本采样	拖网[14]	取样量大；覆盖较大的区域	拖网较为昂贵；网衣易堵塞；受船只和海浪的影响；小粒径的 MPs 会被遗漏
大体积采样	泵[15]	取样量大；节省人力；可采集较小粒径的 MPs	需要设备；采水泵可能会造成 MPs 的污染
	采水器[16]	设备简易；可采集较小粒径的 MPs；可采集不同水层的样品	费时费力；取样量小；数据代表性低

1.2.2　微塑料样品的提取和分离

环境样品中通常含有生物物质和有机质等干扰物质，一般无法直接对 MPs 进行样品分析，需要通过化学消解等方法进一步处理。目前，国内外常用的消解方法有：酸消解（HCl、HNO_3）、碱消解（NaOH、KOH）、氧化剂消解（H_2O_2、芬顿试剂）和酶消解等。

常见的 MPs 分离方法有过滤和密度浮选分离法。过滤是最常用的方法，适用于海水和污染杂质较少的水质，也可分离沉积物样品的上清液，使用的滤膜主要是玻璃纤维滤膜，其次是硝酸纤维和尼龙滤膜，并且不同的滤膜孔径决定了检测到的 MPs 的最小尺寸。在分离沉积物中 MPs 时可以利用密度浮选分离法，将饱和盐溶液加入沉积物中，使 MPs 悬浮于液面上而进行分离。目前主要使用以下几种饱和溶液来进行密度浮选：①饱和 NaCl 溶液（$1.20 \sim 1.22$ $g \cdot cm^{-3}$），一种最常用浮选溶液，约 80% 的 MPs 颗粒可以通过其得到分离，具有实验成本低、对人体和环境没有危害的特点，而对于高密度聚合物的回收率却较低[17]，此外由于 MPs 中添加了添加剂、填料或生物富集也可增加 MPs 的密度使其难以被浮选分离[18]；②饱和 NaI 溶液（1.86 $g \cdot cm^{-3}$），可分离高密度聚合物的 MPs，但其对水生生物毒性较大，不能直接排放到环境中[19]，并且 NaI 药品价格昂贵，建议循环使用；③饱和 $ZnCl_2$ 溶液（1.74 $g \cdot cm^{-3}$），可分离密度较大的 MPs，具有浮选效率高的特点，但其具有较强的毒性，特别是对水生生物的胚胎毒性[20]；④饱和 NaBr 溶液（1.54 $g \cdot cm^{-3}$），一种无毒、廉价、有效的密度浮选溶液[21]，但其对一些高密度 MPs 的回收率较 NaI 和 $ZnCl_2$ 溶液低[22]；⑤其他盐溶液，如饱和 $CaCl_2$ 溶液（1.47 $g \cdot cm^{-3}$），研究发现 $CaCl_2$ 会对 MPs 的测定造成干扰[23]，且在溶液过滤时流速较慢；饱和聚钨酸钠（SPT）溶液（$1.40 \sim 1.50$ $g \cdot cm^{-3}$）作为一种无毒的盐溶液可实现 MPs 的分离和提取，但其价格昂贵[24]，未被广泛应用。详细的浮选溶液比较见表3。

表 3　浮选盐溶液的密度、价格和毒性

盐的类型	溶液密度 （g·mL⁻¹）	盐的用量/100 mL 饱和溶液（g, 25℃）	价格（500g） /（纯度）	CAS No.	毒性
NaCl	1.20~1.22	35.19	11 元/（AR≥99.5%）	7647-14-5	无毒
CaCl₂	1.47	80.10	20 元/（AR≥96.0%）	10043-52-4	有害
3Na₂WO₄·9WO₃	1.40~1.50	–	20500/（AR≥85.0%）	12141-67-2	无毒
NaBr	1.54	94.52	81 元/（AR≥99.0%）	7647-15-6	无毒
ZnCl₂	1.74	181.24	90 元/（AR≥98.0%）	7646-85-7	有毒
NaI	1.86	185.75	776 元/（AR≥99.5%）	7681-82-5	有毒
NaBr-ZnCl₂	1.63	137.88	–	–	有毒

注：价格和毒性数据由供应商国药化学试剂有限公司（中国上海）提供，100 mL 饱和溶液（25℃）中盐的用量由作者实验获得。

1.2.3　微塑料的分析与检测

样品通过分离富集在滤膜上后，最简单的方法就是目视法，即根据肉眼观察和实验人员的研究经验，对较大颗粒的塑料进行挑选并计数，而对于粒径较小的 MPs 则可使用镜检法，即利用体式显微镜进行标记、计数，据相关研究报道，视觉方法的误差率范围在 20%~70%[25]，且 MPs 的粒径越小误差越大。MPs 样品经挑选和统计后，需确定其化学聚合物类型。

光谱技术，如傅立叶变换红外光谱（FT-IR）和拉曼光谱（Ramam），操作简便、测试准确，是鉴定 MPs 聚合物类型最常用的分析手段[26]，但其需要选取单独的塑料颗粒或滤膜上的疑似塑料物进行样品的制备，非透明或粒径小于 20 μm 的 MPs 颗粒很难被 FT-IR 检测到[27]；而拉曼光谱是一种散射技术，能够检测黑体及含水样品，但其分析测试耗时较长，且易受生物、有机和无机杂质的干扰[26]，实用性和普及性没有 FT-IR 广，可作为红外光谱分析的补充分析手段。显微红外成像扫描（μ-FT-IR）是将红外显微镜和红外光谱仪结合用于微区特征分析的一种技术，目前已被用于 MPs 的识别与分析，被普遍认为是一种较为有效的 MPs 检测和分析手段。该方法不需要目视分离和复杂的样品前处理，具有非破坏性、原位性和高分辨检测的特点，且在一次分析中可以直接获得样品空间上各点的红外光谱信息，鉴别其组成和结构，分析时间只需 3 分钟左右[22]，大大提高了 MPs 鉴定的时间。μ-FT-IR 有反射、透射和衰减全反射（ATR）3 种模式，其中 ATR 应用广泛，经软件的主成分分析可有效去除成像中的杂质干扰，但对易翘曲悬空的丝状 MPs 样品难以准确接触，干扰较大。显微拉曼光谱（μ-Ramam）可以识别小至 1 μm 的塑料颗粒[28]，空间分辨率比 μ-FT-IR 高，可使用更宽范围的红外波长对样品进行分析，近年来已成功地应用于不同环境中 MPs 样品的分析与识别[26]。裂解气相色谱-质谱（Py/GC-MS）可用于高分子聚合物和有机大分子的分析，通过加热，逐渐将待测样品热裂解或热解析成小分子化合物，然后通过 GC 分离，用 MS 来分析鉴定样品成分，但由于其对样品具有破坏性，在一定程度上限制了该方法的应用[8]。

1.3 微塑料的研究现状

环境中的 MPs 已被广泛报道，尤其是对海洋环境中的 MPs 研究颇多，大量研究表明 MPs 已遍布于大洋的各个角落[3]。进入海洋后的 MPs 由于海流、风浪的驱动，导致近海海域和开放大洋中都出现了高丰度的 MPs，已有研究报道海水中 MPs 的最大丰度达到了 1×10^5 个/m^3[29]，并且地球物理过程和地理位置也会影响 MPs 的数量和分布，如东北太平洋中高丰度的 MPs 是在风速较低时检测到的[30]。近年来，在海洋环境 MPs 污染研究兴起后，也有学者开始关注淡水环境中 MPs 的污染问题。基于不同的观测手段，发现在北美五大湖流域，漂浮在水面的 MPs 最高丰度达 450 000 个/km^2，平均值为（43 157±11 519）个/km^2[31]。在欧洲多个淡水湖泊或河流中也检测到了高浓度的 MPs[32]，尤其是瑞士日内瓦湖的 MPs 最高丰度已达到 48 146 个/km^2[33]。

沉积物是塑料垃圾重要的汇，虽然一些塑料的密度较水轻，但由于添加剂或生物附着、风力和水动力等因素的作用，可使低密度的塑料沉降于海底，已有多种低密度和高密度的 MPs 在海底沉积物中被发现[34]，包括世界最深的马里亚纳海沟[35]。Van Cauwenberghe 等[36]在深海沉积物中发现了 MPs 的存在，尺寸为 44~161 μm。此外，通过采集塔斯马尼亚城市河口的柱状样，结果发现每层沉积物中 MPs 的丰度与沿岸人口存在正相关性[37]。

2014 年前我国对 MPs 的研究较少，但近年来相关领域的研究呈爆炸式增长。在海洋 MPs 分布方面，华东师范大学 Zhao 等[38]最早报道了长江口及其临近海域中 MPs 的分布，结果表明使用拖网采集的东海海域 MPs 丰度为 0.167 个/m^3，通过泵采集的长江口流域 MPs 丰度为（4 137.3±2 461.5）个/m^3，此外在 2015 年又报道了椒江、瓯江和闽江几条河流中 MPs 的分布[39]。国家海洋监测中心 Zhang 等[40]报道了渤海海域 MPs 丰度为 0.33 个/m^3，处于中低污染水平，主要类型为颗粒、碎片和纤维等。在我国近海和近岸沉积物中也有相关的研究报道，如 Zhao 等[41]研究报道了渤海、北黄海和南黄海沉积物中 MPs 的丰度分别为 171.8 个/kg（干重）、123.6 个/kg（干重）和

72.0 个/kg（干重），其中纤维类 MPs 占比高达 93.88%。

2 相关有机污染物的研究

2.1 邻苯二甲酸酯（PAEs）

邻苯二甲酸酯（PAEs）是一类常用的塑化剂，是塑料中最主要的添加剂之一。一般是由邻苯二甲酸与各种醇类物质形成的酯，具有生殖毒性和"三致"效应，是典型的环境内分泌干扰物和 POPs，对环境和生物体都存在潜在的危害。由于 PAEs 的生殖毒性和致癌性，早在 1990 年，我国就已将邻苯二甲酸二甲酯（DMP）、邻苯二甲酸二丁酯（DBP）和邻苯二甲酸二正辛酯（DnOP）列为水体中优先控制污染物黑名单[42]；2013 年，美国环保署也将 DMP、邻苯二甲酸二乙酯（DEP）、DBP、邻苯二甲酸丁苄酯（BBP）、邻苯二甲酸（2-乙基己基）酯（DEHP）和 DnOP 等 6 种 PAEs 列为环境优先控制污染物[43]，详细的分子结构如图 1 所示。

相关研究报道了全球 PAEs 的年产量约为 4.3×10^6 t[44]，其中 95% 被用作增塑剂，其余部分用作燃料助剂、驱虫剂、化妆品和涂料等的添加成分[45]。PAEs 添加到塑料中可增加其可塑性，如 PVC 塑料中的添加量高达 30%，仅次于单体含量。但由于 PAEs 未通过化学键聚合到塑料基质中，在塑料的使用过程中会逐渐释放到环境中，目前已在大气、水体、沉积物和生物体等介质中被广泛检出。PAEs 还可通过呼吸、饮食和皮肤接触进入人和动物体内，造成神经系统紊乱，肝、肾功能损伤，甚至会模仿雌激素进而影响生物体再生器官的发育。Hotchkiss 等[46]报道了暴露于 BBP 的雄性大鼠，睾丸酮水平降低，生殖发育受到影响。此外，研究表明 PAEs 可改变染色体的结构和数量，激活某些细胞、组织的致癌因子，导致肿瘤的形成。Caldwell[47]对 DEHP 的基因毒性和潜在的致癌机理进行探究，结果表明暴露于 DEHP 的小鼠会增大其肝脏的突变概率。

随着塑料工业化的发展和塑料的大量使用，PAEs 作为一种常用的塑化剂已在大气、水体、土壤和沉积物等介质中被广泛检出。我国几大城市的大气中都检测到 PAEs，重庆市居民公寓室内空气颗粒中 DEP、DBP 和 DEHP 的中值浓度分别为 160 ng·m^{-3}、320 ng·m^{-3} 和 260 ng·m^{-3} [48]；济南市塑料大棚内 PAEs 浓度要比棚外大气中浓度高出 10~20 倍[49]，表明塑料薄膜的使用会释放 PAEs。PAEs 在水环境中主要是被吸附在悬浮颗粒物上，少量以溶解态形式存在。在我国巢湖水体中溶解态和颗粒态的 6 种 PAEs 总浓度分别为 0.370~13.2 μg·L^{-1} 和 14.4~7129 μg·L^{-1} [50]，结果表明，颗粒态的 PAEs 浓度要明显高于溶解态的 PAEs 浓度。同时，国内外也有对不同

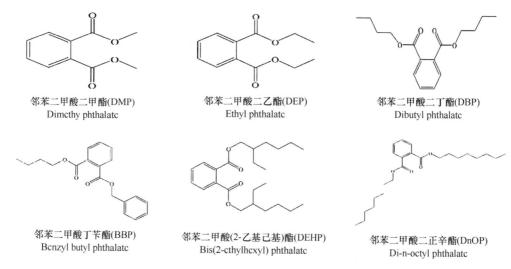

邻苯二甲酸二甲酯(DMP)
Dimcthy phthalatc

邻苯二甲酸二乙酯(DEP)
Ethyl phthalatc

邻苯二甲酸二丁酯(DBP)
Dibutyl phthalatc

邻苯二甲酸丁苄酯(BBP)
Bcnzyl butyl phthalatc

邻苯二甲酸(2-乙基己基)酯(DEHP)
Bis(2-cthylhcxyl) phthalatc

邻苯二甲酸二正辛酯(DnOP)
Di-n-octyl phthalatc

图 1 6 种 USEPA 优先控制 PAEs 的分子结构

水体中溶解态的 PAEs 浓度的研究报道，如韩国牙山湖水体中 14 种 PAEs 的总浓度为 n. d.（未检出）~2. 29 μg·L^{-1}，其中 DEHP 和 DMP 是主要的污染物，平均浓度分别为 0. 11 μg·L^{-1}和 0. 04 μg·L^{-1}[51]；Chi[52] 报道了天津海河水体中 DBP 和 DEHP 均被检出，浓度范围分别为 0. 35~40. 68 μg·L^{-1}和 3. 45~101. 1 μg·L^{-1}，且 DBP 和 DEHP 主要来源于上游水的补给和农田灌溉。PAEs 具有较高的辛醇/水分配系数，较低的水溶性，易被悬浮颗粒物吸附而沉于沉积物中。Kim 等[53] 研究了韩国马山湾沉积物中 PAEs 的污染水平，16 种 PAEs 在所有的沉积物样品中均被检出，浓度范围是 47. 5~46 200 ng·g^{-1}（干重）（以下沉积物中污染物的含量/浓度都是在干重情况下表示），且 DEHP 是最主要的污染物。Mi 等人[54] 对我国渤海、黄海沉积物中 PAEs 的污染水平和分布进行探究，结果表明 6 种 PAEs 的浓度范围是 1. 4~24. 6 ng·g^{-1}，平均值为 9. 1 ng·g^{-1}，其中 DEHP 具有最高的浓度（中值浓度为 3. 77 ng·g^{-1}）。

2.2 多溴联苯醚（PBDEs）

多溴联苯醚（PBDEs）是一类常见的溴代阻燃剂，由于其良好的阻燃性能，被广泛应用于塑料制品、纺织品、电子电器产品等领域[55]。常用的 PBDEs 商业产品主要以五溴联苯醚（Penta-BDE）、八溴联苯醚（Octa-BDE）和十溴联苯醚（Deca-BDE）这三种类型为主，且每一种类型都是由多个单体同系物组成[56]，其中商业 Penta-BDE 和 Octa-BDE 具有极强的生物富集性和毒性，在 2004 年已被欧盟多国禁止生产和使用，而商业 Deca-BDE 于 2009 年在美洲和欧洲地区已停止生产，但在亚洲地区仍然被生产和使用。PBDEs 是一系列含有不同溴原子数目的芳香族化合物，化学通式为

$C_{12}H_xBr_yO$（$0 \leqslant x \leqslant 9$，$1 \leqslant y \leqslant 10$，$x+y=10$），结构式如图 2 所示。苯环上的氢原子被溴原子取代，溴原子和氢原子总个数为 10，共有 209 种同系物，根据国家理论与应用化学联合会（IUPAC）的命名方式，将其命名为 BDE-1 至 BDE-209。

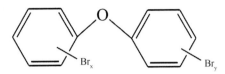

图 2 PBDEs 通用分子结构（$1 \leqslant x+y \leqslant 10$）

目前，毒理学相关研究表明 PBDEs 对生物体的危害包括神经毒性、内分泌干扰、生殖毒性和致癌性。对于神经毒性来说，Lilienthal 等人[57]研究发现，暴露于 BDE-99 的待产期老鼠生产的小鼠表现出多动症、学习能力和记忆力衰退等症状。此外，PBDEs 也会对生物体的内分泌系统造成干扰，毒理实验表明，暴露于 PBDEs 的动物体内总四碘甲状腺原氨酸和甲状腺激素含量明显减少，同时肝/体重比明显增加[58]。还有数据表明 PBDEs 可以影响人体和其他动物体内的性激素含量，产生慢性生殖毒害作用，Stoker 等[59]研究发现 PBDEs 可诱导产生雄性激素受体或雄性激素代谢的拮抗剂，导致雄性老鼠的青春期延后。

PBDEs 因其较高的辛醇-水分配系数在水环境中的含量一般较低，因此其在水体中相关研究报道也较少。Mackay 等[60]报道了美洲安大略湖湖水和瑞典沿岸海水中 PBDEs 的浓度分别为 $0.4 \sim 1.3$ pg·L^{-1} 和 $0.1 \sim 1.0$ pg·L^{-1}。我国研究人员对东江三角洲入河排污口污水中卤代阻燃剂的浓度进行了测定，结果表明其 PBDEs 含量占卤素阻燃剂的 30%，浓度为 $6.9 \sim 470$ ng·L^{-1}，其中含量最高的是 BDE-209[61]。目前，我国已有大量对沉积物中 PBDEs 的研究报道，主要集中于东部沿海及其附近的主要河流，高含量的 PBDEs 位于钱塘江口、长江口以及杭州湾地区[62]。

2.3 有机磷酸酯（OPEs）

PBDEs 由于其持久性、生物富集性和长距离迁移性已逐渐被禁用，取而代之的是新型阻燃剂——有机磷酸酯（Organophosphate esters，OPEs），同时 OPEs 也是一种增塑剂。OPEs 是一类用各种烃类物质取代磷酸分子上的氢原子而形成的磷酸酯类化合物，具有良好的阻燃、增塑和润滑效果，广泛应用于电子产品、塑料制品、建筑材料、家具饰品和纺织品中。据统计 2006 年西欧国家 OPEs 的消耗总量为 9.1×10^4t，占阻燃剂年消耗量的 20%[63]，而我国 OPEs 的消耗量在 2007 年已超过 7×10^4t，并将以 15% 年增长率增长[64]。

OPEs 的分子结构如图 3 所示，其中 R 分别代表烷基、芳香基和卤代烷基，其中主要的烷基磷酸酯（Alkyl-OPEs）有：磷酸三甲酯（TMP）、磷酸三乙酯（TEP）、磷酸三丙酯（TPrP）、磷酸三丁酯（TBP）、磷酸三（丁氧基乙基）酯（TBEP）和磷酸三异辛酯（TEHP）；主要的卤代烷基磷酸酯（Chlorinated-OPEs）有：磷酸三（2-氯乙基）酯（TCEP）、磷酸三（2-氯丙基）酯（TCPP）和磷酸三（1，3-二氯异丙基）酯（TDCPP）；主要的芳香基磷酸酯（Aryl-OPEs）有磷酸三苯酯（TPhP）和磷酸三甲苯酯（TCP）。不同取代基酯化得到的 OPEs 其性质也存在着明显的差异，TMP 分子量最小，极性最强，$\log K_{ow}$ 为-0.65，易溶于水且易挥发，而 TEHP 分子量较大，极性较弱，$\log K_{ow}$ 为 9.49，难溶于水且难挥发。大多数 OPEs 在中性条件下化学性质稳定，不易水解，如 TMP、TEP 和 TPhP 在中性条件下水解的半衰期为 1.2~5.5 年[65]，但在碱性或在磷酸酯酶的作用下，其水解速率明显加快。

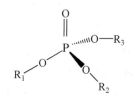

图 3　OPEs 的基本分子结构

取代基不同的 OPEs 用途也不相同，卤代（氯代）OPEs 主要用作家具、纺织品、地板抛光剂及电子产品中的阻燃剂[66]，如 Chlorinated-OPEs 常在制作刚性和柔韧的聚氨酯泡沫（PUFs）时添加。而非卤代 OPEs 不仅作阻燃剂，还可以作涂料、抗发泡剂及液压油等的增塑剂，如 TBEP 作为增塑剂被添加到乙烯塑料和橡皮塞中；此外，TBEP、TPhP 和 TBP 还可以作为液压油、润滑油和车用机油中的添加剂和抗磨剂[63]。以物理方式添加到材料中的 OPEs 在使用过程中容易挥发、磨损进入到周围环境中，对环境和人类健康构成危害。主要表现为对生殖系统和内分泌系统的干扰、神经毒性和致癌性。此外，OPEs 的取代基不同其生物化学毒性也不相同[67]，如 Chlorinated-OPEs 都表现出神经毒性和致癌性，而非卤代 OPEs 中 TCP 表现出对中枢神经和生殖系统的危害，TPhP 和 TMP 表现为神经毒性，TBEP 表现出致癌性[68]。Wang 等人[68]报道称 TCEP、TPhP 和 TDCP（>300 μg·L⁻¹）会引起鱼类脊柱的变形；Chlorinated-OPEs 中 TCEP 和 TCPP 能够促进肾脏和肝脏肿瘤的生长，TCPP 和 TDCPP 对皮肤有刺激效应，TCEP 能够诱导狗癫痫发作导致急性死亡[69]，且有研究发现 TCEP 比溴代阻燃剂的细胞毒性更强[70]。因此，美国一些地区禁止婴儿用品中添加 Chlorinated-OPEs，并且欧盟也给出了 TCEP、TCPP 和 TDCPP 的使用限定值（5 mg·kg⁻¹）。

大量研究表明，OPEs 在不同环境介质中普遍存在。有报道称在不同类型的水体中（海水、河流、地下水、城市污水和饮用水等）均检测到了 OPEs，其污染水平从 ng·L^{-1} 到 μg·L^{-1}，尤其是在一些有明显污染源的地方，OPEs 的浓度较高。Schwarzbauer 等[71]对垃圾填埋渗滤液中 OPEs 的浓度进行检测，检出了 TEP、TBP 和 TCEP 等污染物，其中 TBP 的最高浓度达到 350 μg·L^{-1}。城市污水处理厂污水的排放也是水环境中 OPEs 污染的重要来源，Cristale 等[72]报道在英国亚耳河有 TPhP 和 3 种 Chlorinated-OPEs 被检出，其中 TCPP 的浓度为 113~26 050 ng·L^{-1}，明显高于 BDE-209 的浓度水平（17~295 ng·L^{-1}），并且在靠近污水出水口的河口区域，OPEs 浓度较高，说明污水排放可能是亚耳河 OPEs 的重要污染源。

不同地区沉积物中 OPEs 的含量差异也很明显，并且与人类活动和污染源有着密切关系。Green 等[73]报道了挪威垃圾填埋场和汽车销毁厂的沉积物中 OPEs 含量极高，总浓度分别为 7.46~17.90 μg·g^{-1} 和 22.7~33.8 μg·g^{-1}，同时 Wei 等[74]报道了挪威河流沉积物中 OPEs 的总浓度（0.49~22.5 μg·g^{-1}）也相对较高，TCEP、TCPP、TBEP、TPhP 和 TDCPP 是主要的污染物，这可能是由于挪威地区大量使用 OPEs 阻燃剂所致。同样，我国沉积物中 OPEs 的含量也相对较低，在太湖沉积物中，OPEs 的总含量为 3.38~14.25 ng·g^{-1}，其中 TCEP、TCPP 和 TDCPP 的平均含量仅为 1.75 ng·g^{-1}、1.36 ng·g^{-1} 和 1.16 ng·g^{-1}[75]；珠江三角洲沉积物中，OPEs 的总含量为 8.3~470 ng·g^{-1}，其中 TPhP、TCPP、TEHP、TBEP 和 TCEP 是主要的污染物[76]。

3　微塑料和相关有机物

塑料在生产过程中会人为地添加一些塑化剂和阻燃剂，这些添加剂多数情况下是物理添加，与塑料基体之间没有化学键合，容易释放进入环境介质，因此环境中的 MPs 成为这些有毒有害物质的重要潜在来源[77]，且 MPs 老化和环境中的细菌会显著促进添加剂向环境释放[77]。例如，Deng 等[78]报道了 MPs 可以吸附 PAEs，将其转运进入小鼠肠道并在肠道内释放和积累，其联合毒性效应高于仅有 MPs 颗粒或者 PAEs 本身。同时由于 MPs 较小的粒径和较大的比表面积，容易吸附和携带一些环境中的有机污染物，并且塑料在使用或者是在环境中暴露会释放出这些有机污染物。

MPs 通过大气沉降、地表径流或河流输运进入海洋系统后，既容易吸附水体中的污染物，也容易浸出其自身的添加剂[79]，并且 MPs 对水体中有机污染物的吸附和释放也可能是同时发生，其对有机污染物水平的相对贡献仍是一个有待解决的问题。未来可以通过将野外的现场研究与数值模拟相结合，建立污染物浓度与 MPs 丰度之间的关系，来探究 MPs 和有机污染物在环境中的迁移转化。

参考文献

［1］ PlasticsEurope. Plastics-the Facts 2018：An analysis of Europen latest plastics production, demand and waste data［OL］. 2018. http://www. plasticseurope. org.

［2］ Alimi O S, Budarz J F, Hernandez L M, et al. Microplastics and nanoplastics in aquatic environments：aggregation, deposition, and enhanced contaminant transport［J］. Environmental Science &Technology, 2018, 52：1704-1724.

［3］ Cózar A, Echevarría F, González-Gordillo J I, et al. Plastic debris in the open ocean［J］. Proceedings of the National Academy of Sciences, 2014, 111(28)：10239-10244.

［4］ Arthur C, Baker J, Bamford H. Proceedings of the international research workshop on the occurrence, effects and fate of microplastic marine debris［C］. NOAA Technical Memorandum NOS-OR&R-30, 2009.

［5］ Costa M F, Ivar do Sul J A, Silva-Cavalcanti J S, et al. On the importance of size of plastic fragments and pellets on the strandline：a snapshot of a Brazilian beach［J］. Environmental Monitoring and Assessment, 2010, 168(1-4)：299-304.

［6］ Browne M A, Crump P, Niven S J, et al. Accumulation of microplastic on shorelines worldwide：sources and sinks［J］. Environmental Science & Technology, 2011, 45(21)：9175-9179.

［7］ 赵世烨. 中国部分河口微塑料的赋存特征及海洋雪中微塑料分析方法研究［D］. 上海：华东师范大学, 2017.

［8］ 张微微. 中国近海微塑料分布及时空分异机制研究［D］. 青岛：中国海洋大学, 2020.

［9］ Leads R R, Weinstein J E. Occurrence of tire wear particles and other microplastics within the tributaries of the Charleston Harbor Estuary, South Carolina, USA［J］. Marine Pollution Bulletin, 2019, 145：569-582.

［10］ Steinmetz Z, Wollmann C, Schaefer M, et al. Plastic mulching in agriculture. Trading short-term agronomic benefits for long-term soil degradation? ［J］. Science of the total environment, 2016, 550：690-705.

［11］ 刘旭. 典型黑土区耕地土壤微塑料空间分布特征［D］. 哈尔滨：东北农业大学, 2019.

［12］ Takahashi C K, Turner A, Millward G E, et al. Persistence and metallic composition of paint particles in sediments from a tidal inlet［J］. Marine Pollution Bulletin, 2012, 64：133-137.

［13］ 李丹文, 林莉, 潘雄, 等. 淡水环境中微塑料采样及预处理方法研究进展［J］. 长江科学院院报, 2021. http://kns. cnki. net/kcms/detail/42. 1171. TV. 20201224. 1710. 016. html.

［14］ Song Y K, Hong S H, Jang M, et al. Large accumulationof micro-sized synthetic polymer particles in the seasurface microlayer［J］. Environmental Science & Technology, 2014, 48：9014-9021.

［15］ Wang W, Yuan W, Chen Y, et al. Microplastics in surfacewaters of Dongting Lake and Hong Lake, China［J］. Science of the Total Environment, 2018, 633: 539-545.

［16］ Nan B, Su L, Kellar C, et al. Identification of microplastics in surface water and Australian freshwater shrimp Paratya australiensis in Victoria, Australia［J］. Environmental Pollution, 2020, 259: 113865.

［17］ Li J, Liu H, Chen J. Microplastics in freshwater systems: A review on occurrence, environmental effects, andmethods for microplastics detection［J］. Water Research, 2018, 137: 362-374.

［18］ Hidalgo-Ruz V, Gutow L, Thompson R C, et al. Microplastics in the marine environment: a review of the methods used for identification and quantification［J］. Environmental Science & Technology, 2012, 46: 3060-3075.

［19］ Zhang X, Yu K, Zhang H, et al. A novel heating-assisted density separation method for extracting microplastics from sediments［J］. Chemosphere, 2020, 256: 127039.

［20］ Crichton E M, Noel M, Gies E A, et al. A novel, density-independent and FTIR compatible approach for the rapid extraction of microplastics from aquatic sediments［J］. Analytical Methods, 2017, 9: 1419-1428.

［21］ Quinn B, Murphy F, Ewins C. Validation of density separation for the rapid recovery of microplastics from sediment［J］. Analytical Methods, 2017, 9: 1491-1498.

［22］ Liu Y, Gao F, Li Z, et al. An optimized procedure for extraction and identification of microplastics in marine sediment［J］. Marine Pollution Bulletin, 2021, 165(4): 112130.

［23］ Imhof H K, Schmid J, Niessner R, et al. A novel, highlyefficient method for the separation and quantification ofplastic particles in sediments of aquatic environments［J］. Limnology and Oceanography, 2012, 10(7): 524-537.

［24］ Alex C, Irene G E, Anthony R. Distribution, abundance, and diversity of microplastics in the upper St. LawrenceRiver［J］. Environmental Pollution, 2020, 260: 113994.

［25］ Hidalgo-Ruz V, Gutow L, Thompson R C, et al. Microplastics in the marine environment: a review of the methods used for identification and quantification［J］. Environmental Science & Technology, 2012, 46: 3060-3075.

［26］ Lenz R, Enders K, Stedmon C A, et al. A critical assessment of visual identification of marine microplastic using Raman spectroscopy for analysis improvement［J］. Marine Pollution Bulletin, 2015, 100: 82-91.

［27］ Löder M G, Kuczera M, Mintenig S M, et al. Focal plane array detector-based micro-Fourier-transform infrared imaging for the analysis of microplastics in environmental samples［J］. Environmental Chemistry, 2015, 12 (5): 563-581.

［28］ Cole M, Webb H, Lindeque P K, et al. Isolation of microplastics in biota-rich seawater samples and marine organisms[J]. Scientific Reports, 2014, 4: 4528.

[29] Frias J P G L, Sobral P, Ferreira A M. Organic pollutants in microplastics from two beaches of the Portuguese coast[J]. Marine Pollution Bulletin, 2010, 60: 1988-1992.

[30] Goldstein M C, Titmus A J, Ford M. Scales of spatial heterogeneity of plastic marine debris in the northeast Pacific Ocean[J]. PLoS ONE, 2013, 8(11): e80020.

[31] Eriksen M, Mason S, Wilson S, et al. Microplastic pollution in the surface waters of theLaurentian Great Lakes [J]. Marine pollution bulletin, 2013, 77(1-2): 177-182.

[32] Eerkes-Medrano D, Thompson R C, Aldridge D C. Microplastics in freshwater systems: a review of the emerging threats, identification of knowledge gaps and prioritisation of research needs [J]. Water Research, 2015, 75: 63-82.

[33] Faure F, Corbaz M, Baecher H, et al. Pollution due to plastics and microplastics in Lake Geneva and in the Mediterranean Sea[J]. Archives Des Sciences, 2013, 65(1):157-164.

[34] Fischer V, Elsner N O, Brenke N, et al. Plastic pollution of the Kuril-Kamchatka trench area (NW pacific) [J]. Deep Sea Research Part II: Topical Studies in Oceanography, 2015, 111: 399-405.

[35] Peng X, Chen M, Chen S, et al. Microplastics contaminate the deepest part of the world's ocean[J]. Geochemical Perspectives Letters, 2018, 9: 1-5.

[36] Van Cauwenberghe L, Vanreusel A, Mees J, et al. Microplastic pollution in deep - sea sediments[J]. Environmental Pollution, 2013, 182: 495-499.

[37] Willis K A, Eriksen R, Wilcox C, et al. Microplastic distribution at different sediment depths in an urban estuary[J]. Frontiers in Marine Science, 2017, 4: 419.

[38] Zhao S, Zhu L, Wang T, et al. Suspended microplastics in the surface water of the Yangtze Estuary system, China: first observations on occurrence, distribution[J]. Marine Pollution Bulletin, 2014, 86 (1): 562-568.

[39] Zhao S, Zhu L, Li D. Microplastic in three urban estuaries, China[J]. Environmental Pollution, 2015, 206: 597-604.

[40] Zhang W, Zhang S, Wang J, et al. Microplastic pollution in the surface waters of the Bohai Sea, China[J]. Environmental Pollution, 2017, 231: 541-548.

[41] Zhao J, Ran W, Teng J, et al. Microplastic pollution in sediments from the Bohai Sea and the Yellow Sea, China[J]. Science of the Total Environment, 2018, 640~641: 637-645.

[42] 周文敏,傅德黔,孙宗光. 水中优先控制污染物黑名单[J]. 中国环境监测, 1990, 6(4):1-3.

[43] USEPA. Electronic Code of Federal Regulations, Title 40 - Protection of Environment, Part 423d Steam Electric Power Generating Point Source Category[S]. Appendix A to Part 423 - 126. Priority Pollutants, 2013.

［44］ Staples C A, Peterson D R, Parkerton T F, et al. The environmental fate of phthalate esters: a literature review[J]. Chemosphere, 1997, 35(4): 667-749.

［45］ Aignasse M, Prognon P, Stachowicz M, et al. A new simple and rapid HPLC method for determination of DEHP in PVC packaging and releasing studies[J]. International Journal of Pharmaceutics, 1995,113(2): 241-246.

［46］ Hotchkiss A K, Parks S L, Ostby J S, et al. A mixture of the "antiandrogens" linuron and butyl benzyl phthalate alters sexual differentiation of the male rat in a cumulative fashion[J]. Biology of Reproduction, 2004, 71: 1852-1861.

［47］ Caldwell J C. DEHP: Genotoxicity and potential carcinogenic mechanisms-A review[J]. Mutation Research-Reviews in Mutation Research, 2012, 751(2): 82-157.

［48］ Bu Z, Zhang Y, Mmereki D, et al. Indoor phthalateconcentration in residential apartments in Chongqing, China: Implications for preschool children's exposure and risk assessment[J]. Atmospheric Environment, 2016, 127: 34-45.

［49］ 国伟林, 王西奎. 城区大气和塑料大棚空气中酞酸酯的分析[J]. 环境化学, 1997, 16(4): 382-386.

［50］ He Y, Wang Q, He W, et al. The occurrence, composition and partitioning of phthalate esters (PAEs) in the water-suspended particulate matter (SPM) system of Lake Chaohu, China[J]. Science of the Total Environment, 2019, 661: 285-293.

［51］ Lee Y M, Lee J E, Choe W, et al. Distribution of phthalate esters in air, water, sediments, and fish in the Asan Lake of Korea[J]. Environment International, 2019, 126: 635-643.

［52］ Chi J. Phthalate acid esters in Potamogeton crispus L. from Haihe River, China[J]. Chemosphere, 2009, 77(1): 48-52.

［53］ Kim S, Lee Y S, Moon H B. Occurrence, distribution, and sources of phthalates and non-phthalate plasticizers in sediment from semi-enclosed bays of Korea[J]. Marine Pollution Bulletin, 2020, 151: 110824.

［54］ Mi L, Xie Z, Zhao Z, et al. Occurrence and spatial distribution of phthalate esters in sediments of the Bohai and Yellow seas[J]. Science of the Total Environment, 2019, 653: 792-800.

［55］ Zhen X, Tang J, Xie Z, et al. Polybrominated diphenyl ethers (PBDEs) and alternative brominated flame retardants (aBFRs) in sediments from four bays of the Yellow Sea, North China[J]. Environmental Pollution, 2016, 213: 386-394.

［56］ La Guardia M J, Hale R C, Harvey E. Detailed polybrominated diphenyl ether (PBDE) congener composition of the widely used penta-, octa-, and deca-PBDE technical flame-retardant mixtures[J]. Environmental Science & Technology, 2006, 40: 6247-6254.

［57］ Lilienthal H, Hack A, Rothhärer A, et al. Effects of Developmental exposure to 2,2',4,4',5-

245

pentabromodiphenyl ether（BDE-99）on sex steroids, sexual development, and sexually dimorphic behavior in rats[J]. Environmental Health Perspectives, 2006, 114: 194-201.

[58] Hallgren S, Sinjari T, Håkansson H, et al. Effects of polybrominated diphenyl ethers（PBDEs）and polychlorinated biphenyls（PCBs）on thyroid hormone and vitamin A levels in rats and mice [J]. Archives of Toxicology, 2001, 75: 200-208.

[59] Stoker T E, Cooper R L, Lambright C S, et al. In vivo and in vitro anti-androgenic effects of DE-71, a commercial polybrominated diphenyl ether（PBDE）mixture[J]. Toxicology & Applied Pharmacology, 2005, 207: 78-88.

[60] Mackay D, Shu W Y, Ma K C. Illustrated handbook of physical-chemical properties and environmental fate for organic chemicals［M］. Lewis Publ. Chelsea, MI., Vol, I to V: 1992-1997.

[61] 曾艳红, 罗孝俊, 孙锦蠢, 等. 东江下游入河排污水因系阻燃剂质量浓度及排放通量 [J]. 环境科学, 2011, 32(10): 2891-2895.

[62] Chen S J, Gao X J, Mai B X, et al. Polybrominated diphenyl ethers in surface sediments of the Yangtze River Delta: levels, distribution and potential hydrodynamic influence[J]. Environmental Pollution, 2006, 144: 951-957.

[63] Regnery J, Püttmann W, Merz C, et al. Occurrence and distribution of organophosphorus flame retardants and plasticizers in anthropogenically affected groundwater[J]. Journal of Environmental Monitoring, 2011, 13: 347-354.

[64] Ou Y. Developments of organic phosphorus flame retardant industry in China[J]. Chemical Industry & Engineering Progress, 2011, 30: 210-215.

[65] Reemtsma T, Quintana J B, Rodil R, et al. Organophosphorus flame retardants and plasticizers in water and air I. Occurrence and fate[J]. Trac-Trends in Analytical Chemistry, 2008, 27 (9): 727-737.

[66] Mcgoldrick D J, Letcher R J, Barresi E, et al. Organophosphate flame retardants and organosiloxanes in predatory freshwater fish from locations across Canada[J]. Environmental Pollution, 2014, 193: 254-261.

[67] Van der Veen I, de Boer J. Phosphorus flame retardants: properties, production, environmental occurrence, toxicity and analysis[J]. Chemosphere, 2012, 88: 1119-1153.

[68] Wang Q, Liang K, Liu J, et al. Exposure of zebrafish embryos/larvae to TDCPP alters concentrations of thyroid hormones and transcriptions of genes involved in the hypothalamic-pituitary-thyroid axis[J]. Aquatic Toxicology, 2013, 126: 207-213.

[69] Lehner A F, Samsing F, Rumbeiha W K. Organophosphate ester flame retardant-induced acute intoxications in dogs[J]. Journal of Medical Toxicology, 2010, 6: 448-458.

[70] Dishaw L V, Powers C M, Ryde I T, et al. Is the PentaBDE Replacement, Tris (1, 3 - dichloro-2-propyl) Phosphate (TDCPP), a Developmental Neurotoxicant? Studies in PC12 Cells[J]. Toxicology and Applied Pharmacology, 2011, 256(3): 281-289.

[71] Schwarzbauer J, Heim S, Brinker S. Occurrence and alteration of organic contaminants in seepage and leakage water from a waste deposit landfill[J]. Water Research, 2002, 36(9): 2275-2287.

[72] Cristale J, Katsoyiannis A, Sweetman A J, et al. Occurrence and risk assessment of organophosphorus and brominated flame retardants in the River Aire (UK)[J]. Environmental Pollution, 2013, 179: 194-200.

[73] Green N, Schlabach M, Bakke T, et al. Screening of selected metals and new organic contaminants 2007. Phosphorus flame retardents, polyfluorinated organic compounds, nitro-PAHs, silver, platinum and sucralose in air, wastewater treatment falcilities, and freshwater and marine recipients[R]. Norwegian Pollution Control Authority, 2008.

[74] Wei G, Li D, Zhuo M, et al. Organophosphorus flame retardants and plasticizers: Sources, occurrence, toxicity and human exposure[J]. Environmental Pollution, 2015, 196: 29-46.

[75] Cao S, Zeng X, Song H, et al. Levels and distributions of organophosphate flame retardants and plasticizers in sediment from Taihu Lake, China[J]. Environmental Toxicology and Chemistry, 2012, 31: 1478-1484.

[76] Tan X X, Luo X J, Zheng X B, et al. Distribution of organophosphorus flame retardants in sediments from the Pearl River Delta in South China[J]. Science of the Total Environment, 2016, 544: 77-84.

[77] Cheng H, Luo H, Hu Y, et al. Release kinetics as a key linkage between the occurrence of flame retardants in microplastics and their risk to the environment and ecosystem: A critical review[J]. Water Research, 2020,185: 116253.

[78] Deng Y, Yan Z, Shen R, et al. Microplastics release phthalate esters and cause aggravated adverse effects in the mouse gut[J]. Environment International, 2020,143: 105916.

[79] Koelmans A A, Bakir A, Burton G A. Microplastic as a vector for chemicals in the aquatic environment: critical review and model-supported reinterpretation of empirical studies[J]. Environmental Science & Technology, 2016, 50 (7): 3315-3326.

作者简介：

刘彦东，男，1990 年 11 月生，山西原平人，博士毕业于中国海洋大学海洋化学专业，获理学博士学位，现为忻州师范学院化学系青年教师。研究方向为微塑料和相关有机污染物的迁移转化与污染控制。在国内外期刊上发表学术论文6篇，其中SCI收录2篇。主持中央高校基本科研业务费中国海洋大学研究生自主科研项目1项，参与了多项横向课题和省部级项目。

微塑料污染对滨海土壤、植物体和食物链的影响

刘鑫蓓[1]，董旭晟[1]，解志红[1,2†]，孙西艳[2]，孙志刚[3]，侯瑞星[3]

（1. 山东农业大学，山东泰安，271018；2. 中国科学院烟台海岸带研究所，山东烟台，264003；3. 中国科学院地理科学与资源研究所，北京，100101）

1　土壤微塑料的定义

塑料是我们生活中常见的材料之一，其在餐饮、包装、交通运输等多个方面给我们的日常生活带来了巨大的变革[1-2]。尽管塑料给现代社会带来了巨大的便利，但近几年塑料垃圾也逐渐发展成为一个严重的环境问题[3-4]。随着大量塑料制品的生产，塑料也成为很严重的污染物越来越受到人们的重视。2019 年，全球塑料产量达到了 3.59 亿吨[5]，中国国家统计局数据显示，2019 年 10 月中全国塑料制品产量达到 6595 万吨，同比增长 4.6%[6]。按照目前的排放速度继续发展下去，到 2030 年，这种不断增加的塑料污染可能会增长 1 倍[7]。尽管随着国家政策和环保观念的普及，很多塑料垃圾能被回收利用，但是由于塑料的使用量较大，再加上其无公害处理难度较高，很多塑料最终都流入到了环境中，使其在水体或者土壤中富集，最终在环境中形成更为小的塑料颗粒[8]，从而加剧污染程度。由于塑料产品较低的降解率，加上塑料难以回收且不可反复利用的特点，造成了环境中大量的废弃塑料积累[9]。在自然环境下，环境中累积的塑料能通过光降解和热氧化降解等降解作用被破碎分解[10]，但是这些破碎分解过程不能完全分解塑料碎片[11]，最终塑料会成为直径小于 5 mm 的塑料颗粒，这些小颗粒被称为微塑料，而那些小于 100 nm 的塑料颗粒则被称为纳米塑料，在海洋和土壤中都发现了大量的微塑料和纳米塑料的存在[12]。微塑料根据颗粒大小和分解过程，可以进一步细分为原生微塑料和次生微塑料[6]，原生微塑料主要指人为制造的粒径小于 5 mm 的塑料颗粒，通常具有特定用途，因此塑料产品本身具有很小的颗粒，初级微塑料到达土壤中时，粒度已经达到毫米的级别，如工业磨料或塑料微珠等[13-14]。而次生微塑料指的是体积较大的塑料制品经过外力分解后颗粒小于 5 mm 的塑料废弃物[15]。微塑料并非单一的有机化合物，而是包含很多不同化学成分的塑料聚合物，例

如聚乙烯、聚苯乙烯、聚丙烯、聚氯乙烯、聚氨酯和聚对苯二甲酸乙二醇酯等有机化合物[16-17]。由于不同颗粒大小的微塑料分布量极其广泛，再加上很难进行更进一步的降解，几乎不可能从环境中完全移除微塑料[18]。此外，不同颗粒大小的微塑料对环境的污染能力也不尽相同[19]，较小的微塑料颗粒会进入到更深层的土壤中[20]。因此，微塑料的危害及其降解方法成为近几年的热门研究领域。

2　土壤微塑料的相关数据

微塑料相关研究起步较早，但是大部分的研究都集中在海洋和河流等水域环境中，这些研究表明微塑料对水生环境中的生物群落和环境具有潜在威胁，所以微塑料也被称作是海洋中的"PM2.5"[1,21-22]。虽然在海洋环境中对微塑料的分布和影响的研究开展很早，但微塑料对陆地和土壤环境影响的研究还很匮乏[23-24]。而陆地上有着比海洋更严重的微塑料污染，文献表明80%的海洋微塑料都来自陆地[25]，据推测陆地上的微塑料总量可能是海洋中的4~23倍，仅耕地土壤中的微塑料的数量就可能超过海洋中的[26]。与海洋相比，陆地上的土壤也更容易受到塑料的污染[11]，但是由于土壤生态系统更加复杂，研究模式较水生生态系统相比差别较大，从土壤中分离检测微塑料也更具有难度，因此，关于陆地环境中微塑料的来源研究相对较少[27]。

2012年，Matthias C. R率先提出，陆地土壤中可能和海洋一样都存在着大量的微塑料，相比于水域环境，陆地中土壤的环境更加复杂，一旦微塑料进入土壤会造成土壤功能和生物多样性的改变，相比于水域中的微塑料会对人类健康造成更大的威胁[24]。从2016年开始，土壤中微塑料的研究逐渐变多，并且呈指数上升趋势（图1）。其中，在所有发表的土壤微塑料的文章中，中国人参与发表的文章占比最多，同时中国也是世界上最大的塑料生产国[11]。近几年，越来越多的研究开始关注土壤中的微塑料，但是在所有相关微塑料的文献中，土壤微塑料仅占其中的6.34%[28]。因此，在土壤微塑料领域还有很大的研究空间，目前该领域处在刚刚起步的阶段。

3　土壤微塑料的来源

微塑料在土壤中的污染与一次性塑料产品、地膜等农用材料的使用是密不可分的。土壤中微塑料的主要来源是次生微塑料，如食品包装袋、塑料袋、塑料瓶等废弃塑料制品经过风化或降解形成的。除了这些生活和工业塑料垃圾污染外，农业本身也广泛使用塑料，例如，灌溉和水培系统、温室的塑料膜、土壤改良剂和地膜等[29-30]。在农业生产中，塑料薄膜残留物较低的回收率也促进了微塑料在农业土壤中的积

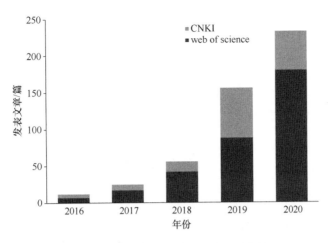

图 1　土壤微塑料相关研究的发文量统计

累[31]。除此之外，污水、生物垃圾发酵和堆肥中的微塑料污染，也能在土壤中沉积[32-33]。部分文献表明，大气或者雾霾中也有可能含有微塑料，并且会随着气体流动，最终沉降到土壤中[34-35]。对烟台沿海地带的研究表明，该地区大气环境中微塑料有纤维类、碎片类、薄膜类和发泡类 4 种类型，大气中的微塑料均以小于 0.5 mm 的颗粒为主，其沉降通量可达 1.46×10^5 个/（$m^2 \cdot a$）[36]。

体积较大的塑料垃圾在土壤表面会自然风化，同时受到阳光中紫外线照射、机械力、土壤生物等作用被磨碎，塑料中的一些添加剂也会随着这一过程被降解，从而降低了塑料结构上的稳定性，最终大块的塑料变成了微塑料。而在这一风化过程中，塑料表面的结构、粒度、组成和性质都会发生显著的变化[37]。在塑料风化分解的过程中，阳光的照射产生的光降解在这个过程中至关重要[38]，但光线照射仅限于土壤表面的微塑料，当微塑料进入土壤深层后，光对其的作用将会变得非常小[39]。此外，土地中的各种生物也会参与微塑料形成的过程，农用地中的地膜残留物经过环境因素的降解后，能被土壤动物（如蚯蚓、螨类等）进行分解破碎，然后成为次生微塑料颗粒进入土壤[40]。同时这些土壤中的生物也会加速微塑料在土壤中的传播，比如聚乙烯塑料颗粒可以借助蚯蚓从而扩散到更深层的土壤中，越小的塑料颗粒，到达的土层越深[20]。

4　微塑料对土壤、植物体和食物链的影响

微塑料因为其持久性、多样性和丰富性会对土壤及土壤中的环境造成很大的破坏[41]。由于颗粒大小不一且密度与土壤颗粒不同，微塑料会直接改变土壤的物理性

质。小颗粒的微塑料可以很轻易地被土壤中的生物群体吸收，甚至有可能在食物链中累积。此外，微塑料较大的表面积也提供了吸附土壤中污染物的媒介，从而使污染物在这些颗粒上富集。土壤中微塑料会通过各种方式，影响周围的环境，甚至可能危害整个食物链。因此，塑料本身在污染环境的同时，也为很多其他的污染物提供了可依附的媒介，从而对环境造成更大的危害[42]。

4.1 土壤微塑料对土壤理化性质的影响

由于微塑料的材质较多、颗粒大小不一样，且分布广泛，这些不同类型的微塑料可能会影响土壤物理结构，例如土壤的密度、无机盐含量和保水的能力等[41]。由于土壤颗粒本身具有一定的间隔和密度，当100 nm 至5 mm 的微塑料颗粒进入土壤后会直接破坏土壤的物理结构。而每种塑料材料不同的密度也会直接对土壤的整体密度产生影响。通常，塑料的密度与土壤相比更低，因此土壤中的微塑料会降低土壤容重[26]。微塑料的加入也会直接改变土壤的团聚性，导致土壤团聚体的通气性和孔隙度发生改变。有研究发现72%的微塑料都会参与到土壤团聚体的形成过程中，而微塑料颗粒的参与也会直接影响土壤团聚体的保水能力[43-44]。由于微塑料的介入，土壤的物理结构、容重、保水能力都会产生很大的改变，甚至还会影响土壤的养分含量[44-46]。这些土壤理化性质的改变，最终会通过影响植物根系的方式影响植物的健康和生长发育[47-48]。

4.2 土壤微塑料的吸附性对土壤的影响

由于微塑料颗粒在形成时，其表面会产生不同程度的凹陷，导致其具有非常大的表面积，能够将土壤中的各种物质吸附于微塑料表面，而微塑料本身的疏水性，也加剧了其对重金属和疏水性有毒物质的吸附能力。当植物接触到携带有毒物质的微塑料颗粒后，很可能对植物体的健康造成进一步的影响[8,49-51]。微塑料对周围物质的吸附能力，主要取决于塑料的种类和其加工过程中添加的各种添加剂，这些不同理化性质的材料会产生不同的分子机性，从而影响微塑料的吸附能力[52-53]。通常滨海土壤中沉积的微塑料随着潮汐等作用逐渐沉积在沿海土壤中，这种塑料通常在自然界中已存在了一定的时间，而这种老化的塑料通常对环境的影响更大，因为其会吸附更多的重金属或有毒物质[52]。而阳光中的紫外线也会加剧微塑料对重金属的吸附能力，在自然界中存在时间越长的微塑料，其危害就会更大[54]，因此需要对沿海土壤中的微塑料含量进行严密的监控，防止其大量沉积后造成更严重的危害。

为了增加塑料在使用过程中的强度和效果，在加工过程中会添加润滑剂、抗氧化剂等添加剂[55-56]。当塑料变成垃圾后，这些人工添加剂会随着微塑料一同对环境造成危害，并且可能会增加微塑料的吸附能力[57]。由于微塑料的疏水性，其在滨海土壤和海洋中，主要吸附疏水性的有机物质[58-59]。而土壤和海洋中的疏水性有机农药、环芳烃等物质，极易被吸附到微塑料表面，导致更严重的复合污染[8,60]。因此在研究滨海微塑料的过程中，对其中重金属、疏水性有毒物质的检测也是很有必要的。

此外，由于渔业养殖等畜牧行业中大量抗生素的使用，过多的抗生素可能会污染土壤和水体，在滨海土壤中进行沉积[61]，这些抗生素也极易被微塑料多空的表面所吸附[62-63]。通过这种方式对抗生素的富集，是否会驱动抗性基因增加细菌的耐药性目前尚无定论，需要进行深入探讨[64]。

4.3 土壤微塑料对土壤微生物的影响

滨海土壤中微塑料对土壤的改变，最终会影响到其中微生物的结构多样性，这可能会导致更严重的生态环境问题[21,65]。植物根系周围通常会富集很多微塑料颗粒，而这些颗粒可能会通过改变植物根系周围微生物群落的丰度来影响植物根系周围的土壤肥力[66]。此外，微塑料还会影响土壤中的 pH 值，似乎对 pH 值的影响与微塑料种类有关，有研究表明高密度聚乙烯塑料会降低土壤的 pH 值从而影响土壤中微生物的生长[39]，但是其他研究表明聚乳酸和低密度聚乙烯这两种微塑料能增加土壤 pH 值[66-67]。目前微塑料对土壤 pH 值改变的原因还存在争议，需要更进一步的试验研究。

与周围的土壤颗粒相比，微塑料的理化性质均不相同，微塑料颗粒凹凸不平的表面和表面附着的各种物质，会使微塑料周围会形成与土壤中完全不同的微生物群落，被称为塑料圈（plastisphere）[68]。塑料圈最初为大西洋环流的微塑料表面的微生物群落被命名[69]，环境中的微生物会通过产生菌毛、黏附蛋白等方式附着在微塑料颗粒表面，随着时间的延长，越来越多的微生物会附着在微塑料表明，最终形成了复杂的生物群落，即为塑料圈[70]。在海洋中，塑料圈由一些光养生物、原生生物、共生菌落和病原体组成[7]。塑料圈中的微生物与周围环境相比有显著差异，有研究发现弧菌科（Vibrionaceae）或假交替单胞菌科（Seudoalteromonadaceae）的细菌能在塑料圈中大量定殖，但是在微塑料周围的环境中分布较为稀少[8]。在目前对海洋和滨海土壤的塑料圈的研究中，研究人员发现了绿弯菌（Chloroflexi）、酸杆菌（Acidobacteria）、节杆菌（Arthrobacter）、链霉菌（Streptomyces）、诺卡氏菌（Nocardia）、气微菌（Aeromicrobium）、土地两面神菌（Janibacter）和分枝杆菌（Mycobacterium）等微生物[71-73]。通过对塑料圈中细菌的分离富集，也能获得微塑料降解菌，为微塑料的微生物降解提供了新的思路[74]。目前已有研究表明，不论是细菌还是真菌都有能力对微塑料进行不同程度的降解，但仅仅靠单一的菌株很难完全降解微塑料，需要几种菌类形成复合物才能有效地降解微塑料[75]。由于微生物具有较强的适应性和突变性，可以从微塑料污染较为严重的土壤中进行微生物取样调查，其中可能会存在大量的能以微塑料作为碳源的微生物，这可以为微塑料的生物降解提供思路。

4.4 土壤微塑料对植物体的直接影响

在滨海农用地土壤中生长的植物或作物，通常会使用地膜或施用有包膜的缓释肥等措施，这也会成为微塑料进入土壤环境和植物体的途径[76]。有研究表明，微塑料颗粒能在挤压力的作用下进入根部质外体空间，甚至会更进一步到达植物的导管组织中[77]。进入植物体后，微塑料可能通过蒸腾作用在植物体内进行转移[77]。

进入或者接触植物体后，微塑料可能会影响植物体的健康。受到土壤微塑料的影响，葱根部的生物量、根的伸张情况都都会减弱，土壤中的微塑料甚至会影响丛枝菌根真菌、菌根真菌和非丛枝菌根真菌在植物根系定植[45]。不同粒度的聚苯乙烯均会造成生菜根和叶的氧化应激，并且损害根和叶的生长发育[78-79]。

土壤中微塑料颗粒的存在可能对植物体造成直接的危害。Bosker 等试验表明，由于微塑料颗粒对种子气孔的堵塞，种子的发芽率降低了78%[80]。纤维细丝状的微塑料也会缠绕植物幼苗的根系，导致其生长缓慢，甚至直接阻断幼苗的生长[41]。随着研究的深入，研究人员逐渐开始研究微塑料在植物体内的沉积，因为假如微塑料能在植物体内通过根部的导管系统分散到整个植物体后，会实现微塑料从土壤到植物体中的转移，造成更严重的危害，甚至可能进入食物链。研究发现 3 μm 的聚乙烯颗粒能在水培的玉米根际区域检测出，但是由于颗粒较大无法继续到达植株的地上部分[30]。不同微塑料在植物体内的情况见表 1。这些研究表明，微塑料在植物体内的沉积能力与其颗粒大小密切相关，颗粒越小的微塑料，越容易进入植物根系并且在叶片中沉积。因此，土壤微塑料能够在植物体内富集，甚至通过滨海的食草动物和昆虫在食物链流动。

表 1　不同微塑料类型和粒径在植物体内的沉积情况

微塑料类型	粒径	植物	培养条件	沉积部位	参考文献
聚苯乙烯	0.2 μm	生菜	水培	根部，叶片	[81]
聚苯乙烯	0.2 μm	小麦幼苗	河砂基质砂培	根部，茎	[83]
聚苯乙烯	0.1 μm	蚕豆	水培	根部	[84]
聚苯乙烯	0.2 μm	小麦	水培	根部，茎，叶	[85]

续表

微塑料类型	粒径	植物	培养条件	沉积部位	参考文献
聚苯乙烯	0.02 μm	绿豆	土培	叶片	[82]
聚苯乙烯	2 μm、0.2 μm	生菜、小麦	水培	根部，茎，叶片	[77]
			土培	根部	
聚甲基丙烯酸甲酯	2 μm、0.2 μm	生菜	水培	根部，叶片	[77]
聚乙烯	3 μm	玉米	水培	根际	[30]

引自：土壤中微塑料的生态效应与生物降解[86]。

4.5　土壤微塑料对食物链的影响

在海洋食物链的研究中，研究人员发现塑料会在水生食物链中进行转移[87]。但是在陆地和滨海土壤中微塑料对食物链影响的研究仍处于起步阶段[26]。由于很多软体动物和甲壳动物都能生活在浅海和滨海的土壤中，这很可能导致部分海中的微塑料会随这些动物被捕食而转移到陆地食物链中。在淡水中的研究发现，聚苯乙烯颗粒能被藻类植物富集后，沿食物链进入大型浮游动物的体内，最终会富集到金鱼体内[88]。在近海的食物链中可能也存在类似的微塑料富集现象，甚至可能会从食物链低端的近海浮游藻类一直传递到滨海陆地上的动物体内。一旦微塑料进入食物链后，最终都会在人类体内富集，目前研究表明，饮食、饮水甚至是呼吸都有可能成为微塑料进入人体或动物体的方式[89]。海中的微塑料在滨海土壤中沉积后，由于滨海土壤颗粒较小，在风的作用下极易形成扬尘，这些土壤中的微塑料也会通过这种方式扩散到空气中[90]，被动物吸入到体内。不论是通过呼吸还是饮食饮水的方式进入生物体内的微塑料，很可能进入动物的循环系统，最终在全身各处组织中富集。在近海的贝类研究中，已经发现其循环系统中存在微塑料[91]。

随着对微塑料的研究逐渐增多，发现很多鱼类、肉类等畜牧产品中都有微塑料的存在[5]。由于近几年我国近海浒苔的增多，很多浒苔在打捞后即被加工成为动物饲料，若其中含有微塑料，很可能会因此在动物体内沉积。有学者已经在家禽的砂囊中检测到微塑料的存在[92]。目前进行土壤微塑料富集到植物体后是否会通过食物链传递到动物体内的研究还比较少。在人体上微塑料的研究表明，在调查的 6 名女性中有 4 位其胎盘中检测出了微塑料，而且在母体侧、胎儿侧和绒毛膜 3 个部分都检测出了 5~10 μm 大小不等的微塑料，这些微塑料很可能是通过食物链或者呼吸的方式进入母体循环系统从而到达胎盘的[93]，这个结果足以引起人们对微塑料的重视。很多研究表

255

明，微塑料一旦进入生物体会造成很大的危害。微塑料的动物和细胞的添加试验表明，微塑料可以在人的肠道上皮细胞中积累[94]，在小鼠的肠道、肝脏和肾脏中也都能发现微塑料的累积[95-96]。口服微塑料后，会减轻小鼠的体重，并且会影响小鼠肝脏中氧化应激和脂代谢过程[95,97]。通过消化道摄入的微塑料会在全身组织或者器官沉积的研究相对较少，但是仅仅是消化道的微塑料累积就能使肠道微生物区系失调、引起肠屏障功能障碍和代谢紊乱[96]。一旦肠道微生物群失调或是发生改变，都将对宿主的激素分泌等生理功能造成很大的影响[98]。长时间在液体环境中的微塑料颗粒，表面会形成一个由微生物和生物分子构成的外壳，带着这样生物外壳的微塑料更易被细胞吸收，在细胞内沉积[99]，这也意味着微塑料在肠道内存在时间越长就越有可能被吸收到细胞内造成更严重的细胞损伤。微塑料被动物摄入后，会改变动物的生理状态引起免疫、氧化应激等反应，甚至能影响肠道细胞黏蛋白分泌的相关基因表达[95,100]，微塑料长期累积后最终会造成肠道、肝脏等器官的病理变化。因此，保护近海和滨海土壤的环境，减少塑料垃圾的丢弃，最终也是对我们自身健康的保障。

5 前景展望

随着十九届五中全会的召开，我国也提出了新的"十四五"的规划路线，其中明确指出"十四五"时期要实施土壤污染防治，要深入贯彻落实习近平生态文明思想，坚持保护优先、预防为主、风险管控，突出精准治污、科学治污、依法治污，全面贯彻《中华人民共和国土壤污染防治法》和《中华人民共和国固体废物污染环境防治法》要求。《中共中央关于制定国民经济和社会发展第十四个五年规划和二零三五年远景目标的建议》中还特别强调了"重视新型污染物的治理"，而微塑料作为新型污染物[101]，其治理肯定将在"十四五"的污染防治工作中占很重要的地位。随着目前的研究增多，越来越多的学者也开始关注微塑料问题，未来在对微塑料进行相关研究时，应该着重关注以下几个方面。

（1）与海洋中的水生环境不同，滨海土壤中的环境和成分会更加复杂，因此在研究滨海或近海土壤中微塑料时，需要考虑得更加全面。此外，在评估土壤中微塑料的影响时还要额外考虑到微塑料对土壤中其他污染物的吸附作用以及微塑料是否会和这些物质产生联合效应。

（2）由于滨海土壤中存在着生物和非生物部分，而微塑料能同时影响这两个部分。因此在研究滨海土壤中微塑料时，应当将这两部分作为一个整体，从宏观的角度进行研究。此外，潮汐、风力等因素也会加速微塑料的传播，因此这些自然条件也应该被考虑到研究范围中。

（3）随着对滨海盐碱地的研究越来越多，越来越多的试验人员开始着手于改良盐碱地并种植作物。而不同农作物的根系往往有其特有的微生物群落，这些微生物群落也会更进一步地和滨海土壤中塑料圈中的微生物相融合，形成更复杂的互作关系。因此，在滨海土壤塑料圈微生物的研究中，也要考虑与滨海种植植物或作物之间的互作关系。

（4）目前已经表明，土壤微塑料能够被植物根系吸收，在叶片等植物体组织沉积，但是微塑料累积是否会沿着食物链富集到食草动物或者是人类体内仍然未知。食草动物及其畜牧产品是人类很重要的食物来源，但对其采食的饲料中微塑料的含量和研究却比较少。假如畜牧动物采食的饲草中存在微塑料污染，对肉、蛋、奶这类畜牧产品中进行微塑料含量的评估，将会是一个很有意义的研究方向，当然这需要畜牧、土壤、环境等多学科的合作。目前，对陆地食物链中微塑料的污染途径、传递方式研究还较为稀少，因此深入探究微塑料在食物链中的传播，会唤醒人们的危机感，在促进微塑料污染防治相关研究的同时，也有助于更好地提高人们的污染防治意识，落实国家"十四五"污染防治政策，从而更好地保护自然环境。

参考文献

［1］ Cole M, Lindeque P, Halsband C, et al. Microplastics as contaminants in the marine environment: A review. Marine Pollution Bulletin, 2011, 62(12): 2588-2597.

［2］ Thompson R C, Moore C J, vom Saal F S, et al. Plastics, the environment and human health: Current consensus and future trends. Philos Trans R Soc Lond B Biol Sci, 2009, 364(1526): 2153-2166.

［3］ Andrady A L, Neal M A. Applications and societal benefits of plastics. Philos Trans R Soc Lond B Biol Sci, 2009, 364(1526): 1977-1984.

［4］ Barnes D K, Galgani F, Thompson R C, et al. Accumulation and fragmentation of plastic debris in global environments. Philos Trans R Soc Lond B Biol Sci, 2009, 364(1526): 1985-1998.

［5］ Diaz-Basantes M F, Conesa J A, Fullana A. Microplastics in honey, beer, milk and refreshments in ecuador as emerging contaminants. Sustainability, 2020, 12(14): 5514.

［6］ Zhang B, Chen L, Chao J, et al. Research progress of microplastics in freshwater sediments in china. Environ Sci Pollut Res Int, 2020, 27(25): 31046-31060.

［7］ Amaral-Zettler L A, Zettler E R, Mincer T J. Ecology of the plastisphere. Nat Rev Microbiol, 2020, 18(3): 139-151.

［8］ Wang J, Liu X H, Li Y, et al. Microplastics as contaminants in the soil environment: A mini-review. Science of The Total Environment, 2019, 691: 848-857.

[9] Prata J C, Silva A L P, da Costa J P, et al. Solutions and integrated strategies for the control and mitigation of plastic and microplastic pollution. Int J Environ Res Public Health, 2019, 16 (13): 2411.

[10] Andrady A L. Microplastics in the marine environment. Mar Pollut Bull, 2011, 62(8): 1596-1605.

[11] Wang W, Ge J, Yu X, et al. Environmental fate and impacts of microplastics in soil ecosystems: Progress and perspective. Sci Total Environ, 2020, 708: 134841.

[12] Wright S, Mudway I. The ins and outs of microplastics. Ann Intern Med, 2019, 171(7): 514-515.

[13] Alexander J, Ard L B, Bignami M, et al. Presence of microplastics and nanoplastics in food, with particular focus on seafood. EFSA Journal, 2016, 14(6): 4501.

[14] Oberbeckmann S, Labrenz M. Marine microbial assemblages on microplastics: Diversity, adaptation, and role in degradation. Ann Rev Mar Sci, 2020, 12(1): 209-232.

[15] Wen X, Du C, Zeng G, et al. A novel biosorbent prepared by immobilized bacillus licheniformis for lead removal from wastewater. Chemosphere, 2018, 200(JUN.): 173-179.

[16] Awet T T, Kohl Y, Meier F, et al. Effects of polystyrene nanoparticles on the microbiota and functional diversity of enzymes in soil. Environ Sci Eur, 2018, 30(1): 11.

[17] Rillig M C, de Souza Machado A A, Lehmann A, et al. Evolutionary implications of microplastics for soil biota. Environ Chem, 2019, 16(1): 3-7.

[18] Freshwater microplastics: Challenges for regulation and management // Brennholt N, Heß M, Reifferscheid G Freshwater microplastics. Springer, Cham, 2018: 239-272.

[19] Ivar do Sul J A, Costa M F. The present and future of microplastic pollution in the marine environment. Environ Pollut, 2014, 185: 352-364.

[20] Rillig M C, Ziersch L, Hempel S. Microplastic transport in soil by earthworms. Sci Rep, 2017, 7(1): 1362.

[21] Rillig M C, Bonkowski M. Microplastic and soil protists: A call for research. Environ Pollut, 2018, 241: 1128-1131.

[22] Zarfl C, Fleet D, Fries E, et al. Microplastics in oceans. Mar Pollut Bull, 2011, 62(8): 1589-1591.

[23] Browne M A, Crump P, Niven S J, et al. Accumulation of microplastic on shorelines woldwide: Sources and sinks. Environ Sci Technol, 2011, 45(21): 9175-9179.

[24] Rillig M C. Microplastic in terrestrial ecosystems and the soil? Environ Sci Technol, 2012, 46 (12): 6453-6454.

[25] Li W C, Tse H F, Fok L. Plastic waste in the marine environment: A review of sources, occur-

rence and effects. Sci Total Environ, 2016, 566-567: 333-349.

[26] de Souza Machado A A, Kloas W, Zarfl C, et al. Microplastics as an emerging threat to terrestrial ecosystems. Global Change Biology, 2018, 24(4): 1405-1416.

[27] 刘沙沙, 付建平, 郭楚玲, 等. 微塑料的环境行为及其生态毒性研究进展. 农业环境科学学报, 2019, 38(05): 957-969.

[28] 侯军华, 檀文炳, 余红, 等. 土壤环境中微塑料的污染现状及其影响研究进展. 环境工程, 2020, 38(02): 16-27.

[29] Ng E L, Huerta Lwanga E, Eldridge S M, et al. An overview of microplastic and nanoplastic pollution in agroecosystems. Sci Total Environ, 2018, 627: 1377-1388.

[30] Urbina M A, Correa F, Aburto F, et al. Adsorption of polyethylene microbeads and physiological effects on hydroponic maize. Sci Total Environ, 2020, 741: 140216.

[31] Kasirajan S, Ngouajio M. Polyethylene and biodegradable mulches for agricultural applications: A review. Agronomy for Sustainable Development, 2012, 32(2): 501-529.

[32] Mahon A M, O'Connell B, Healy M G, et al. Microplastics in sewage sludge: Effects of treatment. Environ Sci Technol, 2017, 51(2): 810-818

[33] Weithmann N, Moller J N, Loder M G J, et al. Organic fertilizer as a vehicle for the entry of microplastic into the environment. Science Advances, 2018, 4(4): eaap8060.

[34] Dris R, Gasperi J, Saad M, et al. Synthetic fibers in atmospheric fallout: A source of microplastics in the environment? Mar Pollut Bull, 2016, 104(1-2): 290-293.

[35] 田媛, 涂晨, 周倩, 等. 环渤海海岸大气微塑料污染时空分布特征与表面形貌. 环境科学学报, 2020, 40(04): 1401-1409.

[36] 周倩, 田崇国, 骆永明. 滨海城市大气环境中发现多种微塑料及其沉降通量差异. 科学通报, 2017, 62(33): 3902-3909.

[37] 周倩, 章海波, 周阳, 等. 滨海河口潮滩中微塑料的表面风化和成分变化. 科学通报, 2018, v.63(02): 105-115.

[38] Andrady A L. The plastic in microplastics: A review. Mar Pollut Bull, 2017, 119(1): 12-22

[39] Boots B, Russell C W, Green D S. Effects of microplastics in soil ecosystems: Above and below ground. Environ Sci Technol, 2019, 53(19): 11496-11506.

[40] Maass S, Daphi D, Lehmann A, et al. Transport of microplastics by two collembolan species. Environ Pollut, 2017, 225: 456-459.

[41] Khalid N, Aqeel M, Noman A. Microplastics could be a threat to plants in terrestrial systems directly or indirectly. Environmental Pollution, 2020, 267: 115653.

[42] Danopoulos E, Jenner L C, Twiddy M, et al. Microplastic contamination of seafood intended for human consumption: A systematic review and meta-analysis. Environmental Health Perspec-

tives, 2020, 128(12): 126002.

[43] Zhang G S, Liu Y F. The distribution of microplastics in soil aggregate fractions in southwestern china. Sci Total Environ, 2018, 642: 12-20.

[44] Wan Y, Wu C, Xue Q, et al. Effects of plastic contamination on water evaporation and desiccation cracking in soil. Sci Total Environ, 2019, 654: 576-582.

[45] de Souza Machado A A, Lau C W, Kloas W, et al. Microplastics can change soil properties and affect plant performance. Environmental Science & Technology, 2019, 53(10): 6044-6052.

[46] de Souza Machado A A, Lau C W, Till J, et al. Impacts of microplastics on the soil biophysical environment. Environ Sci Technol, 2018, 52(17): 9656-9665.

[47] Qi Y, Yang X, Pelaez A M, et al. Macro- and micro- plastics in soil-plant system: Effects of plastic mulch film residues on wheat (triticum aestivum) growth. Sci Total Environ, 2018, 645: 1048-1056.

[48] Rillig M C, Lehmann A, de Souza Machado A A, et al. Microplastic effects on plants. New Phytol, 2019, 223(3): 1066-1070.

[49] Fendall L S, Sewell M A. Contributing to marine pollution by washing your face: Microplastics in facial cleansers. Mar Pollut Bull, 2009, 58(8): 1225-1228.

[50] Frias J P, Sobral P, Ferreira A M. Organic pollutants in microplastics from two beaches of the portuguese coast. Mar Pollut Bull, 2010, 60(11): 1988-1992.

[51] Holmes L A, Turner A, Thompson R C. Adsorption of trace metals to plastic resin pellets in the marine environment. Environ Pollut, 2012, 160(1): 42-48.

[52] Brennecke D, Duarte B, Paiva F, et al. Microplastics as vector for heavy metal contamination from the marine environment. Estuarine Coastal And Shelf Science, 2016, 178: 189-195.

[53] Teuten E L, Rowland S J, Galloway T S, et al. Potential for plastics to transport hydrophobic contaminants. Environ Sci Technol, 2007, 41(22): 7759-7764.

[54] Bandow N, Will V, Wachtendorf V, et al. Contaminant release from aged microplastic. Environmental Chemistry, 2017, 14(6): 394-405.

[55] Kwon J H, Chang S, Hong S H, et al. Microplastics as a vector of hydrophobic contaminants: Importance of hydrophobic additives. Integrated Environmental Assessment and Management, 2017, 13(3): 494-499.

[56] Hahladakis J N, Velis C A, Weber R, et al. An overview of chemical additives present in plastics: Migration, release, fate and environmental impact during their use, disposal and recycling. Journal of Hazardous Materials, 2018, 344: 179-199.

[57] Steinmetz Z, Wollmann C, Schaefer M, et al. Plastic mulching in agriculture. Trading short-term agronomic benefits for long-term soil degradation? Sci Total Environ, 2016, 550: 690

-705.

[58] Huffer T, Hofmann T. Sorption of non-polar organic compounds by micro-sized plastic particles in aqueous solution. Environ Pollut, 2016, 214: 194-201.

[59] Seidensticker S, Grathwohl P, Lamprecht J, et al. A combined experimental and modeling study to evaluate ph-dependent sorption of polar and non-polar compounds to polyethylene and polystyrene microplastics. Environ Sci Eur, 2018, 30(1): 30.

[60] 宋丹丹. 生物表面活性剂复配行为及在疏水性有机污染修复中的应用, 中国海洋大学, 博士, 2013.

[61] Xu B, Liu F, Brookes P C, et al. Microplastics play a minor role in tetracycline sorption in the presence of dissolved organic matter. Environ Pollut, 2018, 240: 87-94.

[62] Li J, Zhang K, Zhang H. Adsorption of antibiotics on microplastics. Environ Pollut, 2018, 237: 460-467

[63] Ma J, Sheng G D, O'Connor P. Microplastics combined with tetracycline in soils facilitate the formation of antibiotic resistance in the enchytraeus crypticus microbiome. Environ Pollut, 2020, 264: 114689.

[64] 朱永官, 朱冬, 许通, 等. (微)塑料污染对土壤生态系统的影响:进展与思考. 农业环境科学学报, 2019, 38(001): 1-6.

[65] Rillig M C, Ryo M, Lehmann A, et al. The role of multiple global change factors in driving soil functions and microbial biodiversity. Science, 2019, 366(6467): 886-890.

[66] Yueling Qi, Adam Ossowicki, Xiaomei Yang, et al. Effects of plastic mulch film residues on wheat rhizosphere and soil properties - sciencedirect. Journal of Hazardous Materials, 2020, 387.

[67] Wang F, Zhang X, Zhang S, et al. Interactions of microplastics and cadmium on plant growth and arbuscular mycorrhizal fungal communities in an agricultural soil. Chemosphere, 2020, 254: 126791.

[68] Chai B W, Li X, Liu H, et al. Bacterial communities on soil microplastic at guiyu, an e-waste dismantling zone of china. Ecotoxicology and Environmental Safety, 2020, 195: 110521.

[69] Zettler E R, Mincer T J, Amaral-Zettler L A. Life in the "plastisphere": Microbial communities on plastic marine debris. Environ Sci Technol, 2013, 47(13): 7137-7146.

[70] 季梦如, 马旖旎, 季荣. 微塑料圈:环境微塑料对微生物的载体作用. 环境保护, 2020, 48(23): 19-27.

[71] Ivar Do Sul J A, Tagg A S, Labrenz M. Exploring the common denominator between microplastics and microbiology: A scientometric approach. Scientometrics, 2018, 117(3): 2145-2157.

[72] Yi M, Zhou S, Zhang L, et al. The effects of three different microplastics on enzyme activities

and microbial communities in soil. Water Environ Res，2020.

[73] Zhang M J，Zhao Y R，Qin X，et al. Microplastics from mulching film is a distinct habitat for bacteria in farmland soil. Science of The Total Environment，2019，688：470-478.

[74] Huang Y，Zhao Y，Wang J，et al. Ldpe microplastic films alter microbial community composition and enzymatic activities in soil. Environ Pollut，2019，254（Pt A）：112983.

[75] Yoshida S，Hiraga K，Takehana T，et al. A bacterium that degrades and assimilates poly（ethylene terephthalate）. Science，2016，351（6278）：1196-1199.

[76] Watteau F，Dignac M-F，Bouchard A，et al. Microplastic detection in soil amended with municipal solid waste composts as revealed by transmission electronic microscopy and pyrolysis/gc/ms. Frontiers in Sustainable Food Systems，2018，2.

[77] Li L Z，Luo Y M，Li R J，et al. Effective uptake of submicrometre plastics by crop plants via a crack-entry mode. Nature Sustainability，2020，3（11）：929-937.

[78] Gao M，Xu Y，Liu Y，et al. Effect of polystyrene on di-butyl phthalate（dbp）bioavailability and dbp-induced phytotoxicity in lettuce. Environ Pollut，2021，268（Pt B）：115870.

[79] Meng F，Yang X，Riksen M，et al. Response of common bean（phaseolus vulgaris l.）growth to soil contaminated with microplastics. Sci Total Environ，2021，755（Pt 2）：142516.

[80] Bosker T，Bouwman L J，Brun N R，et al. Microplastics accumulate on pores in seed capsule and delay germination and root growth of the terrestrial vascular plant lepidium sativum. Chemosphere，2019，226：774-781.

[81] 李连祯，周倩，尹娜，等. 食用蔬菜能吸收和积累微塑料. 科学通报，2019，64（09）：57-63.

[82] Chae Y，An Y-J. Nanoplastic ingestion induces behavioral disorders in terrestrial snails：Trophic transfer effectsvia vascular plants. Environmental Science：Nano，2020，7（3）：975-983.

[83] 李瑞杰，李连祯，张云超，等. 禾本科作物小麦能吸收和积累聚苯乙烯塑料微球. 科学通报，2020，65（20）：2120-2127.

[84] Jiang X，Chen H，Liao Y，et al. Ecotoxicity and genotoxicity of polystyrene microplastics on higher plant vicia faba. Environ Pollut，2019，250：831-838.

[85] Li L，Luo Y，Peijnenburg W，et al. Confocal measurement of microplastics uptake by plants. MethodsX，2020，7：100750.

[86] 刘鑫蓓，董旭晟，解志红，马学文，骆永明. 土壤中微塑料的生态效应与生物降解[J/OL]. 土壤学报：1-17［2021-09-15］. http://kns.cnki.net/kcms/detail/32. 1119. P. 20210811. 1347. 004. html.

[87] Carbery M，O'Connor W，Palanisami T. Trophic transfer of microplastics and mixed contaminants in the marine food web and implications for human health. Environ Int，2018，115：

400-409.

[88] Cedervall T, Hansson L A, Lard M, et al. Food chain transport of nanoparticles affects behaviour and fat metabolism in fish. Plos One, 2012, 7(2): e32254.

[89] Wright S L, Kelly F J. Plastic and human health: A micro issue? Environ Sci Technol, 2017, 51(12): 6634-6647.

[90] Liu C G, Li J, Zhang Y L, et al. Widespread distribution of pet and pc microplastics in dust in urban china and their estimated human exposure. Environment International, 2019, 128: 116-124.

[91] Browne M A, Dissanayake A, Galloway T S, et al. Ingested microscopic plastic translocates to the circulatory system of the mussel, mytilus edulis (1). Environ Sci Technol, 2008, 42(13): 5026-5031.

[92] Huerta Lwanga E, Mendoza Vega J, Ku Quej V, et al. Field evidence for transfer of plastic debris along a terrestrial food chain. Sci Rep, 2017, 7(1): 14071.

[93] Ragusa A, Svelato A, Santacroce C, et al. Plasticenta: First evidence of microplastics in human placenta. Environment International, 2021, 146.

[94] Wu B, Wu X, Liu S, et al. Size-dependent effects of polystyrene microplastics on cytotoxicity and efflux pump inhibition in human caco-2cells. Chemosphere, 2019, 221: 333-341.

[95] Deng Y, Zhang Y, Lemos B, et al. Tissue accumulation of microplastics in mice and biomarker responses suggest widespread health risks of exposure. Sci Rep, 2017, 7(1): 46687.

[96] Jin Y, Lu L, Tu W, et al. Impacts of polystyrene microplastic on the gut barrier, microbiota and metabolism of mice. Sci Total Environ, 2019, 649: 308-317.

[97] Deng Y, Yan Z, Shen R, et al. Enhanced reproductive toxicities induced by phthalates contaminated microplastics in male mice (mus musculus). Journal of Hazardous Materials, 2021, 406: 124644.

[98] Pedersen H K, Gudmundsdottir V, Nielsen H B, et al. Human gut microbes impact host serum metabolome and insulin sensitivity. Nature, 2016, 535(7612): 376-381.

[99] Ramsperger A F R M, Narayana V K B, Gross W, et al. Environmental exposure enhances the internalization of microplastic particles into cells. Science Advances, 2020, 6(50): eabd1211.

[100] Deng Y, Yan Z, Shen R, et al. Microplastics release phthalate esters and cause aggravated adverse effects in the mouse gut. Environ Int, 2020, 143: 105916.

[101] 周倩, 章海波, 李远, 等. 海岸环境中微塑料污染及其生态效应研究进展. 科学通报, 2015, 60(33): 3210-3220.

全球海洋塑料污染治理与中国的应对

孙凯　李文君

摘要：随着全球海洋塑料污染问题的日益严重，国际社会也加强了对这一问题的关注与应对。有效应对全球海洋塑料污染问题，需要坚持源头治理、过程管控、国际合作、可持续发展、多主体共同参与的原则，发挥主权国家、国际组织、非政府组织、跨国公司等多行为体的共同作用，构建多元主体共同参与的多层次模式的治理机制。只有国际社会的共同行动，才能有效维护海洋的健康与可持续，实现海洋可持续发展的目标，共同构建"海洋命运共同体"。

关键词：海洋塑料污染；海洋治理；全球治理

广袤无垠的海洋是地球重要的生态系统调节器，海洋也为人类提供了重要的食物来源。健康的海洋生态系统，是海洋经济发展的基础，是海洋可持续发展的前提。随着人类社会开发和利用海洋进程的推进，也造成了对海洋资源的过度开发和利用以及对海洋生态系统的破坏和污染，这些都威胁着海洋生态系统的健康发展。在这些威胁海洋生态系统的问题当中，海洋塑料污染问题在近年来日益突出，成为国际社会关注的焦点问题。这是由于塑料制品的大量生产和使用，尤其是一次性塑料制品的广泛使用，塑料垃圾处置的不当，大量被废弃的塑料制品最终都流向了海洋。海洋塑料污染问题是典型的"公地悲剧"问题，需要国际社会集体行动，才能对海洋塑料污染问题进行有效的应对，实现海洋可持续发展的目标。

全球海洋塑料污染问题现状

塑料制品由于价格低廉、经久耐用、轻盈便捷等特点，自20世纪以来就被人们广泛地使用。塑料制品自发明以来，大约生产了83亿吨塑料制品，其中仅有9%废弃的

基金项目：本文系山东省泰山学者基金项目"立体外交背景下中国北极治理能力提升研究"（TSQN20171204）、山东省高校青年创新计划"北极治理与外交研究创新团队项目"（2020RWB006）。

塑料制品得到了循环使用。伴随塑料制品广泛使用，随之而来的就是塑料污染问题遍及全球，无论是在海洋中还是在陆地上，都存在日益增长的塑料污染问题。一次性塑料制品的大量使用和"用后即抛"（use and throw）生活方式的流行，更加剧了塑料污染问题的发展。尽管部分塑料废弃物作为可循环垃圾被回收利用，但是由于管理不善以及意识不足等原因，塑料污染问题仍然遍及全球各地，海洋也未能幸免。

全球各地的海洋几乎都存在塑料污染问题，而在海洋垃圾当中尤为突出，约有60%~90%都是塑料垃圾。2010年，全球约有480万~1270万吨塑料废弃物进入海洋。2014年，全球约有5.25万亿塑料颗粒（约重26.9万吨）漂浮在海面上。虽然人造垃圾中塑料的贡献量约为10%，但塑料碎片占海洋垃圾的60%~80%，在某些海洋区域达到90%~95%。由于其耐久性、不易降解性，塑料制品的降解大约需要数百至数千年，2014年，联合国环境规划署（UNEP）宣布关注全球海洋环境中塑料废弃物对海洋生物的威胁。2017年联合国环境规划署（UNEP）发布的报告显示，目前全世界已经生产的塑料总量为83亿吨，其中约1/3为一次性塑料，按照目前的生产和废弃物管理模式发展下去，在2050年之前将产生约120亿吨塑料垃圾，海水中塑料的重量将超过鱼的重量。大量塑料废弃物进入海洋可能导致海洋生物因缠绕、消化道阻塞产生伤亡，或因有害微生物的附着和传递，威胁海洋生态系统的平衡。

此外，根据美国的《科学》杂志最新研究发现，每年有大约800万吨大块的塑料垃圾以及150万吨的微塑料（直径小于或等于5毫米的塑料颗粒）垃圾流向海洋。目前，除太平洋、大西洋、印度洋等大洋沿海地区分布着大量微塑料颗粒，甚至在北极地区的海洋浮冰中也发现了微塑料的存在。海洋微塑料是当前海洋环境中分布最广、数量最多的塑料类型，其数量仍在不断增加。微塑料体量小，极易扩散，且其扩散路径不一，清理难度极大的特点，使得微塑料在海洋环境中广泛存在。微塑料分为初级微塑料和次级微塑料两种形态，初级微塑料指的是直径小于等于5毫米的塑料颗粒等制成品，次级微塑料指的是大块塑料分解之后，形成的直径小于等于5毫米的塑料颗粒。初级微塑料的主要来源于陆地上的生产生活之中，大约有98%的初级微塑料来源于陆地，仅有2%来源于海上的活动。其中大部分来自合成纤维在生产和使用过程中的清洗以及汽车轮胎在行车过程中的磨损。海洋中的次级微塑料污染问题则大部分来源于塑料垃圾的处理不当，包括塑料瓶、塑料吸管、塑料购物袋，以及海洋中的渔船、运输船舶和油井等倾倒塑料垃圾或废旧渔网的丢失和遗弃等。

全球海洋塑料污染问题带来的危害是巨大的，不仅会破坏海洋生态系统的健康，也破坏海洋经济的可持续发展以及人类的健康安全。全球海洋塑料污染已被列为与气候变化、臭氧耗竭、海洋酸化并列的重大全球性环境问题，亟待解决。由于全球海洋的连通性，海洋塑料垃圾随着洋流在全球范围内流动，导致了全球海洋生态的污染问题。塑料污染一旦形成，在很长一段时间内都会对这一处的生态造成危害。海洋塑料垃圾对海洋生态系统的影响主要表现为对海洋生物造成的健康影响以及对海洋渔业造成不良影响。一般来说，塑料埋在地底至少要几百年才开始腐烂，而且因为塑料不能实现自然降解，一旦被动物误食，根本不会被消化吸收，反而会导致动物的死亡。漂浮在海面上的塑料可以造成船只以及海洋生物的缠绕；那些被大型的海洋生物如鲸、海豚、海鸟等误食吞咽下去的海洋塑料，对海洋生物来说是致命性的，成为海洋生物的"新型杀手"。另外，由于海洋微塑料的大量存在，也越来越多地聚集到海洋生物的体内。这些海洋微塑料在海洋生物体内虽然一般不具有致命性的破坏作用，但随着在体内的聚集会不可避免地影响海洋生物的健康，并且可能最终会通过食物链进入到人体当中。另外，有研究表明，由于海洋塑料污染问题也会破坏海洋植物的生存，而这些海洋植物为地球提供了大约10%的氧气，因此海洋塑料污染问题甚至可能成为导致地球上的生命"窒息"而死的原因。

应对全球海洋塑料污染问题需要坚持的原则

面对日益严峻的海洋塑料污染问题，国际社会需要立即行动起来，采取有效的措施进行应对。导致海洋塑料污染问题的原因不仅包括塑料制品的大量使用，也包括社会对塑料废弃物处理措施的不当以及在公海倾倒垃圾等原因。全球性的海洋塑料污染问题是典型的"公地悲剧"模式，为有效减缓和应对这一问题，需要所有参与者的集体行动，避免"搭便车者"并提升所有参与者遵守规则的意识和对规范的遵守。鉴于海洋塑料污染问题的来源、危害及特点，国际社会在应对全球海洋塑料污染问题的时候，应该坚持以下5个原则。

（1）源头治理的原则。要减少海洋塑料污染问题，最根本的措施就是要加强塑料垃圾的源头管制，减少塑料制品尤其是"一次性"塑料制品的生产、消费和使用。近年来越来越多的国家采取了限制甚至完全禁止使用一次性塑料购物袋以及其他相关的一次性塑料制品的措施，这从源头上大大减少了陆地和海洋中塑料垃圾的来源。海洋塑料污染问题的产生大部分来自陆源，因此需要对陆地上的塑料垃圾等废弃物进行有效的管理，将塑料垃圾等废物进行环境无害化处理，在源头上控制塑料输入海洋。另外，需要加强塑料制品的循环再利用，建立完善的塑料回收体系，并且鼓励和支持对可降解的塑料制品的研发生产，以作为"一次性"塑料制品的替代产品进行广泛应用，从而从源头上减少塑料垃圾向海洋的输入。

（2）过程管控的原则。由于海洋塑料污染的相当大一部分来源于企业生产过程中对化纤物品的洗涤以及汽车轮胎行驶过程中的磨损，这些微塑料经过陆地的排水系统最终流向海洋。因此，减少微塑料排放的关键是把握好过程治理，即采取措施对工业生产过程中排放的含有微塑料的废水进行妥善处理，将工业、生活污水中的塑料含量纳入检测范围，对城市排水系统进行完善，以减少进入海洋中的微塑料。

（3）国际合作的原则。海洋塑料垃圾问题的形成是典型的"公地悲剧"模式，许多国家将海洋当成公共的排污场所和"垃圾收容站"，不受管制的海洋倾废加剧了海洋垃圾污染的问题。海洋塑料垃圾问题的复杂程度使国际社会有了合作的理由与动力，想要有效应对全球海洋塑料垃圾问题，需要在联合国或者相关国际组织的协调下对海洋塑料垃圾问题形成共识，并在共识的基础上依托联合国及区域合作框架，采取集体行动进行海洋塑料污染问题治理，只有这样才能有效地应对全球海洋所面临的塑料垃圾问题。由于不同国家发展水平处于不同的阶段，世界各国的塑料制品使用量也存在很大的差异。例如科威特、德国、荷兰、爱尔兰和美国等，都是人均使用塑料制品较多的国家，这些国家人均塑料使用量是印度、坦桑尼亚、莫桑比克和孟加拉等国人均使用量的10倍以上。因此，在坚持国际合作原则的同时，也要充分考虑不同国家的人均塑料使用量与塑料垃圾的产出等指标，因地制宜，采取不同的措施和要求。

（4）可持续发展的原则。可持续发展原则，也就是满足当代人需求的同时不危及后代人满足其需求能力的发展原则，是应对海洋塑料垃圾问题需要坚持的重要原则。当代人无论是使用塑料制品还是对塑料垃圾进行处理，都应该坚持在满足目前当代人需求的同时，都需要考虑后代人的需求和利益，在保证资源和环境可持续性的基础上，合理规划分配，在对塑料的生产、消费、使用以及处理方面，采取低碳环保的方式，在生产生活中高效利用塑料制品，减少过程中的环境污染，保护全球海洋在内的生态环境，以实现人与自然和谐永续发展。为子孙后代着想，为了实现人类社会和海洋可持续发展的目标，任何的"竭泽而渔"与"因噎废食"的做法都是不可取的。

（5）多主体共同参与的原则。海洋塑料垃圾问题的有效治理，不仅要求主权国家采取严格的管制措施以及国际社会的集体行动，还要求其他相关行为体如国际组织、非政府组织、企业等行为体积极行动起来。联合国以及其他相关的专门性国际组织作为国际行动的协调平台，可以推动应对全球海洋塑料垃圾问题的国际合作；尤其是环保类的非政府组织在监督其他行为体的行为、塑造环境意识与推动国际共识的形成方面可以发挥独特的作用；一些大的公司尤其是跨国公司可以加强企业社会责任感，践行生产者的责任延伸制度（EPR），将企业的责任延伸到塑料制品的整个生命周期，特别是塑料制品废弃后的收集、运输、处理等成本，促进企业产品循环再利用；并在塑料制品的技术创新方面积极探索，推出更为环保的产品以及加强对塑料垃圾处理技术的研发。

应对全球海洋塑料污染问题的国际机制

基于以上原则，国际社会正在形成一个应对全球海洋塑料污染问题的多主体共同参与的治理机制。在这个治理机制中，主权国家、国际组织、非政府组织、大企业等多层次的行为体通力合作，共同致力于实现海洋生态系统健康与可持续发展的目标。

主权国家作为国际社会最为重要的行为体，国际社会达成的一系列决议都需要国家政府在国内的落实与实施，所以主权国家是应对海洋塑料垃圾问题的核心主体与行动落实者。近年来，在国际社会的呼吁下，越来越多的国家都意识到海洋塑料污染问题的严重性，国家层面的海洋塑料垃圾治理正在迅速扩展与壮大，除了积极参加和支持国际组织协调的系列倡议之外，一些国家政府在国内也采取了积极的政策，减少塑料物品的使用以及加强对塑料垃圾的管理措施。中国早在 2008 年就颁布并实施了"限塑令"，限制生产、销售和使用一次性塑料购物袋。而在 2020 年对"限塑令"再次升级，发改委出台了《关于扎实推进塑料污染治理工作的通知》，要求地方制定细则进行落实，这将进一步减少一次性塑料餐具、塑料包装品以及不可降解塑料制品的生产和使用。如今，中国已逐步构建起海洋塑料垃圾污染防治体系，展开多项工作对海洋塑料垃圾进行清理整治。此外，美国在 2015 年颁布法案，要求国内逐步禁止生产含有塑料微珠的洗护产品。英国在 2018 年禁止塑料吸管等一次性塑料制品；加拿大的温哥华也通过禁令，禁止一次性塑料杯子、饭盒以及吸管等塑料制品的使用。同年，韩国出台禁令，禁止生产和销售含有塑料微珠的化妆品和洗护用品。印度由于人口众多且垃圾处理的基础设施不完善，也是塑料垃圾生产大国。印度在 2019 年就宣布禁止使用塑料袋、塑料杯子和塑料吸管等，并且宣布在 2022 年之前禁止所有的一次性塑料制品的使用。但是由于不同国家之间的发展水平不同，环保意识也存在较大的差异，执行国际环境条约的能力也有所不同，所以在达成应对海洋塑料污染问题的国际环境条约的时候，也需要借鉴国际气候机制所秉持的"共同但有区别"原则，充分发挥、激活发达国家以及有能力的大国在应对这些问题方面的责任和义务，其他国家也应采取能力所及的实际行动，实现共同应对全球海洋塑料污染问题的集体行动。

在全球性的国际组织层面，联合国尤其是联合国系统内的相关机构，在应对海洋塑料污染问题方面进行了大量的活动。自 2008 年以来，联合国环境规划署（UNEP）就针对海洋垃圾问题陆续制定了行动计划。2012 年，联合国环境规划署（UNEP）在联合国可持续发展会议期间，成立防止和减少海洋垃圾全球伙伴关系（GPML），以全面应对海洋垃圾污染问题。2014 年，第一届联合国环境大会（UNEA1）中海洋塑料污染问题被列为全球十大最受关注的环境问题之一，同时要求相关科研机构深入研究微塑料问题的来源、危害及影响。2015 年，联合国通过了《2030 可持续发展目标》，海洋作为其中重要领域，第 14 个目标就专门针对海洋可持续发展所应该采取的一系列措施。在 2017 年 6 月于纽约召开的联合国海洋大会上，也通过倡议号召各国尽快停止使用一次性塑料制品，研究与开发易降解的环保型替代品。为应对海洋塑料污染问题，充分唤起民众对海洋塑料垃圾的环保意识，联合国大会主席在 2019 年发起了"大张旗鼓，淘汰塑料"的全球性倡议。为配合这一行动，美国著名的《国家地理》杂志在摩纳哥政府的资助下，于 2019 年 5 月 25 日至 6 月 24 日将联合国总部的游客中心作为首站举办了一场主题为"要地球，还是要塑料"（Planet or Plastic）的图片展览。展览除了讲述塑料这种简单的材料如何重塑全球产业和如何影响我们的日常生活的"塑料的故事"之外，更重要的是展示了塑料制品已经使我们的地球不堪重负，甚至危及人类乃至整个地球的健康和生态系统。

区域性的国际组织也日益重视应对海洋塑料污染问题，近年来无论是七国集团还是二十国集团，都围绕应对海洋塑料污染问题采取了一系列的行动。2015 年，七国集团（G7）发布《打击海洋废弃物行动计划》，将海洋环境治理的议题聚焦在海洋垃圾源头治理上。在 2018 年 6 月召开的七国集团峰会上，英国、加拿大、法国、德国、意大利和欧盟（美国和日本没有签署该协议）签署了《海洋塑料宪章》，倡议要求各国政府制定标准，增加塑料的再利用和再循环。宪章要求大幅度减少一次性塑料的使用，到 2030 年，实现对 55% 的塑料进行回收和再利用，到 2040 年实现对塑料的全部回收。二十国集团（G20）近年来对海洋塑料污染问题极为关注，2017 年，二十国集团通过了《G20 海洋垃圾行动计划》，提出了 G20 国家优先关注的领域和需要采取的政策措施，呼吁"显著减少塑料微珠和塑料袋的使用，并适当予以淘汰"。2019 年，在日本大阪召开的 G20 峰会上，海洋塑料污染问题成为此次峰会的重要议题。在会议期间，日本提出的"蓝色海洋大阪愿景"在会议上受到广泛的关注并得到与会国的支持，并提出了在 2050 年之前力争将海洋塑料垃圾"降为零"的宏大目标。此外，欧盟作为重要的区域性组织在应对海洋塑料污染问题领域发挥着中坚作用。2018 年 5 月，欧盟委员会首次提出"史上最严限塑令"，根据该提案，决定在 2021 年对 10 种一次性塑料用品禁用，并要求欧盟各成员国在 2025 年之前回收 90% 的塑料饮料瓶，此提案于 2019 年 3 月获欧盟议会高票通过，至此，欧洲开始进入环保时代。

环境保护类的非政府组织一直以来就是环保领域的"先行者"，是国际社会环境意识提升的重要推动力量，并且在监督企业生产甚至监督国家履行国际条约方面进行了很多的工作，能够有效弥补主权国家在海洋环境治理领域的不足。这包括专业性的环境保护非政府组织以及拥有广泛群众基础和众多成员的环境非政府组织。研究型的智库类非政府组织，通过发布研究报告的方式唤起公众对海洋塑料污染问题的关注，并提供应对这些问题的对策。世界自然保护联盟（IUCN）作为世界上规模最大的环保非政府组织，一直以来专注于全球环境问题与国际环境意识的培养。在2017年世界自然保护联盟发布了《海洋里的初级微塑料》研究报告，对海洋微塑料问题进行了全面系统的评估，尤其对海洋微塑料的来源、影响以及应对措施等问题，进行了深入的分析。美国的海洋保护协会（Ocean Conservancy）是专门致力于海洋环境保护问题的非政府组织，专门发起了"没有垃圾的海洋"倡议，并广泛地开展活动唤起人们对海洋垃圾问题的关注。上海仁渡海洋公益发展中心作为目前中国一家专注于海洋垃圾议题的环保非政府组织，自成立以来就致力于完成减少海洋垃圾的使命，业务内容主要包括海洋垃圾的清理、监测、研究以及环保教育，即通过组织和支持净滩活动，推动海洋垃圾治理，减少入海垃圾，以推动海洋的可持续发展。

一些大企业因其自身拥有先进的技术与研发能力，在应对全球海洋塑料问题上积极承担企业的社会责任，借助其自身资源与能力，在推进可循环的塑料制品与减少塑料制品的使用方面可以发挥独特的作用，积极推出更为环保的产品以及加强对塑料垃圾进行适当技术的研发，从而有效实现塑料废弃物的减量、回收和再利用，减轻全球海洋生态系统的环境压力。商品的塑料包装是塑料垃圾的主要构成部分，近年来一些环境意识较高的企业开始研发可降解的塑料包装，包括使用回收的海洋塑料应用到生产中去，通过技术创新、商业模式创新、投资解决方案等方式从源头减少使用一次性塑料制品。戴尔公司在2008年就开始大量使用回收再循环技术来生产新产品，2017年又推出了新型的塑料电脑包装盒，减少电脑生产和使用过程中的塑料垃圾。另外，戴尔积极贯彻生产者的责任延伸制度，在行业内率先采用闭环可回收塑料供应链，将绿色管理贯穿于产品与服务的全生命周期，注重产品的使用率、维修和可回收性；对废弃塑料进行收集和回收；再利用相关技术对塑料进行循环再利用，从而延长塑料和其他可再生材料在产品全生命周期中的使用寿命。此外，一些饮料公司也开发了新型的包装瓶，这些瓶子包含回收的海洋塑料。另外，越来越多的公司致力于减少塑料制品的生产和使用，或者致力于开发和使用可降解、环保型的塑料制品，在生产和消费的过程中将塑料对环境的影响降到最低。这些大型公司的理念和行动，也随着企业的生产经营活动在全球范围内扩展，在实践中传播了先进的环保理念和生产方式，为减少塑料污染做出了积极的贡献。

全球海洋塑料污染治理机制建设与中国贡献

以上多层次的行为体在应对全球海洋塑料污染方面可以发挥不同作用，这些不同层面的行为体共同行动，构建了一个国家政府与国际组织、非政府组织、企业参与者的相互协作的立体化、多层次的常态化治理机制，从全球、区域以及国家三个层面进行规制以共同应对全球海洋塑料污染问题，即在全球范围内进行指引，统筹考虑全球海洋塑料污染的共同特征，提供普遍意义上的指导原则及方向；在区域层面进行协调，突出区域内主权国家的作用，构建一个多维度的海洋塑料污染治理模式；国家层面，因地制宜，承担相应的责任与义务。

随着国际社会对全球海洋塑料垃圾问题关注度的提升，应对这一问题的国际共识也已经形成，一项应对全球海洋塑料垃圾问题的国际协议也有望在近期达成。在这一背景下，只要国际社会通力合作，积极地共同采取应对行动，海洋中的塑料污染会逐步得到改善。相关国家应加强关于塑料制品使用的政策法规以及监管力度，严格规范塑料及微塑料的使用和处理措施，从源头上控制塑料废弃物向环境输入，在实现本国海洋塑料污染有效治理的同时，更好地应对全球海洋治理形势的变化，共建海洋可持续发展。国际社会共同的行动，不仅是指国家采取行动，也包括国际组织、非政府组织、跨国公司等多元主体，构建立体化、多层次应对全球海洋塑料污染治理的国际机制，将海洋塑料污染问题从源头进行治理，在过程中加强管控，国际社会共同协力，实现海洋可持续发展的目标。

尽管新技术的发展不是应对海洋塑料污染的"万灵药"，但随着塑料循环利用技术的发展，可降解、环保型塑料产品技术的发展以及相关产品的广泛应用，传统的塑料垃圾将会减少，塑料对环境的影响也会降低，这也是应对海洋塑料污染问题的重要措施。另外，随着人们环保意识的提高，传统的消费习惯发生改变，对一次性塑料制品需求和使用会逐渐减少，也会从个人消费者的层面大大减少塑料垃圾的产生。总之，全球海洋塑料污染问题的治理，需要不同层面的行为体行动起来，各方协力合作以共同保护海洋的生态环境。

习近平主席在阐释"海洋命运共同体"的时候指出，我们要像对待生命一样关爱海洋。"海洋命运共同体"理念是中国参与全球海洋治理的指导思想，推动全球海洋治理理念的发展，也为应对海洋塑料污染问题提供了新的思路。中国由于人口众多，对塑料制品的需求量巨大，也是海洋塑料污染的主要"贡献国"之一。但近年来中国非常重视应对塑料污染问题，在减少使用塑料购物袋和一次性塑料制品的同时，在国家层面推动加强对海洋塑料污染问题的科学研究，并积极参与了国际多边和双边层面应对海洋塑料垃圾污染的合作行动，为全球海洋塑料污染治理做出了重要的贡献。在"海洋命运共同体"理念的指导下，中国积极参与和推动海洋塑料污染国际法律规制的完善，自觉遵守相关国际条约，为全球海洋塑料污染治理的国际法律制度和秩序的发展做出贡献。另外，中国积极参与"蓝色伙伴关系"的构建，也是中国践行"海洋命运共同体"的重要举措，是推动国际社会共同应对全球海洋问题的行动。只有国际社会共同行动起来，才能有效应对全球海洋塑料垃圾问题，给未来世代的人们留下一个健康、可持续的海洋。

作者简介：

孙凯，中国海洋大学国际事务与公共管理学院副院长、教授、博士生导师；山东省泰山学者青年专家；海洋发展研究院院长助理。

李文君，中国海洋大学国际事务与公共管理学院国际关系专业硕士研究生。

参考文献

［1］ Dauvergne P. Why is the global governance of plastic failing the oceans？［J］. Global Environmental Change, 2018, 51：22-31.

［2］ Xanthos D, Walker T R. International policies to reduce plastic marine pollution from single-use plastics（plastic bags and microbeads）：a review［J］. Marine pollution bulletin, 2017, 118(1-2)：17-26.

［3］ Winnie W. Y. Lau, et al. Evaluating Scenarios toward Zero Plastic Pollution［J］. Science, July 23, 2020.

［4］ Law K L, Thompson R C. Microplastic in the seas［J］. Science, 2014, 345 (6193)：144-145.

［5］ 彭绪庶,转轨期再生资源管理基本制度构建[J].生态经济,2016,32(04):120.

桑沟湾生物体微塑料对多环芳烃的载体作用

隋琪[1,2]，夏斌[1,2]*，孙雪梅[1,2]，朱琳[1,2]，陈碧鹃[1,2]，曲克明[1]

（1. 中国水产科学研究院黄海水产研究所，山东 青岛 266071；2. 青岛海洋科学与技术试点国家实验室海洋生态与环境科学功能实验室，山东 青岛 266237）

摘要： 海洋环境中微塑料的污染现状及其环境效应越来越引起人们的关注。微塑料对有机污染物具有较强的吸附作用，从而增强了对海洋生物的毒性效应。当前研究主要集中于微塑料与污染物对海洋生物的联合毒性，但是关于不同特性微塑料对有机污染物载体作用的研究还很少。本研究发现桑沟湾生物体中微塑料的丰度范围为（1.23±0.23）~（5.77±1.10）个/g。生物体内 $\sum$PAHs 的浓度范围为 9.1~15.07 μg/kg，平均值为 11.72 μg/kg。同时研究了桑沟湾生物体内不同类型微塑料与多环芳烃的相关性，发现纤维和薄层形状，透明和黑色，30~500 μm 和 0.5~1 mm 尺寸，聚苯乙烯、聚乙烯和纤维素成分的微塑料丰度与多环芳烃含量具有显著的正相关关系（$P<0.05$），说明具备这些特性的微塑料对多环芳烃具有显著的载体作用，从而增加生物体对多环芳烃的富集。

关键词： 微塑料；桑沟湾；生物富集；载体作用

微塑料作为一种新型污染物在海洋环境中的污染现状、主要来源、环境行为和潜在的生态风险越来越受到人们的关注。2014 年，首届联合国环境大会提出要特别关注海洋微塑料污染。《Nature》在 2014 年 12 月连续两期报道了海面上和海底沉积物中微塑料的污染现状，并呼吁人们关注海洋环境中微塑料的污染和危害[1-2]。微塑料粒径较小，能够被海洋生物摄食造成肠道堵塞和机械损伤；此外，微塑料本身能够释放塑料添加剂造成环境污染；更重要的是由于塑料表面基团所具有的化学性质使其能吸附水体中的有机污染物、重金属和有害微生物等，被生物摄食后可能会造成更严重的损伤，但目前微塑料的环境风险尚不明确。

微塑料表面能吸附的污染物浓度远高于环境中的浓度。在海洋表层海水中污染物的浓度较高，且存在大量低密度微塑料[3]。附着的持久性有机污染物和重金属的微塑料能够在海洋中的不同位置转移，从而污染其他生态系统[4]。Hirai等人[5]和Ogata等人[6]的研究指出，全球海洋微塑料中持久性有机污染物的浓度为1~10 000 ng/g。吸附了其他污染物的微塑料一旦进入生物体内很有可能会将这部分污染物释放出来[7]，从而对生物产生更高的毒性[8]。Chua等人[9]发现微塑料吸附的多溴二苯醚被生物吸收的现象。Oliveira等人[10]指出与只含有芘的水体相比，在同时含有芘和微塑料的水体中，虾虎鱼（*Pomatoschistus microps*）表现出延迟死亡的迹象，可能是由于微塑料的添加减少了芘的暴露从而减小有机污染物对虾虎鱼的毒性。将沙蚕（*Arenicola marina*）同时暴露于含聚苯乙烯微塑料和PCB的沉积物中，观察到沙蚕进食活力降低且伴随着体重减少的现象[11]。微塑料吸附水环境金属离子的能力也有一些研究[12-14]。在海水中提取的微塑料上检测到了铝（Al）、铜（Cu）、银（Ag）、锌（Zn）、铅（Pb）、铁（Fe）和锰（Mn）等重金属[15,16]。老化的塑料吸附能力更强，因此微塑料被认为是重金属污染物的载体。微塑料中的重金属浓度比水体中的金属浓度高几倍，由分配系数表示可以高达800倍[14]。Holmes等人[16]认为吸附在微塑料上的重金属是生物高度可利用的，海洋生物摄入此种微塑料，随后重金属在胃肠的酸性环境中析出进入生物体内，可能对生物造成更强的毒性效应。对于微塑料及其携带的污染物对海洋生物的联合效应，总的来说微塑料单体的毒性较小，当微塑料吸附环境中其他污染物时其毒性将会大大增加。虾虎鱼（*Pomatoschistus microps*）同时暴露于微塑料和Cr的水体中，可能会增强重金属的毒性效应[17]。然而Davarpanah等人的[18]研究显示暴露于0.046~1.472 mg/L的微塑料并不会影响海洋微藻的平均比生长率，当微塑料与不同浓度的Cu^{2+}（0.02~0.64 mg/L）混合后也几乎不影响Cu^{2+}对海洋微藻的毒性效应。研究微塑料和污染物对生物的联合作用机制时，应该充分考虑影响微塑料及相关污染物在生物体内转移的多种因素，如污染物及微塑料的组合类型、微塑料的尺寸、吸附能力、目标生物种类、微塑料和污染物在生物肠道的停留时间及其在生物体组织的分布情况等因素，同时也要开展污染物和微塑料对海洋生物长期暴露的研究。

中国水产养殖产量占世界的60%以上[19]。自20世纪90年代中期以来，我国海水养殖产量迅速增长并超过了自然捕捞的产量。2013年，海水养殖产量与野生捕捞之间的比例达到140%，远高于欧洲（18%）和其他大洲（<15%）。桑沟湾作为我国北方最大的养殖基地，养殖生物种类较多，年产量巨大。其微塑料的污染现状应被重视。微塑料会从周围海水中吸附持久性有机污染物（POP），包括多氯联苯（PCB）、滴滴涕（DDT）、六六六（HCH）、壬基酚（NP）、多环芳烃（PAH）等，POP具有广泛使

用、远程传输等特点。多环芳烃（PAH）是指 100 多种不同 PAHs 化合物的混合物。根据其在大气中的毒性和普遍性，美国环境保护署已将 16 种 PAHs 确定为优先污染物[20-21]。

在美国加利福尼亚海滩微塑料上发现的 PAH 浓度范围为 18~1 900 ng/g[22]。在我国大连正明寺海滩和秦皇岛东山海滩的微塑料中 PAH 浓度分别为 136.3~1 586.9 ng/g 和 397.6~2 384.2 ng/g[23]。因此我们调查了桑沟湾 9 种生物的微塑料（30 μm~5 mm）污染现状，并进行了其与生物体内多环芳烃的相关性研究，以分析微塑料对多环芳烃是否有载体作用及其影响因素。本文研究微塑料对多环芳烃的载体效应，有研究报道微塑料粒径越小其吸附污染物的能力越强[24]，因此本文研究的生物体内微塑料尺寸范围为 30 μm~5 mm。

1　材料与方法

1.1　研究区域和样品采集

1.1.1　概况

桑沟湾的潮汐是不规则的半日潮，最大潮差为 3.5 m，高潮时流速为 38.58 cm/s，低潮流速为 41.15 cm/s，平均水深 7.5 m[25]。桑沟湾的海水温度：冬季在 1~7.8℃ 之间，秋季大约在 8.1~18.5℃ 之间。有 3 条季节性河流汇入桑沟湾，分别是桑沟河、崖头河和沽河，每年汇入桑沟湾的水量约为（1.7~2.3）× 10^8 m³。桑沟湾海水养殖已有 30 多年的历史，目前已成为中国最重要的水产养殖区之一[26]。生物体样本采集时间是 2020 年 10 月，生物体是通过地笼捕捉或在海水养殖设施上徒手捕捉。具体采样站位见图 1。

1.1.2　生物体样品采集方法

生物体捕捉后，立即放入盛满冰块的保温箱内，后转移至超低温冰箱内保存直至实验室分析。本研究采集的水生生物样品包括长牡蛎（*Crassostrea gigas*）、虾夷扇贝（*Mizuhopecten yessoensis*）、皱纹盘鲍（*Haliotis discus hannai*）、真海鞘（*Halocynthia roretziDrasche*）、马粪海胆（*Hemicentrotus pulcherrimus*）、日本蟳（*Charybdis japonica*）、方氏云鳚（*Enedras fangi*）、大泷六线鱼（*Hexagrammos otakii*）、许氏平鲉（*Sebastes schlegelii*）。

1.2　实验材料

（1）试剂：分析纯氯化钠购自国药集团；乙腈（CH₃CN）：色谱纯；正己烷

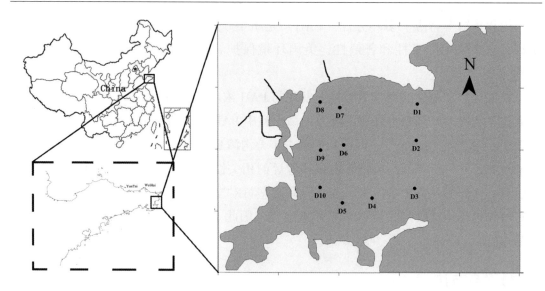

图 1　桑沟湾采样站位图

（C_6H_{14}）：色谱纯；二氯甲烷（CH_2C_{12}）：色谱纯；硅藻土：色谱纯；硫酸镁（$MgSO_4$）：优级纯；N-丙基乙二胺（PSA）：粒径 40 μm；C18 固相萃取填料：粒径 40~63 μm；弗罗里硅土固相萃取柱：500 mg，3 mL；有机相型微孔滤膜：0.22 μm。

（2）仪器：Sartorious 公司 BSA223S 型电子天平；Nexcope 公司 NE900 型光学显微镜；PerkinElmer 公司 Spotlight 400 傅里叶变换红外显微光谱仪；上海和泰仪器有限公司 Master touch-RUV 超纯水一体机；天津津腾公司 GM-0.5A 隔膜真空泵；奥林巴斯 BX-51 光学显微镜；HYDRO-BIOS 公司 Van Veen 采泥器；Thermo Flash 1112 型元素分析仪（EA）和 MAT253 型同位素比值质谱仪 IRMS 联用仪；Christ 公司 ALPHA 1-2 LD plus 型冷冻干燥机。

1.3　实验方法

1.3.1　生物体中微塑料的提取

地笼捕捉的生物体样品和养殖生物的样品采集后立刻放到装有冰块的保温箱中，直至实验室分析。大量研究表明微塑料主要富集在生物体的消化系统，因此在对生物体的微塑料丰度的检测中，只检测生物体消化器官的微塑料。将鱼类样品用超纯水冲洗干净后，沥干水分。测量体长和整条鱼的湿重，使用不锈钢解剖刀分离鱼类的肠胃，并记录称重；贝类样品使用钢丝球将表面清洗，清洗干净后沥干水分，测量其壳长和带壳湿重，使用不锈钢解剖刀分离贝类消化系统，并记录称重；将日本蟳用超纯水清洗干净，沥干水分，使用解剖刀和不锈钢剪刀分离日本蟳的消化系统，并称重记录；

把海鞘用超纯水清洗干净，沥干水分，测量其体长和湿重，分离其消化系统，并称重记录。将所有生物的消化器官置于 250 mL 锥形瓶中，加入 100 mL 10% KOH 溶液后用铝箔纸封住瓶口。将锥形瓶置于 60℃、90 r/min 的振荡培养箱中消解 24 h，直至组织全部消解完成，①研究生物体内微塑料对多环芳烃的载体作用时使用 30 μm 的钢筛对消解液进行过滤；②研究生物体对微塑料的生物富集因子和沉积物累积系数时使用 330 μm 的筛网对消解液进行过滤。使用蒸馏水至少冲洗钢筛和筛网 5 次，确保滤膜上无 KOH，自然晾干后，将滤膜上样品转移至浮游生物计数板上进行镜检（NE900，中国）。

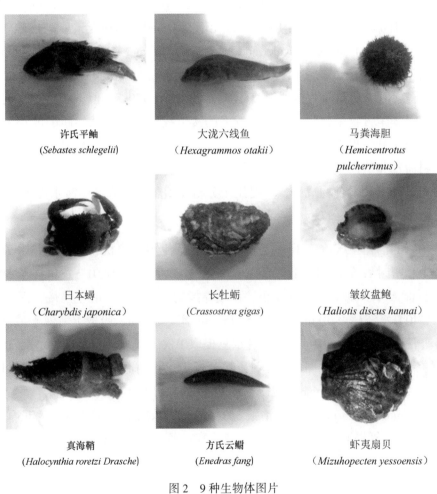

许氏平鲉
(*Sebastes schlegelii*)

大泷六线鱼
（*Hexagrammos otakii*）

马粪海胆
（*Hemicentrotus pulcherrimus*）

日本蟳
（*Charybdis japonica*）

长牡蛎
(*Crassostrea gigas*)

皱纹盘鲍
（*Haliotis discus hannai*）

真海鞘
(*Halocynthia roretzi Drasche*)

方氏云鳚
(*Enedras fang*)

虾夷扇贝
（*Mizuhopecten yessoensis*）

图 2　9 种生物体图片

1.3.2　微塑料的尺寸、形状和粒径的分析

使用光学显微镜（奥林巴斯 BX-51，日本）对微塑料进行计数和拍照。根据以往

研究的鉴定规则，研究水体、沉积物中微塑料的时空分布特征、现存量、源解析以及生物体内微塑料对多环芳烃的载体作用时，将微塑料分为以下 6 个粒级：<0.5 mm、0.5~1 mm、1~2 mm、2~3 mm、3~4 mm、4~5 mm；研究生物体对微塑料富集作用时，将微塑料分为以下 6 个粒级：0.33~0.5 mm、0.5~1 mm、1~2 mm、2~3 mm、3~4 mm、4~5 mm；形状分为颗粒、薄层、纤维和球状；颜色分为黑色、透明色和彩色。

1.3.3 微塑料的聚合物成分鉴定

利用傅里叶变换红外光谱（微型 FTIR，Thermo Fisher Nicolet iN10，美国）对疑似塑料的颗粒进行鉴定[27]。每个塑料颗粒的光谱范围在 4 000~650 cm^{-1} 之间，分辨率为 8 cm^{-1}，采集时间为 3 s，共扫描 16 次。将光谱与 OMNIC 标准光谱库进行比较。然后将所有光谱与谱库（Hummel Polymer and Additives，Polymer Laminate Films）进行比对，以确认聚合物类型。光谱分析遵循 Frias[28] 等人的方法。简而言之，当匹配度超过 70% 时，可将疑似颗粒鉴定为微塑料[29]，当匹配度小于 70%，但不小于 60% 时根据其吸收频率与已知聚合物中化学键的吸收频率的接近程度进行确认，匹配度小于 60% 被认为是非塑料成分。根据微型 FTIR 光谱分析结果，重新计算微塑料的实际数量。此外，对塑料海水养殖设施（不同颜色浮漂、渔绳和泡沫）进行破碎，以便使用傅里叶变换红外光谱确定其聚合物成分，最终用于分析微塑料是否来源于海水养殖设施。

1.3.4 生物体内多环芳烃鉴定

将各生物的消化系统冷冻干燥，干燥后将样品使用粉碎机粉碎、混匀，分装于洁净盛样袋中，密封后置于 18℃ 下保存。称取 2~5 g（精确至 0.01 g）试样于 50 mL 具塞玻璃离心管 A 中，加 1~5 g 硅藻土，用玻棒搅匀。加入 10 mL 正己烷，涡旋振荡 30 s 后，放入 40℃ 水浴超声 30 min；以 4 500 r/min 离心 5 min，吸取上清液于玻璃离心管 B 中，离心管 A 下层使用 10 mL 正己烷重复提取 1 次，提取液合并于离心管 B 中，氮吹（温度控制在 35℃ 以下）除去溶剂，吹至近干。在离心管 B 中，加入 4 mL 乙腈，涡旋混合 30 s，再加入 900 mg 硫酸镁、100 mg PSA 和 100 mg C18 填料，涡旋混合 30 s，以 4 500 r/min 离心 3 min，取上清液于 10 mL 玻璃刻度离心管 C 中，离心管 B 下层再用 2 mL 乙腈重复提取 1 遍，合并提取液于离心管 C 中，氮吹蒸发溶剂至近 1 mL，用乙腈定容至 1 mL，混匀后，过 0.22 μm 有机相型微孔滤膜，制得试样待测液。检测 16 种多环芳烃含量（见表 1）。

试样中多环芳烃的含量 X_i 以下公式计算：

$$X_i = \frac{\rho_i \times V \times 1000}{m \times 1000}$$

表 1　多环芳烃性质

多环芳烃种类	英文缩写	苯环数量	分子式	分子量	logKow	熔点/℃	沸点/℃	溶解度 /(mg·L^{-1})	蒸气压/mm汞柱	致癌性
萘	NAP	2	$C_{10}H_8$	128.2	3.3	80.26	218	$3.42×10$	$8.50×10^{-2}$	无
苊	ACE	3	$C_{12}H_8$	152.2	4.07	93.4	275	3.42	$2.20×10^{-3}$	无
苊烯	ACY	3	$C_{12}H_{10}$	154.2	3.92~5.07	91.8	279	$1.61×10$	$6.70×10^{-3}$	无
芴	FLU	3	$C_{13}H_{10}$	166.2	4.18	114.77	298	$1.99×10$	$6.00×10^{-4}$	无
菲	PHE	3	$C_{14}H_{10}$	178.2	4.45~4.57	99.24	340	0.969	$1.20×10^{-4}$	无
蒽	ANT	3	$C_{14}H_{10}$	178.2	4.45	215.76	341	$4.38×10^{-2}$	$6.50×10^{-6}$	无
荧蒽	FLA	4	$C_{16}H_{10}$	202.3	5.2	110.19	384	0.132	$9.20×10^{-6}$	争议
芘	PYR	4	$C_{16}H_{10}$	202.3	4.88	150.62	404	0.131	$4.50×10^{-6}$	无
苯并（a）蒽	BAA	4	$C_{18}H_{12}$	228.3	5.61	255.5	438	$1.40×10^{-3}$	$2.10×10^{-7}$	强
	CHR	4	$C_{18}H_{12}$	228.3	5.61	160.5	448	$9.43×10^{-3}$	$6.30×10^{-9}$	弱
苯并（b）荧蒽	BBF	5	$C_{20}H_{12}$	252.3	6.06	168	481	$1.09×10^{-3}$	$5.00×10^{-7}$	强
苯并（k）荧蒽	BKF	5	$C_{20}H_{12}$	252.3	6.06	217	481	$1.09×10^{-3}$	$9.70×10^{-10}$	强
苯并[a]芘	BaP	5	$C_{20}H_{12}$	252.3	6.04	181.1	500	$1.63×10^{-3}$	$2.40×10^{-6}$	特强
二苯并[a，h]蒽	DbA	5	$C_{22}H_{14}$	278.3	6.84	269.5	升华	$5.60×10^{-4}$	$9.60×10^{-10}$	特强
茚并（1，2，3-cd）芘	InP	6	$C_{22}H_{12}$	276.3	6.58	162	530	$1.91×10^{-4}$	$2.60×10^{-7}$	特强
苯并（ghi）苉	BghiP	6	$C_{22}H_{12}$	276.3	7.04~7.10	272.5	542	$1.37×10^{-4}$	$8.80×10^{-10}$	争议

式中 X_i 为样品中多环芳烃的含量，单位是微克/每千克（μg/kg）；ρ_i 是依据标准曲线计算得到的试样待测液中多环芳烃 i 的浓度，单位为纳克/毫升（ng/mL）；V 是样品测量液最终的定容体积，单位为毫升（mL）；m 是样品质量，单位为克（g）。

1.3.5 质量控制

在提取生物体中微塑料的过程中都采取了相关预防措施以避免样本被外来塑料污染。所有玻璃容器都使用稀硝酸浸泡一夜，再用去离子水冲洗至少 3 次。所有化学溶液在使用前都使用 0.45 μm 的玻璃纤维膜过滤。在进行显微镜检查之前，关闭实验室的所有门窗，避免人员走动，以尽量减少空气污染。在现场取样和分析过程中，穿戴棉布衣服、并且佩戴丁腈手套和纯棉口罩。溶液制备和微塑料提取过程在无菌室中进行。实验过程中设置空白对照组（仅蒸馏水，无现场海水），以确保分析过程中无塑料污染。多环芳烃的检测在实验过程进行了较为严格的质量控制，来确保实验的数据的严谨性，主要途径是利用外标法定量获得样品浓度。所有样品的测定均设置全流程空白实验及两个平行，最后结果经空白扣除校正。美国 EPA 优先控制的 16 种 PAHs 包括 NAP，ANY，FLU，ANA，PHE，ANT，FLA，PYR，CHR，BaA，BbF，BkF，BaP，DBA，IPY，BPF。

2 结果与讨论

2.1 生物体内多环芳烃的含量

本章研究的生物样品的体长、体重及样品个数和详见表 2。研究发现塑料颗粒会吸附环境中的多环芳烃（PAHs），其对 PAHs 的浓缩系数高达 $10^{6[3]}$。PAHs 具有毒性和致癌性，其来源是不完全燃烧或矿物资源，例如原油和天然气。PAHs 的性质取决于分子量，因此，美国环保局和欧盟优先污染物清单中包括 16 种化合物[20]。本研究检测了 9 种海洋生物体内的 16 种 PAHs，生物体内 ∑PAHs 的浓度范围为 9.1~15.07 μg/kg（表 3），平均值为 11.72 μg/kg，其中虾夷扇贝体内含量最低，长牡蛎体内含量最高。此外，生物体内 PAHs 的分布主要以 2~3 环的为主，占 ∑PAHs 的 62.7%~89.3%，且主要贡献单体为 NAP，低环 PAHs 在生物体内累积浓度也较高，这可能由于桑沟湾养殖活动频繁，船只较多，船舶可能泄露少量燃料，因为柴油中主要以低环 PAHs 为主。低分子量（2 环和 3 环）PAHs 占所有样品中的大部分成分，这与之前对北黄海的研究结果基本一致[30, 31]。最后，致癌性 ∑PAHs（CHR、BaA、BbF、BkF、BaP、DBA 和 IPY）的浓度范围为 0.032~0.227 μg/kg，对 ∑PAHs 的贡献度为 0.39%~1.51%，所占比例较低（见图 3，图 4）。

表 2　检测微塑料对多环芳烃的载体作用所用生物参数

名称	数量	体长/cm	体重/g
大泷六线鱼 （*Hexagrammos otakii*）	4	15. 1~17. 1	50. 40~70. 85
许氏平鲉 （*Sebastes schlegelii*）	6	15. 6~18. 5	61. 33~120. 64
马粪海胆 （*Hemicentrotus pulcherrimus*）	3	5. 6~5. 7	47. 28~48. 96
长牡蛎 （*Crassostrea gigas*）	6	7. 0~8. 4	44. 23~70. 18
日本蟳 （*Charybdis japonica*）	6	4. 1~4. 8	30. 48~59. 41
皱纹盘鲍 （*Haliotis discus hannai*）	4	6. 6~7. 7	42. 58~66. 15
真海鞘 （*Halocynthia roretziDrasche*）	3	12. 6~13. 6	159. 36~168. 37
方氏云鳚 （*Enedras fangi*）	4	9. 4~11. 36	6. 98~15. 65
虾夷扇贝 （*Mizuhopecten yessoensis*）	4	8. 5~9. 0	59. 54~69. 90

表 3　生物体内多环芳烃浓度（μg/kg）

	长牡蛎	虾夷扇贝	皱纹盘鲍	真海鞘	马粪海胆	日本蟳	方氏云鳚	大泷六线鱼	许氏平鲉
萘（NAP）	4.13	3.43	3.49	3.90	5.46	7.14	7.19	5.25	7.00
苊烯（ANY）	0.37	0.11	0.19	0.56	0.46	0.58	0.26	ND	0.37
苊（ANA）	1.17	0.28	0.52	0.94	0.35	0.41	1.35	0.26	0.32
芴（FLU）	1.27	0.41	0.66	0.48	0.54	0.74	1.00	0.56	0.71
菲（PHE）	2.21	1.74	2.23	2.32	2.26	2.14	2.89	1.86	2.35
蒽（ANT）	0.30	0.21	0.3	ND	0.24	0.34	ND	0.18	0.25
荧蒽（FLT）	1.11	0.37	0.67	0.73	0.81	0.66	0.71	0.36	0.40
芘（PYR）	1.09	0.21	0.67	0.42	0.54	0.55	0.38	0.27	0.33
苯并（a）蒽（BaA）	0.46	0.11	0.17	0.14	0.06	0.10	0.47	0.19	0.12
（CHR）	2.04	0.11	0.81	0.28	0.29	0.49	0.32	0.17	0.14
苯并（b）荧蒽（BbF）	0.92	ND	0.40	ND	ND	0.34	ND	ND	ND
苯并（k）荧蒽（BkF）	ND	ND	ND	ND	ND	ND	ND	ND	ND
苯并（a）芘（BaP）	ND	ND	0.21	0.87	0.17	0.24	0.33	ND	0.33
茚苯（1，2，3-cd）芘（IPY）	ND	ND	ND	ND	ND	ND	ND	ND	ND
二苯并（a，h）蒽（DBA）	ND	ND	ND	ND	ND	ND	ND	ND	ND
苯并（g，h，i）芘（二萘嵌苯）（BPE）	ND	ND	ND	0.62	ND	0.58	ND	ND	ND
∑PAHs	15.07	6.98	10.32	11.26	11.18	14.31	14.9	9.1	12.32

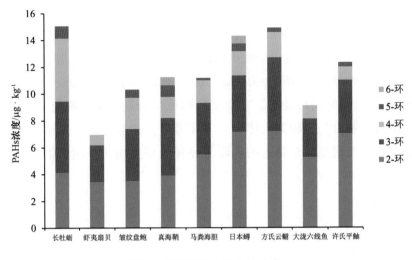

图 3 不同环数多环芳烃浓度

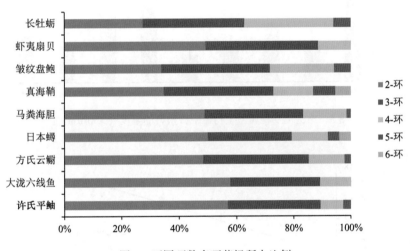

图 4 不同环数多环芳烃所占比例

2.2 微塑料对桑沟湾生物体内多环芳烃的载体作用

由图 5 可知生物体内大于 30 μm 的微塑料丰度,与多环芳烃的浓度进行相关性分析可知生物体内的微塑料丰度与多环芳烃的总含量具有显著正相关关系($P<0.05$,见图 6)。说明微塑料可能是多环芳烃进入生物体的载体之一。有研究报道海洋的塑料碎片上能附着高浓度的多环芳烃,最高可达 9 300 ng/g[5],并且肠道表面活性剂被证明可以加速微塑料上附着的有机污染物的释放,在模拟生物肠道条件下,有机污染物解吸速率远高于在清洁海水中[7, 32]。室内研究发现微塑料会显著增加有机污染物的生物

蓄积，表现出一定的"载体作用"[11]。这与本研究的结果高度一致。有研究表明，海鸟（*Great Shearwaters Puffinus gravis*）摄入塑料的含量与其体内多氯联苯成正相关关系[33]。但也有实验表明，旧金山湾贻贝体内的微塑料与多环芳烃并无显著性差异[34]，可能的原因是由于贻贝（*Mytilus galloprovincialis* and *Mytilus trossulus*）在实验前进行了净化，而60天的暴露时间可能不能完全反应贻贝生长期间微塑料与多环芳烃的关系。因此我们推测微塑料首先会吸附水体中的多环芳烃，在被生物摄入体内以后因为环境理化条件的变化，吸附在微塑料上的多环芳烃释放到生物体，因而增加了生物对多环芳烃的富集。

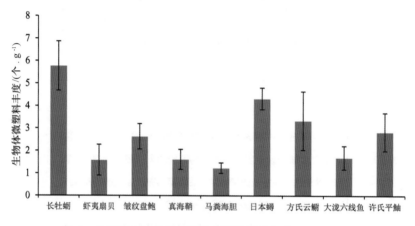

图 5　桑沟湾 9 种典型生物体中微塑料的丰度（>30 μm）

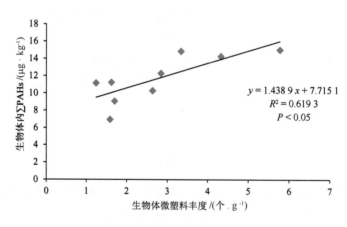

图 6　生物体内微塑料的丰度与多环芳烃的关系

2.3　微塑料对不同分子量多环芳烃"载体作用"的差异

由表4和图7、图8可知，生物体内微塑料丰度与三环、四环多环芳烃的浓度表现出显著的正相关关系（$P<0.05$），因此我们推测微塑料可能只对三环、四环多环芳烃表现出载体作用。Zarfl 和 Matthies[4]开展的微塑料对多环芳烃的吸附实验表明，随着多环芳烃分子量的增加，其在微塑料上的扩散系数降低，这就意味着较大分子量的多环芳烃不易吸附在微塑料上。多环芳烃因为分子量过小或过大导致其不易被微塑料吸附或吸附后不易释放有待后续研究证实。然而生物体内微塑料丰度与二环、五环和六环多环芳烃的浓度并无显著的相关关系，五环和六环多环芳烃可能是由于分子量较大不易吸附在微塑料上。

表4 生物体内微塑料的丰度与不同分子量多环芳烃的回归方程

	回归方程		P 值	相关性
3-环$\sum$PAHs	$y=0.429\ 6x+2.882\ 2$	$R^2=0.477\ 0$	<0.05	显著正相关
4-环$\sum$PAHs	$y=0.615\ 8x+0.149\ 1$	$R^2=0.619\ 1$	<0.05	显著正相关
5-环$\sum$PAHs	$y=0.137\ 6x+0.040\ 7$	$R^2=0.360\ 8$	>0.05	无显著相关
6-环$\sum$PAHs	$y=0.009\ 5x+0.106\ 9$	$R^2=0.002\ 9$	>0.05	无显著相关
2-环$\sum$PAHs	$y=0.222\ 7x+1.617\ 7$	$R^2=0.054\ 8$	>0.05	无显著相关

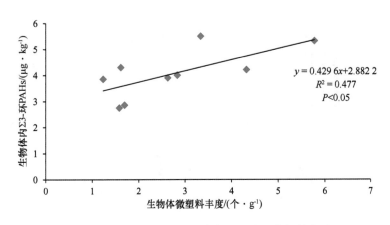

图7 生物体内微塑料的丰度与三环多环芳烃的关系

2.4 微塑料的尺寸对多环芳烃"载体作用"的影响

由图9可知生物体内大于 30 μm 的微塑料的粒径分布，与多环芳烃的浓度进行相关性分析可知，生物体内的 0.03~0.50 mm 和 0.5~1.0 mm 的微塑料丰度与多环芳烃的总含量具有显著正相关关系（$P<0.05$，见图10，图11）。而大于 1 mm 的微塑料与

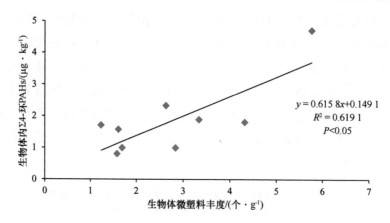

图 8　生物体内微塑料的丰度与 4–环多环芳烃的关系

多环芳烃间无相关性。表明生物摄食尺寸较小的微塑料会导致其体内多环芳烃含量的升高，有研究表明粒径越小的塑料颗粒对有机污染物的吸附能力越强[24, 35, 36]。纳米塑料的比表面积是微塑料的 20 倍，具有较高比表面积的颗粒对疏水性有机污染物的吸附能力较强[24]，可能会将更多的污染物带入动物体内。因此，小粒径微塑料作为有机污染物的载体能够对生物产生更强的毒性效应。

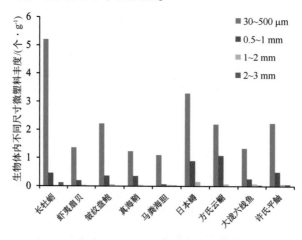

图 9　桑沟湾生物体内不同粒径微塑料的丰度

表5　生物体内不同粒径微塑料的丰度与多环芳烃的回归方程

		回归方程		P 值	相关性
粒径	30~500 μm	$y = 1.461\ 3x + 8.445\ 9$	$R^2 = 0.489\ 0$	<0.05	显著正相关
	0.5~1 mm	$y = 6.188\ 7x + 8.865\ 2$	$R^2 = 0.542\ 2$	<0.05	显著正相关
	1~2 mm	$y = 13.115x + 10.974$	$R^2 = 0.037\ 6$	>0.05	无显著相关
	2~3 mm	$y = 25.805x + 11.054$	$R^2 = 0.136\ 9$	>0.05	无显著相关

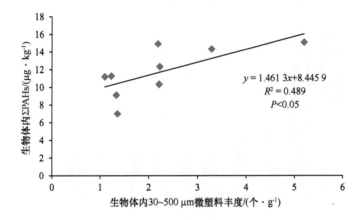

图 10　生物体内 30~500 μm 微塑料的丰度与多环芳烃的关系

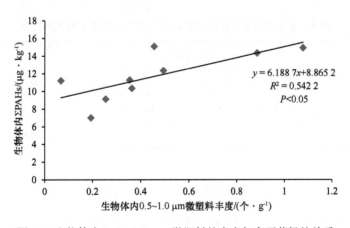

图 11　生物体内 0.5~1.0 mm 微塑料的丰度与多环芳烃的关系

2.5　微塑料的形状对多环芳烃"载体作用"的影响

由图 12 可知生物体内大于 30 μm 的微塑料的形状分布，与多环芳烃的浓度进行相关性分析可知生物体内的纤维状和薄层状的微塑料丰度与多环芳烃的总含量具有显著正相关关系（$P<0.05$）（见表6，图13，图14）。说明纤维状和薄层状微塑料对多环芳烃具有显著的"载体作用"。这一结果与之前的研究一致。Camacho等人[37]的研究发现薄层状微塑料主要吸附低分子量多环芳烃，其浓度为35.1~8725.8 ng/g。而颗粒状微塑料与多环芳烃间无相关性，而颗粒状微塑料主要吸附环数较多的多环芳烃。本研究中低环多环芳烃浓度较高，而多环多环芳烃浓度极低，可能是导致薄层状微塑料与多环芳烃无相关性的主要原因，若海域中低环多环芳烃浓度高，则薄层状微塑料的生态风险更高，若高环数多环芳烃浓度较高，则颗粒状微塑料的生态风险较高。

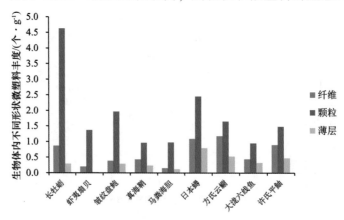

图12　桑沟湾生物体内不同形状微塑料的丰度

表6　生物体内不同形状微塑料的丰度与多环芳烃的回归方程

		回归方程		P 值	相关性
形状	纤维	$y=6.004x+7.9836$	$R^2=0.7069$	<0.05	显著正相关
	薄层	$y=8.2102x+8.9358$	$R^2=0.4724$	<0.05	显著正相关
	颗粒	$y=1.4148x+9.1406$	$R^2=0.3609$	>0.05	无显著相关

2.6　微塑料的颜色对多环芳烃"载体作用"的影响

由图15可知生物体内大于30 μm的微塑料的颜色分布，与多环芳烃的浓度进行相关性分析可知生物体内的不同颜色的微塑料丰度与多环芳烃的总含量都具有显著正相关性（$P<0.05$）（见表7，图16，图17，图18）。彩色微塑料与生物体内多环芳烃的含量的相关性最强，有研究表明颜色会影响海洋生物对食物的摄食，虹鳟鱼对食物的颜色偏好顺序为：蓝色，红色，黑色，橙色，棕色，黄色和绿色[38]。其中透明色微塑

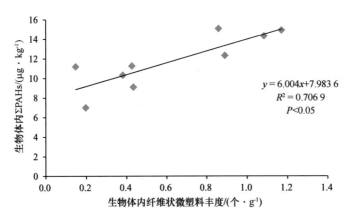

图 13　生物体内纤维状微塑料的丰度与多环芳烃的关系

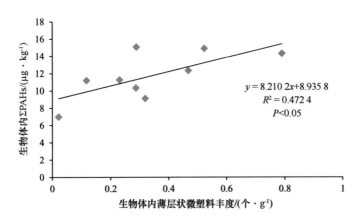

图 14　生物体内薄层微塑料的丰度与多环芳烃的关系

料与多环芳烃吸附量有显著的正相关关系。可能的原因是，透明色塑料可能来源于有色塑料中色素降解，这也是塑料老化的证据，有研究表明老化的微塑料表面具有较高的比表面积和微孔面积，从而增加了微塑料对有机污染物的吸附能力[39]。而黑色微塑料与生物体内多环芳烃的相关性最低，可能是由于黑色与海洋背景颜色较近，导致生物摄食黑色微塑料的总量较低。

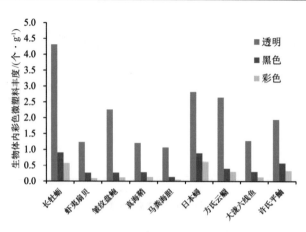

图 15　桑沟湾生物体内彩色微塑料的丰度

表 7　生物体内不同粒径微塑料的丰度与多环芳烃的回归方程

		回归方程		P 值	相关性
颜色	透明	$y=1.983\,6x+7.589\,3$	$R^2=0.589\,9$	<0.05	显著正相关
	黑色	$y=6.861\,4x+8.674\,9$	$R^2=0.492\,0$	<0.05	显著正相关
	彩色	$y=10.108x+9.119\,3$	$R^2=0.619\,6$	<0.05	显著正相关

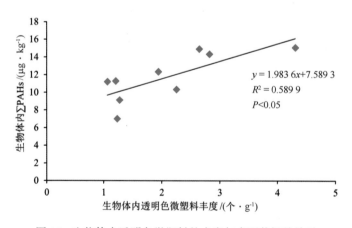

图 16　生物体内透明色微塑料的丰度与多环芳烃的关系

2.7　微塑料的成分对多环芳烃"载体作用"的影响

由图 19 可知生物体内大于 30 μm 的微塑料的成分分布，与多环芳烃的浓度进行相关性分析可知生物体内的 PS、PE 和纤维素微塑料丰度与多环芳烃的总含量具有显著

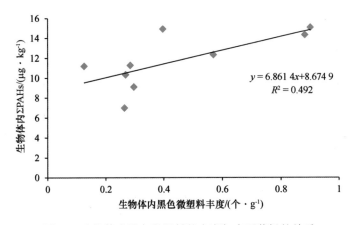

图 17　生物体内黑色微塑料的丰度与多环芳烃的关系

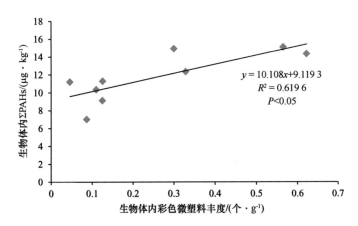

图 18　生物体内彩色微塑料的丰度与多环芳烃的关系

正相关性（$P<0.05$）（见图 20，图 21，图 22）。而 PP、PET 和赛璐玢微塑料与多环芳烃间无相关性（见表 8）。对 8 种多环芳烃（PAHs）与 4 种不同聚合物成分的微塑料进行了吸附实验，采用 KMPsw（微塑料与海水之间的分配系数）的三相分配法进行测定[40]。结果表明，KMPsw 的排序为聚苯乙烯（PS）、聚乙烯（PE）、聚丙烯（PP），与辛醇–水分配系数相似。吸附系数与疏水性之间存在较高的相关性，表明疏水性是微塑料与多环芳烃吸附行为的主要影响因素。同时高密度聚乙烯、低密度聚乙烯和聚丙烯塑料对多环芳烃的吸附能力远高于聚对苯二甲酸乙二醇酯和聚氯乙烯[12]。除此之外，PE 微塑料具有较大的柔性和自由空间[41]，有利于吸附物扩散到聚合物内部，从而提高了其吸附能力[42]，与本节研究一致。

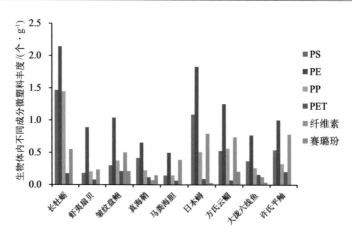

图 19　桑沟湾生物体内微塑料的不同聚合物成分丰度

表 8　生物体内不同成分微塑料的丰度与多环芳烃的回归方程

		回归方程		P 值	相关性
聚合物成分	PS	$y = 4.685\,5x + 9.106\,2$	$R^2 = 0.562\,5$	<0.05	显著正相关
	PE	$y = 3.495x + 7.813$	$R^2 = 0.481\,2$	<0.05	显著正相关
	纤维素	$y = 6.985\,7x + 8.479\,4$	$R^2 = 0.503\,9$	<0.05	显著正相关
	PP	$y = 4.579\,9x + 9.663\,8$	$R^2 = 0.441\,1$	>0.05	无显著相关
	PET	$y = 0.012\,6x + 11.714$	$R^2 = 7E-08$	>0.05	无显著相关
	赛璐玢	$y = 3.931x + 11.444$	$R^2 = 0.016\,6$	>0.05	无显著相关

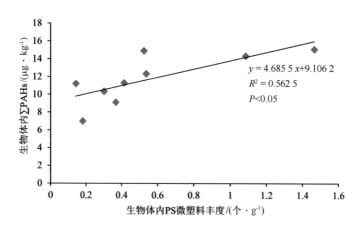

图 20　生物体内 PS 微塑料的丰度与多环芳烃的关系

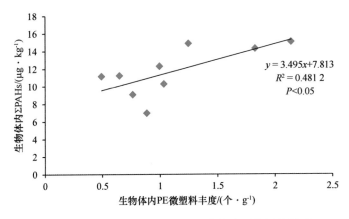

图21　生物体内PS微塑料的丰度与多环芳烃的关系

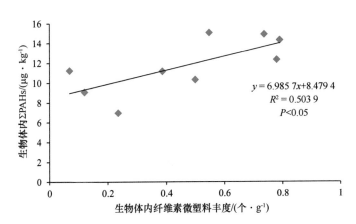

图22　生物体内纤维素微塑料的丰度与多环芳烃的关系

3　结论

本研究选取北方典型的多层次海水养殖海湾桑沟湾为研究对象，探究了桑沟湾不同生物体中微塑料的富集特征及其与生物体内多环芳烃的关系，从而进一步评估微塑料对养殖区水生生物的潜在威胁。主要研究结果如下：

桑沟湾9种生物体中微塑料（30 μm～5 mm）的含量范围为（1.23±0.23）～（5.77±1.10）个/g。生物体内 $\sum$ PAHs 的浓度范围为 9.1～15.07 μg/kg，平均值为11.72 μg/kg，食用此海域生物并无健康风险。纤维、薄层、透明、黑色、其他颜色、30～500 μm、0.5～1 mm、PS、PE和纤维素类型的微塑料丰度与多环芳烃的总含量表现出显著的正相关关系（$P<0.05$），说明这些特性的微塑料对多环芳烃具有显著的

"载体作用"。结果表明微塑料可以作为海洋环境中多环芳烃的运输载体，生物通过摄入携带污染物的微塑料会对其健康造成潜在的威胁。

参考文献

[1] Marris E. Fate of ocean plastic remains a mystery. Nature（London）[J]. 2014.

[2] Perkins S. Plastic waste taints the ocean floors. Nature（London）[J]. 2014.

[3] Teuten F. L, Saquing J M, Knappe D R U, et al. Transport and release of chemicals from plastic to the environment and to wildlife. Philosophical Transactions of The Royal Society B Biological Sciences[J]. 2009,364(1526)：2027-2045.

[4] Zarfl C, Matthies M. Are marine plastic particles transport vectors for organic pollutants to the Arctic? Mar Pollut Bull[J]. 2010,60(10)：1810-1814.

[5] Hirai H, Takada H, Ogata Y, et al. Organic micropollutants in marine plastics debris from the open ocean and remote and urban beaches. Mar Pollut Bull[J]. 2011,62(8)：1683-1692.

[6] Ogata Y, Takada H, Mizukawa K, et al. International Pellet Watch：Global monitoring of persistent organic pollutants（POPs）in coastal waters. 1. Initial phase data on PCBs, DDTs, and HCHs. Mar Pollut Bull[J]. 2009,58(10)：1437-1446.

[7] Bakir A, Rowland S J, Thompson R C. Transport of persistent organic pollutants by microplastics in estuarine conditions. Estuarine Coastal & Shelf Science[J]. 2014,140(mar. 1)：14-21.

[8] 徐擎擎, 张哿, 邹亚丹, 等. 微塑料与有机污染物的相互作用研究进展. 生态毒理学报. 2018,13(01)：40-49.

[9] Chua E M, Shimeta J, Nugegoda D, et al. Assimilation of Polybrominated Diphenyl Ethers from Microplastics by the Marine Amphipod, Allorchestes Compressa. Environ Sci Technol[J]. 2014, 48(14)：8127-8134.

[10] Oliveira M, Ribeiro A, Hylland K, et al. Single and combined effects of microplastics and pyrene on juveniles（0 + group）of the common goby Pomatoschistus microps（Teleostei, Gobiidae）. Ecol Indic[J]. 2013,34：641-647.

[11] Besseling E, Wegner A, Foekema E M, et al. Effects of Microplastic on Fitness and PCB Bioaccumulation by the Lugworm Arenicola marina（L.）. Environ Sci Technol[J]. 2013,(No. 1)：593-600.

[12] Rochman C M, Hoh E, Hentschel B T, et al. Long-Term Field Measurement of Sorption of Organic Contaminants to Five Types of Plastic Pellets：Implications for Plastic Marine Debris. Environ Sci Technol[J]. 2013,47(3)：130109073312009.

[13] Boucher C, Morin M, Bendell L I. The influence of cosmetic microbeads on the sorptive behavior of cadmium and lead within intertidal sediments：A laboratory study. Reg Stud Mar Sci[J]. 2016,

3: 1-7.

[14] Brennecke D, Duarte B, Paiva F, et al. Microplastics as vector for heavy metal contamination from the marine environment. Estuar Coast Shelf S[J]. 2016,178: 189-195.

[15] Ashton K, Holmes L, Turner A. Association of metals with plastic production pellets in the marine environment. Mar Pollut Bull[J]. 2010,60(11): 2050-2055.

[16] Holmes L A, Turner A, Thompson R C. Adsorption of trace metals to plastic resin pellets in the marine environment. Environ Pollut[J]. 2012,160(Jan.): 42-48.

[17] Luís L G, Ferreira P, Fonte E, et al. Does the presence of microplastics influence the acute toxicity of chromium(VI) to early juveniles of the common goby (Pomatoschistus microps)? A study with juveniles from two wild estuarine populations. Aquat Toxicol [J]. 2015, 164: 163-174.

[18] Davarpanah E, Guilhermino L. Single and combined effects of microplastics and copper on the population growth of the marine microalgae Tetraselmis chuii. Estuarine Coastal & Shelf Science [J]. 2015,167(DEC. 20PT. A): 269-275.

[19] FAO. Food and Agriculture Organization of the United Nations. Statistics, Fishery And Aquaculture FAO, Rome. 2016.

[20] Bojes H K, Pope P G. Characterization of EPA's 16 priority pollutant polycyclic aromatic hydrocarbons (PAHs) in tank bottom solids and associated contaminated soils at oil exploration and production sites in Texas. Regul Toxicol Pharmacol[J]. 2007,47(3): 288-295.

[21] Trabelsi S, Driss M R. Polycyclic aromatic hydrocarbons in superficial coastal sediments from Bizerte Lagoon, Tunisia. Mar Pollut Bull[J]. 2005,50(3): 344-348.

[22] Van A, Rochman C M, Flores E M, et al. Persistent organic pollutants in plastic marine debris found on beaches in San Diego, California. Chemosphere[J]. 2012,86(3): 258-263.

[23] Zhang W, Ma X, Zhang Z, et al. Persistent organic pollutants carried on plastic resin pellets from two beaches in China. Mar Pollut Bull[J]. 2015,99(1-2): 28-34.

[24] Ma Y, Huang A, Cao S, et al. Effects of nanoplastics and microplastics on toxicity, bioaccumulation, and environmental fate of phenanthrene in fresh water. Environ Pollut[J]. 2016,219: 166-173.

[25] Jiang Z, Li J, Qiao X, et al. The budget of dissolved inorganic carbon in the shellfish and seaweed integrated mariculture area of Sanggou Bay, Shandong, China. Aquaculture[J]. 2015, 446: 167-174.

[26] Xia B, Han Q, Chen B, et al. Influence of shellfish biodeposition on coastal sedimentary organic matter: A case study from Sanggou Bay, China. Cont Shelf Res[J]. 2019,172:12-21.

[27] Jabeen K, Su L, Li J, et al. Microplastics and mesoplastics in fish from coastal and fresh waters

of China. Environ Pollut[J]. 2016,221(FEB.)：141-149.

[28] Frias J P G L, Otero V, Sobral P. Evidence of microplastics in samples of zooplankton from Portuguese coastal waters. Mar Environ Res[J]. 2014,95：89-95.

[29] Yang D, Shi H, Li L, et al. Microplastic Pollution in Table Salts from China. Environ Sci Technol[J]. 2015,49(22)：13622-13627.

[30] Lei, Mai, Lian-Jun, et al. Polycyclic aromatic hydrocarbons affiliated with microplastics in surface waters of Bohai and Huanghai Seas, China. Environmental pollution (Barking, Essex：1987)[J]. 2018.

[31] Hong W J, Jia H, Li Y F, et al. Polycyclic aromatic hydrocarbons (PAHs) and alkylated PAHs in the coastal seawater, surface sediment and oyster from Dalian, Northeast China. Ecotox Environ Safe[J]. 2016,128：11-20.

[32] Lee H, Lee H, Kwon J. Estimating microplastic-bound intake of hydrophobic organic chemicals by fish using measured desorption rates to artificial gut fluid. Sci Total Environ[J]. 2019,651：162-170.

[33] Ryan P G, Connell A D, Gardner B D. Plastic ingestion and PCBs in seabirds：Is there a relationship? Mar Pollut Bull[J]. 1988,19(4)：174-176.

[34] Klasios N, De Frond H, Miller E, et al. Microplastics and other anthropogenic particles are prevalent in mussels from San Francisco Bay, and show no correlation with PAHs. Environ Pollut[J]. 2021,271：116260.

[35] Wang W, Wang J. Different partition of polycyclic aromatic hydrocarbon on environmental particulates in freshwater：Microplastics in comparison to natural sediment. Ecotox Environ Safe[J]. 2018,147：648-655.

[36] Llorca M, Schirinzi G, Martínez M, et al. Adsorption of perfluoroalkyl substances on microplastics under environmental conditions. Environ Pollut[J]. 2018,235：680-691.

[37] Camacho M, Herrera A, Gomez M, et al. Organic pollutants in marine plastic debris from Canary Islands beaches. Sci Total Environ[J]. 2019,662(APR.20)：22-31.

[38] Ginetz R M, Larkin P A. Choice of Colors of Food Items by Rainbow Trout (Salmo gairdneri). Journal of the Fisheries Research Board of Canada[J]. 1973,30(2)：229-234.

[39] Fisner M, Majer A, Taniguchi S, et al. Colour spectrum and resin-type determine the concentration and composition of Polycyclic Aromatic Hydrocarbons (PAHs) in plastic pellets. Mar Pollut Bull[J]. 2017,122(1-2)：323-330.

[40] Hüffer T, Hofmann T. Sorption of non-polar organic compounds by micro-sized plastic particles in aqueous solution. Environ Pollut[J]. 2016,214：194-201.

[41] Pascall M, Zabik M, Zabik M, et al. Uptake of Polychlorinated Biphenyls (PCBs) from an A-

queous Medium by Polyethylene, Polyvinyl Chloride, and Polystyrene Films. J Agr Food Chem [J]. 2005,53: 164-9.

[42] Karapanagioti H K, Klontza I. Testing phenanthrene distribution properties of virgin plastic pellets and plastic eroded pellets found on Lesvos island beaches (Greece). Mar Environ Res[J]. 2008,65(4): 283-290.

海洋微藻固碳技术在环境污染修复中的应用

王文静，盛彦清*

（中国科学院烟台海岸带研究所山东省海岸带环境工程技术研究中心，山东烟台 264003）

摘要： 随着人们物质生活水平的提高和社会发展的进步，工业废水、养殖废水及生活污水的大量排放导致水体污染严重，部分近海生态系统受到威胁，同时工厂排放的二氧化碳（CO_2）等温室气体也加剧了人类生活环境的恶化，因此修复污染水体，改善烟气排放造成的空气污染，对于提高人类生活幸福水平显得尤为重要。利用海洋微藻固定 CO_2 是一种可持续性的有效吸收温室气体、修复水环境的方法，在吸收 CO_2、实现氮磷等营养盐回收的同时，通过固碳获取如蛋白、多糖、生物质能等高附加值的产品。本文基于海洋微藻吸收或去除烟气或水体中 CO_2、氮、磷和重金属等污染要素的特性，论述了海洋微藻自养过程、异养过程及兼性生长过程对 CO_2、氮、磷等元素转化成生物质能的机理过程，分析了海洋微藻在吸收烟气排放 CO_2 中的应用，探究了海洋微藻对污水中氮、磷、重金属等其他元素的去除和吸收机制，最终阐明海洋微藻固碳技术在碳中和过程及环境污染修复中的重要角色。

关键词： 海洋微藻；污水处理；固碳；污水修复；碳中和

近几十年来，气候变化导致全球极端气候频发，海洋系统破坏严重、海洋酸化、海平面上升，冰川退缩、高温热浪、极端强降水等气象灾害不仅造成了大量的经济损失，更导致全球百万人死亡。因此，减少 CO_2 等温室气体排放，增加碳汇，发展碳捕捉和封存转化技术，实现碳排放和吸收量平衡的碳中和目标是应对温室气体大量排放，缓解气候问题的关键。现今 CO_2 减排技术主要是 CO_2 的捕捉和封存技术，CO_2 的捕捉和封存技术需要分离 CO_2，但处理 CO_2 成本昂贵，致使该技术远未到达商业化推广阶段[1]。而利用海洋微藻吸收 CO_2 的固碳减排技术，因其价格低廉，产物的资源再利用等优势成为广泛研究的热点。海洋微藻具有固定 CO_2、生长速率快、富含蛋白质、脂类以及藻多糖等营养物质等特点，是可再生能源的优良原料[2-3]。海洋微藻在吸收光能完成自身生长繁殖的同时可以吸收温室气体 CO_2，在全球碳汇过程中起着重要作用。将规模化培养的海洋微藻应用于污染水体修复可有效减少空气中的 CO_2，吸收污水中的碳、氮、磷，从而促进海洋微藻生物量的积累，实现自然污染水体及污水排放企业节能减排的碳中和目标。

1 微藻简介

微藻是需要利用显微镜辨别的微型藻类总称，约占藻类总量的70%左右。目前已报道的海洋微藻超过 4 000 种。海洋微藻具有较高的对环境的适应能力及高浓度 CO_2 的吸收能力，在长期的进化过程中形成了主动运输 CO_2 的特性，微藻也有可借助碳酸酐酶转化 HCO_3^- 成为 CO_2，或直接吸收 HCO_3^- 的生理机制。藻类是一种古老的光合自养生物，具有种类繁多、分布广泛、生长速度快、适应性强等特点，藻细胞中含有丰富的营养物质，如蛋白质、碳水化合物、油脂等，其中脂肪酸的含量能在40%以上[4-5]。但是由于不同微藻有不同的结构，因此藻种对污染物的去除效率也不同，即使不同藻种在相同环境条件下处理同一种废水时，污染物去除率也往往也有很大差别。部分微藻小球藻（*Chlorella*）、栅藻（*Scenedesmus*）、眼虫藻（*Euglena*）、衣藻（*Clamydomonas*）、颤藻（*Oscillatoria*）、纤维藻（*Ankistrodesmus*）、微星藻（*Micractinium*）和多芒藻（*Golekinia*）在污水处理和 CO_2 减排中有着较高的应用前景[6-8]（表1）。

表 1 不同海洋微藻的 CO_2 耐受性[6-8]

门类	物种	CO_2耐受浓度
绿藻门	绿球藻（*Chlorococcum littorale*）	60%
	小球藻（*Chlorella* sp.）	40%
	空球藻（*Eudorina* sp.）	20%
	杜氏盐藻（*Dunaliella tertiolecta*）	15%
	微拟球藻（*Nannochloris* sp.）	15%
	杆状裂丝藻（*Stichococcus bacillaris*）	40%
	甲栅藻（*Scenedesmus armatus*）	60%
蓝藻门	蓝藻（*Cyanidium caldarium*）	100%
	聚球藻（*Synechococcus elonggatus*）	60%

续表

门类	物种	CO_2耐受浓度
硅藻门	海链藻（*Thalassiosira weissflogii* H1）	20%
	三角褐指藻（*Phaeodactylum tricornutum*）	20%

利用海洋微藻进行环境修复时，藻类对 CO_2 的固定以及碳、氮、磷和重金属的去除效率受到光照周期、光照强度、温度、pH 值和盐度等外界条件影响。因此，在修复不同污染的环境时，选择合适高效的藻种对于修复环境具有重要的意义。如小球藻和栅藻对各类养殖废水中的氮、磷去除效果较好，氮、磷去除率达到 85%，对化学需氧量也有较好的去除效果[9-10]。混合微藻对废水的吸收也有较好的效果，如 Jebali 等发现以栅藻为优势藻的混合绿藻对污水的化学需氧量、铵和磷等的去除率分别高达 94%、99% 和 99%[11]。杜欣等发现污水处理厂尾水排放区优势种为颗粒直链藻（*Melosira granulata*）、脆杆藻（*Fragilaria*）、针杆藻（*Synedra*）、异极藻（*Gomphonema*）和水绵（*Spirogyra*）等[12]，这些藻类在污水处理过程中可能通过协调作用对污水净化过程起着重要的作用。Sutherland 等发现在混合藻种去除碳、氮、磷及有机污染物时，混合藻中的优势藻种不同对其污染物去除率与生物量并没有很大差异，说明混合藻类的功能比单个物种对污染物吸收的影响更大。这可能是由于微藻对于资源的利用具有互补性、共生性以及面对多变环境扰动时的较高稳定性[13]。Kazamia 等认为当群落的净生产力大于在相同环境中生长的单一栽培的平均值时，可发生资源交换，即不同物种之间进行资源互换；当共存的水生生物具有互补的资源需求时，整个群落的生产力能达到最大化[14]。因此，选择合适互补的混合微藻或藻菌共生物种建立藻类群落系统也能在一定程度上增加污染物去除率与生物质产量。

2 微藻环境修复的发展历程

Oswald 和 Gotaas 在 20 世纪 50 年代第一次创造性地提出了微藻处理污染水体的观点[15]。进入 20 世纪 60 年代后，基于微藻和细菌共生的生物稳定塘技术，通过微生物天然的净化能力来处理污水开始出现，但是该技术由于占地面积大、易受气候影响及易产生臭味等缺点，规模化发展受到抑制。随后发展的高效藻类塘技术增加了连续搅拌的装置、缩短了污水的停留时间以及塘的宽度窄等特点，经过改良后的高效藻类塘有利于细菌和藻类的生长繁殖，加强了藻菌的相互作用，增强了水体中有机物的去除效率[16-17]。20 世纪 80 年代出现的微藻固定化技术是基于细胞固定化技术，利用物理和化学方法将游离微藻细胞固定在特定空间位置，如微藻生物膜技术，并使其保持细胞活性，利用藻类的光合作用或者异养过程吸收污水或空气中碳、氮、磷等元素及有机污染物的技术[18]，固定化技术也解决了藻细胞的收集问题，微藻生物质的获取更为便捷。

3　海洋微藻的固碳机制

3.1　微藻自养、异养和兼性生长

不同的生存环境为海洋微藻提供不同的营养物质和能量来源，导致微藻的生物量和油脂含量不同。微藻根据不同的生长环境获取自身所需的营养，在不同的环境下通过改变细胞内的代谢途径进行繁殖，常见的几种生长方式主要包括：光合自养、异养和兼性生长[19-22]。微藻的自养除碳过程主要是通过光合自养作用吸收 CO_2。微藻的光合作用可以固定大气中的 CO_2，CO_2 附着在 1，5-二磷酸核酮糖上，3-磷酸甘油酸从腺嘌呤核苷三磷酸处取得一个磷酸，再从还原型烟酰胺腺嘌呤二核苷酸磷酸处接受两个电子将 3-磷酸甘油酸转换成甘油醛 3-磷酸，最后甘油醛 3-磷酸的碳骨架被重新分配为 1，5-二磷酸核酮糖，完成固碳过程[19]。微藻在避光的情况下，可以利用有机碳源进行异养培养，与自养培养相比，藻类的异养作用，可以将污水中的可溶性有机碳氧化为 CO_2 来去除污染物[20]。异养藻类，则通过葡萄糖、乙酸等有机物摄入将有机碳作为能量与碳源将其转化为自身细胞组成并进行能量储存。部分藻类如小球藻在葡萄糖、乙酸盐、甘油条件下异养培养的效果要高于自养培养，可以达到 2.1 g/L，是光合自养培养的 2 倍[21]。同时进行自养生长和异养生长的兼性生长的藻类可同时利用无机碳与有机碳作为碳源进行生长代谢，在回收废水中碳源的同时，可以实现碳固定的目标，积累藻类生物量，获得更多的藻类[22]。

3.2　微藻对 CO_2 的耐受性和适应性

海洋微藻对高浓度 CO_2 的耐受性和适应能力是影响海洋微藻固碳过程的重要因素。不同的海洋微藻对 CO_2 的浓度耐受性和适应性不同。由于高浓度的 CO_2 对细胞有麻痹作用，抑制微藻细胞生长和光合作用效率，并出现生长滞后等问题[23]。绿藻门是常被用于研究高浓度 CO_2 条件下生长和耐受性的一类海洋微藻，如海水小球藻耐受 CO_2 浓度最高是 40%，其次海洋空球藻，杜氏盐藻，微拟球藻，杆状裂丝藻等，这些海洋绿藻的最高耐受 CO_2 浓度为 15% ~ 40% 左右。极端环境下分离的海洋微藻如甲栅藻和海滩绿球藻 CO_2 耐受性大于 40%，甚至能在 CO_2 浓度 60% 条件下生长。蓝藻能在纯化为 100% 的 CO_2 条件下生存。蓝藻门对 CO_2 的耐受性较高，部分微藻对 CO_2 浓度耐受性超

过 60%。硅藻门中海链藻和三角褐指藻也能在 20% CO_2 浓度条件下生长。

海洋微藻的卡尔文循环中的 1，5-二磷酸核酮糖羧化酶和碳酸酐酶是影响海洋微藻固定 CO_2 的效率的关键。1，5-二磷酸核酮糖羧化酶和碳酸酐酶参与微藻胞内 CO_2 的固定和初级产物的合成，调控 1，5-二磷酸核酮糖羧化酶和碳酸酐酶合成基因受到 CO_2 浓度的影响，进而影响着微藻的耐受性和固碳基因。在 CO_2 浓度升高时，细胞质内外的 CO_2 分压也相应升高，同时胞内的可溶性蛋白质含量减少[24]，导致合成的碳酸酐酶表达量减少，微藻细胞对 CO_2 的亲和力降低，1，5-二磷酸核酮糖羧化酶的底物量降低[25]。而高浓度的 CO_2 对海洋微藻的碳循环机制目前报道较少，但是对于可以耐高浓度 CO_2 微藻基因研究中发现 3% CO_2 浓度条件会显著影响绿球藻呼吸作用和光合作用效率，并且随着 CO_2 浓度的升高，high-CO_2-inducible 43 kDa protein 基因被显著上调[26]。绿球藻 CO_2 的耐受基因 Fe-assimilation 在环境中 CO_2 变高时，随着 CO_2 浓度的升高，基因被上调[27]。高浓度 CO_2 会调控微藻与高 CO_2 耐受有关的基因，微藻对 CO_2 的耐受性是多个基因协作作用的结果。

3.3　影响微藻固碳效率的因素

海洋微藻的固碳效率受到光照强度、光照周期等多种因素的影响。如光照强度和光照周期会影响海洋微藻的 CO_2 固定过程，适宜的光照强度和光照周期会提高微藻的光合放氧速率，影响微藻对 CO_2 的固定效率。微藻对光照强度有适当的饱和度范围，当光照高于或低于饱和度时，微藻对 CO_2 的耐受性降低。光周期对微藻光合作用效率产生影响，在适宜的光周期内，生长率与光照时间成正比，超过最适宜的光周期后微藻光合作用速率及碳固定效率均会降低，微藻 CO_2 的耐受性也会相应降低[28]。而温度由于会影响微藻胞内酶的活性，其变化不仅会影响微藻细胞结构，也影响微藻的光合电子传递速率和光合磷酸化的过程。过高的温度会使海洋微藻有关光合反应过程中酶的失活，导致光合放氧速率减缓，降低固碳效率。如锥状斯氏藻的固碳能力会随着温度升高而变弱[29]。如光反应中心的热敏感的色素蛋白复合体，其活性在高温会受到抑制，甚至失活，进而影响微藻光合作用速率、呼吸作用速率及微藻的固碳效率[30]。微藻细胞膜具有主动运输 CO_2 的能力，吸收周围环境中的 CO_2，也可以利用胞内碳酸酐酶转化 HCO_3^- 为 CO_2 后再进行 CO_2 浓缩过程。环境的 pH 值影响了 CO_2 与 HCO_3^- 的转化过程，过低和过高的 pH 值都会抑制海洋微藻的生长[31]。如海水小球藻最适 pH 值为 4.2~9.0，当环境中的 pH 值超过或者低于最适宜的 pH 值范围，海水小球藻生长会受到影响[32]。水体溶解氧对于海洋微藻有效获取环境中的溶解氧起到关键的作用。Beckerd 研究发现溶解氧影响微藻光合作用效率。在当水环境中无溶解氧时，微藻的光合效率被提高 14%，即当培养基溶解氧为 100%时，微藻的光合效率为 35%。封闭式的光生物反应器中溶解氧比开放式光合反应器高很多，导致 CO_2 的固定能力降低[32]。环境中的溶解氧对 CO_2 的固定效率也有影响，同时也与其他环境因素如光照强度有着密切的关系[33]，如光照强度降低时，溶解氧会受到抑制。溶解氧为 100%时，海洋聚球藻的活性光合细胞的核酮糖 1，5 二磷酸羧化酶比磷酸烯醇丙酮酸酶高，核酮糖 1，5 二磷酸羧化酶是磷酸烯醇丙酮酸酶的 3 倍左右，其固碳效率明显减弱[34]。海洋微藻对盐度的耐受性较高，微藻细胞可调节微藻内部的渗透压，适应外部盐度的变化，并且细胞内存在的离子也能进行渗透作用[35-36]。在微藻进化过程中，微藻对盐度的耐受性有最适的范围，如杜氏盐藻的范围在 0.21~0.22 mol/L NaCl 之间，其耐受机制与光合作用的过程有非常密切的关系，当环境盐度超过这一范围时，光呼吸作用会被抑制，其碳浓缩过程中的核酮糖 1，5 二磷酸氧化酶被抑制，同时光合作用和呼吸作用速率也会被抑制，CO_2 的吸收也被抑制，最终导致固碳效率降低[37]。

4　海洋微藻在烟气治理中的研究进展

利用微藻的光合自养固定烟气中的 CO_2 是一种可行性较高、可持续发展的环境友好型的固碳减排技术，可以与生物炼制工艺联用，提供多种生物燃料应对环境能源危机，是我国面向 2050 年能源可持续发展的潜力研究方向之一[38-39]。但是烟气中存在含量超过 10%的高浓度 CO_2，高浓度的 CO_2 会抑制大部分微藻的生长和油脂积累。微藻通过光合作用来固定 CO_2 受到多种因素影响，微藻对能量的利用和对碳的转化直接决定了微藻对 CO_2 的捕捉效率，因此获得可耐受烟气中高浓度 CO_2 的固碳藻种是实现海洋微藻高效碳捕集的前提[40]。不同微藻种类积累目标产物不同，有针对性地筛选获得耐受高浓度 CO_2 的固碳藻种，提高固碳效率和目标产物获得是未来构建废气废水协同处理生物质绿色产业链的关键。

5　海洋微藻修复氮、磷和重金属污染的研究进展

藻类近似分子式为 $C_{106}H_{263}O_{110}N_{16}P$，氮元素占藻类质量的 10%，其在生长过程中碳、氮、磷也是生长的重要元素。在微藻吸收氮元素的过程中，可通过直接吸收无机氮，通过酶的作用 NO_3^--N 进入微藻细胞质，NO_3^--N 在硝酸还原酶的作用下还原为 NO_2^--N，随后在亚硝酸还原酶的作用下生成 NH_4^+-N，NH_4^+-N 在谷氨酰胺合成酶的催化作用下生成谷氨酰胺，谷氨酰胺经一系列的反应后生成各种氨基酸[41]。由于藻类不产生活性硝酸还原酶，藻类会优先吸收污水中的 NH_3-N 与其他还原态氮，最后才利用

吸收 $NO_3\text{-}N$[42]。大部分通过有机物混养的藻类可以直接吸收尿素、氨基酸等有机氮，而小部分自养微藻则直接通过硝化作用吸收无机氮[43]。微藻也通过间接作用吸收 $NH_4^+\text{-}N$，微藻胞内的叶绿素进行光合作用导致 pH 值升高，使 $NH_4^+\text{-}N$ 变成 NH_3 释放到空气中。

微藻对污水中的磷酸盐进行同化吸收的方式为以下两种：一种是在有氧的条件下，直接被藻细胞吸收，并通过水平磷酸化、氧化磷酸化和光合磷酸化等途径转化成腺嘌呤核苷三磷酸（ATP）、磷脂等有机物；第二种是藻类的生长导致环境 pH 值的上升，碱性环境会使正磷酸盐和水中的 Ca^{2+} 相结合形成羟基磷酸钙沉淀，而后被藻类通过吸附作用除去[44]。微藻在污水处理过程中吸收磷主要包括吸附、同化吸收与沉淀等过程。有机磷可被微藻的胞外聚合物上所含有的大量带电官能团吸附去除[45]。胞外聚合物还可将有机磷分解为磷酸盐，再进行同化吸收，即微藻通过光合作用吸收污水中的正磷酸盐并将其转化成自身细胞组分。微藻通过磷合成有机化合物主要包括底物水平上的磷酸化、氧化磷酸化、光合磷酸化这 3 个过程[46]。底物水平上的磷酸化和氧化磷酸化的能量都来自底物的呼吸氧化或线粒体的电子转运过程，光能在光合磷酸化过程中被转化进腺嘌呤核苷三磷酸（ATP）中。另外，在高 pH 值的条件下可形成磷酸盐并与 Ca^{2+}、Mg^{2+} 离子共同沉淀，达到去除污水中磷元素的目的[47]。

微藻细胞表面存在大量黏液，藻类对重金属有较好的吸附作用，使微藻去除污水中的重金属成为有潜力的处理方法。海洋微藻吸附机制主要包括功能基因吸附、离子交换及络合作用，其中离子交换作用是生物吸附的主要作用机制[48]。微藻细胞表面存在大量的离子交换[49]，利用解吸剂也表明吸附重金属是一种相对简便的方法，常被用于重金属回收、藻类生物吸附剂性能的评判以及微藻对重金属富集机理的研究，如 $EDTANa_2$ 在束丝刚毛藻吸附铜（Cu）和铅（Pb）时，是一种高效且经济的藻类解吸剂[50]。蛋白核小球藻和斜生栅藻对镉（Cd）具有较高的吸附效果，可以作为镉（Cd）废水处理的备用藻种，并且蛋白核小球藻比斜生栅藻有更好的镉（Cd）吸收效果[51]。

6 海洋微藻在环境污染修复过程中的优点及存在的问题

将海洋微藻生物产品的生产与微藻固碳技术结合发展，海洋微藻不仅可以吸收空气及污水中多余的 CO_2 或有机碳源作为微藻碳源，同时也可以消耗富营养化水体中的氮、磷，降低培养成本，在获得高附加值产品的同时，获得环境效益。因此，微藻在吸收烟气中的 CO_2、去除污水中氮、磷和重金属的应用方面具有很高的潜力。由于处理后的获得海洋微藻生物质在生产生物柴油时成本较高，其附加产物如生物柴油的大规模产业化发展缓慢，因此筛选驯化生长速度快，油脂含量高、CO_2 耐受性强，且环境适应性好的海洋微藻藻种以及研发廉价的提取生物柴油等微藻附加产物的技术在未来微藻固碳修复技术研发中至关重要。

7 小结

海洋微藻固碳技术是利用海洋微藻吸收工农业生产过程中排放的温室气体，通过光合作用将 CO_2 转化为生物质能的技术。利用海洋微藻固碳技术与污水处理行业结合进行应用开发，将有利于应对目前世界范围内的温室效应及能源短缺问题。微藻拥有较高的 CO_2 耐受性，能够利用烟气管道等排放的 CO_2 及污水中的营养盐等，生产大量的富含油脂的微藻生物质，用以生产生物柴油等清洁能源缓解化石燃料短缺的问题。因此，随着海洋微藻生产生物柴油及大规模固碳修复工程技术的发展，海洋微藻固碳产业化在未来消除大规模高浓度工业排放的 CO_2 及水环境修复方面具有较好的应用潜力。

参考文献

［1］ 王众,张哨楠,匡建超. 碳捕捉与封存技术国内外研究现状评述及发展趋势［J］. 能源技术经济,2011,23(05):42-47.

［2］ 江红霞,郑怡. 微藻的药用、保健价值及研究开发现状(综述)［J］. 亚热带植物科学,2003(01):68-72.

［3］ Spolaore P, Joannis-Cassan C, Duran E, et al. Commercial applications of microalgae［J］. Journal of Bioscience and Bioengineering, 2006, 101(2): 87-96.

［4］ 杜勇,杜雨润,朱绍萍,等. 微藻在环境修复中的研究进展［J］. 环境科学与技术,2014,37(S2):316-320.

［5］ Chisti Y. Biodiesel from microalgae ［J］. Biotechnology Advances, 2007, 25(3): 294-306.

［6］ 张建民,刘新宁. 可利用微藻的种类及其应用前景［J］. 资源开发与市场,2005(01):65-66+80.

［7］ 邹宁,李艳,孙东红. 几种有经济价值的微藻及其应用［J］. 烟台师范学院学报(自然科学版),2005(01):59-63.

［8］ 李林. 海洋富油微藻固碳培养技术研究［D］. 青岛:青岛科技大学,2013.

［9］ Asian S, Kapdan I K. Batch kinetics of nitrogen and phosphorus removal from synthetic wastewater by algae［J］. Ecological Engineering, 2006, 28(1): 64-70.

［10］ 项苊仪. 基于小球藻培养的市政污水处理研究［D］. 武汉:湖北工业大学,2017.

［11］ Jebali A, Acién F G, Gómez C, et al. Selection of native Tunisian microalgae for simultaneous wastewater treatment and biofuel production［J］. Bioresource Technology, 2015, 198: 424-30.

［12］ 杜欣,夏品华,王天佑,等. 贵州高原草海湖滨带不同治理区域周丛藻类群落研究［J］. 贵州师范大学学报(自然科学版),2021,39(2):64-72.

［13］ Sutherland D L, Turnbull M H, Craggs R J. Environmental drivers that influence microalgal species in full scale wastewater treatment high rate algal ponds［J］. Water Research, 2017, 124: 504-512.

［14］ Kazamia E, Riseley AS, Howe CJ, et al. An engineered community approach for industrial cultivation of microalgae［M］. Ind Biotechnol (New Rochelle N Y), 2014, 10(3):184-190.

［15］ Oswald W J, Gotaas H B. Photosynthesis in sewage treatment［J］. Transactions of the American Society of Civil Engineers, 1957, 122(1): 73-97.

［16］ 蔡元妃,宋桂萍. 藻类生物脱氮除磷技术研究进展［J］. 赤峰学院学报(自然科学版), 2015,31(21): 55-57.

［17］ Craggs R, Park J, Sutherland D, et al. Economic construction and operation of hectare-scale wastewater treatment enhanced pond systems ［J］. Journal of Applied Phycology, 2015, 27: 1913.

［18］ 张毅然. 海洋石油降解菌的筛选及藻类材料固定化菌剂的研制与应用［D］. 青岛:国家海洋局第一海洋研究所, 2018.

［19］ Li L, Zhang L T, Gong F Y, et al. Transcriptomic analysis of hydrogen photoproduction in Chlorella pyrenoidosa under nitrogen deprivation［J］. Algal Research, 2020, 47: 101827.

［20］ Venkata Mohan S, Rohit M V, Chiranjeevi P, et al. Heterotrophic microalgae cultivation to synergize biodiesel production with waste remediation: Progress and perspectives［J］. Bioresource Technology, 2015, 184: 169-178.

［21］ Sharma A K, Sahoo P K, Singhal S, et al. Impact of various media and organic carbon sources on biofuel production potential from *Chlorella* spp.［J］. 3 Biotech, 2016, 6(2): 116.

［22］ Razzak M A, Lee DW, Yoo Y J, et al. Evolution of rubisco complex small subunit transit peptides from algae to plants［J］. Scientific Reports, 2017, 7: 9279.

［23］ Seckbach J, Baker F A, Shugarman P M. Algae thrive under pure CO_2［J］. Nature,1970, 227 (5259): 744-5.

［24］ 于娟,唐学玺,张培玉,等. CO_2加富对两种海洋微绿藻的生长、光合作用和抗氧化酶活性的影响［J］. 生态学报,2005(02):197-202.

［25］ Long S P, Baker N R, Raines C A. Analysing the responses of photosynthetic CO_2 assimilation to long-term elevation of atmospheric CO_2 concentration［M］//Rozema J, Lambers H, Van de Geijn S C, et al. CO_2 and Biosphere. Springer, Dordrecht. Advances in vegetation science, 1993: 14.

［26］ Hanawa Y, Watanabe M, Karatsu Y, et al. Induction of a high-CO_2-inducible, periplasmic protein, H43, and its application as a high-CO_2-responsive marker for study of the high-CO_2-sensing mechanism in *Chlamydomonas reinhardtii*[J]. Plant & Cell Physiology, 2007, 48(2): 299-309.

[27] Allen M D, del Campo J A, Kropat J, et al. FEA1, FEA2, and FRE1, encoding two homologous secreted proteins and a candidate ferrireductase, are expressed coordinately with FOX1 and FTR1 in iron-deficient *Chlamydomonas reinhardtii*[J]. Eukaryotic Cell, 2007, 6(10): 1841-1852.

[28] Morton D L, Wen D R, Wong J H, et al. Technical details of intraoperative lymphatic mapping for early stage melanoma. Archives of Surgery, 1992, 127(4): 392-9.

[29] Wen X G, Gong H M, Lu C M. Heat stress induces an inhibition of excitation energy transfer from phycobilisomes to photosystem II but not to photosystem I in a cyanobacterium *Spirulina platensis*[J]. Plant Physiology and Biochemistry, 2005, 43: 389-395.

[30] Morgan-Kiss R, Ivanov A G, Williams J, et al. Differential thermal effects on the energy distribution between photosystem II and photosystem I in thylakoid membranes of a psychrophilic and a mesophilic alga[J]. Biochimica et Biophysica Acta (BBA)-Biomembranes, 2002, 1561(2): 251-265

[31] de Morais M G, Costa J A V. Isolation and selection of microalgae from coal fired thermoelectric power plant for biofixation of carbon dioxide[J]. Energy Conversion and Management, 2007, 48 (7): 2169-2173.

[32] Zhao B T, Zhang Y X, Xiong K B, et al. Effect of cultivation mode on microalgal growth and CO_2 fixation[J]. Chemical Engineering Research and Design, 2011, 89(9):1758-1762.

[33] Kübler J E, Johnston A M, Raven J A, The effects of reduced and elevated CO_2 and O_2 on the seaweed *Lomentaria articulata*[J]. Plant, Cell & Environment, 1999, 22: 1303-1310.

[34] Morris I, Glover H, Yentsch C. Products of photosynthesis by marine phytoplankton: the effect of environmental factors on the relative rates of protein synthesis[J]. Marine Biology, 1974, 27: 1-9.

[35] Xu Y, Lin J. Effect of temperature, salinity, and light intensity on the growth of the green macroalga, *Chaetomorpha linum*[J]. Journal of the World Aquaculture Society, 2008, 39: 847-851.

[36] Hellebust J A. Mechanisms of response to salinity in halotolerant microalgae[J]. Plant Soil, 1985, 89: 69-81.

[37] Booth W A, Beardall J. Effects of salinity on inorganic carbon utilization and carbonic anhydrase activity in the halotolerant alga *Dunaliella salina* (Chlorophyta)[J]. Phycologia, 1991, 30: 220-225

［38］ 邓帅,李双俊,宋春风,等. 微藻光合固碳效能研究:进展、挑战和解决路径［J］. 化工进展,2018,37(03):928-937.

［39］ 厉雄峰,李清毅,胡达清,等. 微藻生物固碳法在煤电碳减排应用的研究进展［J］. 化工进展,2016,35(S2):347-351.

［40］ 李珂,李清毅,郭文文,等. 高碳与光调控对微藻捕集 CO_2 的影响机制［J］. 化工进展,2020,39(11):4600-4607.

［41］ 李昂. 污水处理优势微藻株的筛选及 *Desmodesmus* sp. WC08 扩培工艺与产物利用研究［D］. 海南大学, 2017.

［42］ Przytocka-Jusiak M, Duszota M, Matusiak K, et al. Intensive culture of *Chlorella vulgaris/*AA as the second stage of biological purification of nitrogen industry wastewaters［J］. Water Research, 1984, 18(1): 1-7.

［43］ 余秋阳. 人工藻类系统对污水中 N、P 及有机物去除试验研究［D］. 重庆大学, 2014.

［44］ 郭莉娜. 藻类生物膜优选及脱氮除磷实验研究［D］. 广西大学, 2014.

［45］ 王艳茹. 胞外聚合物在海洋高效除磷菌株 *Shewanella* sp. 除磷中的作用研究［D］. 山东大学, 2017.

［46］ Martinez M, Lee A S, Hellinger W C, et al. Vertebral Aspergillus osteomyelitis and acute diskitis in patients with chronic obstructive pulmonary disease［J］. Mayo Clinic Proceedings, 1999 74(6):v579-83.

［47］ Cai X D, Weedbrook C, Su Z E, et al. Experimental quantum computing to solve systems of linear equations［J］. Physical Review Letters, 2013, 110(23): 230501.

［48］ He J, Chen J P. A comprehensive review on biosorption of heavy metals by algal biomass: Materials, performances, chemistry, and modeling simulation tools［J］. Bioresource Technology, 2014, 160: 67-78.

［49］ Chojnacka K, Chojnacki A, Gorecka H. Biosorption of Cr^{3+}, Cd^{2+} and Cu^{2+} ions by blue-green algae Spirulina sp.: kinetics, equilibrium and the mechanism of the process［J］. Chemosphere, 2005, 59(1): 75-84.

［50］ Deng L, Su Y, Su H, et al. Biosorption of copper (II) and lead (II) from aqueous solutions by nonliving green algae *Cladophora fascicularis*: Equilibrium, kinetics and environmental effects［J］. Adsorption, 2006, 12(4): 267-277.

［51］ 罗晓暄,魏群,廖运生,等. 活性微藻对镉去除及其解吸剂的优选研究［J］. 水处理技术, 2021,47(03):12-15.

黄河三角洲沿海村镇生活源废弃物
治理现状与困境

邓敏，刘洪涛，张亦涛，欧阳竹，李静

（中国科学院地理科学与资源研究所，北京 100101）

摘要： 黄河三角洲区域陆海相互作用强烈，生态环境脆弱，受人类活动影响显著。作为我国重要的工农业生产基地，近年随经济增长和城市扩张，生活垃圾产量迅速攀升。尽管农村生活垃圾产生率远低于城市，但农村地区固体废弃物中，生活垃圾占比超过 90%，且大部分为有机易腐类，随意倾倒等不当处理方式不仅会导致周围环境恶化，而且会随径流造成海岸带环境污染。目前，沿海农村生活垃圾治理仍存在基础数据缺失、垃圾分类难落实、收运设施老旧、资金投入有限、后续监管不足等问题，大量生活源废弃物排放导致了严重近海环境污染问题。经历史演变后，黄三角区域 96% 在东营市境内，因此本文以东营市农村生活垃圾治理为例，聚焦其产生及处理现状、治理方案及困境，以期为沿海村镇固体废弃物有效治理、生态文明及美丽乡村建设提供基础支撑和决策参考作用。

关键词： 黄河三角洲；沿海；村镇；生活垃圾；处理

1 引言

2005 年，我国提出"美丽乡村"的概念，2012 年，中共十八大报告上进一步提出"美丽中国"，强调把生态文明建设放在突出地位，"美丽乡村"成为"美丽中国"的重要组成部分。为加快生态文明体制改革，建设美丽中国，十九大报告中提出要"着力解决突出环境问题""实施流域环境和近海岸流域综合治理"。此外还要加强农业面源污染治理，开展农村人居环境整治行动。在国家大力号召的政策背景下，关注农村地区生态环境、治理农村污染逐渐被提升至关乎国家战略实现与否的高度。

我国自改革开放以来，随着经济高速增长和农村产业发展，乡村垃圾数量剧增，大有超出自然环境自生消化能力的趋势。据住建部测算，2017 年我国农村生活垃圾人均日产约 0.8 kg，年产生量 $1.8×10^8$ t，2013—2017 年农村生活垃圾年均增长 9.48%，其中至少有 $0.7×10^8$ t 以上未做任何处理（蒋平，2019）。针对农村垃圾污染严重、宜居性低的情况，2018 年党中央发布的《关于实施乡村振兴战略的意见》明确指出，"农村人居环境明显改善，美丽宜居乡村建设扎实推进"需遵循"加强农村突出环境问题综合治理"的原则，加强农业面源污染防治，开展农业绿色发展行动。在《乡村振兴战略规划 2018—2022》中进一步提出"推进农业清洁生产"和"集中治理农业环境突出问题"的要求，为解决农村污染问题提供指导。当前农村生活垃圾成分复杂，随意倾倒和污染土壤、水体的问题愈发严重，极大影响"美丽乡村"的建设。因此，集中治理农村环境问题，从治理乡村生活垃圾入手对于改善农村人居环境，实现乡村振兴、美丽中国和生态文明建设等国家战略至关重要。

黄河三角洲是我国三大河口三角洲之一，面积仅次于长江三角洲，是以黄河历史冲积平原和鲁北沿海地区为基础，向周边延伸拓展形成的经济区域（曹乃刚等，2021）。黄河三角洲气候温和、后备耕地资源丰富，同时作为全国 50 多条河流入海口的汇集区，该区域航运条件突出、国内外辐射范围广阔。但黄河三角洲盐碱地、荒草地、滩涂地面积广大，用水需求量大，自然生态环境脆弱。区域内城市长期发展石油化工等高耗能、高污染产业，加重了该地区的环境污染程度。此外，农村垃圾的无序排放同样也是造成该区域生态环境脆弱的重要原因。

为加强区域内生态环境保护，探寻人与自然和谐共处途径，2005 年国务院批复通过了"黄河三角洲高效生态经济区"建设方案。黄河三角洲所在的山东农村年均产生生活垃圾 $0.16×10^8$ t，居于全国第二；固体废弃物中生活垃圾超过 90%。作为国务院批复确定的中国黄河三角洲中心城市和中国重要的石油基地（国务院，2016），东营市 2019 年城镇化率为 69.24%，意味着仍有大量人口居住于农村。而大量农村生活垃圾因缺乏明细垃圾分类规则、垃圾收集处理设施和完备的分类运收机制等，常被随意排放。这些大部分属于有机腐类的垃圾被不当排放，已造成土地生产力退化、空气优良率下降、海洋水体污染等恶劣后果。基于黄河三角洲独特的发展潜力和脆弱的生态环境现状，亟须从制约发展的主要因素——农村生活源废弃物入手，分析典型城市东营的农村生活垃圾产生特征、治理现状和困境，从而为沿海村镇生活源废弃物有效治理、实现美丽中国和生态文明等国家战略提供经验借鉴。

2 黄河三角洲区域村镇情况

黄河每年携带的巨量泥沙，经沉积冲积作用形成了黄河三角洲。按形成时间，黄河三角洲分为古代、近代与现代 3 个发育阶段。本文及目前所说的黄河三角洲多指近代黄河三角洲（36°55′—38°16′N，118°07′—119°23′E），以东营市垦利宁海为顶点，北起滨州套尔河口，南至东营支脉河，成扇形地带。黄河三角洲三面环海，属于典型的暖温带大陆性季风气候，四季分明，冬暖夏热，雨热同期，年降水量 600 mm 左右，70% 集中在夏季，年平均气温 12℃，适宜农作物、植被生长，拥有丰富的水热、土地、生物资源，是我国暖温带最完整的湿地生态系统。全区占地面积约 5 400 km²，其中近 96% 位于东营市境内。据第七次人口普查统计，2020 年底东营市城镇常住人口 156.7 万，城镇化率 71.45%，高于我国 63.89% 的平均水平。2019 年三次产业比 5.3∶56.3∶38.4，与 2016 年（"十三五"开关之年）相比第三产业占比增长 9.6%，产业结构进一步优化，经济保持稳定增长。至 2020 年，全市人均可支配收入达 42 204 元，其中农村居民人均收入与消费分别为 20 003 元、14 819 元，同时公共服务和社会保障水平得到加强，人民生活质量明显提升。

目前东营市辖 3 区 2 县，25 个乡镇、15 个街道和 1 779 个村民委员会，农村居民点面积 36 464.79 hm²，整体呈西部、南部集中，东部分散的特征。北部地广人稀，中部城镇化水平较高，南部集聚发展乡镇工业，区域分布不均衡（钱家乘等，2021）。全市河网密布，以黄河为界分南北两个流域，黄河主干道横跨利津县、垦利区，不经过中心城区东营区。以北海河流域有潮河及其支流褚官河、太平河等 10 条河流；以南淮河流域有小清河、广利河、支脉河及各支流共 20 条，最终大部分河流会汇入渤海。沿海居民点面积小且分散，城镇扩张、人类活动的影响促使陆源污染物沿径流进入海洋，对近海海域极易形成面源污染。在国务院批复的《东营市城市总体规划（2011—2020 年）》（国办函〔2016〕35 号）中，曾明确要在可持续发展战略指导下，大力发展 10 个重点镇，促进农业农村现代化。2018 年东营市人民政府印发的《东营市乡村振兴战略规划（2018—2022 年）》也提到，将美丽宜居乡村建设与农村人居环境整治工作有机结合。在此指导下，东营市于 2018 年 7 月落实了农村人居环境整治行动（鲁政办字〔2018〕114 号），即"美丽村居"试点，开展了诸如农村垃圾及污水治理、规范村庄建设规划等行动，并于 2020 年开始验收（表 1）；2020 年 3 月颁布了《东营市生活垃圾分类工作实施方案》，即"垃圾分类"试点，要求生活垃圾分类按照有害垃圾、可回收物、厨余垃圾、其他垃圾和专业垃圾（装修垃圾、大件垃圾、园林垃圾等）五大类进行，而农村居民仅需对厨余垃圾及其他垃圾进行分类，并于 2020 年完成了东营区、东营开发区的城市生活垃圾分类示范区工作，计划于 2025 年底实现全市生活垃圾分类全覆盖。作为黄河三角洲核心地区，垦利街道宋坨村率先于 2020 年 5 月开展试点工作，成为全市首个生活垃圾分类试点村庄，为落实农村地区生活垃圾分类工作奠定了基础。

表 1　东营市美丽村居试点村数量

区（县）	行政村数量/个	美丽村居试点	
		第一批/个	第二批/个
东营区	195	3	5
河口区	173	3	1
垦利区	328	1	0
利津县	509	2+1*	2+3*
广饶县	508	3	3+1*
东营开发区	11	1	1
东营港开发区	6	0	0

注：* 表示省级试点。

3　黄河三角洲区域村镇生活垃圾治理现状

3.1　近海海域污染情况

2020 年中国生态环境状况公报显示，在监测的 137 个水质断面中，黄河流域Ⅰ~Ⅲ类水质断面占 84.7%，与 2019 年比上升 11.7%，无劣质Ⅴ类，与 2019 年比下降 8.8%，汾河周边水污染得到控制，水质优化；黄河下游段黄河三角洲区域干流水质为优。

2020 年中国海洋生态环境公报统计显示，我国近海海域优良水质面积占比 77.4%，与 2015 年相比，"十三五"时期总体水质得到改善。塑料类垃圾是监测区内海洋垃圾主要类型（80%以上），其次为木制品类、纸类和橡胶类，主要污染指标为无机氮和活性磷酸盐。在黄河口近岸海域，海水质量为劣Ⅳ类，属重度富营养化海域，化学需氧量、高锰酸盐指数、总磷等均超标，河口生态系统呈亚健康状态，工业源、生活源污染是主要直排海污染源。结合生态环境、海洋环境公报可以发现，下游段黄河干流水质优良，但近海污染严重，这无疑与众多支流存在不同程度污染、沿海村镇废弃物无序排放存在关联。

3.2　生活垃圾产生与收运

据东营市历年统计年鉴及公报显示（表 2），东营市 2018—2020 年常住人口数和垃圾产量呈连续上升状态，人均产量逐年攀升，至 2020 年达 0.96 kg/d。2020 年，人口增长较多但生活垃圾日产量和人均产量的增长率均小于前两年。外来人口涌入、总人口增加，生活水平上升无疑增加了垃圾产生率，但2020年垃圾增长率下降，推测可能与东营市推行的生活垃圾分类政策有关。

表2　东营市近3年生活垃圾产量变化

年份	常住人口/万人	生活垃圾日产量/t	生活垃圾人均产量/$kg \cdot d^{-1}$
2018	217.21	1 950	0.90
2019	217.97	2 050	0.94
2020	219.35	2 100	0.96

东营市目前已在试点城市区域设置分类生活垃圾收集设施，包括针对不同类型垃圾的分类式收集器、"两桶式"收集器和贮藏处等。对有害垃圾、可回收物、易腐垃圾、其他垃圾和园林垃圾、大件垃圾建立起分类运收机制，各类生活垃圾有专车专运，喷涂了统一规范清晰的分类标识，有效杜绝了"先分后混""混装混运"等情况的发生。

3.3　生活垃圾处理处置情况

目前东营市运行的生活垃圾处理厂共4座。2013年，东营市首个生活垃圾焚烧发电厂试运营，日处理能力900 t；目前发电厂二期项目已于2020年5月并网发电，日处理能力1 200 t。两厂均采用膜处理技术处理渗滤液，出水标准达一级A，可直接排放。垦利区的生活垃圾焚烧发电厂于2017年开始发电，日处理能力为400 t，用于处理垦利、河口、利津三县区的生活垃圾。渗滤液的出水标准为三级，需进入污水处理厂进行二次处理。同样位于垦利区还有餐厨垃圾处理厂，目前日处理能力为120 t，渗滤液也需污水厂二次处理。

据东营市生态环境局（2021）数据统计，结果如图1所示，除2019年清运量减少12.79×10⁴ t，全市生活垃圾清运量总体呈增长趋势，尤其2017年增长率达64.08%。2018年，48.949×10⁴ t生活垃圾被焚烧处理，16.834×10⁴ t暂存，其余年份无害化处置率均实达到100%。同年农村生活垃圾无害化处理率同样达到100%。2014—2016年，东营区、广饶县、垦利县对生活垃圾进行焚烧处置，河口区、利津县进行填埋处置；2017年，河口区、利津县也通过焚烧处置生活垃圾，垦利区则是部分焚烧，部分填埋；2018年后，全市生活垃圾均通过焚烧进行处置。

图 1 2014—2020 年全市生活垃圾产量变化

4 黄河三角洲区域村镇生活垃圾治理存在问题

4.1 缺乏村镇生活垃圾基础数据

目前东营市官方生活垃圾统计数据仍主要面向城市，或将农村生活垃圾转运后，与城市生活垃圾统一核算、共同处理，而对农村生活垃圾的产量、特性、分布特征等缺乏广泛监测和规范统计，这部分基础数据的缺失为农村生活垃圾治理、设计与规划带来了挑战，如农村应至少配备多少收集、运输设施，村内转运站应建多大规模和拥有多少预处理能力，应投入多少资金、人力成本等。

在我国农村地区，厨余垃圾仍是生活垃圾主要组分，不同采样方法和季节都对人均生活垃圾产量有一定影响，但现有研究统计数据基本在 $0.4\sim0.9$ kg/（人·d）的范围浮动。董瑞程等（2019）关于海岛农村居民的研究表明，因旅游业更发达、经济水平偏高，2018 年沿海村镇居民人均生活垃圾产量 $0.726\sim1.147$ kg/d，高于中国内陆平均值，厨余、塑料和纸类占比超过 60%，接近 82%，与其他内陆村镇相比贝质类垃圾占比较高，含水率也偏高。大量有机质混杂也为堆肥还田创造了条件。但随东营市小城镇建设步伐加快和城镇化推进，外出务工人员逐渐回流，农村生活垃圾会随人口增加与农村居民生活水平提高而迅速增长。消费水平、生活习惯的改变致使生活垃圾来源渠道多元化，垃圾种类日益复杂。易降解、可堆肥的传统农村垃圾会逐渐向难降解、不可堆肥、有毒有害的现代农村垃圾转变，在此背景和趋势下，缺失村镇尤其农村生活垃圾基础数据统计必然为后续处理的管理工作带来挑战。

4.2 农村生活垃圾分类工作难推进

为减少运输成本，东营市目前在处理农村生活垃圾时，大部分村庄是将厨余垃圾混入生活垃圾统一处理，一方面会造成资源浪费，一方面堆放后发酵会造成环境污染。结合我国其他农村地区垃圾分类实践可知，垃圾分类工作包括源头分类和过程分类，源头分类由村民完成，一般只进行粗分拣；过程分类是收集后由保洁员进行的二次分拣，将粗分类的垃圾细分，成都、南京农村均是这种垃圾分类模式。按目前东营市农村生活垃圾分类标准，村民只需将厨余垃圾与其他垃圾分离，再由当地保洁员细分拣。2020 年刚被纳入垃圾分类试点的垦利区宋坨村则是直接在工作人员现场指引下完成有害垃圾、可回收物、厨余垃圾、其他垃圾和专业垃圾的分类。因此，本文将从源头分类和过程分类两部分论述东营市生活垃圾分类困境。

首先，人员角度。不可否认的是，东营市农村目前仍存在较为严重的空心化问题，村内常住老人受教育程度低，学习速度慢，学习意愿弱。在没有奖惩机制的激励作用时，村民认为政府应承担的责任高于个人，村民的积极性和参与度直接关系到源头分类能否顺利开展。调动村民积极性、提高参与度后，必然会遇到如何分类的问题。按现有成功的垃圾分类试点村经验看，源头分类初期由工作人员挨家逐户进行指导效果最好，当村民学会垃圾粗分拣后再由村民独立完成，在缺乏专业人员统一指导的情况下，垃圾分类往往流于形式。到过程分类阶段，再由村委会/垃圾处理站雇佣分拣员。综上，从人员角度分析，存在不愿分、不会分和谁来分的问题。

其二，收运设施角度。目前东营市尚无成功的农村生活垃圾试点经验，未形成分类收集、分类运输、分类处理的完整处理体系。据了解，在推行垃圾分类试点的村庄并未相应使用分类垃圾桶，而现有垃圾桶的布置，主要沿路和村委会分布，与村委会、集镇、公路距离越远，收集设施布设越少，不合理的收集设施服务半径导致部分村民因投放距离过远而自行处置和随意堆放，加大了垃圾分类收集难度。

东营市目前生活垃圾收集处理采用的是村收集—镇转运—市处理模式，除分类垃圾桶配备不到位，分类运输车与分类处理设施也比较匮乏。为节约运输成本，在进行分类试点的村庄同样是垃圾车混合装运，在镇垃圾转运站里混合堆放，未配备相应分拣员进行二次分拣。东营市水务局在 2020 年对农村生活污水治理方面出台了一项方案（东政办字〔2020〕29 号），但并未对农村地区生活垃圾转运站建设提出相应的防渗、处理能力需求，现有镇转运站是否具有分类存放空间和污水防渗、防污染能力，还有待考量。

其三，资金角度。农村生活垃圾分类运行难，很大程度上都是因为无足够且持续的资金保障（蒋培等，2021）。目前东营市农村生活垃圾分类仍主要依靠政府财政支持，而大部分乡镇经济发展水平难以维系高昂的垃圾分类日常运营开销，包括配备分类收集设备、分类运输车、建合格优质的垃圾中转站，垃圾清运、人员雇佣、设备耗材等资金不足，难以保证一系列设施设备齐全、人员到位，农村生活垃圾分类工作也就难以为继。如何将市场资本引入农村，建立收运的市场化运营机制，不仅仅是垃圾分类所面临的问题，也是当地生活垃圾治理需突破的困境。

最后，制度层面。《城市生活垃圾管理办法》《中华人民共和国固体废物污染环境防治法》等国家层面立法都只零星提到生活垃圾分类的必要性，对如何分、怎么分、怎样监管均无系统规定，因此从法律上讲，垃圾分类没有立法，就属自发性行为，不具有强制性。2017年出台的《生活垃圾分类制度实施方案》属部门规章，虽不是法律，但同样具有法律效力和强制力，这为地方生活垃圾分类工作提供了制度保障。山东省、东营市虽先后出台了《山东省生活垃圾管理条例》《东营市生活垃圾分类工作实施方案》等，但在实际基层工作中，往往以劝导、示范为主，对分类行为不做硬性约束。在开展试点的村庄，分类工作也只是在工作人员督促下进行，由于村民分类违法成本低，无惩罚监督机制，一旦脱离监管，源头垃圾分类工作将难以为继。若对未粗分类的垃圾直接在转运站分拣，过程分类工作任务重、收益低、人员开销大，相比源头分类更难开展。

4.3 生活垃圾处理处置能力及流转资金不足

东营市统计公报显示，2018年生活垃圾日产量1 950 t，无害化处理能力1 480 t/d，缺口470 t；2019年，全市日生活垃圾产量达到约2 050 t，但处理能力为1 080 t/d，缺口970 t；2020年已达到2 100 t，按当年新增生活垃圾处理能力1 200 t/d算（市生活垃圾焚烧发电厂二期日处理能力1 200 t/d），暂时能弥补处理缺口，基本满足东营市生活垃圾处理需要。但随人民生活水平提高，生活垃圾产量日益增长，东营市现有处理能力不能满足未来生活垃圾快速增长的需求，按生活垃圾年均增长率3.8%算，至2023年就会产生69 t处理缺口。因此，在《东营市生活垃圾分类工作实施方案（2020年）》中明确，要推进广饶县生活垃圾焚烧发电项目（600 t/d）、广饶县生活垃圾应急填埋场（320 t/d）、市餐厨废弃物处理厂二期项目（100 t/d）建设。

2015年，《关于推行环境污染第三方治理的意见》（国办发〔2014〕69号）印发，我国生活垃圾污染治理正式引入第三方机构，是生活垃圾治理市场化的重大改革。在农村地区引入市场化运营机制，将生活垃圾治理承包至第三方，既有利于减轻财政负担，也能大幅提高乡村环境治理成效。东营市目前除广饶发电厂正在建设，其余两个建设项目自2019年便一直处于招标状态，市场资金融入缓慢。

然而，市场是以利益为导向，保护环境、增加成本、提供公共服务本就与企业盈利的初衷相违背，因此在部分农村地区，将生活垃圾运输工作低价承包给私人单位，私人单位运输设备简陋甚至受利益驱逐直接偷排；为降低成本雇佣大量非专业技术人才，不同岗位人员混用，工资低、任务重成为基层环卫队伍常态，以东营区史口镇为例，目前农村环卫工人平均月工资 1 200 元，每日负责全村生活垃圾清运，实际保洁能力、运行成效堪忧。

5　建议

简言之，东营市目前主要存在"人""钱""制度""数据"不足，这将影响农村生活垃圾治理水平。据此，本文提出如下建议：

（1）开展摸底抽查，弥补数据缺口。

与其他经济社会数据调查一致，农村地区生活垃圾情况摸底也不需要普查，不同村镇根据自身情况进行典型抽查后运用数学方法进行区域估计即可，需掌握的基础数据应至少包括：不同区域生活垃圾日产量，垃圾组分特征，垃圾处理方式及处理量，垃圾清运及处理量，当地垃圾收集、运输、存贮、预处理设施设备情况等。抽查工作结束后，根据数据制定黄河三角洲农村生活垃圾治理专项规划，从垃圾前段收集、运输及末端处理、资源化利用进行全过程梳理，为后续开展农村人居环境整治和生活垃圾治理提供借鉴。

（2）推行优惠政策，吸引专业人才。

基层农村地区垃圾分类工作难开展、村民环保意识淡薄、宣传工作不到位、收运设施服务半径不合理等都与环境治理人才缺失有一定关联。目前在一线能参与到垃圾分类工作的多为环卫工人，他们工资低、工作累，因此多为下岗失业、受教育程度低、年龄偏大的村民，缺乏对垃圾分类的认知和专业工作技能，无法给予当地村民关于源头分类的知识和开展后续二次分拣工作。而要吸引专业人才进入最底层，则需投入更多的金钱、时间成本。所谓金钱成本，就是给予专业人才更高工资待遇，如接受过职业技术训练的专业技术工人、理论与实践经验丰富的复合型人才等专业人员的工资应至少不低于其在市场上工作获得的最低工资水平。但受传统观念"学而优则仕"的影响，仅靠资金很难吸引人才下乡，此时便需要投入时间成本，如政府开设思想座谈会，积极鼓励年轻干部下乡开展农村生活垃圾治理活动，实行轮流倒班制，保证工作连续性；开展培训会，强制基层工作人员参加学习；或完善绩效机制，增加相关绩效考核。最终目的，是要建立一支专业的生活垃圾治理队伍，引领农村地区垃圾分类和处理工作。

（3）采取多种合作模式，拓宽筹资渠道

目前东营市主要通过外包的方式引入市场资金，筹资渠道单一。除了推广政府和社会资本合作（PPP）的模式外，还可以在遵循市场规律的前提下，拓宽投融资渠道，发挥政策性银行的作用，使其成为生活垃圾处理建设资金来源的主要渠道之一。积极引导商业银行增加对生活垃圾处理建设的资金投放，鼓励当地金融机构和当地特色产业公司发起基金，最大限度调动金融机构参与生活垃圾处理的积极性，实现产业资本和金融资本的有机融合。推动设立政府资金引导、金融机构大力支持、社会资本广泛参与、市场化运作的垃圾处理专项基金，打造"政府购买—农民付费—设立处理基金—超级基金资本引入"的路线，实行融资、建设、偿债"三位一体"的企业化运作模式，形成政府推动、市场运作、专业化管理的投融资新机制，实现生活垃圾处理资金来源多样化。

（4）基于顶层设计，完善基层管理体制

东营市农村生活垃圾治理体制的制定与完善，一定要根据山东省、东营市、黄河三角洲相关固体废弃物处理、生活垃圾治理、污染物防治的规划设计执行。结合前文对当前困境的梳理，基层管理体制完善主要从以下3个方面入手：

首先，树立因地制宜观念。农村生活垃圾的组分与城市不同，厨余垃圾等有机易腐类物质含量偏高，且部分会被村民用来堆肥，因此农村地区的分类标准不一定要与城市一致，如东营市城市垃圾中有"专业垃圾"一类，而村民日常生活中此类占比偏小，因此"专业垃圾"可以忽略不计。对经济发展水平偏高的村庄而言，生活垃圾种类更丰富，除厨余垃圾外，塑料、纸类、贝质类垃圾可能占比也偏大，那么在具体分类过程中，不仅可以将厨余垃圾与其他垃圾分开，还可以根据实际情况进行更细致的分类，甚至直接纳入城市生活垃圾分类系统，实现资源更高效的回收利用。

其次，建立长效激励机制，包括奖励和惩罚机制。村民是垃圾分类的直接参与者，理应发挥主体地位，只有激发村民在公共服务中的主人翁意识，才能保证垃圾分类工作是积极主动、可持续的。即使不曾推行垃圾分类，纸板、电器等可回收物也被村民率先分类留存和后续售卖，因此在进行农村垃圾分类时需根据村民的生产生活习惯进行，鼓励村民自行处理可回收物、将厨余垃圾喂家禽牲畜、减少进入环境的量、修沼气池厌氧发酵等。在垃圾分类试点村，对长期坚持正确分类的村民进行表彰予以鼓励，不惩罚参与分类但分类不正确的村民，而是对乱堆乱放、肆意倾倒的行为进行警告、罚款等。

最后，建立市场监管机制。农村生活垃圾治理的一些市场化乱象，和相关规章制度不完善有一定关联，落实企业的废弃物处理技术规范、明确违法成本则能在一定程度上减少违法行为。此外，为鼓励市场进入农村公共服务系统，惩罚标准不宜过高，因此在违法成本较低的情况下，建立镇政府、村委会、村民、第三方监督机构的多方监督机制就十分必要了，如镇政府每年要请第三方机构对企业进行成效评估，将考核结果作为企业支付治理费用的依据等。

参考文献

曹乃刚,赵林,高晓彤.2021.黄河三角洲县域绿色经济效率的时空演变与驱动机制[J/OL].应用生态学报:1-13[2021-06-20].https://doi.org/10.13287/j.1001-9332.202109.039.

东营市生态环境局.2021.固体废弃物污染防治公报[EB/OL]（2021-06-04）[2021-06-28].http://sthj.dongying.gov.cn/col/col42370/index.html

董瑞程,丁志斌,郭浩男,等.2019.广东省海岛生活垃圾产量及理化特性[J].科学技术与工程,19(18):369-374.

蒋培,胡榕.2021.农村生活垃圾分类存在的问题、原因及治理对策[J].学术交流,(02):146-156.

蒋平.2019."垃圾包围农村"农村垃圾处理前景广阔[EB/OL]（2019-01-23）[2021-06-18].https://www.qianzhan.com/analyst/detail/220/190122-b9e92606.html

钱家乘,张佰林,连小云,等.2021.不同经济梯度下农村居民点产住空间结构分异特征——以东营市为例[J/OL].中国农业资源与区划:1-11[2021-06-27].http://kns.cnki.net/kcms/detail/11.3513.S.20210607.1049.012.html

中华人民共和国国务院.2016.国务院办公厅关于批准东营市城市总体规划的通知[EB/OL]（2016-04-07）[2021-06-20].http://www.gov.cn/zhengce/content/2016-04/07/content_5062098.htm

经略海洋之基础，洁净海洋之依据，安全海洋之必须

——中国海区及邻域第二代地学图成果概述

张训华，温珍河，郭兴伟，王保军

（青岛海洋地质研究所，山东 青岛 266071）

摘要：要经略海洋，首先要了解海洋，要清晰海底的地理环境、地形变化、地势演替和地貌特点，更要掌握海洋地质环境、地球物理场及其演化规律。海底地学信息与海洋地质及地球物理特征不仅是经略海洋的基础资料，而且是制定海洋政策、编制海洋规划、防治海洋污染、修复海洋环境、实现洁净海洋的依据，更是海洋安全、灾害防治、权益维护与国防建设不可或缺的资料。

中国海位于东亚大陆边缘与西太平洋边缘，在大地构造上居于欧亚板块、印-澳板块和太平洋板块的交汇处，包括内陆海渤海、陆架海黄海、陆缘海东海、边缘海南海及台湾以东的深海盆五大海区。中国海的形成演化主要受印-澳板块向欧亚板块的俯冲碰撞和太平洋板块向欧亚板块的俯冲裂离控制，其海底地学信息与海洋地质地球物理特征及其演化过程与中国大陆、西太平洋边缘和东南亚海区密切相关，因此，为服务国家"一带一路"建设，维护我国海洋主权权益，支撑海洋国防安全，满足经略海洋需求，为洁净海洋提供基础资料，我们历经 10 余年研究中国海、中国海-西太平洋、中国海陆和中国-东盟的地学与地质地球物理特征，将实际资料、解释结果和研究成果以清晰、直观、形象、了然的形式展示出来，编制完成 4 套系列成果图件。

本文主要介绍了中国海及其密切相关的西太平洋、中国陆地、东南亚地区的地质地球物理场基本特征，希望能使读者知晓由海洋出版社和地质出版社出版的 4 套图件，了解中国海及其邻区的地理、地形与地质、地球物理特征及其演化规律，探究海洋固碳的历史与本底，为海洋生态固碳作用、海洋生态碳汇、海洋生物资源保护、海洋生态资源修复、海洋环境污染防治、海

洋天然产物开发等领域的研究提供基础资料，为"低碳安全高效、建设洁净海洋"发挥基础性、公益性、先行性、战略性作用。

关键词：中国海陆；西太平洋；中国－东盟；地质；地球物理；系列图

1 引言

中国海及其毗邻的西太平洋存在诸多与地学相关的主权、权益、军事、生产和科学问题，需要基础地学资料和图件提供最基本的支撑。在国家主权权益维护方面，海上划界急需地质地球物理资料的支撑；在国防安全方面，相关信息建设对海域基础地质资料的需求非常迫切；在矿产资源勘查方面，随着国民经济的发展，我国的能源资源形势日趋严峻，海域已经成为重要的能源接替基地，而海洋矿产资源的勘探与开发，需要基础地质资料的保障；在经济建设方面，我国沿海地区 20% 的面积聚集了 40% 多的人口，创造了 70% 左右的 GDP，不仅有大量关系到国计民生的重大工程建设，而且有防震减灾的现实需求；从科学研究方面，中国边缘海和西太平洋海域，位于欧亚、太平洋和印度－澳大利亚三大板块的交汇处，发育有洋陆俯冲、洋洋俯冲、弧陆碰撞等一系列典型板块运动现象，是海洋地学研究的天然试验场，急需基础地质资料进行研究。

然而，自刘光鼎主编的上一代 1∶500 万中国海域的地质地球物理系列图 1992 年出版以来，20 余年未有更新，其范围为中国海区及邻域，包括海底地形图、立体地貌图、空间重力异常图、布格重力异常图、磁力异常（△T）平面剖面图、地球动力学图、地质图、大地构造图和新生代沉积盆地图 9 种图件。上述图件为此后 20 余年的国家社会发展、科学研究、海洋环境保护、海洋主权权益维护及海洋国防建设等发挥了至关重要的作用。但随着国家发展和社会经济及海洋强国建设水平的提高，尤其是国家"一带一路"建设的需要，急需更大范围、更高层次、更广领域、更大比例尺和更多图种的地学系列图。鉴于此，中国地质调查局基于国家"126""215"等专项及"海洋地质保障工程"等立项开展"中国海－西太平洋地质地球物理系列图特征综合研究与系列图编制"，由青岛海洋地质研究所牵头组织 10 几个单位，历时 10 余年，于 2018 年编制完成相关研究并提交系列图件出版。

2 基本情况

自 2003 年以来，中国地质调查局下达任务，由青岛海洋地质研究所牵头，联合教育部、中国科学院、国家海洋局等 5 个部门 15 家单位的 500 余名科技工作人员，投入

8 000 余万元，耗时 10 余年（2003—2018），收集、整理我国海陆-西太平洋的地质地球物理资料，对贯穿其中的中国海地质过程及资源环境效应等各项内容进行研究，进一步认识大陆边缘演化与板块作用的关系，编制地质地球物理系列图，系统展示中国海陆-西太平洋地质、地球物理与资源信息。

在系列图编制过程中，先后收集整理了中华人民共和国成立以来开展的 10 几个海洋地质调查专项资料，并对我国陆域基础地质资料进行了整理和汇编，完成了周边国家和西太平洋海域的资料收集与汇总，为完成系列图的编制奠定了资料基础。

在系列图编制和综合研究过程中，项目组进行了科研攻关，陆续解决了一系列难题，主要包括：一是海量多源数据精度评估与融合拼接的难题；二是长期困扰地学编图的海陆不接的难题；三是海域由于被第四纪沉积物和海水覆盖造成地质内容难以展示在地质类图件上的难题；四是以往深部结构研究较少，难以深浅结合来研究区域地质问题的难题；五是地球物理手段的多解性造成的多个图种不能协调一致的难题。项目组通过一系列的理论创新、技术创新和方法创新，成功解决了以上 5 个方面的难题，为完成系列图编制创造了技术条件。

系列图编制项目组由青岛海洋地质研究所牵头，联合中国科学院地质地球物理研究所、海洋研究所、南海海洋研究所，中国地质调查局广州海洋地质调查局、航空物探遥感中心、发展中心，教育部中山大学、中国海洋大学、同济大学，国家海洋局第一海洋研究所、第二海洋研究所等科研院所，组成了老中青结合的系列图编制研发队伍，并且由第一代海洋地学系列图编制队伍的骨干组成了专家指导组，上述队伍的组织为图件研制奠定了人员基础。

项目组自 2003 年开始工作，先后编制完成《中国东部海区及邻域地质地球物理系列图》（1：100 万）和《中国南部海区及邻域地质地球物理系列图》（1：100 万）10 种图件，《中国海-西太平洋地质地球物理系列图》（1：300 万）9 种图件，《中国海陆及邻域地质地球物理系列图》（1：500 万）8 种图件，《中国-东盟地质地球物理系列图》（1：500 万）7 种图件（4 套图图幅范围见图 1）。由此完成了 4 个层次、不同区域、不同种类、不同比例尺的地质地球物理系列图研制任务，目前前期 1：100 万 5 种中国海区系列图已经在海洋出版社出版，后期 1：100 万 5 种中国海区系列图将在地质出版社出版；1：300 万中国海-西太平洋 9 种系列图正在地质出版社出版；中国海陆 1：500 万 8 种系列图已经在地质出版社出版；中国-东盟 1：500 万 7 种系列图正在地质出版社出版。

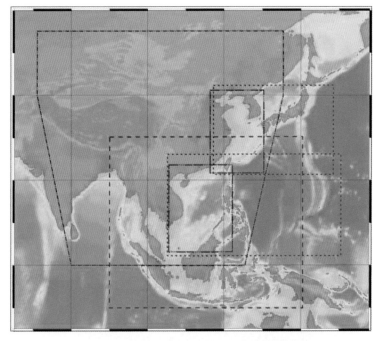

——·——·—— 1:500万中国海陆及邻域地质地球物理系列图范围

·············· 1:300万中国海-西太平洋地质地球物理系列图范围

———————— 1:100万中国海及邻域地质地球物理系列图范围

———————— 1:500万中国-东盟海区及邻域地学系列图范围

图1　4套图件成图范围示意图

3　主要成果与进展

项目在系列图研制、理论与技术创新、新发现与新认识、新地位与新影响等方面取得系列成果。

3.1　编制完成并公开出版4套34种系列图

（1）范围涵盖整个中国海区的1∶100万10种地学图件（图1）。分别为空间重力异常图、布格重力异常图、磁力（△T）异常图、沉积物类型图（图2、图3）、区域构造图、水深-地形图、地势图、中-新生代盆地、新构造地质图与地球动力学图等10种图件。

（2）范围涵盖我国大兴安岭以东至马里亚纳海沟的1∶300万9种地学图件（图1）。分别为水深-地形图（图4、图5）、地势图、重力异常图（陆岛改正）、均衡重力

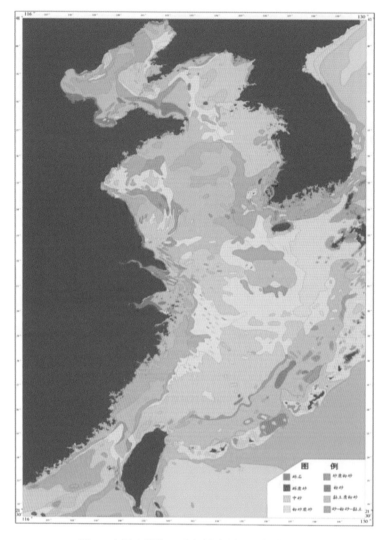

图 2　中国东部海区及邻域表层沉积物类型图

异常图、磁力异常图、新生代盆地分布图、构造纲要图、地球动力学与典型剖面图等
9 种图件。

（3）范围涵盖整个中国海区和陆域的 1∶500 万 8 种地学图件（图 1）。分别为空
间重力异常图、布格重力异常图、磁力异常图、莫霍面深度图、地震层析成像图、地
质图（图 6）、大地构造格架图（图 7）与大地构造格架演化图等 8 种图件。

（4）范围涵盖中国南海及东盟海区的 1∶500 万 7 种地学图件（图 1）。分别为空
间重力异常图、磁力异常图（图 8）、地热图、层析成像图、沉积物类型图、大地构造
图与地球动力学图（图 9）等 7 种图件。

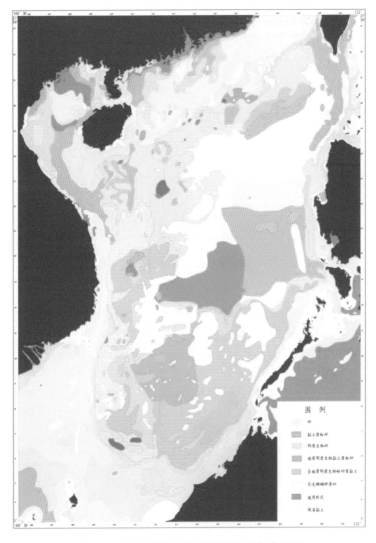

图3　中国南部海区及邻域表层沉积物类型图

3.2　提出了新思想与系列新技术

3.2.1　提出"块体构造"学说，统筹指导调查研究、系列图件编制和难题破解

"块体构造"学说是张训华研究员在全面总结刘光鼎、朱夏学术思想和以活动论为内涵的全球构造理论基础上，基于近30年中国大陆边缘调查研究成果，结合海陆地质构造特点，带领学术团队在尝试解释我国海陆大地构造演化过程中，于2008年首次提出（张训华等，2008，2009）。该学说提出后即成为"中国海陆地质地球物理系列图编制"的指导思想，在指导编图的过程，这一学术思想得到不断发展和完善，张训

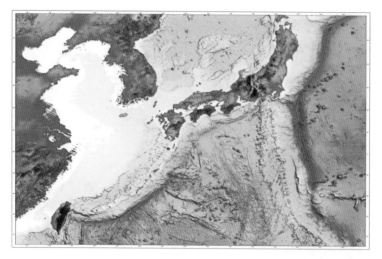

图4　中国海–西太平洋水深地形图（北幅）

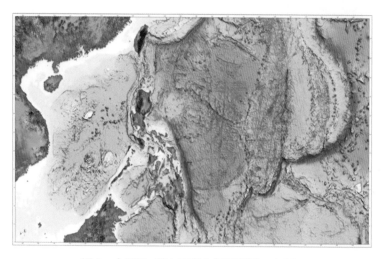

图5　中国海–西太平洋水深地形图（南幅）

华与温珍河、郭兴伟、侯方辉、吴志强、郑求根等（2010，2011，2012，2013，2015）陆续发表文章，补充、丰富和发展这一学说。

　　"块体构造"学说主要由思想基础、理论基础、方法论、认识论、构造论及其对中国海陆大地构造的认识和块体构造单元划分等内容组成。

3.2.2　开发多源数据质量精度评估方法，实现了海量多源数据有效融合拼接

　　研究区范围大，数据来源多，数据量大，水深、地形、重力、磁力等地球物理数据，不仅来自船测、卫星和模型等多种调查手段，也有的来自陆地测量，而且数据来

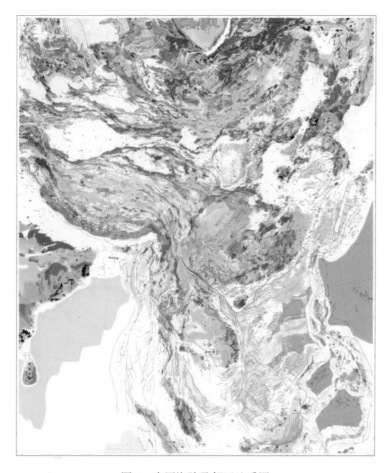

图 6　中国海陆及邻区地质图

源多精度不一，评价数据质量和融合拼接数据一直是地球物理学上的难点。重力数据处理方面，应用自行研发的独立测量三观测列分析方法，在空间域对多种来源的重力数据精度、分辨率进行评估的基础上，利用合成法，在中国海区实现布格重力异常与高精度 DEM 数据合成了平均空间重力异常，并首次在全海域使用完全布格重力异常改正方法，真正实现了海陆重力异常计算的五统一。多种来源的重力数据联合运用，对重力异常圈闭的个数、规模、幅度、延伸方向等均有发现、有补充、有修正。磁力数据处理方面，开发并使用起伏高度异常曲化平方法用于航空及船测磁力异常数据的融合，实验并改进了缝合法和混合法技术用于网格数据拼接，提高了数据精度。而且，打破了以往因资料不足而只能编制平面-剖面图的限制，以等值线形式展现磁力异常，图面全覆盖，填补了以往资料空白区域。

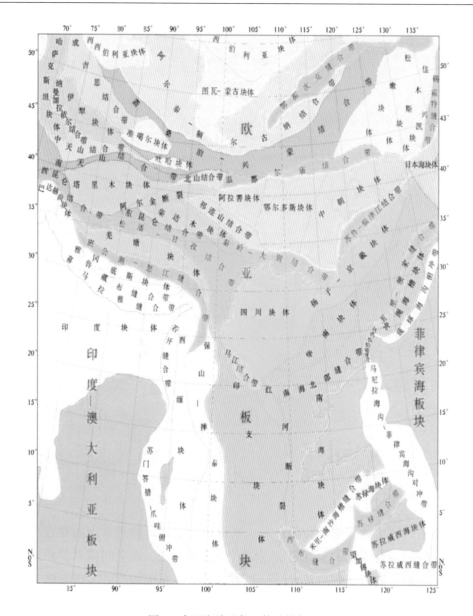

图 7　中国海陆及邻区构造格架图

3.2.3　创新图面内容和图面表达方式，研制新的图件

（1）地质类图件的"剥皮-叠置-透视"结合表示法，破解海域地质内容表示难题。以往由于海域海水和第四系覆盖等无法采用陆地的地质图、构造图编制方法，项目采用"剥皮-叠置-透视"相结合的方法，处理古生界、中生界和新生界的表示问题，解决了海区地质图主要表示现代沉积物类型，颜色单一、内容单调等难点。

328

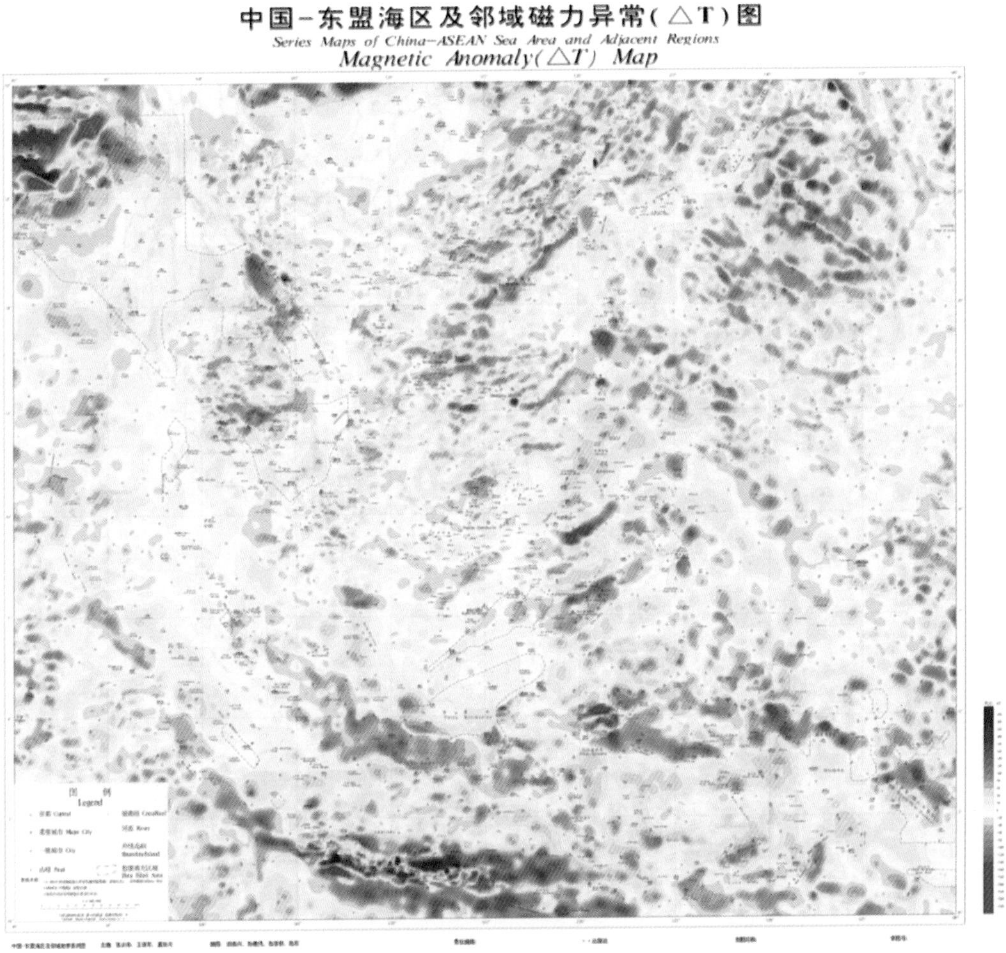

中国-东盟海区及邻域磁力异常（△T）图
Series Maps of China-ASEAN Sea Area and Adjacent Regions
Magnetic Anomaly(△T) Map

图 8　中国-东盟海区及邻域磁力异常图

（2）在海域重力图件编制中，采用陆岛改正和均衡重力异常相结合，更好地展示海域重力异常。陆岛改正采取只对测点 166.7 km 范围内的陆地和岛屿部分进行完全布格改正，对海域部分不进行任何改正，较好地体现海区真实的重力异常特征；而使用艾里模型得到的均衡重力异常，更好地展示不同构造尺度的地质和构造内涵，编制的图件上 3 种异常得到了很好的显示，即代表反映岩石圈尺度、幅度百毫伽数量级、狭窄绵长的正负异常带，幅度几十毫伽数量级；反映异常区地壳内有欠补偿或过补偿现象的异常；以及反映地壳浅部质量不均匀分布的叠加在区域均衡异常背景上的局部异常。

（3）用地球动力学图和地学大剖面图相结合的方式，来展示造成浅部构造变形的

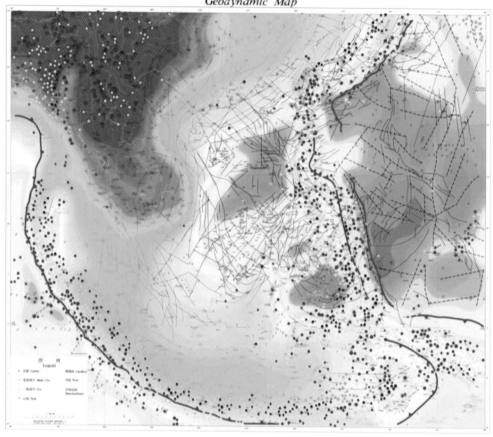

图9　中国–东盟海区及邻域地球动力学图

深部地球动力学要素，破解深浅无法结合的难题。以往对于地壳尺度和岩石圈尺度的深部结构，因为调查手段所限，没有在中国海和西太平洋研究中大范围大比例尺地应用。在使用包括带控制点的三维界面反演法、压缩质面法和 Parker-Oldenburg 反演法按莫霍面深度，使用 S 波地震层析成像推断岩石层深度与各层速度基础上，在平面上展示莫霍面、大地热流、层速度、震源机制和深大断裂等多种海域深部动力学要素，揭示海域地球动力学背景。在剖面上，采用重力、磁力和地震层速度联合反演的方法，验证深部壳幔结构，建立区域岩石圈尺度地质和构造模型。地球动力学背景，与重力异常、磁力异常等地球物理特征，盆地特征、构造特征等相互印证，解决深浅构造难以结合的难题。

3.3 获得了系列新发现与新认识

（1）多种来源的重力数据联合运用，对重力异常圈闭的个数，规模，幅度，延伸方向等均有不同程度的补充和修正。在海区共新发现 287 个空间重力异常高和 193 个空间重力低异常圈闭，53 个布格重力高和 55 个布格重力低圈闭。在黄海和东海划分出 9 个异常区，24 个异常亚区；在南海划分出 5 个异常区，20 个异常亚区，丰富的异常细节直观地表现出了中国东部海区"东西分带，南北分块"和南部海区"东西分块，南北分带"的构造特征，为构造单元划分提供了可靠的地球物理证据。

（2）打破了以往因资料不足而只能编制平面-剖面图的界限，以等值线形式展现磁力异常，图面全覆盖，填补了以往资料空白区域。东海磁场，划分为 9 个异常区；东部海区磁力异常特征充分体现了 NE 向或 NNE 向断裂的构造分带作用，磁异常的细节也体现出区内"东西分带，南北分块"的构造特征。南部海区磁异常主要以团块状磁异常为主体，主要走向为 NE 向或 NNE 向，磁异常的细节也体现出区内"东西分带，南北分块"的构造特征。巽他陆架，南沙群岛海域，体现出区内北东，北东东向的构造特征。巽他陆架断裂发育，为中-新生代基性、超基性岩、中生代花岗岩侵入，玄武岩广泛覆盖，因而引起了复杂的磁场面貌；南海海盆以正负相间排列的条带状磁异常为特征，条带状磁异常无论从规模、连续性和对称性来看均不及大洋磁条带，更类似于一些边缘海盆的磁异常特征。

（3）黄海、东海海域内表层沉积物的形成，主要受沉积动力环境、大陆和岛屿基岩岩性、地形、地貌等多种因素控制，区域内沉积物类型及其分布总体可以看出其分布具有"南粗北细，东西分带"的特点，形成以东海平行岸线的条带状分布格局为主的南北不同的斑块镶嵌图案。其特征主要受控于水动力、地形地貌、物质供应、水深和海平面变化等，其中最重要的是水动力因素。海底表层沉积物反映了该海域由同一水动力系统控制的多种沉积相（相、亚相、微相）的组合的沉积体系。南海表层沉积物类型分布，从陆架到陆坡直至深海盆，沉积物由粗变细，并由陆源碎屑沉积渐变为陆源碎屑-生物源沉积和深海沉积，在岛礁附近或生物生产力较高的海域，则为生物碎屑沉积。从陆坡外缘始，在生物含量逐渐增加、陆源碎屑含量逐渐减少的同时，自西而东明显具有钙质生物含量逐渐减少，硅质生物含量逐渐增加的趋势，明显受控于地形、地貌、物源、水动力条件及生物生产力。

（4）在详细分区分带地解构西太平洋莫霍面深度、大地热流、层速度、震源机制和深大断裂等多种海域深部动力学要素基础上，编制了地球动力学图，反映出"日本—琉球—菲律宾陆缘岛弧"和"伊豆—小笠原—马里亚纳岛弧"为西太平洋活动性最强的两个带，日本海、南海、苏禄海和苏拉威西海等边缘海为弱活动区，东亚大陆和菲律宾海板块、加罗林板块内部相对稳定，但中国东部也有活化等特征，为浅部构造变形、盆地演化、新构造运动等指明动力学来源，做到深浅统筹考虑。

（5）1：100万中国海及邻域表层沉积物类型图，首次在中国全海域范围内编制，突出表现了我国河流携带物对大陆架的物源供给作用。黄海、东海海域内沉积物，具有"南粗北细，东西分带"的特点，形成以东海平行岸线的条带状分布格局为主的南北不同的斑块镶嵌图案。南海表层沉积物，从陆架到陆坡直至深海盆，由粗变细，并由陆源碎屑沉积渐变为陆源碎屑-生物源沉积和深海沉积。为海砂和砂矿等海洋固体矿产的寻找指明了方向，在军事地质、海洋工程等方面也获得广泛应用。

（6）1：100万新构造地质图，识别了我国海域新构造运动时期的13条岩石圈断裂和14条地壳断裂，结合震源机制、岩浆活动、热流异常和沉降差异等，圈出海域地质不稳定范围，为防震减灾提供最新数据，为沿海经济建设提供政策方案。

（7）以"块体构造"学说为指导，结合对重力、磁力、地球动力学等图件的地质地球物理特征，编制的区域构造图、中—新生代盆地图，新生代盆地图、构造纲要图，系统展示了中国海域和西太平洋的构造格架和盆地特征及性质。本次编图，不仅补充了洋壳区二、三级构造单元命名方案，而且建立了菲律宾海板块的演化与东亚大陆边缘之间演化的关系，盆地的分类和特征研究，也为油气资源提供重要参考。总体上，中国边缘海和西太平洋构造演化，是沿菲律宾海板块东缘和西缘两条锋线，欧亚板块、菲律宾海板块和太平洋板块三大板块相互作用的结果。在东亚大陆边缘发育的一系列的新生代拉张盆地，与中国海发育的中生代残留特提斯海相沉积盆地，都是寻找油气的潜力区。

3.4 取得新的地位与影响，获得极高评价

（1）中国海区及邻域地质地球物理系列图（1：100万）基于中华人民共和国成立以来的实际调查资料，完成了海量资料融合，实现了地质地球物理综合和海域三维地质内容平面展示。该系列图是我国管辖海域比例尺最大、图种最全、精度最高的地学系列图件，系统展示了水深-地形、地势、重力、磁力和沉积物类型、中-新生代盆地、新构造地质、区域构造与地球动力学特征，代表了我国第二代海洋地学图件的整体调查现状与研究水平，是具有先进性与基础性的地学图件。

中国海-西太平洋地质地球物理系列图（1：300万）基于当前国内外现有资料，完成了不同来源、不同类型、不同时期资料的有机融合，提出了陆岛改正等新思路、新技术、新方法，解决了岛屿与陆地的改正难题，实现了地质地球物理综合及陆地、岛屿、海区三位一体展。该系列图是目前该海域比例尺最大、图种最全、精度最高的成套图件，系统展示了水深-地形、地势、重力、磁力、均衡异常和新生代盆地、构

造纲要与地球动力学及其立体结构特征，填补了国内外地学系列图的空白。是具有原创性与实用性的地学图件。

中国海陆及邻区地质地球物理系列图（1∶500万）基于我国实际调查资料，完成了海陆资料融合，解决了海陆资料在统一标准、改正参数及成图内容上的不一致难题，首次完整实现了地质地球物理的海陆衔接和统一展示。该系列图是我国第一套完整实现海陆衔接，统一展示海陆重力、磁力、莫霍面、层析成像和地质、大地构造格架及其演化过程的研究成果，代表我国海陆整体调查与研究现状。是具有创新性与突破性的地学图件。

中国-东盟地质地球物理系列图（1∶500万）基于中国与东盟国家及其海区的调查资料与研究成果，解决了不同时期、不同类型和不同精度资料的融合难题，系统展示了这一海区及邻域的重力、磁力、地热场、层析成像和沉积盆地与地球动力学特征。是具有开创性与前瞻性的一套地学图件。

（2）四套系列图的编制完成，使我国第一次拥有了完整覆盖中国海区、中国海-西太平洋、中国海陆和中国-东盟的地质地球物理图件。

（3）四套系列图由我国独立完成，具有完全自主产权，是覆盖范围最大、使用资料最新、编制图种最全、比例尺最为齐全的系列图件，代表了我国海洋地学系列图编研的最高水平。在国际上是图幅覆盖区域内图种最多、比例尺最全、资料最新的地学系列图，与美国等西方国家相比，在海陆衔接、深浅统筹和数据融合等关键技术方面具有更大的先进性。

（4）20世纪80年代末完成的第一代海洋地学系列图，使我国实现了从无到有的突破。本次编制完成的我国新一代海洋地学系列图，则实现了我国在海域地学图件的话语权掌控以及海域编图技术对西方国家的超越。

（5）对我国海陆统筹、深浅结合开展地学综合研究、国土资源管理、矿产资源开发、维护海洋主权权益和走向深远海具有重要意义，已成为我国综合部门不可或缺的基础图件，并得到一致肯定和很高的评价。

4 成果应用与转化

在研制并正式出版4套34种图件的同时，项目组人员根据实际需要编写了《中国海域构造地质学》《海洋地质调查技术》《地球物理通论》《上天入地下海登极》等专著；获得专利和软件著作权等5项，发表论文400余篇，其中SCI/EI 100余篇；培养硕士52名、博士34名、博士后12名。相关成果获得中国地球物理学会科技进步一等奖1项，中国海洋科学技术特等奖1项，国土资源科学技术二等奖2项，1人获何梁何利奖，1人获李四光地质科技奖，1人获黄汲清青年地质奖，1人获评国土资源部科技领军人才。在项目执行过程中，先后获得国家973课题、国家自然科学基金重大国际合作项目、面上项目和青年项目、科技部基础研究项目和国家实验室鳌山科技创新计划等多项支持。

（1）项目完成人以海洋地学专家身份长期参加海洋法磋商、海洋划界谈判和海洋事务磋商等外交工作，为外交活动提供了各种比例尺图件资料和文字材料。重力、磁力、地形、沉积物类型和地壳类型等基础资料，为国家决策部门"外大陆架划界"和"海洋权益维护"提供重要技术支撑，为维护国家海洋主权、权益保驾护航。在东海，论证了冲绳海槽地壳性质，首次获得冲绳海槽南段为初始洋壳的定量证据，有力支持了我方划界主张。在"中日海上石油联合勘探区"选定谈判过程中，提供高说服力的地质资料，为最终方案选定发挥了支撑作用。

（2）重力、磁力、地形地势和底质类型等图件和资料，提供给为海军，为军事建设做重要支撑。

（3）地球物理特征、构造图、盆地图等资料，为国家制定油气资源勘查和开发等战略决策提供基础数据，也为油气和矿产资源生产部门提供重要参考。如为国家发改委能源局的政策制定提供基础数据，为沿海地勘单位海域探矿提供精确基础新数据。为其他科研提供基础数据，如南黄海盆地与四川盆地对比研究，东海陆架盆地与中国东部陆域中生代盆地对比研究等，对海域盆地形成演化、前新生界发育及构造运动对中、古生界的改造等问题的研究取得了重要认识，为海洋油气资源新领域、新层位的发现提供了重要的基础资料。

（4）重力、磁力、地质、构造特征等的图件和科研成果，还成为其他生产或研究项目的重要基础资料。如为"蛟龙"号深潜器海试期间下潜深度预测、试验性应用航次中作业选区提供水深、地形和重力异常、磁力异常等数据；为海域国家重大工程路由勘查提供水深、地形和底质类型等基础数据等。

（5）海域新构造地质图、地球动力学图，为地震部门提供海域地学基础资料，给地震台站布设、地震监测等提供重要参考。

（6）构造理论、海域地质特征和地球物理特征等，进入高校尤其是海洋类高校的课堂，作为海洋地质学、海洋地质构造学、盆地构造解析等本科和研究生的参考书。为陆域地质、构造和成矿规律研究提供相邻海域的地质地球物理基础资料，为其他陆地和海洋基础科研提供背景资料。

5　结语

贯彻"经略海洋"要求，实施"海洋强国"战略，推进"洁净海洋"发展，参与"海洋未来十年"活动，海洋地质地球物理地球化学系列图编制是一项基础性、战略性的地质工作，需求十分迫切。海洋存在诸多与地学相关的主权权益、军事与生产、防灾减灾、环境治理、科学研究等系列需求，问题十分突出。但我国整体工作程度还是较低，近海的基础地质调查只是达到小比例尺 1∶100 万全覆盖，西太平洋地区以局部区块和路线调查为主，工作程度远远不能满足要求。无论是需求分析、问题导向，都要求该项基础性工作应该继续加强。

参考文献

刘光鼎 . 2014. 编制海陆系列新图，矢志海洋强国梦想 . 地球物理学报，57(12).

侯方辉，张训华，温珍河，等 . 2015. 中国海陆大地构造宏观格架演化:编图启示 . 地球物理学进展，30(3).

张训华，王忠蕾，侯方辉，等 . 2014. 印支运动以来中国海陆地势演化及阶梯地貌特征 . 地球物理学报，57(12).

张训华，郭兴伟 . 2014. 块体构造学说的大地构造体系 . 地球物理学报，57(12).

温珍河，张训华，郝天珧，等 . 2014. 我国海洋地学编图现状、计划与主要进展 . 地球物理学报，57(12).

王忠蕾，张训华，温珍河，等 . 2014. 中国海陆 1∶500 万地理底图研制 . 海洋测绘，34(1).

郭兴伟，张训华，温珍河，等 . 2014. 中国海陆及邻域大地构造格架图编制 . 地球物理学报，57(12).

杨金玉，张训华 . 2014. 重力异常的视密度反演推断扬子与华北块体在南黄海地区的地质界线 . 海洋地质前沿，30(7).

杨金玉，张训华，张扉扉，等 . 2014. 应用多种来源重力异常编制中国海陆及邻区空间重力异常图及重力场解读 . 地球物理学报，57(12).

张训华，王忠蕾，温珍河，等 . 2013. 中国海陆 1∶500 万地质地球物理系列图与数据库研制 . 地球信息科学学报，15(1).

张训华，韩波，孟祥君，等 . 2013. 东海地区重磁场特征及其地质意义，矿床地质，32(4).

温珍河，张训华，杨金玉，等 . 2011. 中国海域 1∶100 万地质地球物理 MapGIS 制图 . 地球信息科学学报，13(6).

温珍河，张训华，尹延鸿，等 . 2011. 中国东部海区编图及基本地学特征 . 地球物理学报，54(8).

杨金玉,张训华,温珍河,等.2012.中国海陆地质地球物理系列图的投影设计.地球信息科学学报,13(6).

郭兴伟,张训华,王忠蕾,等.2012.从海洋角度看中国大地构造编图进展.海洋地质与第四纪地质,32(1).

王忠蕾,张训华,温珍河,等.2012.地质编图研究现状及发展方向.海洋地质前沿,28(1).

杨金玉,张训华,张菲菲,等.2012.EGM2008地球重力模型数据在中国大陆地区的精度分析.地球物理学进展,27(4).

温珍河,张训华,尹延鸿,等.2011.中国东部海区编图及基本地学特征,地球物理学报,54(8).

张训华,郭兴伟,杨金玉,等.2010.中国及邻区重力特征及块体构造单元划分.中国地质,37(4).

张训华,孟祥君,韩波.2009.块体与块体构造学说,海洋地质与第四纪地质.29(5).

张训华,孟祥君,韩波.2008.浅谈对块体构造学说的认识,中国地质地球物理研究新进展,741-746.

刘光鼎.2007.中国大陆构造格架的动力学演化.地学前缘,14(3).

刘光鼎.2007.中国海地球物理场与油气资源.地球物理学进展,22(4).

刘光鼎.1990.中国海大地构造演化.石油与天然气地质,11(1).

张训华,张志珣,蓝先洪,等.2013.南黄海区域地质.北京:海洋出版社.

张训华,等.2008.中国海域构造地质学.北京:海洋出版社.

刘光鼎.1993.中国海区及邻域地质地球物理图集.北京:科学出版社.

刘光鼎.1992.中国海区及邻域地质地球物理场特征.北京:科学出版社.

刘光鼎.1992.中国海区及邻域地质地球物理系列图.北京:地质出版社.